重点大学计算机专业系列教材

C#程序设计教程（第2版）

李春葆 谭成予 曾平 曾慧 编著

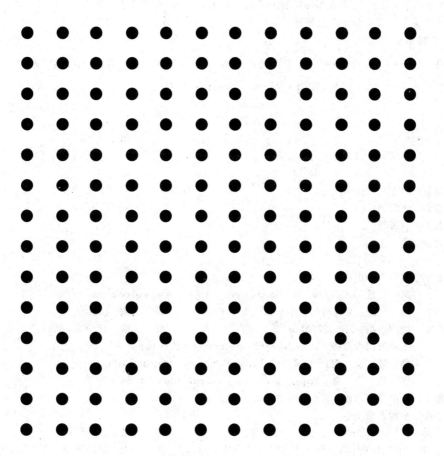

清华大学出版社
北京

内 容 简 介

本书以 Visual C# 2005 版本为平台介绍 C#程序设计方法,主要内容包括 C#可视化编程过程、C#语言基础、窗体和控件设计、面向对象程序设计、图形设计、文件操作、C#高级特性、ADO.NET 数据库访问技术、XML 应用和 Web 应用程序设计等。

本书内容翔实,循序渐进地介绍各个知识点,既可作为各类高等院校计算机及相关专业"C#程序设计"课程的教学用书,也可作为计算机应用人员和计算机编程爱好者的参考书。

图书在版编目(CIP)数据

C#程序设计教程/李春葆等编著.--2 版.--北京:清华大学出版社,2013 (2015.8 重印)
重点大学计算机专业系列教材
ISBN 978-7-302-29603-4

Ⅰ. ①C…　Ⅱ. ①李…　Ⅲ. ①C 语言－程序设计－高等学校－教材　Ⅳ. ①TP312

中国版本图书馆 CIP 数据核字(2012)第 179830 号

责任编辑:魏江江　张为民
封面设计:常雪影
责任校对:时翠兰
责任印制:沈　露

出版发行:清华大学出版社
　　　　网　　　址:http://www.tup.com.cn,http://www.wqbook.com
　　　　地　　　址:北京清华大学学研大厦 A 座　　　　邮　　　编:100084
　　　　社 总 机:010-62770175　　　　　　　　　　邮　　　购:010-62786544
　　　　投稿与读者服务:010-62776969,c-service@tup.tsinghua.edu.cn
　　　　质 量 反 馈:010-62772015,zhiliang@tup.tsinghua.edu.cn
　　　　课 件 下 载:http://www.tup.com.cn,010-62795954
印　装　者:北京嘉实印刷有限公司
经　　销:全国新华书店
开　　本:185mm×260mm　　　印　　张:30　　　字　　数:730 千字
版　　次:2010 年 1 月第 1 版　　2013 年 1 月第 2 版　　印　　次:2015 年 8 月第 5 次印刷
印　　数:10001~12000
定　　价:49.00 元

产品编号:044698-01

出版说明

随着国家信息化步伐的加快和高等教育规模的扩大,社会对计算机专业人才的需求不仅体现在数量的增加上,而且体现在质量要求的提高上,培养具有研究和实践能力的高层次的计算机专业人才已成为许多重点大学计算机专业教育的主要目标。目前,我国共有 16 个国家重点学科、20 个博士点一级学科、28 个博士点二级学科集中在教育部部属重点大学,这些高校在计算机教学和科研方面具有一定优势,并且大多以国际著名大学计算机教育为参照系,具有系统完善的教学课程体系、教学实验体系、教学质量保证体系和人才培养评估体系等综合体系,形成了培养一流人才的教学和科研环境。

重点大学计算机学科的教学与科研氛围是培养一流计算机人才的基础,其中专业教材的使用和建设则是这种氛围的重要组成部分,一批具有学科方向特色优势的计算机专业教材作为各重点大学的重点建设项目成果得到肯定。为了展示和发扬各重点大学在计算机专业教育上的优势,特别是专业教材建设上的优势,同时配合各重点大学的计算机学科建设和专业课程教学需要,在教育部相关教学指导委员会专家的建议和各重点大学的大力支持下,清华大学出版社规划并出版本系列教材。本系列教材的建设旨在"汇聚学科精英、引领学科建设、培育专业英才",同时以教材示范各重点大学的优秀教学理念、教学方法、教学手段和教学内容等。

本系列教材在规划过程中体现了如下一些基本组织原则和特点。

(1) 面向学科发展的前沿,适应当前社会对计算机专业高级人才的培养需求。教材内容以基本理论为基础,反映基本理论和原理的综合应用,重视实践和应用环节。

(2) 反映教学需要,促进教学发展。教材要能适应多样化的教学需要,正确把握教学内容和课程体系的改革方向。在选择教材内容和编写体系时注意体现素质教育、创新能力与实践能力的培养,为学生知识、能力、素质协调发展创造条件。

(3) 实施精品战略,突出重点,保证质量。规划教材建设的重点依然是专业基础课和专业主干课;特别注意选择并安排了一部分原来基础比较好的优秀教材或讲义修订再版,逐步形成精品教材;提倡并鼓励编写体现重点大学计算机专业教学内容和课程体系改革成果的教材。

（4）主张一纲多本，合理配套。专业基础课和专业主干课教材要配套，同一门课程可以有多本具有不同内容特点的教材。处理好教材统一性与多样化的关系；基本教材与辅助教材以及教学参考书的关系；文字教材与软件教材的关系，实现教材系列资源配套。

（5）依靠专家，择优落实。在制订教材规划时要依靠各课程专家在调查研究本课程教材建设现状的基础上提出规划选题。在落实主编人选时，要引入竞争机制，通过申报、评审确定主编。书稿完成后要认真实行审稿程序，确保出书质量。

繁荣教材出版事业，提高教材质量的关键是教师。建立一支高水平的以老带新的教材编写队伍才能保证教材的编写质量，希望有志于教材建设的教师能够加入到我们的编写队伍中来。

教材编委会

前言

　　C#是微软公司结合C/C++和Java等语言的特点而设计的一种新的程序设计语言,它基于.NET Framework通用平台,C#程序开发人员可以直接使用.NET Framework中完整且丰富的类库设计出跨平台的软件系统。C#具有简单易学、使用方便、能采用可视化设计方法开发复杂软件系统等特点。

　　本书从介绍C#的基本概念出发,由简单到复杂,循序渐进地介绍C#面向对象的程序设计方法。在内容介绍上力求翔实和全面,并且细致解析每个知识点和其他知识点的联系。书中列举了大量的应用示例,读者通过上机模仿可以大大提高使用C#开发控制台应用程序、Windows窗体应用程序和Web应用程序的能力。

　　全书分为16章,第1章为C#概述;第2章为简单的C#程序设计;第3章为C#程序设计基础;第4章为C#控制语句;第5章为数组和集合;第6章为面向对象程序设计;第7章为继承和接口设计;第8章为Windows窗体应用程序设计;第9章为用户界面设计;第10章为图形设计;第11章为文件操作;第12章为错误调试和异常处理;第13章为C#高级特性;第14章为ADO.NET数据库访问技术;第15章为XML及其应用;第16章为Web应用程序设计。各章提供了一定数量的练习题,供读者选用。附录给出了练习题中单项选择题的参考答案。

　　本书的读者对象需具备简单的编程经验,并对Windows的基本操作有所了解。本书的源程序代码、练习题中编程题的代码和上机实验题参考答案可以从清华大学出版社网站(www.tup.com.cn)免费下载。

　　本书可以作为各类高等院校的计算机专业和非计算机专业C#编程的教材,尤其适合作为高职高专院校数据库应用方向学生的C#程序设计教材,也可供具有Windows初步知识的计算机编程爱好者参阅。

书中 C♯编程环境采用 Visual C♯ 2005 中文版,在教学中也可以使用 Visual C♯ 2008 或 Visual C♯ 2010。

由于编者水平所限,书中若有不当之处,敬请读者指正。

编　者

2012 年 6 月

CONTENTS

目录

CHAPTER 1

C#概述

C#是微软公司推出的面向对象的编程语言,程序员可以利用它快速编写各种基于 Visual Studio . NET(简称为. NET)平台的应用程序。本章介绍 C#语言的特点、. NET Framework 的体系结构和. NET 系统集成环境的使用方法。

本章学习要点:

- 掌握 C#语言的特点。
- 了解. NET Framework 的体系结构。
- 掌握 Visual C#系统的启动和退出操作。
- 掌握 Visual C#的集成开发环境各组成部分的功能等。

1.1 什么是 C#

C#语言的作者是微软的. NET 首席架构师 Anders Hejlsberg(安德斯·海尔斯伯格),C#语言源自 C/C++家族,也吸收了 Java 语言的一些特点,语法与 C++和 Java 语言比较相似。

C#语言的设计目的是简化网络应用,使用 C#语言能够快速构建基于 Windows 和 Internet 的应用程序和组件,开发人员可以使用 C#语言开发多种类型的应用程序。归纳起来,C#语言具有以下几个主要特点:

- 简洁的语法。和 Java 语言一样,使用了统一的操作符,抛弃了 C++语言中一些不明晰的表示符和伪关键字(如指针),使用最简单、最常用的形式进行描述。

- 完全的面向对象程序设计。C#语言是完全按照面向对象的思想来设计的,因此它具有面向对象所应有的一切特性,如封装、继承和多态性。不过 C#语言中只允许单继承,即一个类不会有多个基类,从而避免了类型定义的混乱。在 C#语言中,每种类型都是一个对象,因此不存在全局函数、全局变量和全局常数等概念,所有常量、变量、属性、方法、索引和事件等都必须封装在类中,从而使代码具有更好的可读性,也减少了发生命名冲突的可能。

- 与 Web 紧密结合。在 C♯语言中,对于复杂的 Web 编程和其他网络编程更像是对本地对象进行操作,从而简化了大规模、深层次的分布式开发。用 C♯语言构建的组件能够方便地为 Web 服务并可以通过 Internet 被运行在任何操作系统上的任何语言所调用。
- 充分的安全性与错误处理。C♯语言可以消除许多软件开发中的常见错误,如不能使用未初始化的变量、不支持不安全的指向、不能将整数指向引用类型等。C♯语言还提供了包括类型安全在内的完整的安全性能。
- 灵活性。如果需要,可以将某些类或者类的方法声明为非安全的,这样就能使用指针、结构和静态数组,并且调用这些非安全的代码而不会带来任何其他问题。另外,C♯语言提供了委托来模拟指针的功能。
- 兼容性。C♯语言遵守.NET Framework 公用语言规范,从而保证了 C♯语言组件与其他语言组件之间的互操作性。
- 简化程序生成过程。C♯程序的生成过程比 C/C++简单,比 Java 更为灵活,没有单独的头文件,也不要求按照特定顺序声明方法和类型。

1.2 .NET Framework 概述

C♯语言不是单独的一个开发环境,而是作为.NET 平台的一种开发语言,使用 C♯语言可以开发以.NET Framework 为平台的应用软件。

1.2.1 什么是.NET 平台

.NET 平台是微软推出的下一代软件开发和服务平台,它通过先进的软件技术和众多的智能设备,提供简单的、个性化的、有效的 Internet 服务。简而言之,.NET 平台是一种面向网络的、支持各种用户终端的开发环境,其功能如图 1.1 所示。

图 1.1 .NET 平台的功能

1.2.2 什么是.NET Framework

.NET Framework 即.NET 框架,是开发人员对编程语言命令集的称呼,它是.NET 平台的核心组件之一,定义了应用程序的开发和运行环境,可以使用.NET Framework 创建

Windows 应用程序、Web 应用程序、Web 服务和其他各种类型的应用程序..NET Framework 的主要目标如下：

- 提供一个一致的面向对象的编程环境，而无论对象代码是在本地存储和执行的，还是在本地执行但在 Internet 上分布的，或者是在远程执行的。
- 提供一个将软件部署和版本控制冲突最小化的代码执行环境。
- 提供一个可提高代码（包括由未知的或不完全受信任的第三方创建的代码）执行安全性的代码执行环境。
- 提供一个可消除脚本环境或解释环境的性能问题的代码执行环境。
- 使开发人员的经验在面向类型大不相同的应用程序（如基于 Windows 的应用程序和基于 Web 的应用程序）时保持一致。
- 按照工业标准生成所有通信，以确保基于.NET Framework 的代码可与任何其他代码集成。

.NET Framework 的体系结构如图 1.2 所示，其各组成部分介绍如下。

图 1.2 .NET Framework 体系结构

1. Web 窗体/Web 服务、Windows 窗体

在.NET Framework 下，可以采用两种模式来设计应用程序界面，即 Windows 窗体和 Web 窗体（含 Web 服务）。Web 窗体是以 ASP.NET 为基础，ASP.NET 将许多控件加以对象化，使用户能更方便地使用各个控件的属性、方法和事件；Web 服务是一种通过 HTTP 使用 XML 接收请求和数据的应用程序。Windows 窗体是在用户计算机上运行的客户端应用程序，可显示信息、请求用户输入以及通过网络与远程计算机进行通信。

Windows 窗体能够为用户提供比较快的响应速度，而 Web 窗体不能够确保有很快的响应，其具体的响应效率要看客户所采用的浏览器，但 Web 窗体比 Windows 窗体更灵活方便。

2. ADO.NET 和 XML 类

ADO.NET 是一组用于和数据源进行交互的面向对象类库,提供与数据源进行交互的相关的公共方法,方便对数据库的数据操作。另外,.NET Framework 直接支持 XML 文件的操作。在 XML 文档和数据集之间可以进行数据转换,甚至共享一份数据,程序员可以选择自己熟悉的方式来处理数据,以提高程序设计效率。

3. .NET 基础类库

在程序开发过程中,会有许多的功能组件被重复使用,于是将这些组件制作成类库,每一种程序设计语言都拥有各自独立的类库,如 C++ 语言的 MFC,Java 语言的 JDK 等,然而每一种类库都针对一种语言,所以这些类库彼此之间并不能互相引用,对于偏好 C# 语言的程序员而言,所开发的类库就无法被 C++ 语言的程序员使用。

.NET Framework 下提供了一个巨大的统一基础类库,该类库提供了程序员在开发程序时所需要的大部分功能,而且这个类库可以被使用任何一种支持.NET 的程序语言加以引用,程序员不再需要为了不同的类库而学习不同的程序设计语言。

.NET 基础类库是以面向对象为基础创建的,其实在.NET Framework 下,不管是数字还是字符串,所有的数据都是对象。.NET 中基础类库结构是阶层式的,采用命名空间加以管理,方便程序员进行分类引用。

4. 公共语言运行库

.NET Framework 的核心是其运行库的执行环境,称为公共语言运行库(Common Language Runtime,CLR)或.NET 运行库。通常在 CLR 的控制下运行的代码称为托管代码。在 CLR 执行源代码之前,需要通过某种语言自己的编译器对其进行编译,这个编译分为如下两个阶段:

(1) 把源代码编译成与机器无关的中间语言(MSIL)。

(2) CLR 将 MSIL 编译为机器代码。

CLR 相当于 Java 语言中的 Java 虚拟机(JVM),而 MSIL 相当于 Java 语言中的字节码(.class 文件)。MSIL 总是即时编译(JIT 编译)为相应计算机的机器代码。

CLR 主要由 CLS 和 CTS 两部分组成。

1) 公共语言规范(Common Language Specification,CLS)

各种编程语言之间的不同不仅是数据类型的不同,语法也有非常大的区别。所以需要定义 CLS,定义所有编程语言必须遵守的共同标准,它包含函数调用方式、参数传递方式、数据类型和异常处理方式等。

CLS 是一个最低标准集,所有面向.NET 的编译器都必须支持它。只有遵守这个标准编写的程序,才可以在只安装有.NET Framework 运行环境的计算机中运行,也才可以在.NET Framework 下实现互相操作。例如,在 C# 语言中变量名是区分大小写的,而 Visual Basic 不区分大小写,这个时候,CLS 就规定编译后的中间语言必须除了大小写区别以外还有其他区别。

2) 通用类型系统(Common Type System,CTS)

CTS 定义了一套可以在中间语言中使用的预定义数据类型,所有面向.NET Framework 的语言都可以生成最终基于这些类型的编译代码,也就是说,通用类型系统用于解决不同编程语言的数据类型不同的问题，从而实现跨语言功能。例如，无论 Visual Basic 中的 integer 类型（整型）还是 C# 中的 int 类型（整型），编译后都映射为 System. Int32。所以 CTS 实现了不同语言数据类型的最终统一。

3）.NET 代码托管的优点

.NET 代码托管机制具有以下优点：

* 提高性能。相对于 Java 语言，MSIL 比 Java 字节码的作用大。MSIL 总是即时编译的，而 Java 字节码常常是解释的。在运行 Java 应用程序时，每次把 Java 字节码转换成内部可执行代码的过程会导致性能下降，而 MSIL 代码编译一次后，得到的内部可执行代码就存储起来，直到退出该应用程序为止，这样在下一次运行这部分代码时，就不需要重新编译了，从而提高了.NET 的运行性能。

* 语言的互操作性。使用 MSIL 支持语言的互操作性。将任何一种语言开发的应用程序编译为中间代码，编译好的代码可以和其他语言编译过来的代码进行交互操作。也就是说，用 Visual Basic 语言声明的类，可以在 C# 应用程序中实例化对象并且调用相应的方法。

* 内存管理和资源回收机制。由 CLR 执行的代码称为托管代码（Managed Code），而直接编译为面向特定系统的本机机器语言的代码称为非托管代码（Unmanaged Code）。托管代码的执行过程中所使用到的内存资源受到 CLR 的监控，各种数据与对象的生存期都由 CLR 管理。而 CLR 提供了统一的资源回收机制，对于不再使用的对象等会自动释放所使用的资源，避免造成程序错误或内存耗损。

5. Visual Studio.NET 集成开发环境

Visual Studio.NET 集成开发环境是开发.NET 应用程序的界面，功能十分强大，可以方便程序员使用多种计算机语言开发各种复杂的应用程序。

6. 程序设计语言

.NET 开发环境支持多种程序设计语言，.NET Framework 就默认支持至少 Visual C#、Visual C++、Visual Basic 和 Visual J# 这 4 种程序设计语言。

1.2.3　.NET 程序编译过程

以 C# 程序为例，其编译过程如下：

(1) 把 C# 程序编译为中间语言代码，以程序集的形式存在，CPU 不执行程序集，如图 1.3(a)所示。

(2) 在执行代码时，必须使用 JIT 编译器将程序集编译为本机代码，如图 1.3(b)所示。

(3) 在托管 CLR 环境下运行本机代码，显示程序执行结果，如图 1.3(c)所示。

说明：程序集是包含编译好的、面向.NET Framework 的代码的逻辑单元，它是.NET Framework 应用程序的基本构造块。程序集包含描述其内部版本号、所包含的数据与对象类型（接口和类）和该程序集的资源（位图、JPEG 文件、资源文件等）的详细信息的元数据。所有托管类型和资源都包含在某个程序集内，并被标记为只能在该程序集的内部访问，或者被标记为可以从其他程序集中的代码访问。程序集在安全方面也起着重要作用。代码访问安全系统使用程序集信息来确定为程序集中的代码授予的权限集。程序集是.NET Framework 编程的基本组成部分。

图 1.3　.NET 程序编译过程

1.2.4　C♯与.NET Framework

用 C♯编写的源代码被编译为中间语言,这是一组可以有效地转换为本机代码且独立于 CPU 的指令,包括用于加载、存储和初始化对象以及对对象调用方法的指令,还包括用于算术和逻辑运算、控制流、直接内存访问、异常处理和其他操作的指令。当编译器产生中间语言时会产生元数据,元数据描述代码中的类型,包括每种类型的定义、每种类型的成员的签名、代码引用的成员和运行库在执行时使用的其他数据。编译后文件中的元数据和中间语言代码能够描述自身,不再需要类型库或接口定义语言,运行库在执行过程中根据需要从该文件中查找并提取元数据。

中间语言代码与资源一起作为一种称为程序集的可执行文件存储在磁盘上,扩展名通常为.exe 或.dll。程序集包含清单,它提供关于程序集的类型、版本、区域性和安全要求等信息。

由于公共语言运行库为它支持的每种计算机结构都提供了一种或多种实时编译的编译器,因此同一组中间语言代码可以在所支持的任何结构上实时编译和运行。在执行 C♯程序时,程序集将加载到 CLR 中,然后根据清单中的信息执行不同的操作。如果符合安全要求,CLR 执行即时编译将 MSIL 代码转换为本机机器指令。CLR 还提供与自动垃圾回收、异常处理和资源管理有关的其他服务。

图 1.4 说明了 C♯源代码文件、基类库、程序集和 CLR 在编译与运行时的关系。

图 1.4 C♯程序的编译运行环境

1.3 配置 Visual C♯开发环境和启动退出操作

1.3.1 配置 Visual C♯开发环境

Visual Studio. NET 2005 支持多种语言开发,为了支持 C♯语言,首先要将 Visual Studio. NET 2005 配置成 Visual C♯开发环境,有如下两种方法:

(1) 在安装 Visual Studio. NET 2005 时,在出现如图 1.5 所示的"选择默认环境设置"对话框中,选中"Visual C♯开发设置"选项,单击"启动 Visual Studio"按钮。

图 1.5 "选择默认环境设置"对话框

(2) 在安装 Visual Studio. NET 2005 后,如果当前不是 C#开发环境,选择"工具"|"导入导出设置"命令,在出现的对话框中选中"重置所有设置"选项,单击两次"下一步"按钮,出现如图 1.6 所示的"导入和导出配置向导"对话框,选中"Visual C#开发设置"选项,单击"完成"按钮,即可完成配置。

图 1.6 "导入和导出配置向导"对话框

1.3.2 Visual C#的启动

1. 启动 Visual Studio. NET 2005

在安装好 Visual Studio. NET 2005 后,启动"开始"菜单,选择"所有程序"|Microsoft Visual Studio. NET 2005|Microsoft Visual Studio. NET 2005 命令,即可启动 Visual Studio. NET 2005 系统。

在启动 Visual Studio. NET 2005 后,将出现一个包含许多菜单、工具和组件窗口的开发环境,同时会出现一个包含链接集合、MSDN 文章和项目选项的"起始页"窗口,它是集成开发环境中默认的 Web 浏览器主页,如图 1.7 所示。

"起始页"窗口由 4 个独立信息区域的单页组成:"最近的项目"、"开始"、"Visual Studio 标题新闻"和"Visual Studio 开发人员新闻"。其含义如下:

(1) 最近的项目:显示最近更新的项目的列表,方便创建新项目和打开现有的项目。图 1.7 列出了最近建立的两个项目,分别为 Windows 应用程序 WindowsApplication1 和网站 MyWeb。

(2) 开始:显示一个列表,其中包括帮助主题、网站、技术文章以及旨在提高开发人员工作效率和强调产品功能的其他资源。

该主题列表根据应用的设置的不同而变化。当选择 Visual C#. NET 时,显示内容如下:

- "C#2005 的新增功能"列出了 Visual Studio 2005 中的 Visual C#版本可用的新

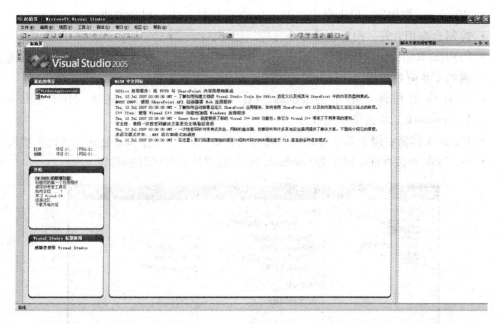

图 1.7 Visual Studio.NET 系统"起始页"窗口

功能。

- "创建您的第一个应用程序"将提供帮助信息,告诉用户如何使用 Visual C♯创建程序。
- "使用初学者工具包"可以将初学者工具包看成一个模板或模型程序,用它来学习新工具和编程方法以及轻松地生成工作程序。
- "如何实现"是访问有关 Visual C♯编程和应用程序开发的基于任务的关键主题的门户。本主题列出了使用 Visual C♯可以完成的任务的基本类别。这些链接提供了指向基于过程的重要"帮助"页的指针。
- "学习 Visual C♯"转向"使用 Visual C++IDE"即 Visual C♯语言学习环境。
- "连接社区"将连接到 MSDN Visual C♯开发中心的网页。
- "下载其他内容"将连接到 Visual C♯ Downloads 网页。

(3) Visual Studio 标题新闻:显示 Microsoft 的产品和事件信息的链接。

(4) Visual Studio 开发人员新闻:在默认情况下,显示应用的设置所指定的文章列表(图 1.7 中显示的是"MSDN 中文网站")。

说明:可以选择"工具"|"选项"菜单命令,在出现的对话框中选择"环境"|"启动"选项,自定义要显示的页面。

2. 启动 Visual C♯.NET 2005

在启动 Visual Studio.NET 2005 后,选择"文件"|"新建"|"项目"菜单命令,打开"新建项目"对话框,如图 1.8 所示,选中"项目类型"列表框中的 Visual C♯选项,右侧的"Visual Studio 已安装的模板"列表中列出了所有模板,各模板的说明如下:

- Windows 应用程序:用于创建具有 Windows 用户界面的应用程序。
- 类库:用于创建 C♯类库(.dll)。

- Windows 控件库:用于创建在 Windows 应用程序中使用的控件。
- 控制台应用程序:用于创建命令行应用程序。
- Crystal Reports 应用程序:用于创建具有 Windows 用户界面以及一个水晶报表示例的 C♯应用程序。
- 设备应用程序:用于为 Pocket PC 2003 及更高版本创建. NET Compact Framework 2.0 窗体应用程序。
- Excel 工作簿:用于基于新建的或现有的 Excel 2003 工作簿来创建托管代码扩展。
- Outlook 外接程序:用于为 Outlook 2003 创建托管代码外接程序。

图 1.8   新建 Visual C♯项目

当选中一个模板后(如选中"Windows 应用程序"),在"名称"文本框中输入项目名称(如 WindowsApplication2),单击"确定"按钮,即可进入 Visual C♯集成开发环境,如图 1.9 所示。

Visual C♯集成开发环境同 Windows 的窗口界面相类似,主要包括以下几个组成部分:

(1) 标题栏:显示当前正在编辑的项目名称和使用的应用程序的名称。

(2) 菜单栏:显示 Visual Studio. NET 所提供的能够执行各种任务的一系列命令。

(3) 工具栏:以图标按钮的形式显示常用的 Visual Studio. NET 命令。

(4) 工具箱:提供了开发 Visual Studio. NET 项目的各种工具。

(5) 编辑器和设计器窗口:用户可以在此窗口编辑源代码、HTML 页、CSS 表单以及设计用户界面或网页界面等。使用哪种编辑器和设计器取决于用户所建立的文件或文档的类型。编辑器和设计器通常有设计和代码两个视图。图 1.9 所示为设计视图,在此窗口中单击右键并选择"查看代码"命令即可切换到代码视图。同样,在代码视图中单击右键并选择"查看设计器"命令又可切换回设计视图。

(6) 解决方案资源管理器:用于显示解决方案、解决方案的项目及这些项目中的子项。解决方案是创建一个应用程序所需要的一组项目,包括项目所需的各种文件、文件夹、引用

和数据连接等。通过解决方案资源管理器,可以打开文件进行编辑,向项目中添加新文件,以及查看解决方案、项目和项属性。如果集成环境中没有显示"解决方案资源管理器"窗口,可以通过选择"视图"|"解决方案资源管理器"命令来显示该窗口。

（7）属性窗口：用于显示和设置窗体、控件等对象的相关属性。

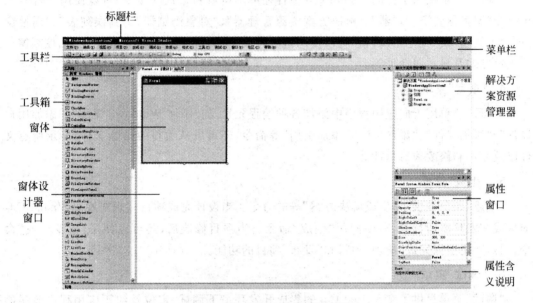

图 1.9　Visual C♯集成开发环境

1.3.3　Visual C♯的退出

在 Visual C♯集成开发环境中单击"关闭"按钮或选择"文件"|"退出"菜单命令时,Visual C♯会自动判断用户是否修改了项目的内容,并询问用户是否保存文件或直接退出。

1.4　Visual C♯的集成开发环境

Visual C♯的集成开发环境(IDE)如图 1.9 所示,下面重点介绍菜单栏、工具栏、工具箱、解决方案资源管理器、属性窗口、获取帮助信息和编辑器设置等。

1.4.1　Visual C♯菜单栏

Visual C♯的菜单栏默认显示"文件"、"编辑"、"视图"、"工具"、"窗口"、"社区"和"帮助"等菜单。除此之外,Visual C♯还显示与当前正在执行任务相关的菜单。下面详细介绍Visual C♯中一些常用的菜单。

1."文件"菜单

"文件"菜单提供了"新建"、"打开"、"关闭"和"保存"等命令,另外还提供了将当前项目导出为模板以及对当前文件进行页面设置和打印的功能。

2."编辑"菜单

"编辑"菜单提供了常用的"剪切"、"复制"、"粘贴"和"删除"等命令,还可以使用"撤销"

和"重复"命令退回到最后一个操作之前的状态或重复最后一个操作,以及通过"查找符号"、"快速查找"、"快速替换"、"转到"和"书签"命令实现快速查找、替换和定位操作。

3."视图"菜单

"视图"菜单提供了访问 Visual C♯ 中各种可用窗口和工具的命令,可以使用"视图"菜单打开"服务器资源管理器"、"解决方案资源管理器"、"对象浏览器"、"错误列表"、"属性窗口"、"工具箱"及"其他窗口",还可以使用"视图"菜单控制各种工具栏的显示与否、控制窗口的显示方式及显示属性页等。

4."项目"菜单

"项目"菜单用于向应用程序中添加各种编程元素,如"添加 Windows 窗体"、"添加用户控件"、"添加组件"、"添加类"和"添加引用"等命令,还可以从项目中排除文件,显示所有文件以及显示和修改项目属性等。

5."生成"菜单

"生成"菜单提供了"生成解决方案"等的命令。当设计完成项目并想在脱离 Visual C♯ 的集成开发环境运行时,需要使用"生成"命令。当项目修改后,还可以使用"重新生成"命令。另外,也可以完成"清理"项目和"发布"项目的功能。

6."调试"菜单

"调试"菜单提供了在 Visual C♯ 的集成开发环境下调试、定位及纠正应用程序错误的命令。使用该菜单可以启动和停止运行应用程序,设置断点和异常,也可以通过它启动 Visual C♯ 的编辑器,进行逐句调试或逐过程调试等。

7."数据"菜单

"数据"菜单用于帮助使用来自数据库的信息。使用该菜单可以添加和显示数据源信息,并且可以预览数据源中的数据、添加查询等。

8."格式"菜单

"格式"菜单提供了排列设计器中使用的控件及对其格式化的命令。例如,可以设置控件的对齐方式、大小、水平及垂直间距、在窗体中的位置和顺序等,还可以锁定某个控件以方便编辑。

9."工具"菜单

"工具"菜单提供了一些配置 Visual C♯ 集成开发环境的命令和链接到计算机已安装的外部应用程序的命令。

10."测试"菜单

"测试"菜单提供了创建和编辑测试、管理测试、运行测试和使用测试结果的命令。

11."窗口"菜单

"窗口"菜单提供了处理集成开发环境中窗口的命令。例如,使用该菜单可以新建窗口、拆分窗口;可以设置窗口属性,如浮动、可停靠、选项卡式文档、自动隐藏、隐藏等;还可以设置整个界面的布局、切换窗口、关闭窗口等。

12."社区"菜单

"社区"菜单链接到 Microsoft 的 MSDN(Microsoft Developer Network)开发中心,进行提问、搜索代码片段以及发送产品反馈信息等。

13."帮助"菜单

"帮助"菜单提供了访问 Visual Studio . NET 2005 文档的方式,可以使用目录、索引、搜索等不同方式获取帮助,还可以链接到 Microsoft 网站注册产品、检查更新等。

1.4.2 Visual C♯工具栏

为了快捷方便操作,菜单项中常用的命令按其功能分组放入相应的工具栏中,通过工具栏可以迅速地访问常用的菜单命令。

1.常用的工具栏

常用的工具栏有"标准"工具栏、"调试"工具栏和"文本编辑器"工具栏。

1)"标准"工具栏

选择"视图"|"工具栏"|"标准"菜单命令打开标准工具栏(默认情况下出现该工具栏),它包括大多数常用命令按钮,如"新建项目"、"添加项目"、"打开文件"、"保存文件"、"全部保存"等,"标准"工具栏如图 1.10 所示。

图 1.10 "标准"工具栏

2)"调试"工具栏

选择"视图"|"工具栏"|"调试"菜单命令打开调试工具栏,它包括对应用程序进行调试所使用的快捷方式,"调试"工具栏如图 1.11 所示。

图 1.11 "调试"工具栏

3)"文本编辑器"工具栏

选择"视图"|"工具栏"|"文本编辑器"菜单命令打开文本编辑器工具栏(在编辑代码时

自动出现),它包含代码编辑器使用的一些常用菜单的快捷按钮。"文本编辑器"工具栏如图 1.12 所示,用户可以通过"书签"窗口创建或删除书签,书签用于在文本编辑时快递导航。

图 1.12 "文本编辑器"工具栏

2. 工具栏的显示与隐藏

除常用工具栏外,Visual C#还提供很多其他工具栏,如"格式设置"、"类设计器"、"布局"等工具栏,而默认只显示"标准"工具栏,其他工具栏的显示与否取决于当前正在使用的设计器、工具或窗口,即 Visual C#只显示与当前正在执行的任务相关的工具栏。

如果需要显示或隐藏某些工具栏,只要选择"视图"|"工具栏"命令,然后选中菜单项中相应的工具栏的名称,也可以在工具栏上单击鼠标右键,在弹出的快捷菜单中选择相应的工具栏名称。

1.4.3 Visual C#工具箱

工具箱位于 Visual C#窗口的最左边,主要是用来存放在窗体中建立各种输入输出控件的工具。选择"视图"|"工具箱"命令显示 Visual C#工具箱。

1. 工具箱的操作方式

工具箱的操作有以下两种方式:

1) 弹跳式

Visual C#安装完成后第一次进入时,会以 图标加上直立"工具箱"三个字出现,如图 1.13 所示,称为"工具箱"面板,移动鼠标指向该图标,马上会弹出工具箱以便选定相应的控件,只要在该工具图标上单击就可选定该控件,接着松开鼠标键并移动鼠标到窗体上指定位置,单击鼠标左键拖动鼠标拉出该控件的大小,松开鼠标键后,工具箱自动隐藏。

工具箱的控件拖放到窗体上时会在窗体上产生控件对象(简称为控件),也可以在控件图标上双击,此时自动在窗体的左上角产生控件。

2) 固定式

若窗体上的控件很多时,为了随时都能方便地选定工具箱的工具,可以单击工具箱标题栏中的大头针 图标,此时它变成 图标,并且工具箱固定住不弹回去,可在窗体上做增删控件的编辑工作。当完成窗体设计后,单击 图标自动隐藏工具箱。

图 1.13 弹跳式工具箱

2. 工具箱的控件

Visual C#工具箱如图 1.14 所示。工具箱是一个浮动的树控件,包含有"所有 Windows 窗体"、"公共控件"、"容器"等节点,其中, "所有 Windows 窗体"节点列出所有的控件,如文本框、标签等,其他节点分类列出相应的控件。各节点以"＋"号表示折叠状态,以"－"号表示展开状态,控件可以按字母顺序(默认方式)或以自定义顺序显示它们。

图 1.14　工具箱

3．工具箱窗口的操作

1) 工具箱窗口的移动

要将工具箱窗口移动到其他地方,可按如下操作步骤进行:

(1) 让工具箱变成固定式工具箱。

(2) 用鼠标指向"工具箱"窗口的标题栏将其拖动到所需的位置。

在 Visual C♯ 的集成开发环境中可以随意移动工具箱窗口,这使得工具和开发环境的外观更具灵活性。

2) 工具箱窗口的大小调整

要改变工具箱窗口的大小,可按如下操作步骤进行:

(1) 让工具箱变成固定式工具箱,单击其标题栏中的▼图标。在出现的下拉菜单中选择"浮动"命令。

(2) 此时工具箱窗口处于可自由移动的状态,可以像改变普通窗口一样来对其大小进行调整。例如,将鼠标指针放到窗口的边框进行拖动即可改变窗口的高度或宽度;若将鼠标指针放到窗口的四角处进行拖动,可同时改变窗口的高度和宽度。

注意:如果工具箱窗口处于"自动隐藏"状态,则只能将鼠标放到窗口的右边框改变窗口的宽度。

3) 停靠窗口

在 Visual C♯ 集成开发环境中,一些特殊的编程任务(如用设计器来创建一个用户界面)往往需要足够的空间,这时需要把浮动窗口停靠或附着到一个新位置。工具箱窗口进行停靠设置的操作方法如下:

(1) 让工具箱变成固定式工具箱,单击其标题栏中的▼图标,在出现的下拉菜单中选择"可停靠"命令。

(2) 此时工具箱窗口处于可停靠状态,将鼠标指针放到工具箱的标题栏,单击鼠标,出现停靠箭头,如图 1.15 所示,用户可通过拖动试验不同的位置直到找到合适地点,例如,拖动到"当前窗口上方"的箭头处,则将工具箱放到当前窗口上方。一般地,工具箱窗口应当被安放在一个既方便又不与其他工具重叠的位置上。

注意:要将工具箱窗口恢复到集成开发环境的初始状态,可以选择"窗口"|"重置窗口布局"命令。实际上,只要用户的集成开发环境中的窗口布局混乱,即可选择"窗口"|"重置窗口布局"命令恢复成正常的状态。

1.4.4　解决方案资源管理器

在 Visual Studio 2005 中,项目是一个独立的编程单位,其中包含有窗体文件和其他若干相关文件,若干个项目就组成了一个解决方案。解决方案资源管理器如图 1.16 所示(该解决方案名称为 WindowsApplication1),它以树状的结构显示整个解决方案中包括哪些项

C# 程序设计教程（第2版）

图 1.15　出现停靠箭头

目,以及每个项目的组成信息。包含在项目内的组件成员会依据建立它们所使用的开发语言不同而有所不同,这些成员包括引用、数据连接、数据夹和文件等。

说明:解决方案是管理 Visual Studio 配置、生成和部署相关项目集的方式。项目包含一组源文件以及相关的元数据,如组件引用和生成说明。一个解决方案可以包含由开发小组联合生成的多个项目,以及帮助在整体上定义解决方案的文件和元数据。在创建新项目时,Visual Studio 会自动生成一个解决方案,可以根据需要将其他项目添加到该解决方案中。解决方案资源管理器提供整个解决方案的图形视图,以帮助管理解决方案中的项目和文件。

图 1.16　解决方案资源管理器

在 Visual Studio 2005 中所有包含 C# 代码的源文件都是以 .cs 为扩展名,不管它们是包含窗体,还是普通的 C# 代码。在解决方案资源管理器中显示这个文件,双击就可以对其编辑。

打开解决方案资源管理器窗口有下列两种方法:

- 选择"视图"|"解决方案资源管理器"菜单命令。
- 单击标准工具栏的解决方案资源管理器按钮 。

"解决方案资源管理器"标题栏正下方有一组工具栏命令按钮,此工具栏命令按钮的图标会随着所选定项目改变而改变。各按钮说明如表 1.1 所示。

表 1.1　"解决方案资源管理器"工具栏命令按钮及其说明

按钮	名称	说　　明
	属性	打开属性窗口
	显示所有文件	显示该解决方案下所有的文件,包含已经排除的项目和平常隐藏的项目
	刷新	若多人合作,并且希望刷新其他人员操作文件的本机版本,可单击该按钮以取得当前在本机应用程序中的只读文件的最新版本
	查看代码	切换到程序代码编辑窗口进行程序设计
	查看设计器	切换到窗体编辑窗口进行窗体界面设计
	查看类关系图	查看项目中类之间的关系

1.4.5　属性窗口

Visual C♯采用面向对象的程序设计,编辑程序时要使用到大量的对象,如窗体就是对象,窗体上的控件也是对象。它们都具有许多属性,通过属性窗口可以方便地设置对象的属性。"属性"窗口位于"解决方案资源管理器"窗口的下方,图 1.17 显示了在窗体设计状态时的"属性"窗口。

打开"属性"窗口有下列几种方法:

- 选择"视图"|"属性窗口"菜单命令。
- 在窗体的某个控件上右击鼠标,在快捷菜单中选择"属性"命令。
- 按 F4 键。
- 在"解决方案资源管理器"窗口中单击"属性"按钮 。

"属性"窗口中各组成部分的说明如下。

1. 对象选择列表

通过对象选择列表可以选择项目中存在的对象,选中的对象的属性将显示在属性列表中。

2. 属性列表

属性列表分为两栏,左侧是属性名,右侧是属

图 1.17　"属性"窗口

性的设置值。单击属性名称或属性的设置值都可以选中要设置的属性。属性列表的内容会随着用户选定对象不同而自动改变,从而在设计时可以方便地对窗体、控件等对象设置相关属性。属性的类别比较多,设置的方法也相应较多,如果属性值右侧有"…"或"▼"符号,表示都有预定值可供选择。

注意:"属性"窗口中呈灰色显示的属性为只读属性。

3. "属性"窗口中的工具栏

"属性"窗口还显示一个工具栏,包含的工具按钮及其说明如表 1.2 所示。

表 1.2　属性窗口的工具按钮及其说明

工 具 按 钮	说　明
	将属性列表按类别排序后显示
	将属性列表按字母顺序排序后显示
	显示所选对象的属性列表
	显示所选对象的事件列表
	显示所选对象的属性页对话框

4. 属性说明

属性说明显示当前所选中的属性的说明信息。

Visual C＃集成开发环境提供灵活的窗口布置功能,可以方便地将窗口叠在一起或分开。移动鼠标到需要拖动窗口的标题栏处,按住鼠标左键拖动窗口,将被拖动窗口的光标慢速拖动到任一窗口,会出现一个方向按钮。此时可以拖动窗口并将鼠标移到方向按钮的任一个按钮上,进行窗口叠在一起的操作,若将鼠标移到方向按钮的上方,则被拖拽的窗口会叠在该窗口的上方。如图 1.18 所示,拖动"属性"窗口到"解决方案资源管理器"窗口且鼠标移到方向按钮的下方,窗口会叠在"解决方案资源管理器"窗口的下方。

图 1.18　将"属性"窗口叠在"解决方案资源管理器"窗口下方

1.4.6　窗体设计器

当创建和打开一个 C＃项目时,在其集成开发环境中的中间工作区域,将显示一个 Windows 窗体设计器,如图 1.19 所示。

窗体是一个容器,能够放置应用程序所需要的所有控件,以及图形和图片,并可随意改变大小或移动。窗体设计器是用于设计和编制应用程序的用户接口,即设计应用程序的界面。Visual C＃应用程序的设计以窗体为依托进行设计。应用程序中的每一个窗口都有它自己的窗体设计器,其中最常用的窗体设计器是 Windows 窗体设计器。在这个窗体设计器上可以拖放各种控件,以创建 Windows 应用程序界面。除此之外,还有用于创建 Web 界面的 Web 窗体设计器。

一个项目可以有多个窗体,但这些窗体必须有不同的名称,以免运行时发生错误。默认状态下窗体分别以 Form1、Form2、Form3 等命名。用户也可以创建自己想用的新名称。

集成开发环境中间的工作区通常用来显示窗体设计器和代码编辑窗口,当然也可以将别的功能窗口拖动到这个位置上来。单击窗体设计器上方的 Form1.cs 选项卡可以切换到代码窗口,单击"Form1.cs[设计]"选项卡可以切换到窗体设计器。

图 1.19　窗体设计器

1.4.7　代码编辑窗口

代码编辑窗口是专门用来进行代码设计的窗口,各种事件过程、模块和类等源程序代码的编写和修改均在此窗口进行。每一个窗体都有一个对应程序代码编辑窗口。代码编辑窗口如图 1.20 所示,这里是窗体 Form1 的代码编辑窗口。

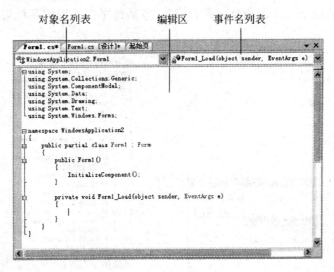

图 1.20　代码编辑窗口

打开代码编辑窗口有下列几种方法:

- 选择"视图"|"代码"菜单命令。
- 按 F7 键。
- 双击窗体或者窗体上的一个控件。
- 在窗体的某个控件上右击,在快捷菜单中选择"查看代码"命令。
- 在"解决方案资源管理器"窗口中单击"查看代码"按钮 。

代码编辑窗口中各组成部分的功能说明如表 1.3 所示。

C#程序设计教程(第 2 版)

表 1.3　各部分功能说明

组　成　部　分	说　　　明
编辑区	用来存放或编辑程序代码的地方
对象名列表	用来选定窗体以及窗体上各控件或其他对象类
事件名列表	所选对象的事件名称

在如图 1.20 所示的代码编辑窗口中,窗体名称 Form1 作为类名,其中有两个事件过程名称,即 Form1_Load 和 Button1_Click,它们的过程体都是空的,用户可以在编辑区中编写它们对应的 C#代码,以便实现相应的功能,有关程序设计的内容将在后面介绍。

1.4.8　其他窗口

1. "类视图"窗口

选择"视图"|"类视图"菜单命令,打开"类视图"窗口。在如图 1.21 所示的"类视图"窗口中,按照树状结构列出了解决方案里各个类,以及其中包含的事件、方法和函数等。双击视图中的一个元素,即可打开这个元素的代码窗口,这对于浏览代码来说是一种很方便的方式。

2. 对象浏览器

选择"视图"|"对象浏览器"菜单命令,打开"对象浏览器"窗口,如图 1.22 所示,在其中可以方便地查找程序中使用的所有对象的信息,包括程序中引用的系统对象和用户自定义的对象。

图 1.21　"类视图"窗口

图 1.22　"对象浏览器"窗口

3. "输出"窗口

选择"视图"|"输出"菜单命令,打开"输出"窗口,如图 1.23 所示,在其中可以输出程序运行时产生的信息,包括应用程序中设定要输出的信息和编程环境给出的信息。

4. 命令窗口

选择"视图"|"其他窗口"|"命令窗口"菜单命令,打开"命令窗口",如图 1.24 所示,它为用户提供了一个用命令方式与系统交互的环境。在命令窗口中可以直接使用 Visual Studio

2005 的各种命令,例如,直接输入 toolbox 命令,就可以调出工具箱。

图 1.23　"输出"窗口

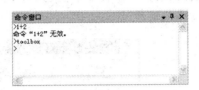

图 1.24　命令窗口

5. 错误列表窗口

选择"视图"|"错误列表"菜单命令,打开"错误列表"窗口,如图 1.25 所示,在其中显示程序的执行错误,便于程序调试。

图 1.25　"错误列表"窗口

1.4.9　帮助系统

在 Visual Studio 2005 中,有多种手段可以迅速获取帮助信息,这些信息帮助学习和应用 Visual Studio 2005。

1. 使用动态帮助

Visual Studio 2005 提供了动态帮助技术,利用"动态帮助"窗口可以实时跟踪当前操作的内容。"动态帮助"窗口是通过"帮助"菜单下的"动态帮助"命令打开,这是一个与上下文相关的帮助系统,当单击不同的控件或将光标在代码的不同关键字上移动时,"动态帮助"窗口中显示的内容将会随之发生变化。

2. 使用 MSDN 帮助方式

在 Visual Studio 2005 集成开发环境中,帮助文件采用了全新的 MSDN 文档的帮助方式。选择"帮助"菜单下的"如何实现"、"目录"、"索引"、"搜索"和"帮助收藏夹"等命令都可以打开 MSDN 窗口,MSDN 窗口由两个区域组成,左边的区域为导航区,右边的区域为帮助内容显示区,用户可以方便地查找需要帮助的内容。

1.5　编辑器设置

用户还可以根据需要来配置自己个性化的开发环境的外观和行为。设置方法是选择"工具"|"选项"菜单命令,显示如图 1.26 所示的"选项"对话框。

C# 程序设计教程(第 2 版)

　　"选项"对话框分左右两部分,左侧是设置项目的树型列表,右侧是当前项目的设置内容。左侧的设置项目有多个类别,每个类别都有若干项,常用的有"环境"、"项目和解决方案"、"文本编辑器"等。

图 1.26 　"选项"对话框

1. "环境"选项

　　"环境"选项主要用于设置集成开发环境的外观,图 1.26 是"环境"选项中的"常规"设置。例如,对于"窗口"菜单中显示的项,可以输入 1～24 的任意一个数字,其默认值为 10,若改为 4,则在集成开发环境中只列出最近的 4 个项目。

2. "项目和解决方案"选项

　　"项目和解决方案"选项主要用于设置 Visual C# 的项目和解决方案。其中常用的"常规"选项可以设置项目的保存位置、用户项目模板位置、用户模板位置等,如将项目位置设为 H:\C#2005 文件夹,如图 1.27 所示。

图 1.27 　"项目和解决方案"的"常规"选项

3. "文本编辑器"选项

　　"文本编辑器"选项主要用于对文本编辑工具进行设置,如图 1.28 所示。

　　"选项"对话框中还有很多设置,用户可以根据自己的需要来定制,这里不再一一进行介绍。

图 1.28　"文本编辑器"的"常规"选项

练习题 1

1. 单项选择题

(1) . NET Framework 将_____定义为一组规则,所有. NET 语言都应该遵守这个规则才能创建可以与其他语言互操作的应用程序。

A. CLR　　　　　　B. JIT　　　　　　C. MSIL　　　　　D. ADO. NET

(2) 在 Visual Studio. NET 窗口中,在_____窗口中可以察看当前项目的类和类型的层次信息。

A. 解决方案资源管理器　B. 类视图　　　C. 资源视图　　　D. 属性

(3) 在. NET Framework 中,MSIL 是指_____。

A. 接口限制　　　　B. 中间语言　　　C. 核心代码　　　D. 类库

(4) _____是独立于 CPU 的指令集,它可以被高效地转换为本机机器代码。

A. CLR　　　　　　B. CLS　　　　　　C. MSIL　　　　　D. Web 服务

(5) _____包含在. NET Framework 的各语言之间兼容的数据类型。

A. JIT　　　　　　B. CTS　　　　　　C. CLS　　　　　D. MSIL

(6) C#源代码经过_____次编译,才能在本机上执行。

A. 1　　　　　　　B. 2　　　　　　　C. 3　　　　　　　D. 0

(7) 所有. NET 支持的编程语言编写的源代码经过一次编译后,被编译成_____。

A. 机器代码　　　　B. C#源代码　　　C. CLS 代码　　　D. MSIL 代码

(8) 在. NET 中,关于 CLR 和 MSIL 的叙述中正确的是_____。

A. 应用程序在 CLR 环境被编译成 MSIL,MSIL 将能够被任何计算机执行

B. 应用程序被编译两次,第一次生成 MSIL,MSIL 在运行时被 CLR 快速编译

C. 应用程序被编译两次,但是第二次 CLR 编译比第一次慢

D. 借取 CLR,MSIL 被编译成机器代码,该机器代码能够在不同计算机下执行

(9) CLR 为. NET 提供以下方面的功能或者服务,除了_____。

A. 无用存储单元收集　　　　　　　　　B. 代码验证和类型安全

C. 代码访问安全   D. 自动消除程序中的逻辑错误

(10) .NET Framework 是一种新的开发平台,它具有两个主要组件,分别是_____和. NET 基础类库。

A. 公共语言运行库   B. Web 服务

C. 命名空间   D. Main()函数

2. 问答题

(1) 简述 C 语言的基本特点。

(2) 如何启动和退出 Visual C♯ 系统?

(3) Visual C♯ 系统集成环境包括哪几个窗口? 各有什么功能?

3. 上机实验题

上机了解 Visual C♯ 2005 实验环境,了解 Visual C♯ 2005 系统的菜单功能和各工具栏的使用方法。

简单的 C♯ 程序设计　第 2 章

在 Visual Studio. NET 2005 平台中使用 C♯ 可以创建各种类型的应用程序,本章通过简单的示例说明两种类型的应用程序,即控制台应用程序和 Windows 窗体应用程序的设计过程。

本章学习要点:
- 掌握使用 C♯ 创建控制台和 Windows 窗体应用程序的过程。
- 掌握 Windows 应用程序中标签、文本框和命令按钮等控件的基本使用方法。
- 掌握 C♯ 项目的组成和管理。

2.1　创建第一个 Windows 控制台应用程序

控制台应用程序使用标准命令行输入和输出,而不是用窗体进行输入和输出。控制台应用程序使用 System. IO 命令空间中的类处理输入和输出。也就是说,控制台应用程序使用统一的重定向文本输出形式,也就是从控制台(键盘)获取用户输入的信息,在运算后向控制台(屏幕)输出信息。这类应用程序适合于交互性操作较少、主要偏重内部功能实现的场合。

2.1.1　控制台应用程序示例

下面通过一个简单的示例介绍控制台应用程序的创建过程。

【例 2.1】　创建一个控制台应用程序,求用户输入的两个整数的和。

解:设计过程如下:

(1) 启动 Visual Studio. NET 2005。

(2) 创建项目。在"文件"菜单上,单击"新建项目",此时将打开"新建项目"对话框。选择"控制台应用程序",输入项目名称 Proj2_1,指定位置为 H:\C♯2005\ch2,如图 2.1 所示,然后单击"确定"按钮。

说明:在第一次创建一个新项目时,它只存在于内存中。关闭 Visual Studio. NET 2005 集成开发环境时,将提示保存或放弃该项目,出现"保存项

目"对话框(在设计时选择"文件"|"全部保存"命令也出现同样的对话框),可以取一个更有意义的项目名称和选择相应的位置保存(这里将 Proj2_1 项目保存在 H:\C♯2005\ch2 文件夹中)。在设计应用程序时应及时进行保存以避免因停电等事件导致程序丢失。

图 2.1　选择"控制台应用程序"

（3）出现如图 2.2 所示的界面,将光标移到编辑窗口中,输入如下程序(只输入其中的黑体部分,其余部分由系统自动生成)：

图 2.2　"控制台应用程序"设计界面

```
using System;
using System.Collections.Generic;
using System.Text;
namespace Proj2_1                                    //定义命名空间
{   class Program                                    //定义类
    {   static void Main(string[] args)
        /* 程序入口,static 表示静态方法。void 表示该方法没有返回值,
        args 是形参,它是一个字符串数组 */
        {   int a, b, c;                             //定义变量
            Console.Write("a:");                     //输出屏幕提示信息
            a = int.Parse( Console.ReadLine());      //从键盘获取字符串并转换成整数
            Console.Write("b:");
            b = int.Parse(Console.ReadLine());
            c = a + b;                               //加法运算
            Console.WriteLine("a + b = {0}", c);     //输出结果
        }
    }
}
```

在上述代码中,namespace Proj2_1 用于创建一个命名空间 Proj2_1(每个项目对应一个命名空间,通常该命名空间与项目同名),其中有一个程序类 Program,该类包含一个静态 Main 方法。Main 方法中包含要完成本控制台应用程序功能的语句。

说明:从图 2.2 中的"解决方案资源管理器"窗口看到,本例项目包含在一个解决方案之下,两者有什么区别呢? 一个应用程序可能包含一个或多个可执行程序,所有这些可执行程序的集合叫做一个解决方案。为了生成一个可执行程序,可能需要有一个或多个文件,例如,窗体文件和资源文件,所有这些文件的集合叫做一个项目,因此项目是为了创建一个可执行程序所必需的所有文件的集合。而一个解决方案可能包含多个项目。为了方便管理项目和项目所在的方案,Visual C# 2005 提供了"解决方案资源管理器"窗口用来显示一个解决方案的树形结构,通常一个项目放在一个文件夹中。对于本例,默认的解决方案名称为 Proj2_1(对应 H:\C#2005\ch2\Proj2_1 文件夹),其中包含一个项目,其名称也为 Proj2_1(对应 H:\C#2005\ch2\Proj2_1\Proj2_1 文件夹)。

(4) 单击标准工具栏中的 ■ 按钮保存项目。按 Ctrl+F5 键(对应为"调试"|"开始执行(不调试)"菜单命令的快捷键)执行程序,输入 10 和 20,输出结果如图 2.3 所示。

这样,本例控制台应用程序设计完毕。后面几章中的示例均通过设计这类程序来说明 C# 的相关概念,读者应充分掌握控制台应用程序的设计过程。

图 2.3　Proj2_1 项目运行结果

2.1.2　控制台应用程序项目的组成

Proj2_1 项目(对应 Proj2_1.sln 解决方案文件和 Proj2_1.csproj 项目文件)的组成如图 2.4 所示,主要包括以下几个部分:

1. Properties 部分

有一个 AssemblyInfo.cs 文件,它保存程序集的信息,其中包含程序集版本号、说明和

C#程序设计教程(第 2 版)

版权信息等,该程序的内容如下:

```
using System.Reflection;
using System.Runtime.CompilerServices;
using System.Runtime.InteropServices;
//有关程序集的常规信息通过下列属性集控制
//更改这些属性值可修改与程序集关联的信息
[assembly: AssemblyTitle("Proj2_1")]
[assembly: AssemblyDescription("")]
[assembly: AssemblyConfiguration("")]
[assembly: AssemblyCompany("番茄花园")]
[assembly: AssemblyProduct("Proj2_1")]
[assembly: AssemblyCopyright("版权所有 (C) 番茄花园 2008")]
[assembly: AssemblyTrademark("")]
[assembly: AssemblyCulture("")]
//将 ComVisible 设置为 false 使此程序集中的类型
//对 COM 组件不可见。如果需要从 COM 访问此程序集中的类型,
//则将该类型上的 ComVisible 属性设置为 true
[assembly:ComVisible(false)]
//如果此项目向 COM 公开,则下列 GUID 用于类型库的 ID
[assembly:Guid("a45388b1 - 4e70 - 4af8 - a9cd - 9637e59a60f1")]
// 程序集的版本信息由下面四个值组成:
//
//      主版本
//      次版本
//      内部版本号
//      修订号
//
[assembly:AssemblyVersion("1.0.0.0")]
[assembly:AssemblyFileVersion("1.0.0.0")]
```

图 2.4 Proj2_1 项目的组成

上述代码包含程序集的设置信息,设置内容包含在一对中括号[]中,用户可以直接修改相关信息,如版本号等,也可以选择"项目"|"Proj2_1 属性"命令,在出现的对话框中单击"程序集信息"按钮,再修改相关信息。

2. 引用部分

C#中含有超过 1000 个的类,为了便于管理和使用,需要对它们进行分类,每个类都放在自己的类别中,这个类别就称为命名空间,使用这些类应导入相应的命名空间。本项目的"引用"部分指出该项目所引用的命名空间,包括 System、System.Collections.Generic 和 System.Text 等 3 个命名空间。.NET Framework 中常用的命名空间如下:

- System:包含基本类和基类,这些类定义常用的值和引用数据类型、事件和事件处理程序、接口、属性和异常处理等。
- System.Collections:包含的接口和类用于定义各种对象集合。
- System.Collections.Generic:包含定义泛型集合的接口和类。
- System.Text:包含表示 ASCII、Unicode、UTF-7 和 UTF-8 字符编码的类。
- System.ComponentModel:包含用于实现组件和控件运行时和设计时行为的类。
- System.Data:包含构成 ADO.NET 模型的类。

- System. Drawing：包含访问 GDI＋基本图形功能的类。
- System. Windows. Forms：包含可创建基于 Windows 应用程序的类,这些应用程序将充分利用 Windows 操作系统中提供的丰富用户界面功能。
- System. Threading：包含多线程程序设计的类和接口。
- System. IO：包含用于支持数据流和文件读写的类。
- System. Xml：包含支持 XML 文档处理的类。
- System. Web：包含启用浏览器/服务器通信的类和接口。
- System. Web. UI：包含创建 Web 窗体的类。
- System. Web. UI. WebControls：包含创建 ASP. NET 服务器控件的类。

另外,如同在 C 语言程序中使用 printf 函数时需加上 ＃ include ＜stdio. h＞(因为 printf 函数的声明包含在 stdio. h 头文件中)一样,C# 中使用 using 关键字来导入命名空间。例如,Console 类在命名空间 System 中声明,使用 Console 类(这里使用它的 ReadLine 和 WriteLine 方法)时就应该使用 using System 语句导入 System 命名空间,如果不引入该命名空间,在使用 Console 的方法时需要加上 System. 前缀,如本例程序中若在引用部分不包含 using System 语句时,Console. ReadLine()应改为 System. Console. readLine()。

此外,C# 是一种纯面向对象的程序设计语言,设计一个程序就是设计一个或多个类,为了避免自己的类与系统中的类名发生重名冲突,每个程序都包含在默认的命令空间中,默认的命令空间和项目名相同,例如,Proj2_1 项目的默认命名空间为 Proj2_1(如代码第 4 行 namespace Proj2_1 所示)。

3. Program. cs 部分

它是 C# 应用程序文件,包含 C# 源代码(C# 源代码文件的扩展名为. cs)。在例 2.1 中,H:\C#2005\ch2\Proj2_1 文件夹对应解决方案 Proj2_1,其中有一个 Proj2_1. sln 文件和 Proj2_1 文件夹,前者是解决方案文件,后者对应 Proj2_1 项目,它又包含若干文件夹和 Proj2_1. csproj 文件,Proj2_1. csproj 文件是 Proj2_1 项目对应的项目文件。为了修改以前的程序,必须打开保存的项目文件(. csproj)或解决方案文件(. sln)。

C# 创建一个项目就是定义若干个类。Proj2_1 项目对应的命名空间为 Proj2_1,其中包含一个 Program 类,也可以根据需要定义其他类。Program 类中有一个静态 Main 函数(也称为方法,其首字母为大写,后面 3 个字母为小写),它为入口主函数(类似于 C 语言的 main 函数)。其特点如下:

- Main 方法是程序的入口点,用于控制程序的开始和结束。
- Main 方法在类或结构的内部声明。它必须为静态方法,而不应为公共方法(在上面的示例中,它接受默认访问级别 private)。
- Main 方法具有 void 或 int 返回类型。
- 声明 Main 方法时既可以使用参数,也可以不使用参数。
- 参数可以作为从零开始索引的命令行参数来读取。
- 与 C/C++不同,程序的名称不会被当作第一个命令行参数。

说明：C# 的可执行程序必须包含一个 Main 方法,用于控制程序的开始和结束。Main 方法是驻留在类或结构内的静态方法,可以带形参也可以不带形参,其返回值可以是 void 类型或 int 类型。

2.1.3　控制台应用程序中的基本元素

实际上,不考虑类、命名空间等其他部分,例 2.1 程序就像一个简单的 C 语言程序,有关类的内容将在"第 6 章面向对象程序设计"进行介绍,下面仅介绍 C♯程序的基本元素。

1. 注释

在 C♯语言中,提供了如下两种注释方法:

(1) 每一行中"//"后面的内容为注释部分,通常用于单行注释。

(2) "/ * "和" * /"之间的内容为注释部分,通常用于多行注释。

2. 输入方法 Console.ReadLine()

Console.ReadLine()方法用于获取控制台输入的一行字符串(若只输入一个字符,可用 Console.Read()方法),该方法类似于 C 语言的 scanf 函数,但 ReadLine()方法只能输入字符串,若要输入数值,需将输入的字符串转换成相应的数值。Read()和 ReadLine()两个方法都在按 Enter 键时终止。

3. 输出方法 Console.WriteLine()

Console.WriteLine()方法将数据输出到控制台并加上一个回车换行符(若不加回车换行符,可用 Console.Write()方法),该方法类似于 C 语言的 printf()函数,可以采用"{N[, M][:格式化字符串]}"的形式来格式化输出字符串,其中的参数含义如下:

- 花括号({}):用来在输出字符串时插入变量的值。
- N:表示输出变量的序号,从 0 开始,例如当 N 为 0 时,则对应输出第 1 个变量的值;当 N 为 1 时,则对应输出第 2 个变量的值,依次类推。
- [,M]:可选项,其中 M 表示输出的变量所占的字符个数。当这个变量的值为负数时,输出的变量按照左对齐方式排列;如果这个变量的值为正数时,输出的变量按照右对齐方式排列。
- [:格式化字符串]:可选项,因为在向控制台输出时,常常需要指定输出字符串的格式。通过使用标准数字格式字符串,可以使用 Xn 的形式来指定结果字符串的格式,其中 X 指定数字的格式,n 指定数字的精度,即有效数字的位数。这里提供 8 个常用的格式字符,如表 2.1 所示。

表 2.1　标准格式字符

格式字符	含　　义	示　　例	输出结果
c 或 c	将数据转换成货币格式	Console.WriteLine("{0,5:c}", 123.456);	￥123.46
D 或 d	整数数据类型格式	Console.WriteLine("{0:D4}", 123);	0123
E 或 e	科学计数法格式	Console.WriteLine("{0:E4}", 123.456);	1.2346E＋002
F 或 f	浮点数据类型格式	Console.WriteLine("{0:f4}", 123.456);	123.4560
G 或 g	通用格式	Console.WriteLine("{0:g}", 123.456);	123.456
N 或 n	自然数据格式	Console.WriteLine("{0:n}", 123.456);	123.46
X 或 x	十六进制数据格式	Console.WriteLine("{0:x}", 12345);	3039

4. 数据转换

由于 ReadLine()方法只能输入字符串,为了输入数值,需要进行数据类型的转换。C♯

中每个数据类型都是一个结构,它们都提供了 Parse()方法,以用于将数字的字符串表示形式转换为等效数值。

在前面示例中,int. Parse(x)就是调用 int 的 Parse()方法将数字的字符串表示形式 x 转换为它的等效 16 位有符号整数。同样,Single. Parse(x)将数字的字符串表示形式 x 转换为它的等效单精度浮点数字,double. Parse(x)将数字的字符串表示形式 x 转换为它的等效双精度浮点数字。

2.2 创建第一个 Windows 应用程序

这里的 Windows 应用程序指的是窗体应用程序,它采用的是用户熟悉的 Windows 图形用户界面,其中包含各种输入控件(如按钮和列表框)。也就是说,Windows 应用程序实现 C/S 模式的功能和用户操作界面,借助 Windows 窗体界面进行数据的输入和输出。这类应用程序适合于交互性操作较多的场合。窗体应用程序使用 System. Windows. Forms 命名空间中的类。

2.2.1 Windows 应用程序示例

下面通过一个简单的示例介绍 Windows 应用程序的创建过程。

【例 2.2】 设计一个 Windows 应用程序,其初始运行界面如图 2.5 所示,当用户在前两个文本框中输入数后单击"计算"命令按钮,其结果如图 2.6 所示,即在第 3 个文本框中显示相加的计算结果。

图 2.5 应用程序初始界面　　　图 2.6 单击"计算"命令按钮后的结果

解：设计过程如下:

(1) 启动 Visual Studio. NET 2005。

(2) 创建项目。在"文件"菜单上,单击"新建项目",此时将打开"新建项目"对话框。选择"Windows 应用程序",输入项目名称 Proj2_2,指定位置为 H:\C#2005\ch2,然后单击"确定"按钮。

(3) 出现如图 2.7 所示的界面。任何 Windows 应用程序都是由一个或多个不同的窗体组成的。可用窗体来显示信息,允许用户输入数据,或提供一组选项来让用户选择。图 2.6 的运行界面就是对应一个窗体。在刚创建 Windows 窗体应用程序项目时会自动添加一个窗体 Form1,此时该窗体是空的,不包含任何控件。

(4) 设计窗体界面,就是向窗体中添加控件并调整其位置。

① 添加 3 个文本框。选择"工具箱"的"公共控件"选项卡,选择 abl TextBox 控件,将其拖拽到窗体上,在窗体上自动生成一个文本框控件 textBox1。采用同样的方式在窗体上再放置两个文本框控件 textBox2 和 textBox3。

C# 程序设计教程(第 2 版)

图 2.7　新建一个项目 Proj2_2

② 添加两个标签。从"工具箱"中选择 **A Label** 控件,将其拖放到窗体上,在窗体上自动生成一个标签控件 label1。采用同样的方式在窗体上再放置一个标签 label2。

③ 添加一个命令按钮。从"工具箱"中选择 **ab Button** 控件,将其拖放到窗体上,在窗体上自动生成一个命令按钮控件 button1。

④ 调整上述控件的位置。用鼠标拖动控件将它们放在合适的位置,设计 Form1 窗体的初始界面如图 2.8 所示。

(5) 设置控件的属性。通过控件属性的设置可以改变其外观和标题信息等。

① 设置标签属性。用鼠标指针选中 label1 控件,右击鼠标,在出现的快捷菜单中选择"属性"命令,在其"属性"窗口中选择 Text 属性,在属性值中输入"+",如图 2.9 所示。再选择 Font 属性,在 Font 属性行单击 ... 按钮,出现如图 2.10 所示的"字体"对话框,在选择字体、字形和大小后,单击"确定"按钮生效。最后选择 ForeColor 属性行的 ▼ 按钮,选择"自定义"选项卡,从中选择合适的颜色,如图 2.11 所示。

图 2.8　窗体 Form1 的设计界面

图 2.9　设计 label1 的 Text 属性

图 2.10　"字体"对话框

图 2.11　设置 ForeColor 属性

② 设置文本框属性。textBox1 和 textBox2 两个文本框保持属性的默认设置，将 textBox3 改为只读的。用鼠标指针选中 textBox3 控件，右击鼠标，在出现的快捷菜单中选择"属性"命令，在其属性窗口中选择 ReadOnly 属性，将其选择为 True 值，如图 2.12 所示。

③ 设置命令按钮属性。用鼠标指针选中 button1 控件，右击鼠标，在出现的快捷菜单中选择"属性"命令，在其属性窗口中选择 Text 属性，在属性值中输入"计算"。像设置标签的字体一样将命令按钮的字体设置为"粗体"。

（6）编写代码。在窗体中空白处双击，出现其代码编辑窗口，如图 2.13 所示，将其改为如下代码（只输入其中的黑体部分，其余部分由系统自动生成）：

图 2.12　设置 textBox3 的 ReadOnly 属性

图 2.13　代码编辑窗口

```
using System;
using System.Collections.Generic;
using System.ComponentModel;
using System.Data;
using System.Drawing;
using System.Text;
using System.Windows.Forms;
namespace Proj2_2
```

```
{   public partial class Form1 : Form
    {
        public Form1()
        {   InitializeComponent();   }
        private void button1_Click(object sender, EventArgs e)
        {   int a, b, c;
            a = Convert.ToInt16(textBox1.Text);     //将文本框中的串转换成整数赋给 a
            b = Convert.ToInt16(textBox2.Text);
            c = a + b;                              //实现加法运算
            textBox3.Text = Convert.ToString(c);    //在文本框中显示结果
        }
    }
}
```

上述代码中,建立一个命名空间 Proj2_2,其中有一个类 Form1(它是从 Form 窗体类派生的子类,partial 表示它是部分类,即类声明不完整,有一部分在其他文件中,合起来构成 Form1 类的完整声明),该类包含一个 Form1 构造函数,通过调用 Form 类的 InitializeComponent()方法完成窗体界面的显示等工作;另一个是 button1_Click()事件过程,其功能是将 textBox1 和 textBox2 两个文本框中字符串值转换成整数,再进行相加运算,并将结果显示在 textBox3 文本框中。

(7) 运行程序。单击工具栏中启动按钮 ▶ 或按 F5 键运行应用程序,程序运行结果如图 2.5 和图 2.6 所示。

2.2.2 Windows 应用程序项目的组成

Proj2_2 项目(对应 Proj2_2.sln 解决方案文件和 Proj2_2.csproj 项目文件)的组成如图 2.14 所示,主要包括以下几个部分:

1. Properties 部分

Properties 部分包含 AssemblyInfo.cs 文件(用于保存程序集的信息)、Resources.Designer.resx 文件(项目资源文件)和 Settings.Designer.cs(项目设置文件)。

2. 引用部分

引用部分包含本项目所引用的命名空间,这里包括 System、System.Data 等 6 个命名空间。

3. Form1.cs 部分

Form1.cs 部分包含 Form1 窗体的 C# 设计代码 (Form1.Designer.cs 是由用户的设计操作自动生成的代码)和资源(Form1.resx)。若一个项目有多个窗体,每个窗体都像 Form1.cs 一样包含有对应的 C# 设计代码。

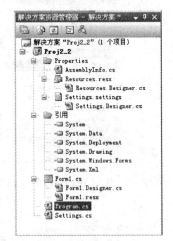

图 2.14 Proj2_2 项目的组成

4. Program.cs 部分

Program.cs 部分是 C# 应用程序文件,定义了一个 Program 类,其中包含应用程序的主入口点 Main 方法。

5．Settings.cs 部分

Settings.cs 部分是 C♯程序文件，用户可以指定处理设置类的事件等。

尽管 Windows 应用程序项目包含很多文件，但绝大部分是由系统自动生成的，初学者不必理会它们，通常只需通过窗体设计来改变 Form1 等窗体的内容。

2.2.3　Windows 应用程序中的基本元素

Windows 窗体应用程序设计就是设计一个个的窗体，每个窗体实现一定的功能。一个窗体就是一个类。每个窗体类由若干属性和方法组成，这些内容在第 1 章已介绍，还在例 2.2 中窗体类 Form1 进行了简单说明。

Form1 类是从 Form 类派生的，它包含构造函数 Form1()和事件过程 button1_Click()，前者调用父类 Form 的 InitializeComponent()方法生成标签、文本框和命令按钮等控件的可视化对象代码，后者在用户单击 Button1 命令按钮时执行。

在 button1_Click()事件过程中，声明了 a、b 和 c 等 3 个整型变量，其中 a、b 分别获取用户在文本框 textBox1、textBox2 中输入的值。由于文本框中的值均为字符串，所以调用 Convert 类的 ToInt16 方法将文本框中的值转换成整数。将 a、b 值相加后存放在整型变量 c 中，通过 textBox3 文本框显示出来，由于文本框只能显示字符串，所以又要通过 Convert 类的 ToString 方法将 c 转换成字符串，然后再显示。

练习题 2

1．单项选择题

(1) 控制台应用程序使用_____命名空间中的类处理输入和输出。

A．System.IO
B．System.Web
C．System.Windows.Forms
D．System.Data

(2) Windows 应用程序使用_____命名空间中的类处理输入和输出。

A．System.IO
B．System.Web
C．System.Windows.Forms
D．System.Data

(3) _____类型的应用程序适合于交互性操作较少的情况。

A．Windows 应用程序
B．控制台应用程序
C．Web 应用程序
D．以上都不是

(4) 以下对 Read()和 ReadLine()方法的叙述中正确的是_____。

A．Read()方法一次只能从输入流中读取一个字符
B．使用 Read()方法可以从输入流中读取一个字符串
C．ReadLine()方法一次只能从输入流中读取一个字符
D．ReadLine()方法只有当用户按下 Enter 键时返回，而 Read()方法不是

(5) 以下对 Write()和 WriteLine()方法的叙述中正确的是_____。

A．Write()方法在输出字符串的后面添加换行符
B．使用 Write()方法输出字符串时，光标将会位于字符串的后面
C．使用 Write()和 WriteLine()方法输出数值变量时，必须要先把数值变量转换成字符串

D. 使用不带参数的 WriteLine()方法时,将不会产生任何输出

(6) 以下的 C#代码:

```
static void Main(string[] args)
{
    Console.WriteLine("运行结果:{0}",Console.ReadLine());
    Console.ReadLine();
}
```

运行结果为_____。

A. 在控制台窗口显示"运行结果:"

B. 在控制台窗口显示"运行结果:{0}"

C. 在控制台窗口显示"运行结果:,Console.ReadLine"

D. 如果用户在控制台输入"A",那么程序将在控制台显示"运行结果:A"

(7) 假设变量 x 的值为 25,要输出 x 的值,以下正确的语句是_____。

A. System. Console. WriteLine("x")

B. System. Console. WriteLine("x")

C. System. Console. WriteLine("x={0}",x)

D. System. Console. WriteLine("x={x}")

(8) 以下关于控制台应用程序和 Windows 应用程序的叙述中正确的是_____。

A. 控制台应用程序中有一个 Main 静态方法,而 Windows 应用程序中没有

B. Windows 应用程序中有一个 Main 静态方法,而控制台应用程序中没有

C. 控制台应用程序和 Windows 应用程序中都没有 Main 静态方法

D. 控制台应用程序和 Windows 应用程序中都有 Main 静态方法

2. 问答题

(1) 简述创建控制台应用程序的一般过程。

(2) 简述创建 Windows 窗体应用程序的一般过程。

(3) 简述 Windows 窗体、文本框、标签和命令按钮有哪些主要的属性。

(4) 简述控制台项目的组成。

(5) 简述 Windows 窗体项目的组成。

3. 上机实验题

按照本章的两个示例给出的操作步骤,上机练习,掌握设计控制台应用程序和 Windows 窗体应用程序的一般方法。

C♯程序设计基础

C♯程序是由一系列的语句组成的,用以完成某一项任务。程序设计是指规划并创建程序的过程。在编写较复杂的 C♯程序之前,必须掌握它的一些基本要素,包括标识符、数据类型、变量、常量、运算符和表达式等,此外,还需了解 C♯中提供的一些常用类和结构的使用方法。

本章学习要点:

- 掌握使用 C♯标识符的概念。
- 掌握 C♯中数据类型的概念以及值类型和引用类型的异同。
- 掌握各种值类型之间的转换方式。
- 掌握常量和变量的使用方法。
- 掌握结构类型和枚举类型的声明和使用方法。
- 掌握 C♯提供的各种类型的运算符及其功能。
- 掌握 C♯中常用类和结构的使用方法。

3.1 标识符

标识符是程序中用户定义的一些有意义的名称,例如变量和函数的名称。C♯的标识符必须遵守以下规则:

- 所有的标识符只能由字母、数字和下划线这 3 类字符组成,且第一个字符必须为字母或下划线。
- 标识符中不能包含空格、标点符号、运算符等其他符号。
- 标识符严格区分大小写。
- 标识符不能与 C♯关键字名相同。
- 标识符不能与 C♯中的类库名相同。

C♯的关键字如下:

abstract	as	base	bool	break
byte	case	catch	char	checked
class	const	continue	decimal	default
delegate	do	double	else	enum
event	explicit	extern	false	finally
fixed	float	for	foreach	goto
if	implicit	in	int	interface
internal	is	lock	long	namespace
new	null	object	operator	out
override	params	private	protected	public
readonly	ref	return	sbyte	sealed
short	sizeof	stackalloc	static	string
struct	switch	this	throw	true
try	typeof	uint	ulong	unchecked
unsafe	ushort	using	virtual	void
volatile	while			

例如,以下是合法的标识符:

_Stud、first、Name1、_234

以下是不合法的标识符及其出错原因说明:

```
2nd          //标识符不能以数字开头
one + three  //标识符中不能使用"+"号
L.Mary       //标识符中不能使用"."号
L Mary       //标识符中不能有空格
```

3.2 C♯中数据类型

C♯是一种强类型语言,每个变量和常量都有一个数据类型,每个表达式的值也有一个数据类型。C♯中数据类型的分类如图3.1所示,从图中看到,C♯数据类型分为值类型和引用类型两大类。

另外,将结构、类、接口和枚举类型称为自定义类型,将简单类型、object(对象)和string(字符串)类型称为内置数据类型。在C♯中每个内置数据类型中存储的信息可以包括如下内容:

- 该类型的变量所需的存储空间。
- 该类型可以表示的最大值和最小值。
- 该类型包含的成员(方法、字段、事件等)。
- 该类型所继承的基类型。
- 将在运行时为其分配变量内存的位置。
- 允许的运算种类。

C♯编译器使用类型信息确保代码中执行的所有运算都是类型安全的。

图 3.1　C♯中数据类型分类

3.2.1　值类型

　　C♯的值类型分为简单类型、结构类型和枚举类型。本小节仅介绍简单类型,后两种数据类型放在后面进行介绍。

　　所谓简单类型是指 C♯语言中提供的、无法再分解的一种具体类型。简单类型可以分为整数类型、实数类型、字符类型和布尔类型。

1. 整数类型

　　整数类型变量的值为整数。数学上的整数可以从负无穷大到正无穷大,但是由于计算机的存储单元是有限的,所以计算机语言提供的整数类型的值总是在一定的范围之内。

　　根据在内存中所占的二进制位数不同和是否有符号位,C♯中整数类型分 8 种,每一种占的二进制位数不同,表示的数值的取值范围也不同,所占的二进制位数越多,表示的数值的取值范围越大。比如说 8 位整数,它可以表示 2 的 8 次幂个数值,即 256 个不同的数值,如果用来表示带符号 8 位整数(sbyte),其取值范围为 $-128\sim127$,而如果用来表示无符号 8 位整数(byte),其取值范围为 $0\sim255$。具体各整数类型及其取值范围如表 3.1 所示。

表 3.1　整数类型及其取值范围

类型标识符	说明	占用位数	取值范围	示例
sbyte	带符号字节型	8	$-2^7\sim2^7-1$	sbyte i＝10;
byte	无符号字节型	8	$0\sim2^8-1$	byte i＝10;
short	带符号短整型	16	$-2^{15}\sim2^{15}-1$	short i＝10;
ushort	无符号短整型	16	$0\sim2^{16}-1$	ushort i＝10;
int	带符号整型	32	$-2^{31}\sim2^{31}-1$	int i＝10;

续表

类型标识符	说明	占用位数	取值范围	示例
uint	无符号整型	32	$0\sim2^{32}-1$	uint i＝10;
				uint i＝10U;
long	带符号长整型	64	$-2^{63}\sim2^{63}-1$	long i＝10;
				long i＝10L;
ulong	无符号长整型	64	$0\sim2^{64}-1$	ulong i＝16;
				ulong i＝16U;
				ulong i＝16L;
				ulong i＝16UL;

2. 实数类型

C#中实数类型包括单精度浮点数(float)、双精度浮点数(double)和固定精度的浮点数(decimal)。它们的差别主要在于取值范围和精度不同。计算机对浮点数的运算速度大大低于对整数的运算,在对精度要求不是很高的情况下,最好采用 float 型,如果对精度要求很高,应该采用 double 型,但这样将会占用更多的内存单元,处理速度也会相对较慢。decimal 类型的取值范围比 double 型的范围要小得多,但它更精确,非常适合金融和货币方面的计算。具体各实数类型及其取值范围与精度如表 3.2 所示。

值得注意的是,小数类型数据的后面必须跟 m 或者 M 后缀来表示它是 decimal 类型的,如 3.14m、0.28m 等,否则就会被解释成标准的浮点类型数据,导致数据类型不匹配。

表 3.2　实数类型及其取值范围与精度

类型标识符	说明	取值范围	示例
float	单精度浮点数	$\pm1.5\times10^{-45}\sim3.4\times10^{38}$,精度为 7 位数	float f＝1.23F;
double	双精度浮点数	$\pm5.0\times10^{-324}\sim1.7\times10^{308}$,精度为 15 到 16 位数	double d＝1.23;
decimal	固定精度的浮点数	$1.0\times10^{-28}\sim7.9\times10^{28}$,精度为 28 至 29 位有效数字	decimal d＝1.23M;

3. 字符类型

在 C#中字符类型采用国际上公认的 16 位 Unicode 字符集表示形式,用它可以表示世界上多种语言。其取值范围为'\u0000'～'\uFFFF',即 0～65 535。字符类型的标识符是 char,因此也可称为 char 类型。例如,可以采用如下方式字符变量赋值:

```
char c = 'H';        //字符 H
char c = '\x0048';   //字符 H,十六进制转义符(前缀为\x)
char c = '\u0048';   //字符 H,Unicode 表示形式(前缀为\u)
char c = '\r';       //回车,转义字符(用于在程序中指代特殊的控制字符)
```

在表示一个字符常数时,单引号内的有效字符数量必须且只能是一个,而且不能是单引号或者反斜杠(\)。

为了表示单引号和反斜杠等特殊的字符常数,C#提供了转义符,在需要表示这些特殊常数的地方,可以使用这些转义符来替代字符,C#常用的转义符如表 3.3 所示。

表 3.3　C♯常用的转义符

转义符	字符名	转义符	字符名
\'	单引号	\f	换页
\"	双引号	\n	新行
\\	反斜杠	\r	回车
\0	空字符(Null)	\t	水平 tab
\a	发出一个警告	\v	垂直 tab
\b	倒退一个字符		

4. 布尔类型

布尔类型数据用于表示逻辑真和逻辑假,布尔类型的类型标识符是 bool。

布尔类型常数只有两种值:true(代表"真")和 false(代表"假")。布尔类型数据主要应用在流程控制中,往往通过读取或设定布尔类型数据的方式来控制程序的执行方向。

注意:在 C♯语言中,bool 类型不能像 C++语言那样可能直接转换为 int 类型。例如,int a=(2<3),在 C/C++中都是正确的,但在 C♯中不允许这样,会出现"无法将类型 bool 隐式转换为 int"的编译错误。

5. 所有简单类型对应的.NET Framework 系统类型别名

所有的简单类型均为.NET Framework 系统类型的别名,即 CTS 的内置类型,例如,C♯的 int 类型是 System.Int32 的别名。表 3.4 给出了完整的别名列表。

表 3.4　内置 C♯类型的关键字

C♯类型	.NET Framework 类型
bool	System. Boolean
byte	System. Byte
sbyte	System. SByte
char	System. Char
decimal	System. Decimal
double	System. Double
float	System. Single
int	System. Int32
uint	System. UInt32
long	System. Int64
ulong	System. UInt64
object	System. Object
short	System. Int16
ushort	System. UInt16
string	System. String

3.2.2　引用类型

引用类型也称为参考类型,和值类型相比,引用类型变量相当于 C/C++语言中的指针变量,它不直接存储所包含的值(对象),而是指向它所要存储的对象。

C♯程序设计教程(第2版)

值类型变量的内存开销小,访问速度快,而引用类型变量的内存开销要大,访问速度稍慢。

引用类型共分 4 种类型:类、接口、数组和委托。这些类型在后面章节中讨论。下面介绍 C♯中经常用到的 object(对象类)和 string(字符串类)。

1. object 类

object 是 C♯中所有类型(包括所有的值类型和引用类型)的基类,C♯中的所有类型都直接或间接地从 object 类中继承而来。因此,对一个 object 的变量可以赋予任何类型的值。例如:

```
float f = 1.23;
object obj1;                    //定义 obj1 对象
obj1 = f;
object obj2 = "China";         //定义 obj2 对象并赋初值
```

对 object 类型的变量声明采用 object 关键字,这个关键字是在. NET Framework 的 System 命名空间中定义的,它是 System. Object 类的别名。

2. string 类

C♯还定义了一个 string 类,表示一个 Unicode 字符序列,专门用于对字符串的操作。同样,string 类也是在. NET Framework 的 System 命名空间中定义的,它是 System. String 类的别名。

字符串在实际中应用非常广泛,利用 string 类中封装的各种内部操作,可以很容易完成对字符串处理。例如:

```
string str1 = "123" + "abc";   //"+"运算符用于连接字符串
char c = "Hello World!"[2];    //"[]"运算符可以访问 string 中的单个字符,c = 'e'
string str2 = "China";
string str3 = @"China\n";      //@后跟一个严格的字符串,其中\n 不作转义符而是两个普通字符
bool b = (str2 == str3);       //" =="运算符用于两个字符串比较,b = true
```

在一个字符串中可以包含转义符,在输出时这些转义符被转换为对应的功能,例如:

```
string mystr = "北京市于 2008 年 8 月 8 日举办\n 奥运会";
Console.WriteLine(mystr);
```

上述语句的输出结果为两行,如图 3.2 所示,因为 mystr 中间包含有转义符\n,它表示换行输出。如果不想把\n 当做转义符,而是作为两个字符\和 n 输出,这时需要在字符串前加上@符号,后跟一对双引号,并在双引号中放入所有要输出的字符。例如:

```
string mystr = @"北京市于 2008 年 8 月 8 日举办\n 奥运会";
Console.WriteLine(mystr);
```

上述语句的输出结果为一行,如图 3.3 所示。

图 3.2　按两行输出

图 3.3　按一行输出

3.3　C♯中的变量和常量

在程序执行过程中,其值不发生改变的量称为常量,其值可变的量称为变量。它们可与数据类型结合起来进行分类。在程序中,常量是可以不经说明而直接引用的,而变量则必须先定义后使用。

3.3.1　变量

变量是在程序的运行过程中其值可以发生变化的量,可以在程序中使用变量来存储各种各样的数据,并对它们进行读(取变量数据)、写(给变量赋值)、运算等操作。从用户的角度看,变量是用来描述一条信息的名称,在变量中可以存储各种类型的信息,例如某人的姓名、年龄等。而从系统的角度看,变量就是程序中的基本存储单元,它既表示这块内存空间的地址,也表示这块内存空间中存储的数据。

1. 变量定义

在 C♯程序里使用某个变量之前,必须要告诉编译器它是一个什么样的变量,因此要对变量进行定义。定义变量的语法格式如下:

[访问修饰符] 数据类型 变量名 [= 初始值];

例如:

```
string name = "王华";
int age = 20;
```

也可以同时声明一个或多个给定类型的变量,例如:

```
int a = 1,b = 2,c = 3;
```

定义一个变量,系统就会在内存中开辟相应大小的空间来存放数据。可以从下面 4 个层面来理解变量。

2. 变量名称

变量名称可以是任意合法的标识符。当定义一个变量时,系统根据它的数据类型为其分配相应大小的内存空间,这个内存空间可以存放数据,变量名称和该内存空间绑在一起,对变量名称的操作就是对该内存空间的操作,也就是说,程序员是通过变量来使用计算机的内存空间的。

例如,上面示例中用变量名称 name 来表示某个人的姓名所存储的内存空间,用变量名称 age 来表示某个人的年龄所存储的内存空间,通过 name 和 age 很方便地实现对这个人姓名和年龄的访问和修改。

3. 变量的值

变量的值表示变量的名称所指向的内存空间中存储的内容。变量必须先定义后使用,变量使用之前必须被赋值。变量可以在定义时被赋值,也可以在定义时不赋值。如果在定义时没有赋值,可以在程序代码中使用赋值语句直接对变量进行赋值。

注意：在 C#中不允许使用未初始化的变量。

如果定义变量的时候没给变量赋初始值,变量不会有任何初始值。在 C#中每种值类型均有一个隐式的默认构造函数来初始化该类型的默认值,使用 new 运算符时,将调用特定类型的默认构造函数并对变量赋以默认值。例如,int n＝new int(),这样 n 具有默认值 0。C#中各种类型默认的初始值如表 3.5 所示。

表 3.5　各种类型默认的初始值表

类　　型	默认初始值
数值类型	0(0.0)
char	'\0'
object	null(表示不引用任何对象)
bool	false

4. 变量的数据类型

变量的数据类型决定了这个变量可以容纳什么类型的数据、数据的取值范围以及什么样的操作可以被执行。

5. 变量的作用域

变量的作用域也叫做变量的生命周期,变量只有在它的生命周期内才是有效的,才可以被访问和使用,超过了它的生命周期,它就没有意义,任何对它的访问和使用,也都会产生程序编译错误。变量的作用域一般由变量声明的位置决定,变量在被定义时就开始了它的生命周期,在被定义时所在的语句块结束时生命周期终止。

3.3.2　值类型变量和引用类型变量的区别

程序的内存空间分为栈空间和堆空间,值类型的数据在栈空间中分配,而引用类型数据(对象)在堆空间中分配。

1. 理解值类型的变量

C#中的值类型变量和 C/C++语言中的普通变量(非指针变量)相似,这类变量直接包含它们的值。C#在内存的栈空间中为值类型变量分配空间,而且没有单独的堆分配或垃圾回收开销。因此值类型变量会随着方法调用后栈空间的消亡而自动清除(C#中的值类型变量像 C/C++语言中函数内的局部变量,函数执行完后由系统释放其存储空间)。

当定义一个值类型变量并且给它赋值的时候,这个变量只能存储相同类型的数据。所以,一个 int 类型的变量就只能存放 int 类型的数据。另外,当把值赋给某个值类型的变量时,C#会首先创建这个值的一个拷贝,然后把这个拷贝放在变量名所标记的存储位置上。例如：

```
int x;
int y = 2;
x = y;
```

在这段代码中,当把变量 y 赋值给 x 时,程序会创建变量 y 的值的拷贝,即 2,然后把这个值放到 x 中,如图 3.4 所示。如果后面的程序修改了 y 的值,就不会影响 x 的值。这看起来是很明显的,但对于引用类型的变量来说,就不是这样。

2．理解引用类型的变量

在 C/C++语言中可以定义指针变量，例如：

```
char * p;
```

图 3.4　值类型变量的赋值

其中，p 是一个指针变量，存放某个字符变量的地址，注意变量 p 和它所指向的字符变量是两个不同的东西。

在 C♯中没有指针，而改为引用，引用表示某个对象的地址而不是变量或对象本身。C♯中引用类型变量和其所指的对象的关系，如同前面 C/C++语言中的变量 p 和它所指向的字符变量的关系。

在 C♯中，无论值类型变量还是引用类型变量，都是在栈空间中分配对应的存储空间，所不同的是，引用类型变量所指向的对象是在托管堆上分配内存空间的，为什么这样呢？先看一个简单的 C/C++语言函数：

```
void fun()
{    char * p;                              //定义指针变量 p
     int i;                                 //定义整型变量 i
     p = (char * )malloc(10 * sizeof(char));  //为 p 分配指向的 10 个字符的空间
     for (i = 0;i < 10;i++)                 //为 10 个字符单元分别赋值'a'～'j'
         * (p + i) = 'a' + i;
     printf(" % s\n",p);                    //输出：abcdefghij
}
```

该函数被调用后，其中局部变量 p 和 i 的空间被回收，但 p 所指向的 10 字符空间并没有被回收，即便程序执行结束，该空间仍然没有回收。这样可能出现内存泄漏问题。解决的方法是在上述函数的末尾加上 free(p)语句回收 p 所指向的内存空间。

.NET Framework 改进了这一点，将 C♯应用程序的执行置于 CLR 的监控之下，而且所有引用类型变量所指向的对象（其生命周期是全局性的）都在托管堆上分配空间，程序执行完毕，由 CLR 将堆空间全部回收，这样就不会出现像前面 C/C++程序出现的内存泄漏问题了。

所以在 C♯中，当定义一个引用类型变量时，系统在栈空间中为该引用变量分配存储空间，要想创建对象并把对象的存储地址赋给该变量，就需要使用 new 操作符。例如：

```
MyClass var;               //MyClass 是已定义的类或类型
var = new MyClass();       //创建 var 引用的实例
```

上面第 2 个语句使用 new 操作符来创建对象，C♯会在堆存储空间中为这个对象分配足够的空间来存放 MyClass 类的一个实例，然后把这个实例的地址赋给这个引用类型变量 var，如图 3.5 所示。以后就可以通过这个引用类型变量 var 来操作堆中创建的那个对象了。

说明：在 C/C++语言中，指针变量可以指向相应类型的某个变量，也可以指向某个没有变量名的内存空间，对于后者，只能通过该指针变量对这个内存空间进行操作。而在 C♯中，引用类型变量指向的对象都是没有名称的，所以不再使用指针的概念，引用类型变量指向的对象统一在堆空间中分配存储空间,以便统一回收,这也是C#语言更加安全的特性之一。

图 3.5 引用类型变量及其所指对象

前面介绍过,C#中引用类型只有类、接口、数组和委托。下面以数组引用类型变量为例进一步说明引用类型变量和值变量的区别。

```
int[] a = new int[3] { 1, 2, 3 };        //定义一个数组 a
for (int i = 0; i < 3; i++)              //输出数组 a 的所有元素
    Console.Write("{0} ",a[i]);
Console.WriteLine();
int[] b = a;                            //定义数组 b 并赋值为 a
for (int i = 0; i < 3; i++)              //修改数组 b 的元素
    b[i] *= 2;
for (int i = 0; i < 3; i++)              //再次输出数组 a 的所有元素
    Console.Write("{0} ", a[i]);
Console.WriteLine();
```

上述代码中,先定义了一个数组 a(引用类型变量)并初始化,实际上,数组{1,2,3}是在堆空间中分配的,同时将其地址存放在变量 a 中。后面又定义了数组 b(引用类型变量),将 a 复制给 b,也就是将数组{1,2,3}在堆空间中的地址赋给 b,这样 a、b 中都存放该数组的地址,如图 3.6 所示;再通过 b 修改该数组的值,显然 a 数组也发生了改变。其执行结果如下:

图 3.6 引用型变量的复制

1 2 3
2 4 6

再看一个示例,有以下代码:

```
string s1 = null;
string s2 = "";
```

这两个语句在内存分配上有什么区别？对于第一个语句，定义了一个引用类型变量 s1，初始化为 null，表示 s1 不指向任何对象，所以仅在栈空间中分配 s1，不需要在堆空间中分配任何对象，即不占用堆空间。对于第 2 个语句，定义了一个引用类型变量 s2，初始化为""，空字符串也是一个字符串对象，需要分配其空间，所以不仅在栈空间中分配 s2，而且还要在堆空间中分配""的存储空间，即占用堆空间。

3.3.3　常量

所谓常量，就是在程序执行中其值保持固定不变的量。常量一般分为直接常量和符号常量，常量的类型可以是任何一种值类型或引用类型。

1．直接常量

直接常量是指把程序中不变的量直接硬编码为数值或字符串值，例如，以下都是直接常量：

```
100              //整型直接常量
1.23e5           //浮点型直接常量
true             //布尔型直接常量
"中华人民共和国"    //字符串型常量
null             //对象引用常量
```

在程序中书写一个十进制的数值常数时，C # 默认按照如下方法判断一个数值常数属于哪种 C # 数值类型：

- 如果一个数值常数不带小数点，如 12345，则这个常数的类型是整型。
- 对于一个属于整型的数值常数，C # 按如下顺序判断该数的类型：int、uint、long、ulong。
- 如果一个数值常数带小数点，如 3.14，则该常数的类型是浮点型中的 double 类型。

如果不希望 C # 使用上述默认的方式来判断一个十进制数值常数的类型，可以通过给数值常数加后缀的方法来指定数值常数的类型。可以使用的数值常数后缀有以下几种：

- u（或者 U）后缀：加在整型常数后面，代表该常数是 uint 类型或者 ulong 类型。具体是其中的哪一种，由常数的实际值决定。C # 优先匹配 uint 类型。
- l（或者 L）后缀：加在整型常数后面，代表该常数是 long 类型或者 ulong 类型。具体是其中的哪一种，由常数的实际值决定。C # 优先匹配 long 类型。
- ul 后缀：加在整型常数后面，代表该常数是 ulong 类型。
- f（或者 F）后缀：加在任何一种数值常数后面，代表该常数是 float 类型。
- d（或者 D）后缀：加在任何一种数值常数后面，代表该常数是 double 类型。
- m（或者 M）后缀：加在任何一种数值常数后面，代表该常数是 decimal 类型。

2．符号常量

符号常量是通过关键字 const 声明的常量，包括常量的名称和它的值。常量声明的格式如下：

```
const 数据类型 常量名 = 初始值;
```

其中,"常量名"必须是 C♯ 的合法标识符,在程序中通过常量名来访问该常量。"类型标识符"指示了所定义的常量的数据类型,而"初始值"是所定义的常量的值。

符号常量具有如下特点:

- 在程序中,常量只能被赋予初始值。一旦赋予一个常量初始值,这个常量的值在程序的运行过程中就不允许改变,即无法对一个常量赋值。
- 定义常量时,表达式中的运算符对象只允许出现常量和常数,不能有变量存在。

例如,以下语句定义了一个 double 型的常量 PI,它的值是 3.14159265。

```
const double PI = 3.14159265;
```

和变量声明一样,也可以同时声明一个或多个给定类型的常量,例如:

```
const double x = 1.0, y = 2.0, z = 3.0;
```

以下代码是错误的,因为不能将一个常量的值用一个变量来初始化。

```
int i = 10;
const int a = i;
```

3.4 类型转换

各种不同的数据类型在一定条件下可以相互转换,如将 int 型数据转换成 double 型数据。C♯ 允许使用隐式转换和显式转换两种类型转换的方式,另外装箱和拆箱也属于一种类型转换。

3.4.1 隐式转换

隐式转换是系统默认的、不需要加以声明就可以进行的转换。在隐式转换过程中,编译器不需要对转换进行详细的检查就能安全地执行转换,例如数据从 int 类型到 long 类型的转换。C♯ 中支持的隐式转换如表 3.6 所示。

表 3.6 C♯ 中支持的隐式转换

源 类 型	目 标 类 型
sbyte	short、int、long、float、double、decimal
byte	short、ushort、int、uint、long、ulong、float、double、decimal
short	int、long、float、double、decimal
ushort	int、uint、long、ulong、float、double、decimal
int	long、float、double、decimal
uint	long、ulong、float、double、decimal
long	float、double、decimal
ulong	float、double、decimal
char	ushort、int、uint、long、ulong、float、double、decimal
float	double

3.4.2 显式转换

显式转换又称为强制转换。与隐式转换相反,显式转换需要用户明确地指定转换类型,一般在不存在该类型的隐式转换时才使用。

显式转换可以将一种数值类型强制转换成另一种数值类型,格式如下:

(类型标识符)表达式

其作用是将"表达式"值的类型转换为"类型标识符"的数据类型。例如:

(int)1.23   //把 double 类型的 1.23 转换成 int 类型,结果为 1

需要提醒注意以下几点:

(1)显式转换可能会导致错误。进行这种转换时编译器将对转换进行溢出检测。如果有溢出说明转换失败,表明源类型不是一个合法的目标类型,转换无法进行。

(2)对于从 float、double、decimal 到整型数据的转换,将通过舍入得到最接近的整型值,如果这个整型值超出目标类型的范围,则出现转换异常。例如:

(int)2.58m

转换的结果为 2。而如果将 float 的数据 2e10 转换成整数,语句如下:

(int)2e10f

则将产生溢出错误,因为 2e10 超过了 int 类型所能表示的数值范围。

【例 3.1】 设计一个控制台程序说明类型转换的应用。

解:在 H:\C#2005\ch3 文件夹中创建一个控制台应用程序项目 Proj3_1,其代码如下。

```
using System;
namespace Proj3_1
{   class Program
    {   static void Main(string[] args)
        {   int i = 65, i1, i2;
            double d = 66.3456, d1, d2;
            char c = 'A', c1, c2;
            Console.WriteLine("i={0:d5},d={1:f},c={2}", i, d, c);
            i1 = (int)d;        //强制类型转换
            d1 = i;             //隐式类型转换
            c1 = (char)i;       //强制类型转换
            Console.WriteLine("i1={0:d5},d1={1:f},c1={2}", i1, d1, c1);
            i2 = c;             //隐式类型转换
            d2 = (int)d;        //强制类型转换,转换成整数后再隐式转换为 double 类型
            c2 = (char)d;       //强制类型转换
            Console.WriteLine("i2={0:d5},d2={1:f},c2={2}", i2, d2, c2);
        }
    }
}
```

上述程序中,从 double 类型到 int 类型、int 类型到 char 类型、double 类型到 char 类型的转换均为强制类型转换,而从 int 类型到 double 类型、char 类型到 int 类型均属隐式类型

转换。程序执行结果如图 3.7 所示。

3.4.3　装箱和拆箱

装箱和拆箱是 C#类型系统中重要的概念。通过装箱和拆箱实现值类型和引用类型数据的相互转换。

图 3.7　例 3.1 程序
执行结果

1. 装箱转换

装箱转换是将一个值类型的数据隐式地转换成一个对象类型的数据。把一个值类型装箱,就是创建一个 object 类型的实例,并把该值类型的值复制给这个 object 实例。

例如,下面的两条语句就执行了装箱转换:

```
int i = 10;
object obj = i;            //装箱
```

上面的两条语句中,第 1 条语句声明一个整型变量 i 并对其赋值,第 2 条语句先创建一个 object 类型的实例 obj,然后将 i 的值复制给 obj。

在执行装箱转换时,也可以使用显式转换。例如:

```
int i = 10;
object obj = (object)i;    //装箱
```

装箱转换过程如图 3.8 所示,变量 i 及其值 10 是在栈空间中分配的,obj 是引用类型变量,它也是在栈空间中分配的,当 i 装箱后变为引用类型数据,在堆空间中分配相应的空间,obj 中包含其地址。

2. 拆箱转换

拆箱转换是指将一个引用类型的数据显式地转换成一个值类型数据。

拆箱操作分为两步:首先检查对象实例,确保它是给定值类型的一个装箱值,然后把实例的值复制到值类型数据中。例如,下面两条语句就执行了拆箱转换:

```
object obj = 10;
int i = (int)obj;          //拆箱
```

拆箱转换过程如图 3.9 所示。拆箱转换需要(而且必须)执行显式转换,这是它与装箱转换的不同之处。

图 3.8　装箱转换过程

图 3.9　拆箱转换过程

3.5　结构类型和枚举类型

结构类型和枚举类型是 C♯两种重要的构造数据类型，灵活使用它们可以提高程序设计的效率。

3.5.1　结构类型

在实际问题中，一组数据往往具有不同的数据类型。例如，在学生表中，姓名应为字符型，学号可为整型或字符型，年龄应为整型，性别应为字符型，成绩可为整型或浮点型。为了方便处理这类数据，C♯提供了结构类型，它是一种自定义类型，可以存储多个不同类型的数据。

实际上，C♯中结构类型像类一样，除了包含数据外，还可以包含处理数据的方法。本小节仅介绍包含数据的结构类型，读者在学习完第 6 章后可以参照类来设计更复杂的结构类型。

结构类型是一种值类型，对应变量的值保存在栈内存区域。

1. 结构类型的声明

结构类型是由若干"成员"组成的。数据成员称为字段，每个字段都有自己的数据类型。声明结构类型的一般格式如下：

```
struct 结构类型名称
{    [字段访问修饰符] 数据类型 字段 1;
     [字段访问修饰符] 数据类型 字段 2;
     …
     [字段访问修饰符] 数据类型 字段 n;

};
```

其中，struct 是结构类型的关键字。"字段访问修饰符"主要取值有 public 和 private（默认值），public 表示可以通过该类型的变量访问该字段，private 表示不能通过该类型的变量访问该字段。

例如，以下声明一个具有姓名和年龄等字段的结构类型 Student：

```
struct Student              //声明结构类型 Student
{    public int xh;         //学号
     public string xm;      //姓名
     public string xb;      //性别
     public int nl;         //年龄
     public string bh;      //班号
}
```

在上述结构类型声明中，结构类型名称为 Student。该结构类型由 5 个成员组成，第 1 个成员是 xh，为整型变量；第 2 个成员是 xm，为字符串类型；第 3 个成员是 xb，为字符串类型；第 4 个成员是 nl，为整型变量；第 5 个成员是 bh，为字符串类型。

2. 结构类型变量的定义

声明一个结构类型后,可以定义该结构类型的变量(简称为结构变量)。定义结构变量的一般格式如下:

结构类型 结构变量;

例如,在前面的结构类型 Student 声明后,定义它的两个变量如下:

Student s1,s2;

3. 结构变量的使用

结构变量的使用主要包括字段访问和赋值等,这些都是通过结构变量的字段来实现的。

1) 访问结构变量字段

访问结构变量字段的一般格式如下:

结构变量名.字段名

例如,s1. xh 表示结构变量 s1 的学号,s2. xm 表示结构变量 s2 的姓名。

结构体变量的字段可以在程序中单独使用,与普通变量完全相同。

2) 结构变量的赋值

结构变量的赋值有如下两种方式:

- 结构变量的字段赋值:使用方法与普通变量相同。
- 结构变量之间赋值:要求赋值的两个结构变量必须类型相同。例如:

s1 = s2;

这样 s2 的所有字段值赋给 s1 的对应字段。

【例 3.2】 设计一个控制台程序说明结构类型的应用。

解:在 H:\C#2005\ch3 文件夹中创建一个控制台应用程序项目 Proj3_2,其代码如下:

```
using System;
namespace Proj3_2
{   class Program
    {   struct Student          //结构类型声明应放在 Main 函数的外面
        {   public int xh;      //学号
            public string xm;   //姓名
            public string xb;   //性别
            public int nl;      //年龄
            public string bh;   //班号
        }
        static void Main(string[ ] args)
        {   Student s1,s2;      //定义两个结构类型变量
            s1.xh = 101;
            s1.xm = "李明";
            s1.xb = "男";
            s1.nl = 20;
            s1.bh = "07001";
```

```
Console.WriteLine("学号:{0},姓名:{1},性别:{2},年龄:{3},班号:{4}",
    s1.xh, s1.xm, s1.xb, s1.nl, s1.bh);
s2 = s1;                 //将结构变量 s1 赋给 s2
s2.xh = 108;
s2.xm = "王华";
Console.WriteLine("学号:{0},姓名:{1},性别:{2},年龄:{3},班号:{4}",
    s2.xh, s2.xm, s2.xb, s2.nl, s2.bh);
        }
    }
}
```

上述程序中,先声明了 Student 结构类型,在 Main 中定义它的两个变量 s1 和 s2,给 s1
的各成员赋值并输入,再将 s1 赋给 s2,改变 s2 的两个成员值并输出,其执行结果如图 3.10
所示。

需要说明的是,用户既可以像 Student s1,
s2 那样定义结构类型的变量,也可以采用引用
类型的变量。例如,可以将本例中的 Student
s1,s2 语句改为引用类型的变量:

图 3.10　例 3.2 程序执行结果

```
Student s1 = new Student();
Student s2 = new Student();
```

其程序执行结果是完全相同的。使用 new 运算符的目的是为了在创建结构类型变量
时,调用结构类型中定义的构造函数给创建的变量动态分配存储空间,如果不使用 new 运
算符,将不会调用构造函数。上例中没有设计 Student 结构类型的构造函数,所以二者的输
出结果没有差别。有关构造函数的相关内容将在第 6 章进行介绍。

3.5.2　枚举类型

枚举类型也是一种自定义数据类型,它允许用符号代表数据。枚举是指程序中某个变
量具有一组确定的值,通过"枚举"可以将其值一一列出来。这样,使用枚举类型,就可以将
常用颜色用符号 Red、Green、Blue、White、Black 来表示,从而提高了程序的可读性。

1. 枚举类型的声明

枚举类型使用 enum 关键字声明,其一般语法形式如下:

enum 枚举名 {枚举成员 1,枚举成员 2,…}

其中,enum 是结构类型的关键字。例如,以下声明一个名称为 color 的表示颜色的枚
举类型:

enum Color {Red,Green,Blue,White,Black}

在声明枚举类型后,可以通过枚举名来访问枚举成员,其使用语法如下:

枚举名.枚举成员

2. 枚举成员的赋值

在声明的枚举类型中,每一个枚举成员都有一个相对应的常量值,默认情况下 C♯规定

C# 程序设计教程(第 2 版)

第 1 个枚举成员的值取 0,它后面的每一个枚举成员的值按加 1 递增。例如,前面 Color 中,Red 值为 0,Green 值为 1,Blue 值为 2,依次类推。

可以为一个或多个枚举成员赋整型值,当某个枚举成员赋值后,其后的枚举成员没有赋值的话,自动在前一个枚举成员值之上加 1 作为其值。例如:

```
enum Color { Red = 0, Green, Blue = 3, White, Black = 1};
```

则这些枚举成员的值分别为 0、1、3、4、1。

3. 枚举类型变量的定义

声明一个枚举类型后,可以定义该枚举类型的变量(简称为枚举变量)。定义枚举变量的一般格式如下:

枚举类型 枚举变量;

例如,在前面的枚举类型 Color 声明后,定义它的两个变量如下:

```
Color c1,c2;
```

4. 枚举变量的使用

枚举变量的使用包括赋值和访问等。

1) 枚举变量的赋值

枚举变量赋值的语法格式如下:

枚举变量 = 枚举名.枚举成员

例如:

```
c1 = Color.Red;
```

2) 枚举变量的访问

枚举变量像普通变量一样直接访问。

【例 3.3】 设计一个控制台程序说明枚举类型的应用。

解:在 H:\C#2005\ch3 文件夹中创建一个控制台应用程序项目 Proj3_3,其代码如下:

```
using System;
namespace Proj3_3
{   class Program
    {   enum Color { Red = 5, Green, Blue, White = 1, Black }
        //类型声明应放在 Main 函数的外面
        static void Main(string[ ] args)
        {   Color c1,c2,c3;
            Console.WriteLine("Red = {0},Green = {1},Blue = {2},White = {3},
                Black = {4}",Color.Red,Color.Green,Color.Blue,Color.White,Color.Black);
            Console.WriteLine("Red = {0},Green = {1},Blue = {2},White = {3},
                Black = {4}",(int)Color.Red,(int)Color.Green,
                (int)Color.Blue,(int)Color.White,(int)Color.Black);
            c1 = Color.Red;
            c2 = c1 + 1;
```

```
        c3 = c2 + 1;
        Console.WriteLine("c1 = {0},c2 = {1},c3 = {2}", c1, c2,c3);
        Console.WriteLine("c1 = {0},c2 = {1},c3 = {2}", (int)c1, (int)c2,(int)c3);
      }
   }
}
```

上述程序中,声明了一个枚举类型 Color,对其中两个成员进行了赋值,定义了它的 3 个变量,并通过赋值运算输出它们相应的值,其执行结果如图 3.11 所示。

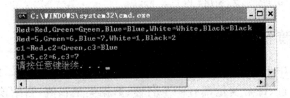

图 3.11　例 3.3 程序执行结果

3.6　C♯运算符和表达式

在程序中,运算符是表示进行某种运算的符号。运算数包含常量和变量等。C♯提供了很多预定义的运算符。

表达式由运算符、运算数和括号组成,其目的是用来表示一个计算过程。表达式可以嵌套,其中运算符执行的先后顺序由它们的优先级和结合性决定。执行表达式所规定的运算,所得到的结果值便是表达式的返回值,使用不同运算符连接运算对象,其返回值的类型是不同的。

3.6.1　算术运算符

算术运算符是指用来实现算术运算的符号,是最简单的运算符。C♯提供的算术运算符如表 3.7 所示。

表 3.7　C♯的算术运算符

符　　号	意　　义	示　　例
＋	加法运算	a＋b
－	减法/取负运算	a－b
*	乘法运算	a * b
/	除法运算	a/b
%	取余数	a%b
＋＋	累加	a＋＋
－－	递减	a－－

由算术运算符连接而成的表达式就是算术表达式,其值是一个数值,表达式的值的类型由运算符和运算数确定。

例如,已知 int n＝2,那么 n＊2+1－10％3 就是一个算术表达式。

3.6.2　字符串运算符

字符串运算符只有一个,就是加号(＋)。它除了作为算术运算符之外,还可以将字符串连接起来,变成合并的新字符串。例如:

```
string s = "Hello";          //定义一个字符串变量
s = s + ", World.";          //连接字符串
Console.WriteLine(s);        //输出: Hello, World.
```

3.6.3　赋值运算符

赋值运算符(＝)用于改变变量的值,它先求出右侧表达式的结果,然后再将结果赋给左侧的变量。前面介绍过,每个变量都有一个名称、数据类型和值,当给该变量赋予新的值时,这个新值会取代该变量内存单元中先前的值,先前的值就不存在了。

由赋值运算符构成的表达式称为赋值表达式。在赋值表达式中,左值是指出现在赋值运算符左边的各种变量,右值是指出现在赋值运算符右边的各种可求值的表达式。例如:

```
int i;
i = 4 * (1 + 2);             //赋值表达式,i的值变为12
```

赋值表达式本身的运算结果是右侧表达式的值,而结果的数据类型却是左侧变量的数据类型。例如:

```
int i = (int)(2.8 * 4);      //结果为11,而不是11.2
```

另外,还可以将赋值运算符与其他算术运算符写在一起,这样可以对一个给定的变量进行加、减、乘或除某个特定值从而改变变量值,它们称为复合赋值运算符,C#提供的复合赋值运算符如表 3.8 所示。

表 3.8　C#的复合赋值运算符

符　号	意　义	示　例
＋＝	加赋值	a＋＝b 等价于 a＝a＋b
－＝	减赋值	a－＝b 等价于 a＝a－b
＊＝	乘赋值	a＊＝b 等价于 a＝a＊b
/＝	除赋值	a/＝b 等价于 a＝a/b
％＝	取模赋值	a％＝b 等价于 a＝a％b
<<＝	左移赋值	a<<＝b 等价于 a＝a<<b
>>＝	右移赋值	a>>＝b 等价于 a＝a>>b
&＝	与赋值	a&＝b 等价于 a＝a&b
^＝	异或赋值	a^＝b 等价于 a＝a^b
|＝	或赋值	a|＝b 等价于 a＝a|b

3.6.4　关系运算符

关系运算符是二元运算符,用于比较两个运算数,当结果为 true 或非零时,对应的值为

1,否则为 0。C♯中提供的关系运算符如表 3.9 所示。

表 3.9 C♯的关系运算符

符 号	意 义	示 例
<	小于	2<3 为 true
<=	小于等于	2<=3 为 true
>	大于	2>3 为 false
>=	大于等于	2>=3 为 false
==	等于	2==3 为 false
!=	不等于	2!=3 为 true

例如,10>5 的结果为 true;2>3 的结果为 false。

关系运算符一般用于比较相同类型的数据,比较不同类型的数据会产生无法预测的结果,在程序中最好不使用包含不同数据类型的进行比较。例如,下面的关系表达式比较一个整数和一个字符:

8<'5'

C++编译系统将其转换成 8 与'5'的 ASCII(53)码的比较,其结果为 true。

3.6.5 逻辑运算符

逻辑运算符用于布尔值,由逻辑运算符构成的表达式称为逻辑表达式,其运算结果为 true 或 false。C♯中的逻辑运算符如表 3.10 所示。

表 3.10 C♯的逻辑运算符

符号	意义	示 例
!	逻辑非	!(2<3)为 false
&&	逻辑与	(3<5)&&(5>4)为 true
||	逻辑或	(3<5)||(5>4)为 true

其中,&& 和||是双目运算符,要求有两个运算对象,前者的优先级更高;而!是单目运算符,只要有一个运算对象,它的优先级最高。例如,下面的表达式都是逻辑表达式:

```
(n>=0) && (n<=100)      //n>=0,同时 n<=100 时为 true,否则为 false
(n>=0) || (n<=100)      //n>=0 或者 n<=100 时为 true,否则为 false
!(n==0)                 //n 不等于 0 则为 true,否则为 false
```

逻辑运算符的运算规则如下:

(1) &&:当且仅当两个运算对象的值都为 true 时,运算结果为 true,否则为 false。

(2)||:当且仅当两个运算对象的值都为 false 时,运算结果为 false,否则为 true。

(3)!:当运算对象的值为 true 时,运算结果为 false;当运算对象的值为 false 时,运算结果为 true。

3.6.6 位运算符

位(bit)是计算机中表示信息的最小单位,一般用 0 和 1 表示。8 个位组成一个字节。

Ｃ＃程序设计教程(第 2 版)

通常将十进制数表示为二进制、八进制或十六进制数来理解对位的操作。位运算符的运算对象必须为整数,C＃中提供的位运算符如表 3.11 所示。

表 3.11　C＃的位运算符

符　号	意　　义	示　　例
～	按位求反	！2
<<	左移	8<<2
>>	右移	8>>2
&	按位与	8&5
^	按位异或	8^5
|	按位或	8|5

【例 3.4】 设计一个控制台程序说明位运算符的应用。

解:在 H:\C＃2005\ch3 文件夹中创建一个控制台应用程序项目 Proj3_4,其代码如下:

```
using System;
namespace Proj3_4
{   class Program
    {   static void Main(string[] args)
        {   byte b1, b2, b3;
            b1 = 10;
            b2 = (byte) ～b1;          //～b1 的结果为 int,需强制转换成 byte 类型
            Console.WriteLine(b2);
            b3 = (byte)(b1 << 2);      //b1 << b2 结果为 int 类型,需强制转换成 byte 类型
            Console.WriteLine(b3);
            b1 = 3; b2 = 6;
            b3 = (byte)(b1 & b2);      //b1&b2 结果为 int 类型,需强制转换成 byte 类型
            Console.WriteLine(b3);
            b3 = (byte)(b1 ^ b2);      //b1^b2 结果为 int 类型,需强制转换成 byte 类型
            Console.WriteLine(b3);
            b3 = (byte)(b1 | b2);      //b1|b2 结果为 int 类型,需强制转换成 byte 类型
            Console.WriteLine(b3);
        }
    }
}
```

上述程序中 b1=10,对应二进制为 $[00001010]_2$,按位求反后,b2=$[11110101]_2$,对应十进制数 245。将 b1 右移两位后,b3=$[00101000]_2$,对应十进制数 40。b1=3=$[00000011]_2$,b2=6=$[00000110]_2$,b1 & b2=$[00000010]_2$=2,b1 ^ b2=$[00000101]_2$=5,b1 | b2=$[00000111]_2$=7。其结果如图 3.12 所示。

图 3.12　例 3.4 程序执行结果

3.6.7　条件运算符

条件运算符是一个三元运算符,每个操作数同时又是表达式的值。由条件运算符构成的表达式称为条件表达式。条

件运算符的使用格式如下：

> 表达式 1 ? 表达式 2 ：表达式 3

它的计算方式为，先计算"表达式 1"（必须为布尔值）的值，如果其值 true，则"表达式 2"的值作为整个表达式的最终结果；否则"表达式 3"的值作为整个表达式的值。例如，以下表达式返回 a 和 b 中的最大值：

> max = a > b ? a : b

计算过程是，当 a＞b 时，max＝a；否则 max＝b。

3.6.8　其他运算符

除上面介绍的各种运算符之外，C#还包括一些特殊的运算符。

1. is 运算符

is 运算符用于检查表达式是否是指定的类型，如果是，其结果为 true，否则结果为 false。例如：

```
double d = 1.23;
bool t1 = d is int;          //t1 = false
bool t2 = d is double;       //t2 = true
```

2. sizeof 运算符

sizeof 运算符求值类型数据在内存中占用的字节数。sizeof 运算符的语法格式如下：

> sizeof(类型标识符)

其结果为一个整数，表示指定类型的数据在内存分配的字节数。该运算符只能作用于值类型或值类型变量。

【例 3.5】　设计一个控制台程序输出常用数据类型所占的字节数。

解：在 H:\C#2005\ch3 文件夹中创建一个控制台应用程序项目 Proj3_5，其代码如下：

```
using System;
namespace Proj3_5
{   class Program
    {   static void Main(string[] args)
        {   Console.WriteLine("byte 类型所占字节数:{0}", sizeof(byte));
            Console.WriteLine("char 类型所占字节数:{0}", sizeof(char));
            Console.WriteLine("int 类型所占字节数:{0}", sizeof(int));
            Console.WriteLine("float 类型所占字节数:{0}", sizeof(float));
            Console.WriteLine("double 类型所占字节数:{0}", sizeof(double));
            Console.WriteLine("decimal 类型所占字节数:{0}", sizeof(decimal));
        }
    }
}
```

C♯程序设计教程(第 2 版)

上述程序输出各种值类型在内存中占用的字节数,其结果如图 3.13 所示。

3. typeof 运算符

typeof 运算符用于获得指定数据类型的说明。例如,若声明了结构 Student,则以下语句输出声明 Student 结构类型的程序名等。

图 3.13　例 3.5 程序执行结果

```
Console.WriteLine(typeof(Student));
```

4. new 运算符

new 运算符用于创建一个类的对象。

3.6.9　运算符的优先级

运算符的优先级是指在表达式中哪一个运算符应该首先计算。C♯根据运算符的优先级确定表达式的求值顺序:先做优先级高的运算,后做优先级低的操作,相同优先级的操作从左到右依次做,同时用小括号控制运算顺序,任何在小括号内的运算都最优先进行。C♯运算符的优先级如表 3.12 所示。

表 3.12　C♯运算符的优先级

级别	运算符	级别	运算符
1	new、typeof	8	<<、>>
2	赋值运算符	9	++、--
3	‖、&&	10	+(正号)、-(正号)、!
4	|、^	11	==、!=、<>
5	&	12	<、<=、>、>=
6	+、-(加、减)	13	?:
7	/、*、%		

【例 3.6】　分析 10+'a'+2 * 1.25-5.0/4L 表达式的计算过程。

解:该表达式中包含有+、-、* 和/等 4 种运算符,由于 * 和/的优先级高于+和-的优先级,因此整个表达式的计算顺序如下。

(1) 先进行 2 * 1.25 的运算,将 2 和 1.25 都转换成 double 型,结果为 double 型的 2.5。

(2) 将长整数 4L 和 5.0 转换成 double 型,5.0/4L 结果为 double 型的 1.25。

(3) 进行 10+'a'的运算,先将'a'转换成整数 97,运算结果为 107。

(4) 整数 107 和 2.5(2 * 1.25 的运算结果)相加,将 107 转换成 double 型再相加,结果为 double 型的 109.5。

(5) 进行 109.5-1.25(5.0/4L 的运算结果)的运算,结果为 double 型的 108.25。

3.7　C♯中常用类和结构

C♯是一种纯面向对象的语言,它使用类和结构来实现数据类型,而对象是给定数据类型的实例。在执行应用程序时,数据类型为创建(或实例化)的对象提供蓝图。

C♯中一切都是对象,例如,int 数据类型就是一个类,它提供了相应的属性和方法,如图 3.14 所示(int 为类,n 看成是 int 类的一个对象,通过 n 可以使用 int 类的属性和方法),甚至常量也可以看成对象。

为了方便程序设计,C♯提供了各种功能丰富的内建类和结构,其中有些类和结构是经常使用的,本节将予以介绍。实际上,程序员不仅可以直接使用内建类或结构,还可以自己设计类,有关内容将在第 6 章进行介绍。

图 3.14　n 的方法

3.7.1　String 类

前面介绍过,String 类型表示字符串,实际上,String 是. NET Framework 中的 String 类的别名。String 类型定义了相等运算符(＝＝和!＝)用于比较两个 String 对象,另外,＋运算符用于连接字符串,[]运算符可以用来访问 String 中的各个字符。

String 类位于 System 命名空间中,用于字符串的处理。String 类常用的属性如表 3.13 所示,常用的方法如表 3.14 所示,使用这些属性和方法会为字符串的处理带来极大的方便。

表 3.13　String 的常用属性及其说明

属　　性	说　　明
Chars	获取此字符串中位于指定字符位置的字符
Length	获取此字符串中的字符数

表 3.14　String 的常用方法及其说明

方　　法	方法类型	说　　明
Compare		比较两个指定的 String 对象
Concat	静态方法	连接 String 的一个或多个字符串
Format		将指定的 String 中的每个格式项替换为相应对象的值的文本等效项
Contains		返回一个值,该值指示指定的 String 对象是否出现在此字符串中
CompareTo		将此字符串与指定的对象或 String 进行比较,并返回两者相对值的指示
Equals		确定两个 String 对象是否具有相同的值
IndexOf		返回 String 或一个或多个字符在此字符串中的第一个匹配项的索引
Insert		在该 String 中的指定索引位置插入一个指定的 String
Remove	非静态方法	从该 String 中删除指定个数的字符
Replace		将该 String 中的指定 String 的所有匹配项替换为其他指定的 String
Split		返回包含该 String 中的子字符串(由指定 Char 或 String 数组的元素分隔)的 String 数组
Substring		从此字符串中检索子字符串
ToLower		返回该 String 转换为小写形式的副本
ToUpper		返回该 String 转换为大写形式的副本
Trim		从此字符串的开始位置和末尾移除一组指定字符的所有匹配项

C#程序设计教程(第2版)

　　注意：一个类的方法有静态方法和非静态方法之分。对于静态方法，只能通过类名来调用，而对于非静态方法，需通过类的对象来调用。

　　1. 比较字符串

　　比较字符串是指按照词典排序规则，判断两个字符串的相对大小。使用的 String 方法有 Compare 和 CompareTo。

　　1）Compare

　　Compare 方法是 String 类的静态方法，通过 String 调用，其基本格式如下：

```
String.Compare(String str1,String str2)
String.Compare(String str1,String str2,Boolean ignorCase)
```

　　其中，str1 和 str2 指出要比较的两个字符串。ignorCase 指出是否考虑大小，若为 True 表示忽略大小写，为 False 表示大小写敏感。当 str1 小于 str2 时，返回一个负整数；当 str1 等于 str2 时，返回 0；当 str1 大于 str2 时，返回一个正整数。例如：

```
String str1 = "abc";
String str2 = "cde";
String.Compare(str1,str2);    //返回一个负整数
```

　　2）CompareTo

　　CompareTo 方法是 String 类的非静态方法，通过 String 的对象调用，其基本格式如下：

```
str1.CompareTo(str2)
```

　　返回值的含义与 Compare 方法相同。例如：

```
String str1 = "abc";
String str2 = "cde";
str1.CompareTo(str2);          //返回一个负整数
```

　　2. 求子串位置

　　使用 String 类的 IndexOf 方法求子串位置，它是一个非静态方法。其基本格式如下：

```
String.IndexOf(Char)
String.IndexOf(String)
```

　　第一种格式返回指定字符在此字符串中的第一个匹配项的索引。第二种格式返回指定的子串在该串中的第一个匹配项的索引。例如：

```
String s1 = "abc";
String s2 = "bc";
char c = 'c';
Console.WriteLine("{0}",s1.IndexOf(s2));    //输出: 1
Console.WriteLine("{0}", s1.IndexOf(c));    //输出: 2
```

　　3. 格式化字符串

　　使用 String 类的 Format()方法格式化字符串。它也是一个静态方法，其基本格式如下：

```
String.Format(format, args)
```

其中,format 指出 String 的零个或多个格式项,其用法与第 2 章中介绍 WritleLine 语句的格式项类似。args 指出要格式化的对象。例如:

```
String str1 = "abc";
String str2 = "cde";
String.Format("串 1:{0},串 2:{1}", str1, str2);       //结果为"串 1:abc,串 2:cde"
```

4. 分割字符串

String 类的 Split()方法用于分割字符串,它把一个整串按照某个分隔符分裂成一系列小的字符串。其基本格式如下:

```
mystr.Split(separator)
```

其中,separator 是指定分隔符的字符串数组等。该方法返回 mystr 字符串中由 separator 分隔的字符串数组。例如:

```
String str1 = "abc,d,1,45"
String[] str2 = new String[10];       //声明字符数组
char[] sp = { ',' };
str2 = str1.Split(sp);                //str2[0] = "abc",str2[1] = "d",str2[2] = "1",str2[3] = "45"
```

【例 3.7】 设计一个控制台程序求用户输入的子串在主串中的位置。

解:在 H:\C♯2005\ch3 文件夹中创建一个控制台应用程序项目 Proj3_6,其代码如下。

```
using System;
namespace Proj3_6
{   class Program
    {   static void Main(string[] args)
        {   String mstr,sstr;
            Console.Write("输入主串:");
            mstr = Console.ReadLine();
            Console.Write("输入子串:");
            sstr = Console.ReadLine();
            Console.WriteLine("主串长度 = {0},子串长度 = {1}",mstr.Length, sstr.Length);
            if (String.Compare(mstr, sstr) != 0)                //使用静态方法
                Console.WriteLine("位置:{0}", mstr.IndexOf(sstr));       //使用非静态方法
            else
                Console.WriteLine("两个字符串相同");
        }
    }
}
```

上述程序中,先定义了 String 类的两个对象 mstr 和 sstr,接受用户输入,再调用 String 类的方法输出它们的长度,在两个字符串不相同时求 sstr 在 mstr 中的位置。其执行结果如图 3.15 所示。

图 3.15　例 3.7 程序执行结果

3.7.2 Math 类

Math 类位于 System 命名空间中,它包含了实现 C♯中常用算术运算功能的方法,这些方法都是静态方法,可通过"Math.方法名(参数)"来使用,其中常用的方法如表 3.15 所示。

表 3.15　Math 类的常用方法

方　　法	说　　明
Abs	返回指定数字的绝对值
Acos	返回余弦值为指定数字的角度
Asin	返回正弦值为指定数字的角度
Atan	返回正切值为指定数字的角度
Atan2	返回正切值为两个指定数字的商的角度
Ceiling	返回大于或等于指定数字的最小整数
Cos	返回指定角度的余弦值
Cosh	返回指定角度的双曲余弦值
DivRem	计算两个数字的商,并在输出参数中返回余数
Exp	返回 e 的指定次幂
Floor	返回小于或等于指定数字的最大整数
Log	返回指定数字的对数
Log10	返回指定数字以 10 为底的对数
Max	返回两个指定数字中较大的一个
Min	返回两个数字中较小的一个
Pow	返回指定数字的指定次幂
Round	将值舍入到最接近的整数或指定的小数位数
Sign	返回表示数字符号的值
Sin	返回指定角度的正弦值
Sinh	返回指定角度的双曲正弦值
Sqrt	返回指定数字的平方根
Tan	返回指定角度的正切值
Tanh	返回指定角度的双曲正切值
Truncate	计算一个数字的整数部分

3.7.3 Convert 类

Convert 类位于 System 命名空间中,它用于将一个值类型转换成另一个值类型。这些方法都是静态方法,可通过"Convert.方法名(参数)"来使用,其中常用的方法如表 3.16 所示。

表 3.16　Convert 类的常用方法

方　　法	说　　明
ToBoolean	将数据转换成 Boolean 类型
ToDataTime	将数据转换成日期时间类型
ToInt16	将数据转换成 16 位整数类型

方　　法	说　　明
ToInt32	将数据转换成 32 位整数类型
ToInt64	将数据转换成 64 位整数类型
ToNumber	将数据转换成 Double 类型
ToObject	将数据转换成 Object 类型
ToString	将数据转换成 string 类型

3.7.4　DateTime 结构

DateTime 结构类位于 System 命名空间中，DateTime 值类型表示值范围在公元 0001 年 1 月 1 日午夜 12:00:00 到公元 9999 年 12 月 31 日晚上 11:59:59 之间的日期和时间。可以通过以下语法格式定义一个日期时间变量：

```
DateTime 日期时间变量 = new DateTime(年,月,日,时,分,秒);
```

例如，以下语句定义了两个日期时间变量：

```
DateTime d1 = new DateTime(2009,10,1);
DateTime d2 = new DateTime(2009,10,1,8,15,20);
```

其中，d1 的值为 2009 年 10 月 1 日 0 点 0 分 0 秒，d2 的值为 2009 年 10 月 1 日 8 点 15 分 20 秒。

DateTime 结构的常用属性如表 3.17 所示，常用方法如表 3.18 所示。

表 3.17　DateTime 结构的常用属性

属　　性	说　　明
Date	获取此实例的日期部分
Day	获取此实例所表示的日期为该月中的第几天
DayOfWeek	获取此实例所表示的日期是星期几
DayOfYear	获取此实例所表示的日期是该年中的第几天
Hour	获取此实例所表示日期的小时部分
Millisecond	获取此实例所表示日期的毫秒部分
Minute	获取此实例所表示日期的分钟部分
Month	获取此实例所表示日期的月份部分
Now	获取一个 DateTime 对象，该对象设置为此计算机上的当前日期和时间，即为本地时间
Second	获取此实例所表示日期的秒部分
TimeOfDay	获取此实例的当天的时间
Today	获取当前日期
Year	获取此实例所表示日期的年份部分

表 3.18　DateTime 结构的常用方法

方　法	方法类型	说　明
Compare	静态方法	比较 DateTime 的两个实例,并返回它们相对值的指示
DaysInMonth		返回指定年和月中的天数
IsLeapYear		返回指定的年份是否为闰年的指示
Parse		将日期和时间的指定字符串表示转换成其等效的 DateTime
AddDays	非静态方法	将指定的天数加到此实例的值上
AddHours		将指定的小时数加到此实例的值上
AddMilliseconds		将指定的毫秒数加到此实例的值上
AddMinutes		将指定的分钟数加到此实例的值上
AddMonths		将指定的月份数加到此实例的值上
AddSeconds		将指定的秒数加到此实例的值上
AddYears		将指定的年份数加到此实例的值上
CompareTo		将此实例与指定的对象或值类型进行比较,并返回两者相对值的指示

【例 3.8】 设计一个控制台程序说明 DataTime 结构的使用。

解：在 H:\C# 2005\ch3 文件夹中创建一个控制台应用程序项目 Proj3_7,其代码如下：

```
using System;
namespace Proj3_7
{   class Program
    {   static void Main(string[] args)
        {   DateTime d1 = DateTime.Now;              //定义当前日期时间变量
            DateTime d2 = new DateTime(2009, 10, 1); //定义一个日期时间变量
            Console.WriteLine("d1:{0}",d1);
            int i = d1.Year;                          //求 d1 的年
            int j = d1.Month;                         //求 d1 的月
            int k = d1.Day;                           //求 d1 的日
            int h = d1.Hour;                          //求 d1 的时
            int m = d1.Minute;                        //求 d1 的分
            int s = d1.Second;                        //求 d1 的秒
            Console.WriteLine("d1:{0}年{1}月{2}日{3}时{4}分{5}秒",i,j,k,h,m,s);
            Console.WriteLine("d2:{0}",d2);
            Console.WriteLine("相距时间:{0}",d2 - d1);
            DateTime d3 = d1.AddDays(100);            //d3 为 d1 的 100 天后的日期
            Console.WriteLine("d3:{0}",d3);
            Console.WriteLine(DateTime.IsLeapYear(i));  //静态方法调用
            Console.WriteLine(DateTime.IsLeapYear(d2.Year));
        }
    }
}
```

本程序定义了 3 个日期时间变量 d1、d2 和 d3,然后调用相应的属性和方法。其执行结果如图 3.16 所示。

图 3.16　例 3.8 程序执行结果

练习题 3

1. 单项选择题

(1) 在 C♯语言中,下列能够作为变量名的是_____。

A. if   B. 3ab   C. a_3b   D. a-bc

(2) C♯的数据类型分为_____。

A. 值类型和调用类型   B. 值类型和引用类型

C. 引用类型和关系类型   D. 关系类型和调用类型

(3) 下列选项中,_____是引用类型。

A. enum 类型   B. struct 类型   C. string 类型   D. int 类型

(4) 以下类型中,不属于值类型的是_____。

A. 整数类型   B. 布尔类型   C. 字符类型   D. 类类型

(5) _____是将值类型转换成引用类型。

A. 装箱   B. 拆箱   C. 赋值   D. 实例化

(6) _____是将引用类型转换成值类型。

A. 装箱   B. 拆箱   C. 赋值   D. 实例化

(7) C♯中每个 int 类型的变量占用_____个字节的内存。

A. 1   B. 2   C. 4   D. 8

(8) 在 C♯中,以下常量定义正确的是_____。

A. const double PI 3.1415926;   B. const double e=2.7;

C. define double PI 3.1415926;   D. define double e=2.7;

(9) 在 C♯中,表示一个字符串的变量应使用以下_____语句定义。

A. CString str;   B. string str;

C. Dim str as string;   D. char * str;

(10) 在 C♯中,新建一个字符串变量 str,并将字符串"Tom's Living Room"保存到串中,则应该使用_____语句。

A. string str = "Tom\\'s Living Room";   B. string str = "Tom's Living Room";

C. string str("Tom's Living Room");   D. string str("Tom"s Living Room");

(11) 有以下 C♯程序:

```
using System;
namespace aaa
{
    public struct Person
    {   string name;
        int age;
    }
    class Program
    {   static void Main(string[] args)
        {   string a;
            Person b;
```

```
        //其他处理代码
        }
    }
}
```

以下说法正确的是_____。

A. a 为引用类型的变量,b 为值类型的变量

B. a 为值类型的变量,b 为引用类型的变量

C. a 和 b 都是值类型的变量

D. a 和 b 都是引用类型的变量

(12) 在 C # 中可以通过装箱和拆箱实现值类型与引用类型之间相互转换,在下列代码中,有_____处实现了拆箱。

```
int age = 5;
object o = age;
o = 10;
age = (int)o;
object oAge = age;
```

A. 0   B. 1   C. 2   D. 3

(13) 在 C # 中,下列代码运行后,变量 Max 的值是_____。

```
int a = 5,b = 10,c = 15,Max = 0;
Max = a > b?a:b;
Max = c < Max?c:Max;
```

A. 0   B. 5   C. 10   D. 15

(14) 以下程序的输出结果是_____。

```
using System;
namespace aaa
{
    class Example1
    {   static void Main(string[] args)
        {   int a = 5,b = 4,c = 6,d;
            Console.WriteLine("{0}",d = a > b?(a > c?a:c):b);
        }
    }
}
```

A. 5   B. 4   C. 6   D. 不确定

(15) 以下对枚举类型的声明中正确的是_____。

A. enum a={one,two,three};   B. enum b {a1,a2,a3};

C. num c={'1','2','3'};   D. enum d {"one","two","three"};

(16) 有以下 C # 程序:

```
using System;
namespace aaa
{
```

```
class Program
{   static void Main(string[] args)
    {   byte a = 2, b = 5;
        Console.WriteLine("{0}",a^b);
    }
}
```

该程序的输出结果是_____。

A. 2　　　　　　　　B. 5　　　　　　　　C. 7　　　　　　　　D. 9

(17) 有以下 C#程序：

```
using System;
namespace aaa
{
    class Program
    {   static void Main()
        {   String str;
            str = Console.ReadLine();
            bool a = str.Equals("a");
            Console.WriteLine(a.ToString());
            int b = str.Length;
            Console.WriteLine(b.ToString());
        }
    }
}
```

在程序运行时输入为"　　　AAAAA"(3 个空格加 5 个 A)，则程序输出为_____。

A. 0 8　　　　　　B. False 8　　　　　　C. -1 8　　　　　　D. False 5

2. 问答题

(1) 简述 C#中有哪些数据类型。

(2) 简述 C#中结构类型和枚举类型的声明方法。

(3) 简述 C#中常用类的静态方法和非静态方法的差异。

3. 编程题

(1) 设计一个控制台程序 Proj3_8，定义变量 int a=2,b=3;float x=3.5f,y=2.5f;并求表达式(float)(a+b)/2+(int)x%(int)y 的值。

(2) 设计一个控制台程序 Proj3_9，定义变量 int a=3,b=4,c=5;并求表达式(++c-1) & b + c/2 的值。

4. 上机实验题

设计一个控制台程序 Proj3_10，声明一个学生结构类型 Stud，包含学号、姓名和出生日期成员，定义 Stud 结构的两个学生变量 s1 和 s2 并赋值，求它们出生在星期几以及它们出生相差的天数，类似图 3.17。

图 3.17　上机实验题程序执行结果

第 4 章　　　　　　　　　C♯控制语句

一个 C♯程序是由若干语句组成的,而每个语句以分号作为结束符。C♯语句可以很简单,也可以很复杂,其中改变程序正常流程的语句称为控制语句。归纳起来,程序的控制语句有 3 种:顺序控制语句、选择控制语句和循环控制语句。其中顺序控制语句是指所有语句按顺序执行,每一条语句只执行一遍,不重复执行,也没有语句不执行,由于它十分简单,这里不做介绍,本章主要讨论选择控制语句和循环控制语句。

本章学习要点:

* 掌握 C♯中各种 if 语句和 switch 语句的使用方法。
* 掌握 C♯中 while、do…while 和 for 循环语句的使用方法。
* 掌握 C♯中 break、continue 语句的使用方法。
* 使用 C♯中各种控制语句设计较复杂的程序。

4.1　选择控制语句

C♯中的选择控制语句有 if 语句、if…else 语句、if…else if 语句和 switch 语句,它们根据指定条件的真假值确定执行哪些简单语句,其中简单语句既可以是单个语句,也可以是用{ }括起来的复合语句。

4.1.1　if 语句

if 语句用于在程序中有条件地执行某一语句序列,其基本语法格式如下:

if(条件表达式) 语句;

其中,“条件表达式”是一个关系表达式或逻辑表达式,当“条件表达式”为 true 时,执行后面的“语句”。其执行流程如图 4.1 所示。

【例 4.1】　编写一个程序,用 if 语句显示用户输入数值的绝对值。

解:在 H:\C♯2005\ch4 文件夹中创建一个控制台应用程序项目 Proj4_1,程序如下:

```
using System;
namespace Proj4_1
{    class Program
    {    static void Main(string[] args)
        {    int x;
            x = int.Parse(Console.ReadLine());
            if (x < 0) x = - x;
            Console.WriteLine("绝对值为{0}",x);
        }
    }
}
```

图 4.1 if 语句执行流程

4.1.2 if···else 语句

如果希望 if 语句在"条件表达式"为 true 和为 false 时分别执行不同的语句,则用 else 来引入"条件表达式"为 false 时执行的语句序列,这就是 if···else 语句,它根据不同的条件分别执行不同的语句序列,语法形式如下:

```
if (条件表达式)
    语句 1;
else
    语句 2;
```

其中的"条件表达式"是一个关系表达式或逻辑表达式。当"条件表达式"为 true 时执行"语句 1";当"条件表达式"为 false 时执行"语句 2"。其执行流程如图 4.2 所示。

if···else 语句可以嵌套使用。当多个 if···else 语句嵌套时,else 应当与哪个 if 匹配? 为解决语义上的这种二义性,C# 中规定,else 总是与最后一个出现的还没有 else 与之匹配的 if 相匹配。

图 4.2 if···else 语句执行流程

【**例 4.2**】 用 if···else 语句编写一个程序,显示用户输入数值的绝对值。

解:在 H:\C#2005\ch4 文件夹中创建一个控制台应用程序项目 Proj4_2,程序如下:

```
using System;
namespace Proj4_2
{    class Program
    {    static void Main(string[] args)
        {    int x;
            x = int.Parse(Console.ReadLine());
            if (x < 0) Console.WriteLine("绝对值为{0}", - x);
            else Console.WriteLine("绝对值为{0}", x);
        }
    }
}
```

【**例 4.3**】 编写一个程序,判断输入的年份是否为闰年。

解:凡是能被 400 整除的,或不能被 100 整除但能被 4 整除的年份为闰年。在 H:\C#2005\ch4 文件夹中创建一个控制台应用程序项目 Proj4_3,程序如下:

C# 程序设计教程(第 2 版)

```csharp
using System;
namespace Proj4_3
{   class Program
    {   static void Main(string[] args)
        {   int year, rem4, rem100, rem400;
            Console.Write("输入年份:");
            year = int.Parse(Console.ReadLine());
            rem400 = year % 400;
            rem100 = year % 100;
            rem4 = year % 4;
            if ((rem400 == 0) || ((rem4 == 0) && (rem100 != 0)))
                Console.WriteLine("{0}是闰年",year);
            else
                Console.WriteLine("{0}不是闰年", year);
        }
    }
}
```

本程序的一次执行结果如图 4.3 所示。

4.1.3 if…else if 语句

if…else if 语句用于进行多重判断,语法形式如下:

```
if (条件表达式 1) 语句 1;
else if (条件表达式 2) 语句 2;
    …
else if (条件表达式 n) 语句 n;
else   语句 n+1;
```

该语句功能是先计算"条件表达式 1"的值。如果为 true,则执行"语句 1",执行完毕后跳出该 if…else if 语句;如果"条件表达式 1"的值为 false,则继续计算"条件表达式 2"的值。如果"条件表达式 2"的值为 true,则执行"语句 2",执行完毕后跳出该 if…else if 语句;如果"条件表达式 2"的值为 false,则继续计算"条件表达式 3"的值,依次类推。如果所有条件中给出的表达式值都为 false,则执行 else 后面的"语句 n+1"。如果没有 else,则什么也不做,转到该 if…else if 语句后面的语句继续执行。其执行流程如图 4.4 所示。

图 4.3 例 4.3 程序执行结果   图 4.4   if…else if 语句执行流程

【例 4.4】 编写一个程序,将用户输入的分数转换成等级:A(≥90),B(80～89),C(70～79),D(60～69),E(<60)。

解:在 H:\C♯2005\ch4 文件夹中创建一个控制台应用程序项目 Proj4_4,程序如下:

```
using System;
namespace Proj4_4
{   class Program
    {   static void Main(string[] args)
        {   float x;
            Console.Write("分数:");
            x = float.Parse(Console.ReadLine());
            if (x >= 90) Console.WriteLine("等级为 A");
            else if (x >= 80) Console.WriteLine("等级为 B");
            else if (x >= 70) Console.WriteLine("等级为 C");
            else if (x >= 60) Console.WriteLine("等级为 D");
            else Console.WriteLine("等级为 E");
        }
    }
}
```

本程序的一次执行结果如图 4.5 所示。

图 4.5 例 4.4 程序执行结果

4.1.4 switch 语句

switch 语句也称为开关语句,用于在有多重选择的场合来测试某一个变量具有多个值时所执行的动作。switch 语句的语法形式为:

```
switch (表达式)
{   case 常量表达式 1: 语句 1;
    case 常量表达式 2: 语句 2;
    …
    case 常量表达式 n: 语句 n;
    default:语句 n + 1;
}
```

switch 语句控制传递给与"表达式"值匹配的 case 块。switch 语句可以包括任意数目的 case 块,但是任何两个 case 块都不能具有相同的"常量表达式"值。语句体从选定的语句开始执行,直到 break 语句将控制传递到 case 块以外。在每一个 case 块(包括 default 块)的后面,都必须有一个跳转语句(如 break 语句),因为 C♯不支持从一个 case 块显式贯穿到另一个 case 块(这一点与 C++ 中的 switch 语句不同)。但有一个例外,当 case 语句中没有代码时,可以不包含 break 语句。

如果没有任何 case 表达式与开关值匹配,则控制传递给跟在可选 default 标签后的语句。如果没有 default 标签,则控制传递到 switch 语句以外。

带 break 语句的 switch 语句执行流程如图 4.6 所示。

【例 4.5】 编写一个程序,要求输入课程后显示相应的学分:数学(代号为 m,8 学分)、物理(代号为 p,5 学分)、化学(代号为 c,5 学分)、语文(代号为 w,8 学分)、英语(代号为 e,6 学分)。

Ｃ#程序设计教程(第 2 版)

图 4.6　带 break 语句的 switch 控制流程

解：在 H:\C#2005\ch4 文件夹中创建一个控制台应用程序项目 Proj4_5,程序如下：

```
using System;
namespace Proj4_5
{   class Program
    {   static void Main(string[ ] args)
        {   char ch;
            Console.Write("课程代号:");
            ch = (char)Console.Read();
            switch (ch)
            {
            case 'm':
            case 'M':
            case 'w':
            case 'W':
                Console.WriteLine("8 学分");
                break;
            case 'p':
            case 'P':
            case 'c':
            case 'C':
                Console.WriteLine("5 学分");
                break;
            case 'e':
            case 'E':
                Console.WriteLine("6 学分");
                break;
            default:
                Console.WriteLine("输入的课程代号不正确");
                break;
            }
        }
    }
}
```

本程序的一次执行结果如图 4.7 所示。

图 4.7　例 4.5 程序执行结果

4.2 循环控制语句

循环控制语句提供重复处理的能力,当某一指定条件为 true 时,循环体内的语句就重复执行,并且每循环一次,就会测试一下循环条件,如果为 false,则循环结束,否则继续循环。C♯支持 3 种格式的循环控制语句:while、do…while 和 for 语句。三者可以完成类似的功能,不同的是它们控制循环的方式。

4.2.1 while 语句

while 语句的一般语法格式如下:

while (条件表达式) 语句;

当"条件表达式"的运算结果为 true 时,重复执行"语句"。每执行一次"语句"后,就会重新计算一次"条件表达式",当该表达式的值为 false 时,while 循环结束。其执行流程如图 4.8 所示。

【例 4.6】 编写一个程序,将用户输入的整数反向显示出来。

解:对于用户输入的正整数 num,采用辗转相除法(while 语句实现)求出所有位对应的数字并输出。在 H:\C♯2005\ch4 文件夹中创建一个控制台应用程序项目 Proj4_6,程序如下:

```
using System;
namespace Proj4_6
{   class Program
    {   static void Main(string[] args)
        {   int digit,num;
            Console.Write( "输入一个整数:");
            num = int.Parse(Console.ReadLine());
            Console.Write( "反向显示结果:");
            while (num!= 0)
            {   digit = num % 10;    //依次求个位、十位、……上的数字 digit
                num = num / 10;
                Console.Write(digit);
            }
            Console.WriteLine();
        }
    }
}
```

本程序的一次执行结果如图 4.9 所示。

图 4.8 while 语句执行流程

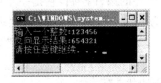

图 4.9 例 4.6 程序执行结果

4.2.2　do…while 语句

do…while 语句的一般语法格式如下：

```
do
    语句;
while (条件表达式);
```

do…while 语句每次循环执行一次"语句"，就计算一次"条件表达式"是否为 true，如果是，则继续执行循环，否则结束循环。与 while 语句不同的是，do…while 循环中的"语句"至少会执行一次，而 while 语句当条件第一次就不满足时，语句一次也不会执行。其执行流程如图 4.10 所示。

【例 4.7】　采用 do…while 语句重新编写例 4.6 的程序。

解：采用 do…while 语句实现辗转相除法求各位上的数字。在 H:\C♯2005\ch4 文件夹中创建一个控制台应用程序项目 Proj4_7，程序如下：

图 4.10　do…while 语句
执行流程

```csharp
using System;
namespace Proj4_7
{   class Program
    {   static void Main(string[] args)
        {   int digit,num;
            Console.Write("输入一个整数:");
            num = int.Parse(Console.ReadLine());
            Console.Write("反向显示结果:");
            do
            {   digit = num % 10;
                num = num/10;
                Console.Write(digit);
            } while (num!= 0);
            Console.WriteLine();
        }
    }
}
```

4.2.3　for 语句

for 语句通常用于预先知道循环次数的情况，其一般语法格式如下：

for (表达式 1;表达式 2;表达式 3) 语句;

其中，"表达式 1"可以是一个初始化语句，一般用于对一组变量进行初始化或赋值。"表达式 2"用于循环的条件控制，它是一个条件或逻辑表达式，当其值为 true 时，继续下一次循环，当其值为 false 时，则终止循环。"表达式 3"在每次循环执行完后执行，一般用于改变控制循环的变量。"语句"在"表达式 2"为 true 时执行。具体来说，for 循环的执行过程如下。

（1）执行"表达式 1"。

（2）计算"表达式 2"的值。

（3）如果"表达式 2"的值为 true，先执行后面的"语句"，再执行"表达式 3"，然后转向步骤（1）；如果"表达式 2"的值为 false，则结束整个 for 循环。

for 语句的执行流程如图 4.11 所示。

另外，C♯还提供了与 for 语句功能类似的 foreach 循环语句，用来循环处理一个集合中的元素，这将在第 5 章中介绍。

【例 4.8】 编写一个程序，输出如图 4.12 所示的九九乘法表。

解：在 H:\C♯2005\ch4 文件夹中创建一个控制台应用程序项目 Proj4_8，其程序如下：

```
using System;
namespace Proj4_8
{   class Program
    {   static void Main(string[] args)
        {   int i,j;
            for (i = 1; i <= 9; i++)
            {   for (j = 1; j <= i; j++)
                    Console.Write("{0}×{1}={2} ", i, j, i * j);
                Console.WriteLine();
            }
        }
    }
}
```

图 4.11　for 循环语句
执行流程

图 4.12　九九乘法表

4.3　跳转语句

除了顺序执行和选择、循环控制外，有时需要中断一段程序的执行，跳转到其他地方继续执行，这时需要用到跳转语句。跳转语句包括 break、continue 和 goto 语句。

4.3.1　break 语句

break 语句使程序从当前的循环语句（do、while 和 for）内跳转出来，接着执行循环语句后面的语句。

C#程序设计教程(第2版)

【例 4.9】 编写一个程序,判断从键盘输入的大于 3 的正整数是否为素数。

解：采用 for 循环语句,当 n 能被 $3\sim\sqrt{n}$ 的任何整数整除时,用 break 语句退出循环,表示 n 不是素数,否则 n 为素数。在 H:\C#2005\ch4 文件夹中创建一个控制台应用程序项目 Proj4_9,程序如下：

```
using System;
namespace Proj4_9
{   class Program
    {   static void Main(string[] args)
        {   int n, i;
            bool prime = true;
            Console.Write("输入一个大于 3 的正整数:");
            n = int.Parse(Console.ReadLine());
            for (i = 3; i <= Math.Sqrt(n); i++)
                if (n % i == 0)
                {   prime = false;
                    break;
                }
            if (prime) Console.WriteLine("{0}是素数", n);
            else Console.WriteLine("{0}不是素数", n);
        }
    }
}
```

前面介绍的 switch 语句中也用到了 break 语句,它表示终止当前 switch 语句的执行,接着运行 switch 语句后面的语句。

4.3.2　continue 语句

continue 语句也用于循环语句,它类似于 break 语句,但它不是结束循环,而是结束循环语句的当前一次循环,接着执行下一次循环。在 while 和 do…while 循环结构中,执行控制权转至对"条件表达式"的判断,在 for 结构中,转去执行"表达式 2"。

【例 4.10】 编写一个程序,对用户输入的所有正数求和,如果输入的是负数,则忽略该数。程序每读入一个数,判断它的正负,如果为负,则利用 continue 语句结束当前一次循环,继续下一次循环,否则将该数加到总数上去。

解：使用 while 循环语句,当输入的数 n 为 0 时退出循环,当 n 小于 0 时使用 continue 语句重新开始下一轮循环,当大于 0 时将其累计加到 sum 中。在 H:\C#2005\ch4 文件夹中创建一个控制台应用程序项目 Proj4_10,程序如下：

```
using System;
namespace Proj4_10
{   class Program
    {   static void Main(string[] args)
        {   int sum = 0, n = 1;
            while (n!= 0)                 //循环
            {   Console.Write("输入一个整数(以 0 表示结束):");
                n = int.Parse(Console.ReadLine());
```

```
            if (n < 0) continue;          //开始下一次循环
            sum += n;
        }
        Console.WriteLine("所有正数之和 = {0}",sum);
    }
  }
}
```

4.3.3　goto 语句

goto 语句也可以跳出循环和 switch 语句。goto 语句用于无条件转移程序的执行控制，它总是与一个标号相匹配，其形式为：

```
goto  标号;
```

"标号"是一个用户自定义的标识符，它可以处于 goto 语句的前面，也可以处于其后面，但是标号必须与 goto 语句处于同一个函数中。定义标号时，由一个标识符后面跟一冒号组成。

【例 4.11】　编写一个程序，求满足条件 $1^2+2^2+\cdots+n^2\leqslant1000$ 的最大的 n。

解：在 H:\C♯2005\ch4 文件夹中创建一个控制台应用程序项目 Proj4_11，程序如下：

```
using System;
namespace Proj4_11
{  class Program
   {   static void Main(string[] args)
       {   int sum = 0,n = 0;
           while (true)
           {   sum += n * n;
               if (sum > 1000) goto end;
               n++;
           }
           end: Console.WriteLine( "最大的 n 为:{0}",n - 1);
       }
    }
}
```

图 4.13　例 4.11 程序
执行结果

本程序的执行结果如图 4.13 所示。

注意：由于 goto 语句会严重破坏程序的结构，使用 goto 语句的程序完全可以修改为更为合理的程序结构，所以一般不推荐使用。

【例 4.12】　不使用 goto 语句重新编写例 4.11 的程序。

解：在 H:\C♯2005\ch4 文件夹中创建一个控制台应用程序项目 Proj4_12，程序如下：

```
using System;
namespace Proj4_12
{  class Program
   {   static void Main(string[] args)
       {   int sum = 0,n = 0;
```

```
                do
                {    sum += n * n;
                     if (sum > 1000) break;
                     n++;
                } while (sum < 1000);
                Console.WriteLine("最大的 n 为:{0}",n-1);
            }
        }
    }
```

练习题 4

1. 单项选择题

(1) if 语句后面的表达式应该是_____。

A. 字符串表达式   B. 条件表达式   C. 算术表达式   D. 任意表达式

(2) 有以下 C# 程序:

```
using System;
namespace aaa
{
    class Program
    {    static void Main()
        {    int x = 2, y = -1, z = 2;
            if (x < y)
                if (y < 0) z = 0;
                else z += 1;
            Console.WriteLine("{0}",z);
        }
    }
}
```

该程序的输出结果是_____。

A. 3   B. 2   C. 1   D. 0

(3) 有以下 C# 程序,在执行时从键盘上输入 9,则输出结果是_____。

```
using System;
namespace aaa
{
    class Program
    {    static void Main()
        {    int n;
            n = int.Parse(Console.ReadLine());
            if (n++ < 10)
                Console.WriteLine("{0}", n);
            else
                Console.WriteLine("{0}",n-- );
        }
    }
}
```

A. 11　　　　　　　　B. 10　　　　　　　　C. 9　　　　　　　　D. 8

（4）有以下 C♯程序：

```
using System;
namespace aaa
{
    class Example1
    {    static void Main(string[] args)
        {    int x = 1,a = 0,b = 0;
            switch(x)
            {
            case 0:b++;break;
            case 1:a++;break;
            case 2:a++;b++;break;
            }
            Console.WriteLine("a = {0},b = {1}",a,b);
        }
    }
}
```

该程序的输出结果是_____。

A. a=2,b=1　　　　B. a=1,b=1　　　C. a=1,b=0　　　D. a=2,b=2

（5）有以下 C♯程序：

```
using System;
namespace aaa
{
    class Program
    {    static void Main()
        {    int a = 15, b = 21, m = 0;
            switch (a % 3)
            {
            case 0: m++; break;
            case 1: m++;
                switch (b % 2)
                {
                case 0: m++; break;
                default: m++; break;
                }
                break;
            }
            Console.WriteLine("{0}",m);
        }
    }
}
```

该程序的输出结果是_____。

A. 1　　　　　　　　B. 2　　　　　　　　C. 3　　　　　　　　D. 4

（6）以下叙述正确的是_____。

A. do…while 语句构成的循环不能用其他语句构成的循环来代替

B. do…while 语句构成的循环只能用 break 语句退出

C. 用 do…while 语句构成的循环,在 while 后的表达式为 true 时结束循环

D. 用 do…while 语句构成的循环,在 while 后的表达式应为关系表达式或逻辑表达式

(7) 以下关于 for 循环的说法不正确的是_____。

A. for 循环只能用于循环次数已经确定的情况

B. for 循环是先判定表达式,后执行循环体语句

C. for 循环中,可以用 break 语句跳出循环体

D. for 循环体语句中,可以包含多条语句,但要用花括号括起来

(8) 有以下 C# 程序:

```csharp
using System;
namespace aaa
{
    class Program
    {   static void Main()
        {   int i, j, s = 0;
            for(i = 2; i < 6; i++, i++)
            {   s = 1;
                for(j = i; j < 6; j++)
                    s += j;
            }
            Console.WriteLine("{0}", s);
        }
    }
}
```

该程序的输出结果是_____。

A. 9   B. 1   C. 11   D. 10

(9) 有以下 C# 程序:

```csharp
using System;
namespace aaa
{
    class Program
    {
        static void Main()
        {   int i = 0, s = 0;
            do
            {   if (i % 2 == 1)
                {   i++;
                    continue;
                }
                i++;
                s += i;
            } while (i < 7);
            Console.WriteLine("{0}", s);
        }
    }
}
```

该程序的输出结果是_____。

A. 16   B. 12   C. 28   D. 21

(10) 有以下 C#程序：

```csharp
using System;
namespace aaa
{
    class Program
    {
        static void Main()
        {   int i = 0, a = 0;
            while (i < 20)
            {   for (; ; )
                {   if (i % 10 == 0) break;
                    else i--;
                }
                i += 11;
                a += i;
            }
            Console.WriteLine("{0}", a);
        }
    }
}
```

该程序的输出结果是_____。

A. 21   B. 32   C. 33   D. 11

2. 问答题

(1) 简述 C#中 3 种控制语句。

(2) 简述 C#中 do…while 和 while 两种循环语句的不同之处。

(3) 简述 C#中 continue 语句的作用。

(4) 简述 C#中 break 语句的作用。

3. 编程题

(1) 设计一个控制台应用程序项目 Proj4_13,读入一组整数(以输入 0 结束),分别输出其中奇数和偶数的和。

(2) 设计一个控制台应用程序项目 Proj4_14,输入正整数 n,计算 s=1+(1+2)+(1+2+3)+…+(1+2+3+…+n)。

(3) 设计一个控制台应用程序项目 Proj4_15,输出如图 4.14 所示的 n 阶杨辉三角形,其中 n 由用户输入,该值不能大于 13。

```
                    1
                  1   1
                1   2   1
              1   3   3   1
            1   4   6   4   1
          1   5  10  10   5   1
        1   6  15  20  15   6   1
      1   7  21  35  35  21   7   1
    1   8  28  56  70  56  28   8   1
  1   9  36  84 126 126  84  36   9   1
```

图 4.14 n=10 的杨辉三角形

(4) 设计一个控制台应用程序项目 Proj4_16,利用下面的公式编程计算 π 的值。

$$\frac{\pi}{4} = 1 - \frac{1}{3} + \frac{1}{5} - \frac{1}{7} + \cdots + \frac{1}{4n-3} - \frac{1}{4n-1} \quad (n = 2000)$$

4. 上机实验题

编写一个控制台应用程序项目 Proj4_17,输出所有这样的三位数:这个三位数本身恰好等于其每个数字的立方和(如 $153 = 1^3 + 5^3 + 3^3$)。

数组和集合　　第5章

数组是一组在逻辑上相互关联的值,这些值通过一个名称(即数组名)来存取,数组中的值称为数组的元素,所有这些值存放在内存中一段连续的空间中。为了区分不同的值,另加一些"索引"或"下标"来区分它们。集合也是由相同类型的数据元素组成的,但和数组不同,集合中的元素可以动态增加和减少,也就是说,集合的容量会根据需要自动扩展。使用数组和集合可以简化程序设计,提高编程效率。

本章学习要点:

- 掌握C#中数组的声明和使用方法。
- 掌握C#中交错数组的声明和使用方法。
- 掌握C#中集合的声明和使用方法。
- 灵活使用各种类型的数组和集合解决较复杂的应用问题。

5.1　一维数组

数组分为一维数组、二维数组和三维及以上的数组,通常把二维数组称为矩阵,三维及以上的数组称为多维数组。

5.1.1　一维数组的定义

定义一维数组的语法格式如下:

数组类型[]　数组名;

其中,"数据类型"为C#中合法的数据类型,"数组名"为C#中合法的标识符。

例如,以下定义了3个一维数组,即整型数组a、双精度数组b和字符串数组c。

```
int[] a;
double[] b;
string[] c;
```

C# 程序设计教程(第 2 版)

在定义数组后,必须对其进行初始化才能使用。初始化数组有两种方法:动态初始化和静态初始化。

5.1.2 一维数组的动态初始化

动态初始化需要借助 new 运算符,为数组元素分配内存空间,并为数组元素赋初值,数值类型初始化为 0,布尔类型初始化为 false,字符串类型初始化为 null。

动态初始化数组的格式如下:

数组类型[]　数组名 = new 数据类型[n]{元素值$_0$,元素值$_1$,…,元素值$_{n-1}$};

其中,"数组类型"是数组中数据元素的数据类型,n 为"数组长度",可以是整型常量或变量,后面一层大括号里为初始值部分。

1. 不给定初始值的情况

如果不给出初始值部分,各元素取默认值。例如:

```
int[] a = new int[10];
```

该数组在内存中的存储方式如图 5.1 所示,各数组元素均取默认值 0。

下标	0	1	2	3	4	5	6	7	8	9
a 的元素	0	0	0	0	0	0	0	0	0	0

图 5.1　数组 a 在内存中的存储方式

在这种情况下,"数组长度"可以是已初始化的变量。例如:

```
int n = 5;                //定义变量 n
int[] myarr = new int[n]; //指定数组 myarr 的长度为 n
```

2. 给定初始值的情况

如果给出初始值部分,各元素取相应的初值,而且给出的初值个数与"数组长度"相等。此时可以省略"数组长度",因为后面的大括号中已列出了数组中的全部元素。例如:

```
int[] b = new int[10]{1,2,3,4,5,6,7,8,9,10};
```

或

```
int[] b = new int[]{1,2,3,4,5,6,7,8,9,10};
```

该数组在内存中的存储方式如图 5.2 所示。

下标	0	1	2	3	4	5	6	7	8	9
b 的元素	1	2	3	4	5	6	7	8	9	10

图 5.2　数组 b 在内存中的存储方式

在这种情况下,不允许"数组长度"为变量,即使变量先赋值也不行。例如:

```
int n = 5;                              //定义变量 n
int[] myarr = new int[n] {1,2,3,4,5};   //错误,n 处应输入常量值
```

如果给出"数组长度",则初始值的个数应与"数组长度"相等,否则出错。例如:

```
int[] mya = new int[2] {1,2};           //正确
int[] mya = new int[2] {1,2,3};         //错误
int[] mya = new int[2] {1};             //错误
```

5.1.3　一维数组的静态初始化

静态初始化数组时,必须与数组定义结合在一起,否则会出错。静态初始化数组的格式如下:

数据类型[]　数组名 = {元素值$_0$,元素值$_1$,…,元素值$_{n-1}$};

用这种方法对数组进行初始化时,无须说明数组元素的个数,只需按顺序列出数组中的全部元素即可,系统会自动计算并分配数组所需的内存空间。

例如,以下是对整型数组 c 的静态初始化:

```
int[] c = {1,2,3,4,5};
```

在这种情况下,不能将数组定义和静态初始化分开。例如,以下是错误的。

```
int[] c;
c = {1,2,3,4,5};                        //错误的数组的静态初始化
```

5.1.4　访问一维数组中的元素

为了访问一维数组中的某个元素,需指定数组名称和数组中该元素的下标(或索引)。所有元素下标从 0 开始,到数组长度减 1 为止。例如,以下语句输出数组 d 的所有元素值:

```
int[] d = {1,2,3,4,5};
for (int i = 0;i < 5;i++)
    Console.Write("{0} ",d[i]);
Console.WriteLine();
```

C#还提供 foreach 语句。该语句提供一种简单、明了的方法来循环访问数组的元素。例如,以下代码定义一个名称为 e 的数组,并用 foreach 语句循环访问该数组。

```
int[] e = {1,2,3,4,5,6};
foreach (int i in e)
    System.Console.Write("{0} ",i);
Console.WriteLine();
```

其输出为:

```
1 2 3 4 5 6
```

提示:foreach 语句用于循环取出一个数据或集合中的每一个元素,然后对每一个元素进行操作,但在 foreach 语句中不能修改数组或集合的内容。

5.1.5　一组数组的越界

若有如下语句定义并初始化数组 f：

int[ ] f = new int[10]{1,2,3,4,5,6,7,8,7,9,10};

数组 f 的合法下标为 0~9，如果程序中使用 f[10]或 f[50]，则超过了数组规定的下标，因此越界了。C♯系统会提示以下出错信息。

未处理的异常: Syatem. IndexOutOfRangeException:索引超出了数组界限。

下面通过一个示例介绍 C♯ 中一维数组的应用。

【例 5.1】　设计一个控制台应用程序，采用二分查找方法在给定的有序数组 a 中查找用户输入的值，并提示相应的查找结果。

解：采用二分查找方法求解。在 H:\C♯2005\ch5 文件夹中创建一个控制台应用程序项目 Proj5_1，程序如下：

```
using System;
namespace Proj5_1
{   class Program
    {   static void Main(string[ ] args)
    {   double [ ] a = new double[10]{0,1.2,2.5,3.1,4.6,5.0,6.7,7.6,8.2,9.8};
        double k;
        int low = 0, high = 9, mid;
        Console. Write("k:");
        k = double. Parse(Console. ReadLine());
        while (low <= high)
        {   mid = (low + high)/2;
            if (a[mid] == k)
            {   Console. WriteLine("a[{0}] = {1}", mid, k);
                return;               //返回
            }
            else if (a[mid] > k)
                high = mid - 1;
            else
                low = mid + 1;
        }
        Console. WriteLine("未找到{0}",k);
    }
    }
}
```

图 5.3　例 5.1 程序运行结果

按 Ctrl+F5 组合键执行本程序，其结果如图 5.3 所示。

5.2　二维数组

二维数组可以看成是数组的数组，它们的每一个元素又是一个维数组，因此需要两个下标才能标识某个元素的位置。二维数组经常用来表示按行和按列格式存放信息。这种思想可以推广至二维以上的多维数组。本节主要介绍二维数组。

5.2.1　二维数组的定义

定义二维数组的语法格式如下：

数组类型[,]　数组名；

其中，“数据类型”为 C♯中合法的数据类型，“数组名”为 C♯中合法的标识符。

例如，以下语句定义了 3 个二维数组，即整型数组 x、双精度数组 y 和字符串数组 z。

```
int[,] x;
double[,] y;
string[,] z;
```

对于多维数组，可以做类似的推广，例如，以下语句定义了一个三维数组 p。

```
int[,,] p;
```

5.2.2　二维数组的动态初始化

动态初始化二维数组的格式如下：

数据类型[,] 数组名 = new 数据类型[m][n]{{元素值$_{0,0}$,元素值$_{0,1}$,…,元素值$_{0,n-1}$},
　　　　　　　　　　　　　　　　　　{元素值$_{1,0}$,元素值$_{1,1}$,…,元素值$_{1,n-1}$},
　　　　　　　　　　　　　　　　　　…
　　　　　　　　　　　　　　　　　　{元素值$_{m-1,0}$,元素值$_{m-1,1}$,…,元素值$_{m-1,n-1}$}};

其中，“数组类型”是数组中数据元素的数据类型，m、n 分别为行数和列数，即各维的长度，可以是整型常量或变量。后面两层大括号中为初始值部分。

1．不给定初始值的情况

如果不给出初始值部分，各元素取默认值。例如：

```
int[,] a = new int[2,3];
```

该数组各数组元素均取默认值 0。

2．给定初始值的情况

如果给出初始值部分，各元素取相应的初值，而且给出的初值个数与对应的“数组长度”相等。那么此时可以省略“数组长度”，因为后面的大括号中已列出了数组中的全部元素。例如：

```
int[,] a = new int[2,3]{{1,2,3},{4,5,6}};
```

或

```
int[,] a = new int[,]{{1,2,3},{4,5,6}};
```

5.2.3　二维数组的静态初始化

静态初始化数组时，必须与数组定义结合在一起，否则会出错。静态初始化数组的格式如下：

数据类型[,]　数组名 = {{元素值$_{0,0}$,元素值$_{0,1}$,…,元素值$_{0,n-1}$},

　　　　　　　　　　　　{元素值$_{1,0}$,元素值$_{1,1}$,…,元素值$_{1,n-1}$},

　　　　　　　　　　　　…

　　　　　　　　　　　　{元素值$_{m-1,0}$,元素值$_{m-1,1}$,…,元素值$_{m-1,n-1}$}};

例如,以下语句是对整型数组 b 的静态初始化。

int[,] b = {{1,2,3},{4,5,6}};

5.2.4　访问二维数组中的元素

为了访问二维数组中的某个元素,需要指定数组名称和数组中该元素的行下标和列下标。例如,以下语句输出数组 b 的所有元素值。

```
for (i = 0;i < 2;i++)
    for (j = 0;j < 3;j++)
        Console.Write("{0} ",b[i,j]);
Console.WriteLine();
```

对于多维数组,也可以使用 foreach 语句来循环访问每一个元素,例如:

```
int[,] c = new int[3, 2]{{1,2},{3,4},{5,6}};
foreach (int i in c)
    Console.Write("{0} ", i);
Console.WriteLine();
```

其输出为:1 2 3 4 5 6。然而,对于多维数组,使用嵌套的 for 循环可以更好地控制数组元素。

下面通过一个示例介绍 C# 中二维数组的应用。

【例 5.2】　设计一个控制台应用程序,输出如图 5.4 所示的九行杨辉三角形。

解:用二维数组 a(两维长度均设为 10,为了简单,二维数组 a 中行下标为 0 的行不用)存放杨辉三角形元素,初始时,1 列(列下标为 1 的列)和对角线元素均为 1,然后使用两重 for 循环求解,数组元素关系为:

$$a[i,j] = a[i-1,j-1] + a[i-1,j]$$

图 5.4　九行杨辉三角形

在 H:\C# 2005\ch5 文件夹中创建一个控制台应用程序项目 Proj5_2,程序如下:

```
using System;
namespace Proj5_2
{   class Program
    {   const int N = 10;
        static void Main(string[] args)
        {   int i,j;
            int[,] a = new int[N,N];
            for (i = 1;i < N;i++)            //1 列和对角线元素均为 1
            {   a[i,i] = 1; a[i,1] = 1;      }
            for (i = 3;i < N;i++)            //求第 3~N 行的元素值
                for (j = 2;j <= i-1;j++)
                    a[i,j] = a[i-1,j-1] + a[i-1,j];
```

```
        for (i = 1;i < N;i++)                //输出数序
        {   for (j = 1;j <= i;j++)
                Console.Write("{0, -2} ",a[i,j]);
            Console.WriteLine();
        }
    }
}
```

5.3　交错数组

交错数组是元素为数组的数组,与多维数组类似,但不同的是,交错数组元素的维度和大小可以不同,而多维数组的维度和大小均相同。

5.3.1　交错数组的定义和初始化

下面通过示例进行说明。

以下语句定义了一个由 3 个元素组成的交错数组 a,其中每个元素都是一个一维整数数组:

```
int[][] a = new int[3][];       //实例化时第 2 维定义即为[]
```

必须初始化 a 的元素后才可以使用它。可以如下所示初始化该元素:

```
a[0] = new int[5];          //定义 5 个元素
a[1] = new int[4];          //定义 4 个元素
a[2] = new int[2];          //定义两个元素
```

每个元素都是一个一维整数数组。第一个元素是由 5 个整数组成的数组,第二个是由 4 个整数组成的数组,而第三个是由两个整数组成的数组。

也可以使用初始值设定项用值填充数组元素,在这种情况下不需要数组大小。例如:

```
a[0] = new int[]{1,3,5,7,9};
a[1] = new int[]{0,2,4,6};
a[2] = new int[]{11,22};
```

还可以在声明数组 b 时将其初始化,例如:

```
int[][] b = new int[][]{new int[]{1,3,5,7,9},new int[]{0,2,4,6},new int[]{11,22}};
```

还可以使用下面的速记格式。要注意不能从元素初始化中省略 new 运算符,因为不存在元素的默认初始化。

```
int[][] c = {new int[] {1,3,5,7,9},new int[]{0,2,4,6},new int[]{11,22}};
```

5.3.2　访问交错数组中的元素

交错数组元素的访问方式与多维数组类似,通常使用 Length 方法返回包含在交错数组中的数组的数目,例如,以下程序定义一个交错数组 d 并初始化,最后输出所有元素的值。

```
int[][] d = new int[3][];
d[0] = new int[] {1,2,3,4,5,6};
d[1] = new int[] {7,8,9,10};
d[2] = new int[] {11,12};
for (int i = 0; i < d.Length; i++)
{   Console.Write("d({0}): ", i);
    for (int j = 0; j < d[i].Length; j++)
        Console.Write("{0} ", d[i][j]);
    Console.WriteLine();
}
```

程序执行结果如下：

```
d(0): 1 2 3 4 5 6
d(1): 7 8 9 10
d(2): 11 12
```

5.4 Array 类

Array 类是所有数组类型的抽象基类,它提供了创建、操作、搜索和排序数组的方法。在 C♯ 中,数组实际上是对象,而不只是像 C 和 C++ 中那样的可寻址连续内存区域。可以使用 Array 具有的属性以及其类成员。

说明：由于 Array 类是抽象类,不能创建它的对象,如 Array arr = new Array();语句是错误的,但它提供了一些静态方法,通过类名来调用这些静态方法,如 Array. Sort(a)是对数组 a 进行排序。

5.4.1 Array 类的属性和方法

Array 类的常用属性如表 5.1 所示,其常用方法如表 5.2 所示。

表 5.1 Array 类的常用属性及其说明

属性	说明
Length	获得一个 32 位整数,该整数表示 Array 的所有维数中元素的总数
LongLength	获得一个 64 位整数,该整数表示 Array 的所有维数中元素的总数
Rank	获取 Array 的秩(维数)

表 5.2 Array 类的常用方法及其说明

方　法	方法类别	说　明
Copy	静态方法	将一个 Array 的一部分元素复制到另一个 Array 中,并根据需要执行类型强制转换和装箱
IndexOf		返回一维 Array 或部分 Array 中某个值第一个匹配项的索引
Resize		将数组的大小更改为指定的新大小
Reverse		反转一维 Array 或部分 Array 中元素的顺序
Sort		对一维 Array 对象中的元素进行排序
Find		搜索与指定谓词定义的条件匹配的元素,然后返回整个 Array 中的第一个匹配项

续表

方　　法	方法类别	说　　　　　明
CopyTo	非静态方法	将当前一维 Array 的所有元素复制到指定的一维 Array 中
GetLength		获取一个 32 位整数，该整数表示 Array 的指定维中的元素数
GetLongLength		获取一个 64 位整数，该整数表示 Array 的指定维中的元素数
GetLowerBound		获取 Array 的指定维度的下限
GetUpperBound		获取 Array 的指定维度的上限
GetValue		获取当前 Array 中指定元素的值
SetValue		将当前 Array 中的指定元素设置为指定值

5.4.2　Array 类中方法的使用

由于 Array 类是数组的抽象基类，抽象基类不能定义其对象，所以 Array 类不能像 String 类那样定义它的对象。实际上可以对任何定义的数组使用 Array 类的方法和属性，也就是说，采用前面所述方式定义的数组均可看成是 Array 对象。

Array 类的常用方法使用格式如下：

- Array.BinarySearch(Array，item)：在整个一维排序数组 Array 中搜索特定元素 item。
- Array.Copy（Array1，Array2，n）：从第一个元素开始复制 Array1 中的一系列元素，将它们粘贴到 Array2 中（从第一个元素开始），共复制 n 个元素。
- Array.Find(Array，match)：搜索与指定条件 match 相匹配的元素，然后返回整个 Array 中的第一个匹配项。
- 数组.GetLowerBound(dimension)：返回指定维的下界，dimension 为数组的从零开始的维度。
- 数组.GetUpperBound(dimension)：返回指定维的上界，dimension 为数组的从零开始的维度。
- 数组.GetValue(index)：获取一维数组中指定位置 index 的值。
- 数组.SetValue（data，index）：将某值 data 设置给一维数组中指定位置 index 的元素。
- Array.Sort(Array)：对整个一维 Array 中的元素进行排序。
- Array.Sort（Array1，Array2）：对两个一维数组进行排序，Array1 包含要排序的关键字，Array2 包含对应的项。
- Array.Sort(Array，m，n)：对一维 Array 中起始位置为 m 的 n 个元素进行排序。

下面通过一个示例说明 Array 类的使用。

【例 5.3】　设计一个控制台应用程序，产生 10 个 0～19 的随机整数，对其递增排序并输出。

解：用一个一维数组 a 存放产生的随机数（其中，Random 类是随机类，定义 randobj 为其对象，randobj.Next()返回一个大于等于 0 的正整数），调用 Array 类的 Sort 静态方法对数组 a 排序，最后输出 a 中元素。在 H:\C♯2005\ch5 文件夹中创建一个控制台应用程序项目 Proj5_3，程序如下：

```
using System;
namespace Proj5_3
{   class Program
    {   static void Main(string[] args)
        {   int i,k;
            int[] myarr = new int[10];          //定义一个一维数组
            Random randobj = new Random();      //定义一个随机对象
            for (i = myarr.GetLowerBound(0);
                    i <= myarr.GetUpperBound(0); i++)
            {   k = randobj.Next() % 20;        //返回一个0~19的正整数
                myarr.SetValue(k, i);           //给数组元素赋值
            }
            Console.Write("随机数序:");
            for (i = myarr.GetLowerBound(0);i <= myarr.GetUpperBound(0);i++)
                Console.Write("{0} ", myarr.GetValue(i));
            Console.WriteLine();
            Array.Sort(myarr);                  //数组排序
            Console.Write("排序数序:");
            for (i = myarr.GetLowerBound(0); i <= myarr.GetUpperBound(0);i++)
                Console.Write("{0} ", myarr.GetValue(i));
            Console.WriteLine();
        }
    }
}
```

按 Ctrl+F5 组合键执行本程序,结果如图 5.5
所示。

图 5.5　例 5.3 程序执行结果

5.5　ArrayList 类

C# 提供了一个 ArrayList 类(该类位于命名空间 System. Collections 中),它实际上是
Array 类的优化版本,区别在于 ArrayList 类提供了大部分集合类具有而 Array 类没有的功
能,下面给出 ArrayList 类的部分特点:

- Array 的容量或元素个数是固定的,而 ArrayList 的容量可以根据需要动态扩展。
  通过设置 ArrayList. Capacity 的属性值可以执行重新分配内存和复制元素等操作。
- 可以通过 ArrayList 提供的方法在集合中追加、插入或移出一组元素,而 Array 中一
  次只能对一个元素进行操作。
- ArrayList 中可以存放多种数据类型,此时的取值操作要强制转换,即拆箱。

但是,Array 也具有 ArrayList 所没有的灵活性,例如:

- Array 的起始下标是可以设置的,而 ArrayList 的起始下标始终是 0。
- Array 可以是多维的,而 ArrayList 始终是一维的。

5.5.1　ArrayList 类的对象的定义

定义 ArrayList 类的对象的语法格式如下:

```
ArrayList 数组名 = new ArrayList([初始容量]);
```

例如，以下语句定义一个 ArrayList 类的对象 myarr，可以将它作为一个数组使用：

```
ArrayList myarr = new ArrayList();
```

5.5.2　ArrayList 类的属性

ArrayList 类的常用属性如表 5.3 所示。

表 5.3　ArrayList 类的常用属性

属性	说　　明
Capacity	获取或设置 ArrayList 可包含的元素个数
Count	获取 ArrayList 中实际包含的元素个数
Item	获取或设置指定索引处的元素

5.5.3　ArrayList 类的方法

ArrayList 类的常用方法如表 5.4 所示（均为非静态方法）。

表 5.4　ArrayList 类的常用方法

方法	说　　明
Add	将对象添加到 ArrayList 的结尾处
AddRange	将一个元素添加到 ArrayList 的末尾
BinarySearch	使用二分检索算法在已排序的 ArrayList 或它的一部分中查找特定元素
Clear	从 ArrayList 中移除所有元素
Contains	确定某元素是否在 ArrayList 中
CopyTo	将 ArrayList 或它的一部分复制到一维数组中
IndexOf	返回 ArrayList 或它的一部分中某个值的第一个匹配项的从零开始的索引
Insert	将元素插入 ArrayList 的指定索引处
InsertRange	将集合中的某个元素插入 ArrayList 的指定索引处
LastIndexOf	返回 ArrayList 或它的一部分中某个值的最后一个匹配项的从零开始的索引
Remove	从 ArrayList 中移除特定对象的第一个匹配项
RemoveAt	移除 ArrayList 的指定索引处的元素
RemoveRange	从 ArrayList 中移除一定范围的元素
Reverse	将 ArrayList 或它的一部分中元素的顺序反转
SetRange	将集合中的元素复制到 ArrayList 中一定范围的元素上
Sort	对 ArrayList 或它的一部分中的元素进行排序

【例 5.4】　设计一个控制台应用程序，定义一个 ArrayList 对象，用于存放若干个姓名，对其进行排序，并输出排序后的结果。

解：在 H:\C♯2005\ch5 文件夹中创建一个控制台应用程序项目 Proj5_4，程序如下：

```
using System;
using System.Collections;                    //新增
namespace Proj5_4
```

```
{   class Program
{   static void Main(string[] args)
{   ArrayList myarr = new ArrayList();
    myarr.Add("Smith");
    myarr.Add("Mary");
    myarr.Add("Dava");
    myarr.Add("John");
    Console.Write("排序前序列:");
    foreach(String sname in myarr)
        Console.Write(sname + " ");
    Console.WriteLine();
    myarr.Sort();
    Console.Write("排序前序列:");
    foreach(String sname in myarr)
        Console.Write(sname + " ");
    Console.WriteLine();
}
}
}
```

图 5.6   例 5.4 程序运行结果

上述程序中,using System. Collections;语句是引入包含 ArrayList 类定义的命名空间 System. Collections。程序先定义一个 ArrayList 对象 myarr,使用 Add 方法向其中添加 4 个姓名,然后使用 Sort 方法进行排序并输出。

按 Ctrl+F5 组合键运行程序,其结果如图 5.6 所示。

5.6   List<T>类

List<T>类提供用于对列表进行搜索、排序和操作的方法。该类的定义放在命名空间 System. Collections. Generic 中,其中 T 为列表中元素的类型。

List<T>类是 ArrayList 类的泛型等效类,该类使用大小可按需动态增加的数组实现 IList 泛型接口。有关泛型设计将在第 13 章介绍。

5.6.1   List<T>类的对象的定义

定义 List<T>类的对象的语法格式如下:

List<T> 数组名 = new List<T>();

例如,以下语句定义一个 List<string>类的对象 myset,其元素类型为 string,可以将它作为一个数组使用:

List<string> myset = new List<string>();

5.6.2   List<T>类的属性

List<T>类的常用属性如表 5.5 所示。

表 5.5　List<T>类的常用属性

属性	说　　明
Capacity	获取或设置该内部数据结构在不调整大小的情况下能够保存的元素总数
Count	获取 List 中实际包含的元素数
Item	获取或设置指定索引处的元素

5.6.3　List<T>类的方法

List<T>类的常用方法如表 5.6 所示(均为非静态方法)。

表 5.6　List<T>类的常用方法

方法	说　　明
Add	将对象添加到 List 的结尾处
AddRange	将指定集合的元素添加到 List 的末尾
BinarySearch	使用二分检索算法在已排序的 List 或它的一部分中查找特定元素
Clear	从 List 中移除所有元素
Contains	确定某元素是否在 List 中
CopyTo	将 List 或它的一部分复制到一个数组中
Exists	确定 List 是否包含与指定谓词所定义的条件相匹配的元素
Find	搜索与指定谓词所定义的条件相匹配的元素,并返回整个 List 中的第一个匹配元素
FindAll	检索与指定谓词所定义的条件相匹配的所有元素
FindIndex	搜索与指定谓词所定义的条件相匹配的元素,返回 List 或它的一部分中第一个匹配项的从零开始的索引
FindLast	搜索与指定谓词所定义的条件相匹配的元素,并返回整个 List 中的最后一个匹配元素
FindLastIndex	搜索与指定谓词所定义的条件相匹配的元素,返回 List 或它的一部分中最后一个匹配项的从零开始的索引
ForEach	对 List 的每个元素执行指定操作
IndexOf	返回 List 或它的一部分中某个值的第一个匹配项的从零开始的索引
Insert	将元素插入 List 的指定索引处
InsertRange	将集合中的某个元素插入 List 的指定索引处
LastIndexOf	返回 List 或它的一部分中某个值的最后一个匹配项的从零开始的索引
Remove	从 List 中移除特定对象的第一个匹配项
RemoveAll	移除与指定的谓词所定义的条件相匹配的所有元素
RemoveAt	移除 List 的指定索引处的元素
RemoveRange	从 List 中移除一定范围的元素
Reverse	将 List 或它的一部分中元素的顺序反转
Sort	对 List 或它的一部分中的元素进行排序

【例 5.5】　设计一个控制台应用程序,定义一个 List<T>对象,用于添加若干个学生的学号和姓名,输出后再插入一个学生记录。

解:在 H:\C#2008\ch5 文件夹中创建一个控制台应用程序项目 Proj5_5,程序如下:

C♯程序设计教程(第2版)

```csharp
using System;
namespace Proj5_5
{   struct Stud                                    //结构类型声明
    {   public int sno;                            //学号
        public string sname;                       //姓名
    };
    class Program
    {   static void Main(string[] args)
        {   int i;
            List<Stud> myset = new List<Stud>(); //定义一个集合myset
            Stud s1 = new Stud();
            s1.sno = 101;s1.sname = "李明";
            myset.Add(s1);                         //向集合myset中添加一个结构变量
            Stud s2 = new Stud();
            s2.sno = 103; s2.sname = "王华";
            myset.Add(s2);                         //向集合myset中添加一个结构变量
            Stud s3 = new Stud();
            s3.sno = 108; s3.sname = "张英";
            myset.Add(s3);                         //向集合myset中添加一个结构变量
            Stud s4 = new Stud();
            s4.sno = 105; s4.sname = "张伟";
            myset.Add(s4);                         //向集合myset中添加一个结构变量
            Console.WriteLine("元素序列:");
            Console.WriteLine("  下标   学号   姓名");
            i = 0;
            foreach (Stud st in myset)              //输出集合myset中所有元素
            {   Console.WriteLine("   {0}    {1}   {2}",i,st.sno, st.sname);
                i++;
            }
            Console.WriteLine("容量: {0}", myset.Capacity);
            Console.WriteLine("元素个数: {0}", myset.Count);
            Console.WriteLine("在索引2处插入一个元素");
            Stud s5 = new Stud();
            s5.sno = 106; s5.sname = "陈兵";
            myset.Insert(2, s5);                   //向集合myset中插入一个结构变量
            Console.WriteLine("元素序列:");
            Console.WriteLine("  下标   学号   姓名");
            i = 0;
            foreach (Stud st in myset)              //输出集合myset中所有元素
            {   Console.WriteLine("   {0}     {1}   {2}", i, st.sno, st.sname);
                i++;
            }
        }
    }
}
```

上述程序定义了学生结构类型 Stud,并定义 List<Stud>对象 myset,用来存放学生记录。程序执行结果如图 5.7 所示。

图 5.7 例 5.5 程序执行结果

练习题 5

1. 单项选择题

(1) 在 C♯中定义一个数组,以下正确的是_____。

A. int arraya ＝ new int[5];

B. int[] arrayb ＝ new int[5];

C. int arrayc ＝ new int[];

D. int[5] arrayd ＝ new int;

(2) 以下数组定义语句中不正确的是_____。

A. int a[]＝new int[5]{1,2,3,4,5};

B. int[,] a＝new inta[3][4];

C. int[][] a＝new int [3][0];

D. int [] a＝{1,2,3,4};

(3) 以下定义并初始化一维数组的语句中正确的是_____。

A. int arr1 []＝{6,5,1,2,3};

B. int [] arr2＝new int[];

C. int[] arr3＝new int[]{6,5,1,2,3};

D. int[] arr4;arr4＝{6,5,1,2,3};

(4) 以下定义并动态初始化一维数组的语句中正确的是_____。

A. int [] arr1＝new int[];

B. int arr2＝new int[4];

C. int[] arr3＝new int[i]{6,5,1,2,3};

D. int[] arr4＝new int[]{6,5,1,2,3};

(5) 以下定义并初始化数组的语句中正确的是_____。

A. int arr1[][]＝new int[4,5];

B. int [][] arr2＝new int[4,5];

C. int arr3[,]＝new int[4,5]

D. int[,] arr4＝new int[4,5];

(6) 若有定义语句"int [,]a＝new int[5,6];",则下列正确的数组元素的引用是_____。

A. a(3,4)   B. a(3)(4)   C. a[3][4]   D. a[3,4]

(7) 假定 int 类型变量占用 4 个字节,若有定义语句"int[] x ＝ new int[]{1,2,3,4,5,6};",则数组 x 在内存中所占字节数是_____。

A. 4   B. 12   C. 24   D. 48

(8) 在 C♯中,关于 Array 和 ArrayList 的维数,以下说法正确的是_____。

A. Array 可以有多维,而 ArrayList 只能是一维

B. Array 只能是一维,而 ArrayList 可以有多维

C. Array 和 ArrayList 都只能是一维

D. Array 和 ArrayList 都可以是多维

(9) 以下程序的输出结果是_____。

```
using System;
namespace aaa
{
    class Example1
    {   static void Main()
        {   int i;
            int [ ] a = new int[10];
            for(i = 9;i >= 0;i-- )
                a[ i ] = 10 - i;
            Console.WriteLine("{0},{1},{2}",a[2],a[5],a[8]);
        }
    }
}
```

A. 2,5,8   B. 7,4,1   C. 8,5,2   D. 3,6,9

(10) 以下程序的输出结果是_____。

```
using System;
using System.Collections;
namespace aaa
{
    class Example1
    {   static void Main()
        {   int[ ] num = new int[]{1,3,5};
            ArrayList arr = new ArrayList();
            for(int i = 0;i < num.Length;i++)
                arr.Add(num[i]);
            arr.Insert(1,4);
            Console.WriteLine(arr[2]);
        }
    }
}
```

A. 1   B. 3   C. 4   D. 5

(11) 以下程序的输出结果是_____。

```
using System;
using System.Collections;
namespace aaa
{
    class Example1
    {   static void Main()
        {   int [ ] num = new int[5]{1,3,2,0,0};
            Array.Reverse(num);
            foreach(int i in num)
                Console.Write("{0} ",i);
            Console.WriteLine();
        }
    }
}
```

A. 0 0 1 2 3　　　　B. 1 2 3 0 0　　　　C. 0 0 1 3 2　　　　D. 0 0 2 3 1

(12) 以下程序的输出结果是_____。

```
using System;
using System.Collections;
namespace aaa
{
    class Example1
    {   static void Main()
        {   int s = 0;
            int[][] a = new int[2][];           //交错数组
            a[0] = new int[3] { 1, 2, 3 };
            a[1] = new int[4] { 4, 5, 6, 7 };
            for (int i = 0; i < a.Length; i++)
                for (int j = 0; j < a[i].Length; j++)
                    s += a[i][j];
            Console.WriteLine(s);
        }
    }
}
```

A. 1　　　　　　　B. 6　　　　　　C. 22　　　　　D. 28

2. 问答题

(1) 简述 C# 中一维数组定义和初始化方法。

(2) 简述 C# 中二维数组定义和初始化方法。

(3) 简述 C# 中交错数组和二维数组的差别。

(4) 简述 C# 中交错数组的声明和使用方法。

(5) 简述 C# 中集合的定义和使用方法。

3. 编程题

(1) 设计一个控制台应用程序项目 Proj5_6，假设 10 个整数用一个一维数组存放，求其最大值和次大值。

(2) 设计一个控制台应用程序项目 Proj5_7，用一个二维数组存放 5 个考生 4 门功课的考试成绩，求每位考生的平均成绩。

4. 上机实验题

编写一个控制台应用程序项目 Proj5_8，用两个一维数组分别存放 5 个学生的学号和姓名，分别按学号和姓名进行排序，并输出排序后的结果，如图 5.8 所示。

图 5.8　上机实验题程序执行结果

CHAPTER 6

第6章　　　面向对象程序设计

　　面向对象程序设计是 C♯ 的基本特征,包括命名空间、类声明、对象定义、构造函数、析构函数、静态成员、属性、方法、索引器、委托和事件等。本章介绍这些概念的实现方式。

本章学习要点:

- 掌握 C♯ 中类声明和对象定义方法。
- 掌握 C♯ 中类构造函数和析构函数的设计方法。
- 掌握 C♯ 中类静态成员的设计方法。
- 掌握 C♯ 中类属性和方法的设计方法。
- 掌握 C♯ 中索引器设计方法。
- 掌握 C♯ 中委托设计方法。
- 掌握 C♯ 中事件设计方法。
- 掌握 C♯ 中运算符重载设计方法。
- 掌握利用 C♯ 中类设计较复杂的面向对象的程序的方法。
- 掌握 C♯ 中命名空间的概念。

6.1　面向对象程序设计概述

　　面向对象的程序设计是一种基于结构分析的、以数据为中心的程序设计方法,其总体思路是,将数据及处理这些数据的操作封装到一个称为类的数据结构中,在程序中使用的是类的实例,即对象。对象是代码与数据的集合,是一个封装好了的整体。对象具有一定的功能。程序是由一个个对象构成的,对象之间通过一定的"相互操作"传递信息,在消息的作用下,完成特定的功能。

6.1.1　面向对象的基本概念

　　本小节介绍面向对象的程序设计方法的基本概念。

1．类和对象

通常把具有同样性质和功能的事物所构成的整体叫做类，也可把具有相同内部存储结构和相同操作的对象看成同一类。在指定一个类后，往往把属于这个类的对象称为类的实例即对象。

假设一栋房子是一个对象，所有的房子就可以归纳成一类东西并可制成模板，这个模板就是一个房子类，每栋房子都是该类的实例，并且可以使用类中提供的方法。

2．属性、方法和事件

属性是对象的状态和特点，例如，对于学生类的实体学生来说，有学号、姓名等特征。方法是对象能够执行的一些操作，它体现了对象的功能，如增加一个学生对象的操作就是一个方法。

事件是对象能够识别和响应的某些操作，一般情况下事件是由用户的操作引起的。例如用户单击命令按钮 button1 就发生了对应的 Click 事件，如果存在相应的事件处理过程如 button1_Click()，就会引发 button1_Click()事件处理过程的执行，如图 6.1 所示。这里的事件是 Click，事件源为 button1，在 C♯中默认的事件处理过程名称为 button1_Click(事件源，事件)。

图 6.1　用户单击引发执行相应事件过程

3．封装

封装就是将用来描述客观事物的一组数据和操作封装在一起，形成一个类。被封装的数据和操作必须通过所提供的公共接口才能够被外界所访问，具有私有访问权限的数据和操作是无法从外界直接访问的，只有通过封装体内的方法才可以访问，这就是封装的隐藏性。隐藏性增加了数据的安全性。

4．继承

当一个新类继承了原来类所有的属性和操作，并且增加了属于自己的新属性和新操作，则称这个新类为派生类。原来的类是派生类的基类，派生类和基类之间存在着继承关系。

5．重载与重写

重载就是方法名称相同、但参数类型或参数个数不同就会有不同的具体实现。

重写就是不但方法名称相同、同时参数类型和参数个数也相同但有不同的具体实现。

在基类中定义可重写(Overridable)的方法，在派生类中利用覆盖(Override)可以对基类中已声明的可重写的方法重新实现。

6.1.2　面向对象的优点

面向对象技术具有如下优点：

(1) 维护简单。一个类中封装了某一功能，类与类之间具有一定的独立性，从而使类的修改更容易实现。

（2）可扩充性。面向对象编程从本质上支持扩充性。如果有一个具有某种功能的类，就可以很快地扩充这个类，创建另一个具有扩充功能的类。

（3）代码重用。由于功能是被封装在类中的，并且类是作为一个独立实体而存在的，提供一个类库就非常简单了。事实上，任何一个.NET Framework 编程语言的程序员都可以使用.NET Framework 类库。

6.2 类

从计算机语言角度来说，类是一种数据类型，而对象是具有这种类型的变量。在面向对象程序设计中，类的设计非常重要，是软件开发中关键的一步，如果设计合理，既有利于程序进行扩充，又可以提高代码的可重用性。

6.2.1 类的声明

类的声明语法格式如下：

```
[类的访问修饰符] class 类名 [:基类名]
{
    //类的成员;
}[;]
```

其中，class 是声明类的关键字，"类名"必须是合法的 C# 标识符。"类的访问修饰符"有多个，其说明如表 6.1 所示，有关 abstract 和 sealed 修饰符的作用将在下一章介绍。

表 6.1　类的访问修饰符

类的修饰符	说　　明
public	公有类，表示不受限制对该类的访问
protected	保护类，表示只能从所在类和所在类派的子类进行访问
internal	内部类（默认值），访问仅限于当前程序集
private	私有类，访问仅限于包含类
abstract	抽象类，表示该类是一个不完整的类，不允许建立类的实例
sealed	密封类，不允许从该类派生新的类

例如，以下声明了一个 Person 类：

```
public class Person                         //声明 Person 类
{   public int pno;                         //编号字段
    public string pname;                    //姓名字段
    public void setdata(int no, string name)  //定义 setdata 方法
    {   pno = no; pname = name;    }
    public void dispdata()                  //定义 dispdata 方法
    {   Console.WriteLine("{0} {1}", pno, pname);    }
}
```

说明：在 C++ 中成员函数的实现代码可以放在类中，称为内联函数，也可以放在类外，

而 C♯ 中方法的实现代码必须放在类中，并不具备 C++ 中内联函数的特性。

6.2.2　类的成员

类的成员可以分为两大类：类本身所定义的成员以及从基类中继承而来的成员。类的成员如表 6.2 所示，后面将会讨论。

表 6.2　类的成员

类的成员	说　　明
字段	字段存储类要满足其设计所需要的数据，亦称为数据成员
属性	属性是类中可以像类中的字段一样被访问的方法。属性可以为类字段提供保护，避免字段在对象不知道的情况下被更改
方法	方法定义类可以执行的操作。方法可以接受提供输入数据的参数，并且可以通过参数返回输出数据。方法还可以不使用参数而直接返回值
事件	事件是向其他对象提供有关事件发生(如单击按钮或成功完成某个方法)通知的一种方式
索引器	索引器允许以类似于数组的方式为对象建立索引
运算符	运算符是对操作数执行运算的术语或符号，如＋、＊、＜等
构造函数	构造函数是在第一次创建对象时调用的方法。它们通常用于初始化对象的数据
析构函数	析构函数是当对象即将从内存中移除时由运行库执行引擎调用的方法。它们通常用来确保需要释放的所有资源都得到了适当的处理

类的成员也可以使用不同的访问修饰符，从而定义它们的访问级别，类成员的访问修饰符及其说明如表 6.3 所示。

表 6.3　类成员的访问修饰符

类成员的修饰符	说　　明
public	公有成员：提供了类的外部接口，允许类的使用者从外部进行访问，这是限制最少的一种访问方式
private	私有成员(默认值)：仅限于类中的成员可以访问，从类的外部访问私有成员是不合法的，如果在声明中没有出现成员的访问修饰符，按照默认方式成员为私有的
protected	保护成员：这类成员不允许外部访问，但允许其派生类成员访问
internal	内部成员：同一程序集中的类才能访问该成员
protected internal	内部保护成员：访问仅限于从包含类派生的当前程序集或类

C♯ 中类声明和 C++ 中类声明相比较，一个明显的差别是字段可以赋初值。例如，在前面 Person 类声明中可以将 pno 字段定义改为：

```
public int pno = 101;
```

这样 Person 类的每个对象的 pno 字段都有默认值 101。

6.2.3　分部类

分部类可以将类(结构或接口等)的声明拆分到两个或多个源文件中。若要拆分类的代码,被拆分类的每一部分的定义前边都要用 partial 关键字修饰。分部类的每一部分都可以存放在不同的文件中,编译时会自动将所有部分组合起来构成一个完整的类声明。

6.2.4 类和结构类型的差异

类和结构类型很相似,两者都可以定义字段和方法等成员,两者默认的成员可访问性均为 private,但也有很大的不同,声明结构类型用 struct 关键字,而声明类用 class 关键字,归纳起来,类和结构类型的主要差异如表 6.4 所示。

表 6.4 类和结构类型的差异

类	结 构
引用类型	值类型
可以有无参数的构造函数	不能有无参数的构造函数
创建对象必须用 new 关键字	创建对象可以不用 new 关键字
可以能被继承	不能被继承

6.3 对象

类和对象是不同的概念。类声明对象的类型,但它不是对象本身。对象是基于类的具体实体,有时称为类的实例。在定义类对象时会给该对象在堆空间中分配相应的内存空间。

6.3.1 定义类的对象

一旦声明了一个类,就可以用它作为数据类型来定义类对象(简称为对象)。定义类的对象分以下两步:

(1) 定义对象引用变量。其语法格式如下:

类名 对象名;

例如,以下语句定义 Person 类的对象引用变量 p:

Person p;

(2) 创建类的实例。其语法格式如下:

对象名 = new 类名();

例如,以下语句创建 Person 类的对象实例:

p = new Persone();

以上两步也可以合并成一步,语法格式如下:

类名 对象名 = new 类名();

例如:

Person p = new Person();   //创建 Person 类的一个实例,并将地址赋给 p

对象引用变量是一个引用类型变量,和值类型变量一样,对象引用变量的空间也是在栈空间中分配的。而对象实例的空间是在堆空间中分配的,对象引用变量中可以存放对象实例的地址,这样通过对象引用变量来操作对象实例,读者务必了解对象引用变量和对象实例之间的差异。上述语句中 Person()部分是创建类的实例,然后传递回对该对象的引用(地址)并赋给 p,如图 6.2 所示。两个对象引用可以引用同一个对象,例如:

```
Person p1 = new Person();
Person p2 = p1;
```

这样可以通过引用变量 p1 和 p2 对 Person 类的同一实例进行操作,如图 6.3 所示。

说明:在 C#中,在定义一个对象引用变量并实例化后,只能通过该对象引用变量来操作相应的实例。也就是说,对象引用变量和相应的实例是不可分离的,就像变量名和它的值一样,为此将对象引用变量和它指向的实例统称为对象。

图 6.2 引用变量 p 指向 Person 类的实例

图 6.3 p1 和 p2 均指向一个 Person 类的实例

6.3.2 访问对象的字段

访问对象字段的语法格式如下:

对象名.字段名

其中,"."是一个运算符,该运算符的功能是表示对象的成员。例如,前面定义的 p 对象的成员变量表示为:

p.pno,p.pname

6.3.3 调用对象的方法

调用对象的方法的语法格式如下:

对象名.方法名(参数表)

例如,调用前面定义的 p 对象的成员方法 setdata 如下:

p.setdata(101,"Mary");

【例 6.1】 设计一个控制台应用程序,说明调用对象方法的过程。

解:在 H:\C# 2005\ch6 文件夹中创建一个控制台项目 Proj6_1,程序如下:

```
using System;
namespace Proj6_1
{   public class TPoint                            //声明类 TPoint
    {   int x,y;                                    //类的私有字段
        public void setpoint(int x1,int y1)
        {   x = x1;y = y1;    }
        public void dispoint()
        {   Console.WriteLine("({0},{1})",x,y);    }
    }
    class Program
    {   static void Main(string[] args)
        {   TPoint p1 = new TPoint();              //定义对象 p1
            p1.setpoint(2,6);
            Console.Write("第一个点 =>");
            p1.dispoint();
            TPoint p2 = new TPoint();              //定义对象 p2
            p2.setpoint(8,3);
            Console.Write("第二个点 =>");
            p2.dispoint();
        }
    }
}
```

上述程序中,先声明了 Tpoint 类。在 Main()方法中,定义了该类的对象 p1 和 p2,分别调用公有成员方法 setpoint()和 dispoint()。程序的执行结果如图 6.4 所示。

如果在 Main()方法中,直接使用 p1.x＝2 是错误的,因为在 TPoint 类中 x 是私有成员,不能通过该类的对象直接访问它。而 p1.setpoint(2,6)是正确的,因为 TPoint 类中 setpoint 方法是公有的,可以通过该类的对象直接调用该方法。

图 6.4　例 6.1 程序执行结果

C#中提供了对象浏览器用于查看项目中类等符号。可以从"视图"菜单中打开"对象浏览器",也可以单击主工具栏上的"对象浏览器"按钮。对象浏览器主要有 3 个窗格:"对象"(左侧)、"成员"(右上侧)和"说明"(右下侧),如图 6.5 所示用于查看例 6.1 中的 TPoint 类。

另外 C#还提供了类视图,用于显示正在开发的应用程序中定义、引用或调用的符号。对象浏览器和类视图方便程序员进行面向对象的程序设计。

图 6.5　在对象浏览器中查看 TPoint 类

6.4　构造函数和析构函数

构造函数和析构函数是类的两种 public 成员方法，但与普通的方法相比，它们有各自的特殊性，也就是说它们都是自动被调用的。

6.4.1　构造函数

1. 什么是构造函数

构造函数是在创建指定类型的对象时自动执行的类方法。构造函数具有如下性质：

- 构造函数的名称与类的名称相同。
- 构造函数尽管是一个函数，但没有任何返回类型，即它既不属于返回值函数也不属于 void 函数。
- 一个类可以有多个构造函数，但所有构造函数的名称都必须相同，它们的参数各不相同，即构造函数可以重载。
- 当类对象创建时，构造函数会自动地执行；由于它们没有返回类型，因此不能像其他函数那样进行调用。
- 当类对象声明时，调用哪一个构造函数取决于传递给它的参数类型。
- 构造函数不能被继承。

2. 调用构造函数

当定义类对象时，构造函数会自动执行。因为一个类可能会有包括默认构造函数在内的多个构造函数，下面讨论如何调用特定的构造函数。

1）调用默认构造函数

不带参数的构造函数称为默认构造函数。无论何时，只要使用 new 运算符实例化对

象,并且不为 new 提供任何参数,就会调用默认构造函数。假设一个类包含有默认构造函数,调用默认构造函数的语法如下:

类名 对象名 = new 类名();

如果没有为类提供构造函数,则 C# 编译器将创建一个默认的不包含任何语句的无参数构造函数,该构造函数实例化对象,并将所有字段设置为相应的默认值。

如果为类提供了带参数的构造函数,则 C# 编译器就不会自动提供无参数构造函数,需要程序员手工编写一个无参数的构造函数。

2) 调用带参数的构造函数

假设一个类中包含有带参数的构造函数,调用这种带参数的构造函数的语法如下:

类名 对象名 = new 类名(参数表);

其中,"参数表"中的参数可以是变量,也可以是表达式。

【例 6.2】 设计一个控制台应用程序,说明调用构造函数的过程。

解:在 H:\C#2005\ch6 文件夹中创建一个控制台项目 Proj6_2,程序如下:

```
using System;
namespace Proj6_2
{   class Program
    {   public class TPoint1                    //声明类 TPoint1
        {   int x, y;                           //类的私有变量
            public TPoint1() { }                //默认的构造函数
            public TPoint1(int x1, int y1)      //带参数的构造函数
            {    x = x1; y = y1;     }
            public void dispoint()
            {    Console.WriteLine("({0},{1})", x, y);     }
        }
        static void Main(string[] args)
        {   TPoint1 p1 = new TPoint1();         //调用默认的构造函数
            Console.Write("第一个点 =>");
            p1.dispoint();
            TPoint1 p2 = new TPoint1(8, 3);     //调用带参数的构造函数
            Console.Write("第二个点 =>");
            p2.dispoint();
        }
    }
}
```

上述程序中,类 TPoint1 有一个默认的构造函数和一个带参数的构造函数,当定义对象 p1 并用 new 实例化时,会自动调用默认构造函数。当定义对象 p2 并用 new 实例化时,会自动调用带参数的构造函数。程序执行结果如图 6.6 所示。

图 6.6 例 6.2 程序执行结果

6.4.2 析构函数

1. 什么是析构函数

在对象不再需要时,希望确保它所占的存储空间能被收回。C#中提供了析构函数用于专门释放被占用的系统资源。析构函数具有如下性质:

- 析构函数在类对象销毁时自动执行。
- 一个类只能有一个析构函数,而且析构函数没有参数,即析构函数不能重载。
- 析构函数的名称是"~"加上类的名称(中间没有空格)。
- 与构造函数一样,析构函数也没有返回类型。
- 析构函数不能被继承。

2. 调用析构函数

当一个对象被系统销毁时自动调用类的析构函数。

【例 6.3】 设计一个控制台应用程序,说明调用析构函数的过程。

解:在 H:\C#2005\ch6 文件夹中创建一个控制台项目 Proj6_3,程序如下:

```
using System;
namespace Proj6_3
{   class Program
    {   public class TPoint2                //声明类 TPoint2
        {   int x, y;
            public TPoint2(int x1, int y1)      //带参数的构造函数
            {     x = x1; y = y1;      }
            ~TPoint2()
            {     Console.WriteLine("点 =>({0},{1})", x, y);      }
        }
        static void Main(string[] args)
        {     TPoint2 p1 = new TPoint2(2,6);
              TPoint2 p2 = new TPoint2(8, 3);
        }
    }
}
```

上述程序中,通过带参数的构造函数给对象字段赋值,通过析构函数输出对象字段的值。其执行结果如图 6.7 所示。

图 6.7 例 6.3 程序执行结果

6.5 静态成员

静态成员包括静态字段和静态方法。静态成员属于类所有,而非静态成员属于类的对象所有,所以静态成员也称为类成员,非静态成员也称为对象成员。提出静态成员的目的是为了解决数据共享的问题。

说明:静态成员是属于整个类的,不针对该类的某个对象,所以静态方法是通过类来调用的。

6.5.1　静态字段

静态字段是类中所有对象共享的成员,而不是某个对象的成员,也就是说静态字段的存储空间不是放在每个对象中,而是和方法一样放在类公共区中。

对静态字段的操作和一般字段一样,定义为私有的静态字段不能被外界访问。静态字段的使用方法如下:

(1) 静态字段的定义与一般字段相似,但前面要加上 static 关键词。

(2) 在访问静态字段时采用如下格式:

类名.静态字段名

【例 6.4】　设计一个控制台应用程序,说明静态字段的使用。

解:在 H:\C#2005\ch6 文件夹中创建一个控制台项目 Proj6_4,程序如下:

```
using System;
namespace Proj6_4
{   class MyClass1
    {   int n;
        public MyClass1(int i) {n = i; }
        public void add() { s += n;}
        static public int s = 0;              //静态字段定义并初始化
    };
    class Program
    {   static void Main(string[ ] args)
        {   MyClass1 a = new MyClass1(2);
            MyClass1 b = new MyClass1(5);
            MyClass1 c = new MyClass1(8);
            a.add();
            Console.WriteLine("s = {0}",MyClass1.s);
            b.add();
            Console.WriteLine("s = {0}",MyClass1.s);
            c.add();
            Console.WriteLine("s = {0}", MyClass1.s);
        }
    }
}
```

上述程序中,类 MyClass1 中静态字段 s(初值置为 0)不是属于某个对象 a、b 或 c,而是属于所有的对象。程序执行结果如图 6.8 所示。

图 6.8　例 6.4 程序执行结果

6.5.2　静态方法

静态方法与静态字段类似,也是从属于类,都是类的静态成员。只要类存在,静态方法就可以使用,静态方法的定义是在一般方法定义前加上 static 关键字。调用静态方法的格式如下:

类名.静态方法名(参数表);

注意：静态方法只能访问静态字段、其他静态方法和类以外的函数及数据，不能访问类中的非静态成员（因为非静态成员只有对象存在时才有意义）。但静态字段和静态方法可由任意访问权限许可的成员访问。

【例 6.5】　设计一个控制台应用程序，说明静态方法的使用。

解：在 H:\C♯2005\ch6 文件夹中创建一个控制台项目 Proj6_5，程序如下：

```
using System;
namespace Proj6_5
{   class MyClass2
    {   int n;
        public MyClass2(int i) { n = i; }
        static public void add() { s++; }            //定义静态方法
        static public int s = 0;                     //静态字段定义并初始化
    };
    class Program
    {   static void Main(string[] args)
        {   MyClass2 a = new MyClass2(2);
            MyClass2 b = new MyClass2(5);
            MyClass2 c = new MyClass2(8);
            MyClass2.add();                          //调用静态方法
            Console.WriteLine("s = {0}", MyClass2.s);
            MyClass2.add();                          //调用静态方法
            Console.WriteLine("s = {0}", MyClass2.s);
            MyClass2.add();                          //调用静态方法
            Console.WriteLine("s = {0}", MyClass2.s);
        }
    }
}
```

上述程序中，类 MyClass2 中定义了一个静态字段 s（初值置为 0）和一个静态方法 add，每次调用 add 时，s 的值递增 1。程序执行结果如图 6.9 所示。

图 6.9　例 6.5 程序执行结果

【例 6.6】　设计一个控制台应用程序，定义若干个学生对象，每个学生对象包括学号、姓名、语文成绩、数学成绩和英语成绩，求各学生的平均分和各门课程的平均分。

解：设计一个学生类 Student，包括 no（学号）、name（姓名）、deg1（语文成绩）、deg2（数学成绩）、deg3（英语成绩）成员变量和 4 个静态字段 sum1（累计语文总分）、sum2（累计数学总分）、sum3（累计英语总分）和 sn（累计学生人数）；另外有一个构造函数、3 个求 3 门课程平均分的静态方法和一个 disp()成员方法。在 H:\C♯2005\ch6 文件夹中创建一个控制台项目 Proj6_6，程序如下：

```
using System;
namespace Proj6_6
{   class Student                                    //声明 Student 类
    {   int no;                                      //学号
        string name;                                 //姓名
        int deg1;                                    //语文成绩
```

```
        int deg2;                                      //数学成绩
        int deg3;                                      //英语成绩
        static int sum1 = 0;                           //语文总分
        static int sum2 = 0;                           //数学总分
        static int sum3 = 0;                           //英语总分
        static int sn = 0;                             //总人数
        public Student(int n, string na, int d1, int d2, int d3)   //构造函数
        { no = n; name = na;
          deg1 = d1; deg2 = d2; deg3 = d3;
          sum1 += deg1; sum2 += deg2; sum3 += deg3;
          sn++;
        }
        public void disp()                             //定义 disp()方法
        { Console.WriteLine("学号:{0} 姓名:{1} 语文:{2} 数学:{3} 英语:{4} 平均分:{5:f}",
                no, name, deg1, deg2, deg3, (double)(deg1 + deg2 + deg3)/3);
        }
        public static double avg1() { return (double)sum1/sn; }
        public static double avg2() { return (double)sum2/sn; }
        public static double avg3() { return (double)sum3/sn; }
    };
    class Program
    {   static void Main(string[] args)
        {   Student s1 = new Student(1,"王华",67,89,90);
            Student s2 = new Student(2,"李明",68,90,91);
            Student s3 = new Student(3,"张兵",69,89,92);
            Student s4 = new Student(4,"王超",70,92,93);
            Console.WriteLine("输出结果");
            s1.disp();
            s2.disp();
            s3.disp();
            s4.disp();
            Console.WriteLine("语文平均分:{0} 数学平均分:{1} 英语平均分:{2}",
                Student.avg1(), Student.avg2(), Student.avg3());
        }
    }
}
```

本程序的执行结果如图 6.10 所示。

图 6.10　例 6.6 程序执行结果

6.6　属性

属性提供灵活的机制来读取、设置或计算私有字段的值,这使得相关数据在被轻松访问的同时,仍能提供方法的安全性和灵活性。

6.6.1　什么是属性

属性描述了对象的具体特性,它提供了对类或对象成员的访问。C♯中的属性更充分地体现了对象的封装性,属性不直接操作类的字段,而是通过访问器进行访问。

6.6.2　属性声明及其使用

属性在类模块里是采用下面的方式进行声明,即指定变量的访问级别、属性的类型、属性的名称,然后是 get 访问器或者 set 访问器代码块。其语法格式如下:

```
修饰符 数据类型 属性名称
{    get 访问器
     set 访问器
}
```

其中,修饰符有 new、public、protected、internal、private、static、virtual、override 和 abstract。

注意:在属性声明中,只有 set 访问器表明属性的值只能写入而不能读出。只有 get 访问器表明属性的值是只能读出而不能写入。同时具有 set 访问器和 get 访问器表明属性的值的读写都是允许的。

属性是为了保护类的字段。通常的情况下,将字段设计为私有的,设计一个对其进行读或写的属性。在属性的 get 访问器中,用 return 来返回该字段的值,在属性的 set 访问器中可以使用一个特殊的隐含参数 value,该参数自动包含用户指定的值。

属性的使用十分简单,如同类的公有字段一样使用,带有 set 访问器的属性可以直接通过"对象.属性"赋值,带有 get 访问器的属性可以通过"对象.属性"检索其值。

【例 6.7】 设计一个控制台应用程序,说明属性的使用。

解:在 H:\C♯2005\ch6 文件夹中创建一个控制台项目 Proj6_7,程序如下:

```
using System;
namespace Proj6_7
{    public class TPoint3                              //声明类 TPoint3
     {    int x, y;
          public int px
          {    get                                     //get 访问器
               {    return x; }
               set                                     //set 访问器
               {    x = value; }
          }
          public int py
          {    get                                     //get 访问器
```

```
        {    return y; }
        set                                        //set 访问器
        {    y = value; }
    }
};
class Program
{    static void Main(string[] args)
    {    TPoint3 p = new TPoint3();
        p.px = 3; p.py = 8;                         //属性写操作
        Console.WriteLine("点 =>({0},{1})", p.px, p.py);  //属性读操作
    }
    }
}
```

上述代码中,TPoint3 类有两个属性 px 和 py,它们都有 get 和 set 访问器,表示它们都可以进行读写操作。执行本程序,输出结果如下:

点 =>(3,8)

6.7　方法

方法是类中最重要的成员之一,例如 Main()方法是每个 C# 应用程序的入口点,在启动程序时由公共语言运行库调用。

6.7.1　什么是方法

方法类似于 C 语言中的函数,它包含一系列的代码块。从本质上来讲,方法就是和类相关联的动作,是类的外部界面,用户可以通过外部界面来操作类的私有字段。应用程序通过调用方法并指定所需的相应方法参数来执行语句。

6.7.2　方法的定义

方法在类或结构中定义,定义方法时需要指定访问级别、返回值、方法名称以及任何方法参数。方法参数放在括号中,并用逗号隔开。空括号表示方法不需要参数。定义方法的基本格式如下:

```
修饰符 返回类型 方法名(参数列表)
{
    //方法的具体实现
}
```

其中,如果省略"修饰符",默认为 private。"返回类型"指定该方法返回数据的类型,它可以是任何有效的类型。如果方法不需要返回一个值,其返回类型必须是 void。"参数列表"是用逗号分隔的类型、标识符。这里的参数是形参,本质上是变量,它用来在调用方法时接收实参传给方法的值,如果方法没有参数,那么"参数列表"为空。

6.7.3　方法的返回值

方法可以向调用方返回某一个特定的值。如果返回类型不是 void,则该方法可以用

return 关键字来返回值,return 还可以用来停止方法的执行。

例如,以下类 MyClass3 中的 addnum()方法用 return 关键字来返回值:

```
public class MyClass3                                    //声明类 MyClass3
{    int num = 0;
     public int addnum(int num1)                         //定义公共方法 addnum()
     {     return num + num1;      }
}
```

6.7.4　方法的参数

方法中的参数是保证不同的方法间互动的重要桥梁,方便用户对数据的操作。C♯中方法的参数有 4 种类型。

1. 值参数

不含任何修饰符,当利用值向方法传递参数时,编译系统给实参的值做一份拷贝,并且将此拷贝传递给该方法,被调用的方法不会修改内存中实参的值,所以使用值参数时可以保证实际值的安全性。在调用方法时,如果形参的类型是值参数的话,调用的实参的表达式必须保证是正确的值表达式。

例如,前面 MyClass3 类中 addnum()方法中的参数就是值参数。

2. 引用型参数

以 ref 修饰符声明的参数属引用型参数。引用型参数本身并不创建新的存储空间,而是将实参的存储地址传递给形参,所以对形参的修改会影响原来实参的值。在调用方法前,引用型实参必须被初始化,同时在调用方法时,对应引用型参数的实参也必须使用 ref 修饰。

例如,以下声明的 MyClass4 类中的 addnum()方法使用了一个引用型参数 num2:

```
public class MyClass4                                    //声明类 MyClass4
{    int num = 1;                                        //私有字段
     public void addnum(int num1, ref int num2)          //定义公共方法 addnum()
     {     num2 = num + num1;      }
}
class Program
{    static void Main(string[ ] args)                    //Main()方法
     {     int x = 0;
           MyClass4 s = new MyClass4();                   //创建对象 s
           s.addnum(5, ref x);                            //调用 addnum 方法
           Console.WriteLine(x);                          //输出 6
     }
}
```

3. 输出参数

以 out 修饰符声明的参数属输出参数。与引用型参数类似,输出型参数也不开辟新的内存区域。它与引用型参数的差别在于,调用方法前无须对变量进行初始化。输出型参数用于传递方法返回的数据,out 修饰符后应跟随与形参的类型相同的类型,用来声明在方法

返回后传递的变量经过了初始化。

例如,以下声明的 MyClass5 类中的 addnum()方法使用了一个输出参数 num2:

```
public class MyClass5                                    //声明类 MyClass5
{    int num = 1;                                        //私有字段
     public void addnum(int num1,out int num2)           //定义公共方法 addnum()
     {      num2 = num + num1;      }
}
class Program
{    static void Main(string[] args)                     //Main()方法
     {    int x;
          MyClass5 s = new MyClass5();                   //创建对象 s
          s.addnum(5, out x);                            //调用 addnum 方法
          Console.WriteLine(x);                          //输出 6
     }
}
```

4. 数组型参数

以 params 修饰符声明的参数属数组型参数。params 关键字可以指定在参数数目可变处采用参数的方法参数。在方法声明中的 params 关键字之后不允许任何其他参数,并且在方法声明中只允许一个 params 关键字。有数组型参数就不能再有 ref 和 out 修饰符。

例如,以下声明的 MyClass6 类中的 addnum()方法使用了一个数组型参数 b:

```
public class MyClass6                                    //声明类 MyClass6
{    int num = 10;                                       //私有字段
     public void addnum(ref int sum,params int[] b)      //定义公共方法 addnum()
     {    sum = num;
          foreach (int item in b)
               sum += item;
     }
}
class Program
{    static void Main(string[] args)                     //Main 方法
     {    int[] a = new int[3] { 1, 2, 3 };              //定义一维数组 a
          int x = 0;
          MyClass6 s = new MyClass6();                   //创建对象 s
          s.addnum(ref x,a);                             //调用 addnum 方法
          Console.WriteLine(x);                          //输出 16
     }
}
```

6.7.5 方法的重载

方法的重载是指调用同一方法名,但是使用不同的数据类型参数或者次序不一致的参数。只要一个类中有两个以上的同名方法,且使用的参数类型或者个数不同,编译器就可以判断在哪种情况下调用哪种方法了。

为此,C#中引入了成员签名的概念。成员签名包含成员的名称和参数列表,每个成员签名在类型中必须是唯一的,只要成员的参数列表不同,成员的名称可以相同。如果同一个

类有两个或多个这样的成员(方法、属性、构造函数等),它们具有相同的名称和不同的参数列表,则称该同类成员进行了重载,但它们的成员签名是不同的。

例如,下面的代码实现了 MethodTest()方法的重载(假设都是某个类的成员),它们是不同的成员签名:

```
public int MethodTest(int i, int j)                    //重载方法 1
{
    //代码
}
public int MethodTest(int i)                           //重载方法 2
{
    //代码
}
public string MethodTest(string sr)                    //重载方法 3
{
    //代码
}
```

6.8　嵌套类

类的声明是可以嵌套的。嵌套类是类声明完全包含在另一个类的类声明中的类。一旦类声明完全包含在另一个类声明中,该类即被视为嵌套类,包含嵌套类声明的类称为包含类,嵌套类只能通过包含类访问它。

6.8.1　嵌套类的声明

在包含类的类声明中,直接添加嵌套类的类声明。例如,以下声明了包含类 A,其中包含嵌套类 B:

```
class A                                     //声明包含类 A
{
    …
    private class B                         //声明嵌套类 B
    {
        //嵌套类的成员
    }
    …
}
```

嵌套类默认为 private,但是可以设置为 public、protected、internal、protected、internal或 private。

6.8.2　this 关键字

当声明一个类后,创建该类的一个对象时,该对象隐含有一个 this 引用,其作用是引用当前正在操作的对象。在设计方法中可以使用 this 关键字给正在操作的对象进行赋值等。例如,有以下程序:

```csharp
using System;
namespace aaa
{
    class Student                                //学生类
    {   private string name;                     //姓名
        private float score;                     //分数
        public Student(string name, float score) //构造函数
        {   //使用 this 给同名的字段赋值
            this.name = name;
            this.score = score;
        }
        public void display()                    //显示方法
        {   Console.WriteLine("姓名：{0}", name);
            Console.WriteLine("等级：{0}", Degree.getDegree(this));
                                 //用 this 传递当前调用 display 方法的对象
        }
        public float pscore                      //分数属性
        {
            get { return score; }
        }
    }
    class Degree
    {   public static string getDegree(Student s) //求分数对应等级的静态方法
        {   if (s.pscore >= 90)
                return "优秀";
            else if (s.pscore >= 80)
                return "良好";
            else if (s.pscore >= 70)
                return "中等";
            else if (s.pscore >= 60)
                return "及格";
            else
                return "不及格";
        }
    }
    class Program
    {   static void Main()
        {   Student st = new Student("王华",88);//创建一个学生对象
            st.display();
        }
    }
}
```

该程序中两处使用 this,一是在 Student 类的构造函数中使用 this 给同名的字段赋值(如果不加 this,执行 name＝name 时不知哪个是字段哪个是形参,程序执行时就会出错,而加上 this 后,this.name 表示是字段,name 表示是形参);另一是在 Student 类的 display 方法中用 this 引用当前调用该方法的学生对象,将该学生对象传递给 Degree 类的 getDegree 静态方法,从而返回该学生对象 score 字段对应的等级。本程序的执行结果如下:

姓名：王华

等级：良好

6.8.3　嵌套类和包含类的关系

嵌套类可访问包含类。若要访问包含类，需要将其作为构造函数传递给嵌套类。例如，有以下程序：

```
using System;
namespace Proj
{
    class A                              //声明包含类 A
    {   string stra = "A";               //类 A 的私有字段
        public void funa1()              //定义类 A 的公有方法 funa1()
        {   B b = new B(this);           //将 this 即类 A 的对象传递给类 B 的构造函数
            b.funb1();
        }
        public void funb2()              //定义类 A 的公有方法 funa2()
        {   B b = new B(this);           //将 this 即类 A 的对象传递给类 B 的构造函数
            b.funb2();
        }
        class B                          //声明嵌套类 B
        {   private A m_parent;          //类 B 的私有字段
            string strb = "B";           //类 B 的私有字段
            public B() { }
            public B(A parent)           //定义类 B 的公有方法 funb1()
            {   m_parent = parent; }
            public void funb1()          //定义类 B 的公有方法 funb1()
            {   Console.WriteLine(m_parent.stra); }
            public void funb2()
            {   Console.WriteLine(strb); }
        }
    }
    class Program
    {   static void Main()
        {   A a = new A();
            a.funa1();
            a.funb2();
        }
    }
}
```

上述程序中，包含类 A 中声明了一个嵌套类 B，类 B 的带参数构造函数传递一个类 A 的对象，在类 B 中可以通过该对象访问类 A 的私有成员 stra。本程序的执行结果如下：

```
A
B
```

嵌套类可访问包含类的私有成员和受保护的成员（包括所有继承的私有成员或受保护的成员）。另外，嵌套类的完整名称为"包含类名.嵌套类名"，当要定义嵌套类的对象时，嵌套类应为 public 或 protected，创建嵌套类的新实例的基本格式如下：

```
包含类.嵌套类 对象名 = new 包含类.嵌套类();
```

例如,有以下程序:

```
using System;
namespace Proj
{
    class A                                    //声明包含类 A
    {   string stra = "A";                     //类 A 的私有字段
        public class B                         //声明嵌套类 B
        {   public void disp()                 //定义类 B 的公有方法 disp()
            {   Console.WriteLine(stra); }
        }
    }
    class Program
    {   static void Main()
        {   A.B b = new A.B();                 //定义嵌套类的对象 b
            b.disp();                          //调用 disp()方法
        }
    }
}
```

上述程序中,包含类 A 中声明了一个嵌套类 B,类 B 的 disp()方法可以直接访问类 A 的私有成员 stra。本程序的执行结果如下:

```
A
```

6.9 索引器

索引器允许类或结构的实例按照与数组相同的方式进行索引。索引器类似于属性,不同之处在于它们的访问器采用参数。

6.9.1 什么是索引器

索引器提供了一种访问类或结构的方法,即允许按照与数组相同的方式对类、结构或接口进行索引。它的引入是为了使程序更加直观、易于理解。

例如,可以有一个大学名称类 University,其中有一个 name 数组字段可能包含一些大学名称,un 是该类的一个对象,通过类中索引器允许访问这些大学名称,例如:

```
un[0] = "清华大学";
un[1] = "北京大学";
un[3] = "武汉大学";
```

6.9.2 声明索引器

要声明类或结构上的索引器,需使用 this 关键字,其语法格式如下:

```
public int this[int index]                    //索引器声明
{
```

```
                                          //get 和 set 访问器
    }
```

其中,this 关键字引用类的当前实例。从中看到索引器像对普通属性一样,为它提供 get 和 set 方法,这些访问器指定当使用该索引器时将引用到什么内部成员。

例如,带有索引器的 University 类设计如下:

```
public class University
{   const int MAX = 5;
    private string[ ] name = new string[MAX];
    public string this[ int index]            //声明索引器
    {   get                                     //get 访问器
        {   if (index > = 0 && index < MAX)
                return name[index];             //当索引正确时返回该索引的元素
            else
                return name[0];                 //当索引不正确时返回索引为 0 的元素
        }
        set                                     //set 访问器
        {   if (index > = 0 && index < MAX)
                name[index] = value;            //当索引正确时设置该索引元素值
        }
    }
}
```

从定义中可以看到,索引器与属性类似,但两者之间有以下差别:

- 属性允许调用方法,如同它们是公共数据字段。索引器允许调用对象上的方法,如同对象是一个数组。
- 属性可通过简单的名称进行访问。索引器可通过索引器进行访问。
- 属性可以作为静态成员或实例成员。索引器必须作为实例成员。
- 属性的 get 访问器没有参数。索引器的 get 访问器具有与索引器相同的形参表。
- 属性的 set 访问器包含隐式 value 参数。索引器的 set 访问器除了 value 参数外,还具有与索引器相同的形参表。

6.9.3　使用其他值进行索引

C#并不将索引类型限制为整数。例如,可以对索引器使用字符串。通过搜索集合内的字符串并返回相应的值,可以实现此类的索引器。由于访问器可被重载,字符串和整数版本可以共存。

【例 6.8】　设计一个控制台应用程序,说明索引器使用字符串的方式。

解:在 H:\C#2005\ch6 文件夹中创建一个控制台项目 Proj6_8,程序如下:

```
using System;
namespace Proj6_8
{
    class DayCollection
    {   string[ ] days = { "Sun", "Mon", "Tues", "Wed", "Thurs", "Fri", "Sat" };
        private int GetDay(string testDay)
        {   int i = 0;
```

```
        foreach (string day in days)
        {    if (day == testDay)
                 return i;
             i++;
        }
        return -1;
    }
    public int this[string day]              //索引器
    {    get
        {       return (GetDay(day)); }
    }
}
class Program
{    static void Main(string[] args)
    {    DayCollection week = new DayCollection();
        Console.WriteLine("Fri:{0}:",week["Fri"]);
        Console.WriteLine("ABC:{0}",week["ABC"]);
    }
}
}
```

上述程序中,声明了存储星期的类,其中声明了一个 get 访问器,它接受字符串(星期名),并返回相应的整数。例如,星期日将返回 0,星期一将返回 1 等,不正确的星期名返回−1。程序执行结果如图 6.11 所示。

图 6.11 例 6.8 程序执行结果

6.10 委托

委托(delegate)类型是一种引用方法的类型,由委托类型定义委托对象(简称为委托),委托与 C/C++ 中的函数指针相似,与 C/C++ 中的函数指针不同的是,委托是面向对象的、类型安全的和保险的。一旦为委托分配了方法,委托将与该方法具有完全相同的行为。委托方法的使用可以像其他任何方法一样,具有参数和返回值。

6.10.1 什么是委托

C/C++ 和其他一些语言支持函数指针的概念,允许在运行时选择要调用的函数。Java 不提供任何具有函数指针功能的结构,但 C# 提供这种构造,通过使用 Delegate 类即委托类,委托实例可以封装属于可调用实体的方法。通过委托可以间接地调用一个方法(实例方法或静态方法都可以)。委托包含对方法的引用,使用委托可以在运行时动态地设定要调用的方法,执行或调用一个委托将执行该委托引用的方法。

说明:委托类型与类有所不同,类可以包含数据,而委托包含的只是方法的细节。

委托具有以下特点:

• 委托类似于 C/C++ 函数指针,但它是类型安全的。
• 委托允许将方法作为参数进行传递。
• 委托可用于定义回调方法。

- 委托可以链接在一起。例如，可以对一个事件调用多个方法。
- 方法不需要与委托签名精确匹配。

说明：委托类 Delegate 是密封的，不能从 Delegate 类中派生委托类型，也不可能从中派生自定义类。

6.10.2　定义和使用委托

定义和使用委托有 3 个步骤，即声明委托类型、实例化委托对象和调用委托方法。

1. 声明委托类型

声明委托类型就是告诉编译器这种类型代表了哪种类型的方法。使用以下语法声明委托类型：

[修饰符] delegate 返回类型 委托类型名(参数列表);

在声明一个委托类型时，每个委托类型都描述参数的个数和类型，以及它可以引用的方法的返回类型。每当需要一组新的参数类型或新的返回类型时，都必须声明一个新的委托类型。例如：

private delegate void mydelegate(int n);　　　　　　　//声明委托类型

上述代码声明了一个委托类型 mydelegate，该委托类型可以引用一个采用 int 作为参数并返回 void 的方法。

说明：委托类型必须与后面引用的方法具有相同的签名，即委托类型的参数个数、类型以及返回值必须与后面引用的方法相一致。

2. 实例化委托对象

声明了委托类型后，必须创建一个它的实例，即创建委托对象并使之与特定方法关联。定义委托对象的语法格式如下：

委托类型名 委托对象名 = new 委托类型名(静态方法或实例方法);

例如，以下语句创建了 mydelegate 委托的一个委托对象 p：

mydelegate p;　　　　　　　　　　　//定义委托对象

另外，委托对象还需实例化为调用的方法，通常将这些方法放在一个类中（也可以将这些方法放在程序的 Program 类中），假设一个 MyDeClass 类如下：

```
class MyDeClass
{
    public void fun1(int n)                    //定义方法 fun1
    {    Console.WriteLine("{0}的 2 倍 = {1}",n,2 * n);    }
    public void fun2(int n)                    //定义方法 fun2
    {    Console.WriteLine("{0}的 3 倍 = {1}", n, 3 * n);    }
}
```

可以通过以下语句实例化委托对象 p：

MyDeClass obj = new MyDeClass();　　　　　　　//创建 MyClass 类实例

C＃程序设计教程(第 2 版)

```
mydelegate p = new mydelegate(obj.fun1);        //实例化委托对象并与obj.fun1()方法相关联
```

其中,MyDeClass 类中的 fun1()方法有一个 int 形参,其返回类型为 void,它必须与 mydelegate 类型的声明相一致。

说明:声明的委托类型与其委托对象关联的方法,在参数个数、数据类型以及顺序上必须一致,并且具有相同的返回值。

3. 调用委托

创建委托对象后,通常将委托对象传递给将调用该委托的其他代码。通过委托对象的名称(后面跟着要传递给委托的参数,放在括号内)调用委托对象。其使用语法格式如下:

委托对象名(实参列表);

例如,以下语句调用委托 p:

p(100);

委托对象是不可变的,即设置与它们匹配的签名后就不能再更改签名了。但是,如果其他方法具有同一签名,也可以指向该方法。例如:

```
MyDeClass obj = new MyDeClass();               //定义obj并实例化
mydelegate p = new mydelegate(obj.fun1);       //定义委托对象p并与obj.fun1()方法关联
p(5);                                          //调用委托对象p
p = new mydelegate(obj.fun2);                  //定义委托对象p并与obj.fun2()方法关联
p(3);                                          //调用委托对象p
```

其执行结果如下:

```
5 的 2 倍 = 10
3 的 3 倍 = 9
```

对于 p(5)语句的执行过程是,p 是一个委托对象,它已指向 obj.fun1 事件处理方法,现在将参数 5 传递给 obj.fun1 方法,然后执行该方法,相当于执行 obj.fun1(5)。和 C/C++中的函数指针不同的是,一个委托对象可以指向多个事件处理方法(本例只指向一个事件处理方法),从而激活多个事件处理方法的执行。

【例 6.9】 设计一个控制台应用程序,说明委托的使用。

解:在 H:\C＃2005\ch6 文件夹中创建一个控制台项目 Proj6_9,程序如下:

```
using System;
namespace Proj6_9
{   delegate double mydelegate(double x, double y);      //声明委托类型
    class MyDeClass                                       //声明含有方法的类
    {   public double add(double x, double y)
        {     return x + y;     }
        public double sub(double x, double y)
        {     return x-y;     }
        public double mul(double x, double y)
        {     return x * y;     }
        public double div(double x, double y)
        {     return x/y;     }
```

```
    }
    class Program
    {   static void Main(string[] args)
        {   MyDeClass obj = new MyDeClass();              //创建 MyDeClass 类实例
            mydelegate p = new mydelegate(obj.add);       //委托对象与 obj.add()相关联
            Console.WriteLine("5 + 8 = {0}",p(5,8));      //调用委托对象 p
            p = new mydelegate(obj.sub);                  //委托对象与 obj.sub()相关联
            Console.WriteLine("5-8 = {0}",p(5,8));        //调用委托对象 p
            p = new mydelegate(obj.mul);                  //委托对象与 obj.mul()相关联
            Console.WriteLine("5 * 8 = {0}",p(5,8));      //调用委托对象 p
            p = new mydelegate(obj.div);                  //委托对象与 obj.div()相关联
            Console.WriteLine("5/8 = {0}",p(5,8));        //调用委托对象 p
        }
    }
}
```

上述程序中,先声明委托类型 mydelegate,定义一个
包含委托方法的类 MyDeClass,其中含有 4 个方法,分别实
现两个参数的加法、减法、乘法和除法功能。然后在主函
数中定义 MyDeClass 类的一个对象 obj 并实例化,定义一
个 mydelegate 委托对象 p,将其实例化并分别关联到 obj
的 4 个方法,每次实例化后都调用该委托对象。程序执行
结果如图 6.12 所示。

图 6.12　例 6.9 程序执行结果

也可以直接把方法名赋值给委托对象来创建一个委托实例,上例的主函数可以等价地
改为:

```
static void Main(string[] args)
{   MyDeClass obj = new MyDeClass();
    mydelegate p = obj.add;                          //直接把 obj.add 赋值给委托对象
    Console.WriteLine("5 + 8 = {0}", p(5, 8));       //调用委托对象
    p = obj.sub;                                     //直接把 obj.sub 赋值给委托对象
    Console.WriteLine("5-8 = {0}", p(5, 8));         //调用委托对象
    p = obj.mul;                                     //直接把 obj.mul 赋值给委托对象
    Console.WriteLine("5 * 8 = {0}", p(5, 8));       //调用委托对象
    p = obj.div;                                     //直接把 obj.div 赋值给委托对象
    Console.WriteLine("5/8 = {0}", p(5, 8));         //调用委托对象
}
```

6.10.3　委托对象封装多个方法

委托对象可以封装多个方法(称为多路广播委托),这些方法的集合称为委托对象的调
用列表。可以使用"＋"、"－"、"＋＝"和"－＝"等运算符向调用列表中增加或移除方法。

【例 6.10】　设计一个控制台应用程序,说明委托对象封装多个方法的使用。

解:在 H:\C＃2005\ch6 文件夹中创建一个控制台项目 Proj6_10,程序如下:

```
using System;
namespace Proj6_10
{   delegate void mydelegate(double x, double y);         //声明委托类型
```

```
class MyDeClass                                    //声明含有多个方法的类
{   public void add(double x, double y)
    {   Console.WriteLine("{0} + {1} = {2}",x,y,x + y);    }
    public void sub(double x, double y)
    {   Console.WriteLine("{0}-{1} = {2}", x, y, x - y);     }
    public void mul(double x, double y)
    {   Console.WriteLine("{0} * {1} = {2}", x, y, x * y);     }
    public void div(double x, double y)
    {   Console.WriteLine("{0}/{1} = {2}", x, y, x/y);      }
}
class Program
{   static void Main(string[] args)
    {   MyDeClass obj = new MyDeClass();
        mydelegate p, a;
        a = obj.add;                             //直接把 obj.add 赋值给委托对象
        p = a;                                   //将 add 方法添加到调用列表中
        a = obj.sub;                             //直接把 obj.sub 赋值给委托对象
        p += a;                                  //将 sub 方法添加到调用列表中
        a = obj.mul;                             //直接把 obj.mul 赋值给委托对象
        p += a;                                  //将 mul 方法添加到调用列表中
        a = obj.div;                             //直接把 obj.div 赋值给委托对象
        p += a;                                  //将 div 方法添加到调用列表中
        p(5, 8);
    }
}
```

在主函数中,将与 4 个方法关联的委托对象添加到调用列表 p 中,通过调用 p(5,8)执行所有其中的委托,其执行结果与图 6.8 相同。

对于 p(5.8)语句的执行过程是:p 是一个委托对象,它已指向 obj 对象的 4 个事件处理方法,将参数 5 和 8 传递给这 4 个事件处理方法,分别执行这些方法,相当于执行 obj.add(5,8)、obj.sub(5,8)、obj.mul(5,8)和 obj.div(5,8)。

6.10.4 使委托与匿名方法关联

所谓匿名方法就是没有方法名称的方法。当将委托与匿名方法关联时,直接给出方法的函数体,其一般语法格式如下:

```
delegate 返回类型 委托类型名(参数列表);
委托类型名 委托对象名 = 返回类型(参数列表) { / * 匿名方法代码 * / };
委托对象名(实参列表)
```

第 1 个语句声明委托类型;第 2 个语句定义匿名方法并将其与委托对象关联;第 3 个语句调用委托。

例如,以下程序段就是使委托与匿名方法关联,并调用该委托:

```
delegate void mydelegate(string mystr);               //声明委托类型
class Program
{   static void Main(string[] args)
    {   mydelegate p = delegate(string mystr)          //实例化并关联到匿名方法
```

```
    {    Console.WriteLine(mystr);    };
    p("String");                                    //输出：String
    }
}
```

6.11　事件

事件程序设计是开发 Windows 应用程序和 Web 应用程序的主要方法，它以事件处理机制为核心，委托是事件的基础。本节介绍事件及其相关概念。

6.11.1　事件处理机制

事件是类在发生其关注的事情时用来提供通知的一种方式。例如，封装用户界面控件的类可以定义一个在用户单击时发生的一个事件。控件类不关心单击按钮时发生了什么，但是它需要告知派生类单击事件已经发生，然后派生类可以选择如何响应。

当发生与某个对象相关的事件时，该类会使用事件将这一个对象通知给用户。这种通知即为引发事件。引发事件的对象称为事件源或者发行者。对象引发事件的原因很多，如单击某个命令按钮或者菜单选择等。接收事件的对象称为订阅者（或订阅对象），订阅者之所以会接到通知，是因为订阅者订阅了事件源的该事件。

例如，以课堂讲课为例，某教室里有若干学生，当上课教师宣布"开始上课"时，本教室里的学生听到后做各种上课准备，有的认真听课，有的认真看书，有的做笔记，而不在本教室的学生则不会。从程序的角度看，当教师宣布"开始上课"时就是发生了一个事件，是该教师通知该事件发生，所以该教师是事件源，本教室的学生（称为订阅者）接到通知后开始做上课准备（事件的订阅者对事件的处理），如图 6.13 所示。

图 6.13　教师宣布开始上课事件的执行过程

在事件通信中，事件源类不知道哪个对象或方法将接收到（处理）它引发的事件。所需要的是在源和接收方之间存在一个媒介（或类似指针的机制）。.NET Framework 定义了一个特殊的类型（Delegate），该类型提供函数指针的功能。另外，要在应用程序中使用事件，必须提供一个事件处理程序（事件处理方法），该处理程序执行程序逻辑以响应事件并向事件源注册事件处理程序。事件委托是多路广播的,这意味着它们可以对多个事件处理方法进行引用。

归纳起来,事件处理机制大致分为以下 4 步:

(1)在事件源类(发行者)中声明一个事件成员,即某种事件处理委托的实现(多路广播事件委托实例)。

(2)在接收事件的类(或订阅者)中或其他地方定义与事件委托相匹配的事件处理方法。通常情况下,所有接收事件的对象呈现不同的行为,则将事件处理过程放在接收事件的类中,若所有接收事件的对象呈现相同的行为,则将事件处理过程放在其他地方(如 Main 函数中)。

(3)通过"+="向多路广播事件委托实例封装的调用列表中添加事件处理方法,或通过"-="从多路广播事件委托实例封装的调用列表中删除事件处理方法。

(4)在事件源类(或发行者)中添加有关发生事件的代码,即当满足某个条件时(发生事件),调用多路广播委托实例封装的调用列表中添加的事件处理方法。如果没有订阅,即事件实例为 null,则不做任何处理。

6.11.2 事件的创建和使用

下面介绍在 C#中创建和使用事件的步骤。

1. 为事件创建一个委托类型和声明事件

在事件源类中声明一个事件委托类型,该委托类型的返回值类型通常为 void。其一般的语法格式如下:

```
delegate void 委托类型名([触发事件的对象名,事件参数]);
```

例如在课堂讲课例子中,设计事件源类为教师类 Teacher,其中通过以下语句声明一个委托类型 delegateType,其委托的事件处理方法返回类型为 void,不带任何参数:

```
public delegate void delegateType();                       //声明委托类型
```

事件是事件源类的成员。在事件源类中以关键字 event 声明一个事件,其一般语法格式如下:

```
[修饰符] event 委托类型名 事件名;
```

其中,"修饰符"指出类的用户访问事件的方式,可以为 public、private、protected、internal、protectedinternal、static 或 virtual 等。

例如,在 Teacher 类包含以下语句声明一个上课事件:

```
public event delegateType ClassEvent;                      //声明一个上课事件
```

2. 创建事件处理方法

当事件触发时需要调用事件处理方法,需设计相应的事件处理方法。既可以将事件处理方法放在订阅者类中,也可以将事件处理方法放在单独的类中。

例如在课堂讲课例子中,设计订阅者类为学生类 Student,在该类中设计以下 3 个事件处理方法:

```
public void Listener()                                    //听课方法
{     Console.WriteLine(" 学生" + sname + "正在认真听课"); }
public void Record()                                      //做笔记方法
{     Console.WriteLine(" 学生" + sname + "正在做笔记"); }
public void Reading()                                     //看书方法
{     Console.WriteLine(" 学生" + sname + "正在认真看书"); }
```

3. 订阅事件

向事件源类的事件中添加事件处理方法中的一个委托,这个过程称为订阅事件,这个过程通常是在主程序中进行的,首先必须定义一个包含事件的类的对象,然后将事件处理方法和该对象关联起来,其格式如下:

事件类对象名.事件名 += new 委托类型名(事件处理方法);

其中,还可以使用"－＝"、"＋"、"－"等运算符添加或删除事件处理方法。

例如,以下语句是订阅者 s1.Listener(其中 s1 是 Student 类对象)向事件源 t(Teacher 类对象)订阅 ClassEvent 事件,其中事件处理方法是 Student 类的 Listener 方法:

t.ClassEvent += new Teacher.delegateType(s1.Listener);

4. 创建引发事件的方法

要通知订阅了某个事件的所有对象,需要引发该事件,引发事件与调用方法相似,其语法格式如下:

事件名([参数表]);

通常在事件源中包含引发事件的方法。例如,在 Teacher 类中包含以下方法:

```
public void Start()                              //定义引发事件的方法
{     Console.WriteLine(tname + "教师宣布开始上课:");
    if (ClassEvent != null)
        ClassEvent();                            //当事件不空时引发该事件
}
```

5. 确定引发该事件的时间

在需要的时候调用引发事件的方法来触发事件。例如,以下语句触发事件:

t.Start();

其中 t 为事件源对象,Start()为引发事件的方法。

前面介绍的课堂讲课例子的完整程序如下:

```
using System;
using System.Collections;
namespace aaa
{
    public class Teacher                             //教师类
    {     private string tname;                      //教师姓名
        public delegate void delegateType();        //声明委托类型
        public event delegateType ClassEvent;       //声明一个上课事件
```

```
        public Teacher(string name)                    //构造函数
        {    this. tname = name; }
        public void Start()                            //定义引发事件的方法
        {   Console. WriteLine(tname + "教师宣布开始上课:");
            if (ClassEvent != null)
                ClassEvent();                          //当事件不空时引发该事件
        }
    }
    public class Student                               //学生类
    {
        private string sname;                          //学生姓名
        public Student(string name)                    //构造函数
        {    this. sname = name; }
        public void Listener()                         //听课方法
        {   Console. WriteLine(" 学生 " + sname + " 正在认真听课"); }
        public void Record()                           //做笔记方法
        {   Console. WriteLine(" 学生 " + sname + " 正在做笔记"); }
        public void Reading()                          //看书方法
        {   Console. WriteLine(" 学生 " + sname + " 正在认真看书"); }
    }
    class Program
    {   static void Main(string[ ] args)
        {   Teacher t = new Teacher("李明");
            Student s1 = new Student("许强");
            Student s2 = new Student("陈兵");
            Student s3 = new Student("张英");
                                                       //以下是 3 个学生订阅同一个事件
            t. ClassEvent += new Teacher. delegateType(s1. Listener);
            t. ClassEvent += new Teacher. delegateType(s2. Reading);
            t. ClassEvent += new Teacher. delegateType(s3. Record);
            t. Start();                                //引发事件
        }
    }
}
```

该程序的执行结果如下:

李明教师宣布开始上课:
　许强正在认真听课
　陈兵正在认真看书
　张英正在做笔记

说明: 在应用程序中使用事件,必须提供一个事件处理方法,该处理程序执行程序逻辑以响应事件并向事件源注册事件处理程序,该过程叫做事件连接。后面介绍的 Windows 窗体和 Web 窗体的可视化设计器所提供的应用程序快速开发工具简化(或者说隐藏)了事件连接的详细信息,从而大大简化了程序员的事件设计过程。

【例 6.11】 设计一个控制台应用程序,说明事件的使用。

解: 在 H:\C＃2005\ch6 文件夹中创建一个控制台项目 Proj6_11,程序如下:

```
using System;
```

```
namespace Proj6_11
{
    public delegate void mydelegate(int c, int n);        //声明一个事件委托类型
    public class Shape                                     //声明引发事件的类
    {   protected int color;                               //声明保护字段 color
        protected int size;                                //声明保护字段 size
        public event mydelegate ColorChange;               //声明一个事件
        public event mydelegate GetSize;                   //声明一个事件
        public int pcolor                                  //定义属性 pcolor
        {   set
            {   int ocolor = color;                        //保存原来的颜色
                color = value;
                ColorChange(ocolor, color);                //在 color 值发生改变后触发事件
            }
        }
        public int psize                                   //定义属性 psize
        {   get
            {   GetSize(size,10);
                return size;
            }
        }
        public Shape()                                     //构造函数
        {   color = 0; size = 10; }
        public Shape(int c, int s)                         //重载构造函数
        {   color = c; size = s; }
    }
    class Program                                          //接收事件的类
    {   static void Main(string[] argvs)
        {   Shape obj = new Shape();
            obj.ColorChange += new mydelegate(CCHandler1);     //订阅事件
            obj.GetSize += new mydelegate(CCHandler2);     //订阅事件
            Console.WriteLine("obj 对象的操作:");
            obj.pcolor = 3;                                //改变颜色时触发事件
            Console.WriteLine("大小为:{0}", obj.psize);    //获取大小时触发事件
            Shape obj1 = new Shape(5,20);
            obj1.ColorChange += new mydelegate(CCHandler1);    //订阅事件
            obj1.GetSize += new mydelegate(CCHandler2);    //订阅事件
            Console.WriteLine(" ==================== ");
            Console.WriteLine("obj1 对象的操作:");
            obj1.pcolor = 3;                               //改变颜色时触发事件
            Console.WriteLine("大小为:{0}",obj1.psize);    //获取大小时触发事件
        }
        static void CCHandler1(int c, int n)               //事件处理方法
        {   Console.WriteLine("颜色从{0}改变为{1}", c, n); }
        static void CCHandler2(int s, int n)               //事件处理方法
        {   if (s == n)
                Console.WriteLine("大小没有改变");
            else
                Console.WriteLine("大小已改变");
        }
    }
```

　　}

上述程序中,先声明一个事件委托类型 mydelegate,它委托的事件处理方法的返回类型为 void,带有两个 int 型参数。在 Shape 类中声明了两个事件 ColorChange 和 GetSize,前者在 color 值改变时引发,后者在获取 size 值时引发。事件处理方法 CCHandler1()和 CCHandler2()放在 Program 类中,它们都设计为静态方法。Program 类中包含订阅事件,当执行 obj. pcolor＝3 和 obj1. pcolor ＝3 时,执行 pcolor 属性的 set 访问器,导致引发 ColorChange() 事件,并调用静态事件处理方法 CCHandler1;当输出 obj. psize 和 obj1. psize 时,执行

图 6.14　例 6.11程序执行结果

psize 属性的 get 访问器,导致引发 GetSize()事件,并调用静态事件处理方法 CCHandler2()。程序的执行结果如图 6.14 所示。

　　说明:上例是为了说明事件程序设计的一般过程,实际上在 Windows 和 Web 应用程序设计时,像本例的声明引发事件的类 Shape 和事件类型等都已由 C# 系统设计好了,程序开发人员只需要设计像 Program 类即可,这样会大大简化应用程序的开发过程。

6.12　运算符重载

　　C# 语言中的运算符重载和 C++ 语言中的基本相似,其目的是将常用的运算符作用于类对象。

6.12.1　运算符重载概述

　　运算符重载是指同名运算符可用于运算不同类型的数据。C# 允许重载运算符,以供自己的类使用。其目的是让使用类对象像使用基本数据类型一样自然、合理。例如,设计一个名称为 MyAdd 的类,其中对"＋"运算符进行了重载,这样对于该类的两个对象 a 和 b,就可以进行 a＋b 的运算。

　　若要重载某个运算符,需要编写一个函数,其基本语法格式如下:

```
public static 返回类型 operator 运算符(参数列表)
{      … …      }
```

　　所有运算符重载均为类的静态方法。在 C# 中不是所有的运算符都允许重载,以下是可重载的运算符的完整列表:

- 一元运算符:＋、－、!、~、＋＋、－－、true、false。
- 二元运算符:＋、－、*、/、%、&、|、^、<<、>>、==、!=、>、<、>=、<=。

　　注意:重载相等运算符"=="时,还必须重载不相等运算符"!="。"<"和">"运算符以及"<="和">="运算符也必须成对重载。

6.12.2　一元运算符重载

　　一元运算符重载时需注意以下几点:

- 一元运算符＋、－、!、～ 必须使用类型 T 的单个参数,可以返回任何类型。
- 一元运算符＋＋、－－必须使用类型 T 的单个参数,并且要返回类型 T。
- 一元运算符 true、false 必须使用类型 T 的单个参数,并且要返回类型 bool。

例如,设计如下类 MyOp,其中对一元运算符"＋＋"进行了重载:

```
class MyOp
{    private int n;
     public MyOp(int n1) { n = n1;}
     public static MyOp operator ++(MyOp obj)              //重载运算符++
     {    return new MyOp(obj.n + 1);     }
     public void dispdata()
     {    Console.WriteLine("n = {0}",n);     }
}
```

执行以下语句:

```
MyOp a = new MyOp(2);
a++;
a.dispdata();
```

由于类 MyOp 中对运算符"＋＋"进行了重载,所以可以执行 a＋＋语句,其功能是将 a 的私有字段 n 增 1。上述语句的输出结果为:n＝3。

6.12.3　二元运算符重载

一个二元运算符必须有两个参数,而且其中至少一个必须是声明运算符的类或结构的类型。二元运算符可以返回任何类型。

二元运算符的签名由运算符符号和两个形式参数组成。

例如,设计如下类 MyOp1,其中对二元运算符"＋"进行了重载:

```
class MyOp1
{    private int n;
     public MyOp1() {}
     public MyOp1(int n1) { n = n1;}
     public static MyOp1 operator + (MyOp1 obj1,MyOp1 obj2) //重载运算符 +
     {    return new MyOp1(obj1.n + obj2.n);     }
     public void dispdata()
     {    Console.WriteLine("n = {0}",n);     }
}
```

执行以下语句:

```
MyOp1 a = new MyOp1(2),b = new MyOp1(3),c;
c = a + b;
c.dispdata();
```

由于类 MyOp1 中对运算符"＋"进行了重载,所以可以执行 c＝a＋b 语句,其功能是将 c 的私有字段 n 赋值为 a.n 和 b.n 之和。上述语句的输出结果为:n＝5。

6.13 类对象的转换

类对象的转换主要是通过关键字 is 和 as 实现的。前者判断一个对象是否是某个类的对象,后者用于兼容的引用类型之间的转换。

6.13.1 关键字 is

is 是一个检查引用变量的类型的运算符,在第 3 章中介绍过,它用来检查对象是否与给定数据类型兼容。如果所提供的表达式非空,并且所提供的对象可以强制转换为所提供的类型而不会导致引发异常,则 is 表达式的计算结果将是 true。

如果已知表达式将始终是 true 或者 false,则 is 关键字将导致编译时警告,但是,通常在运行时才计算类型兼容性。

is 运算符不能重载。

注意:is 运算符只考虑引用转换、装箱转换和取消装箱转换,不考虑其他转换,如用户定义的转换。

【例 6.12】 分析以下程序的执行结果(对应 H:\C♯2005\ch6 文件夹中的 Proj6_12 项目)。

```csharp
using System;
namespace Proj6_12
{   class A                                      //声明类 A
    {   public void funa()
        {    Console.WriteLine("调用 funa()方法");     }
    }
    class B                                      //声明类 B
    {   public void funb()
        {    Console.WriteLine("调用 funb()方法");     }
    }
    class MyClass                                //声明类 MyClass
    {   static void fun(object o)                //静态成员方法
        {   A a;
            B b;
            if (o is A)                          //如果 o 属 A 类类型
            {   Console.WriteLine("o 属 A 类类型");
                a = (A)o;                        //强制转换为 a 对象引用
                a.funa();
            }
            else if (o is B)                     //如果 o 属 B 类类型
            {   Console.WriteLine("o 属 B 类类型");
                b = (B)o;                        //强制转换为 b 对象引用
                b.funb();
            }
            else
            {   Console.WriteLine("o 不属于 A 和 B 类类型");     }
        }
        static void Main(string[] args)          //主函数包含在 MyClass 类中
```

```
    {   A c1 = new A();
        B c2 = new B();
        fun(c1);
        fun(c2);
        fun("a string");
    }
  }
}
```

　　解：本程序先声明了类 A 和 B，它们均含有一个方法。类 MyClass 中 fun 方法有一个 object 形参引用 o，当 o 属 A 类类型时，将 o 引用的对象强制转换为类 A 的对象并赋给 a，并通过对象引用 a 来调用 funa()方法；当 o 属 B 类类型时，将 o 引用的对象强制转换为类 B 的对象并赋给 b，并

图 6.15　例 6.12 程序执行结果

通过对象引用 b 来调用 funb()方法；若 o 既不属于 A 类类型也不属于 B 类类型，则输出一个字符串。程序执行结果如图 6.15 所示。

6.13.2　关键字 as

　　as 用于在兼容的引用类型之间执行转换。例如：

```
string s = someObject as string;
```

　　as 运算符类似于强制转换，所不同的是，当转换失败时，运算符将产生空（null），而不是引发异常。as 的语法格式如下：

　　表达式 as 数据类型

等效于

　　表达式 is 数据类型？(数据类型)表达式：(数据类型)null

　　其中，"表达式"只被计算一次。

　　注意：as 运算符只执行引用转换和装箱转换。as 运算符无法执行其他转换，如用户定义的转换，这类转换应使用 cast 表达式来执行。

　　例如，以下语句将 obj 对象转换成 string 时返回 null：

```
MyClass obj = new MyClass();
string s = obj as string;                    //s 为 null
```

　　由于所有的类都是隐式或直接或间接从 object 类派生而来的，所以所有的对象都可以转换为 object 类的对象。例如，以下语句使用 as 执行装箱转换：

```
int i = 1;
object obj = i as object;
```

　　【例 6.13】　分析以下程序的执行结果（对应 H:\C#2005\ch6 文件夹中的 Proj6_13 项目）。

```
using System;
namespace Proj6_13
```

```
{   class A                                    //声明类 A
    {   }
    class B : A                                //声明类 B 是从类 A 继承的
    {   }
    class Program
    {   static void Main()
        {   A a = new A();                      //定义类 A 的对象 a
            B b = new B();                      //定义类 B 的对象 b
            Console.WriteLine(a.GetType());     //输出对象 a 的类型
            Console.WriteLine(b.GetType());     //输出对象 b 的类型
            Object obj1 = a;                    //将对象 a 隐式转换为 Object 对象 obj1
            Console.WriteLine(obj1.GetType());  //输出对象 obj1 的类型
            obj1 = b;                           //将对象 b 隐式转换为 Object 对象 obj1
            Console.WriteLine(obj1.GetType());  //输出对象 obj1 的类型
            a = b as A;                         //将对象 b 强制转换为 A 对象 a
            Console.WriteLine(a.GetType());     //输出对象 a 的类型
            b = (B)a;                           //将对象 a 强制转换为 B 对象 b,是显式转换
            Console.WriteLine(b.GetType());     //输出对象 b 的类型
        }
    }
}
```

图 6.16　例 6.13 程序
执行结果

解：本程序中采用了强制向上转换和强制向下转换。强制向上转换是指强制将对象转换为其基类对象,在 C＃中这种转换是安全的,它是一种隐式转换,如 obj1 ＝ a 和 a ＝ b as A 语句都是强制向上转换。强制向下转换是指强制将对象转换为其派生类对象,在 C＃中这种转换是不安全的,需要显式进行,如 b ＝ (B)a 语句就是显式强制向下转换,若简单改为 b＝a as B 语句就会出现编译错误。本程序的执行结果如图 6.16 所示。

6.14　命名空间

面向对象程序设计一个重要的特征是引入了命名空间的概念,即采用命名空间来组织众多的类。本节介绍定义和使用命名空间的方法。

6.14.1　命名空间概述

在应用程序开发设计中,程序设计人员可以根据实际需要创建更多的类。为此采用命名空间(namespace)的方法来组织类。命名空间提供了可以将类分成逻辑组的方法,将系统中的大量类库有序地组织起来,使得类更容易使用和管理。在每个命名空间下,所有的类都是"独立"且"唯一"的。

6.14.2　使用命名空间

在 C＃中,要创建应用程序必须使用命名空间。使用命名空间有两种方式,一种是明确

指出命名空间的位置,另一种是通过 using 关键字引用命名空间。直接定位在应用程序中,任何一个命名空间都可以在代码中直接使用。例如:

```
System.Console.WriteLine("ABC");
```

这个语句是调用了 System 命名空间中 Console 类的 WriteLine()方法。这种直接定位的方法对应用程序中的所有命名空间均是适用的。但使用这种方法在输入程序代码时,往往需要输入较多的字符。

1. 使用 using 关键字

在应用程序中要使用一个命名空间,还可以采取引用命名空间的方法,在引用后,应用程序中就可使用该命名空间内的任一个类了。引用命名空间的方法是利用 using 关键字,其使用格式如下:

```
using [别名 = ] 命名空间
```

或

```
using [别名 = ] 命名空间.成员
```

例如,在一个控件台应用程序中,有如下代码:

```
using System;
namespace myProj
{   class Program
    {   static void Main(string[] argvs)              //Main 方法
        {     Console.WriteLine(Math.Sin(0.5));      }
    }
}
```

由于 Math 类包含在 System 命名空间中,所以通过 using System 语句引入该命名空间,Math. 前缀就是使用 Math 类的成员。

也可以将命名空间中的成员定义为一个别名,这样在使用时需要将该别名作为前缀,上述代码可以等价地改为如下代码:

```
using System;
using myns = System.Math;                         //声明命名空间中某个类的别名
namespace myproj
{   class Program
    {   static void Main(string[] argvs)              //Main()方法
        {     Console.WriteLine(myns.Sin(0.5)); }     //以别名为前缀
    }
}
```

注意:使用 using System.Math 是错误的,因为 System.Math 是一个类而不是命名空间,但可以为某命名空间中的类指定别名。

2. 自定义命名空间

在 C#中,除了使用系统的命名空间外,还可以在应用程序中自己声明命名空间。其使用语法格式如下:

```
namespace 命名空间名称
{      命名空间定义体      }
```

其中,"命名空间名称"指出命名空间的唯一名称,必须是有效的 C# 标识符。例如,在应用程序中声明命名空间 Ns1:

```
namespace Ns1                                        //声明命名空间 Ns1
{   class A {…}                                      //声明类 A
    class B {…}                                      //声明类 B
}
```

上述代码的 Ns1 命名空间中,声明了两个类 A 和 B。这样,在应用程序中需要加上"Ns1."前缀来引用这些类,例如,以下语句定义这两个类的对象:

```
Ns1.A a = new Ns1.A();
Ns1.B b = new Ns1.B();
```

又例如,声明两个命名空间 Ns1 和 Ns2,它们含有相同名称的类:

```
namespace Ns1                                        //声明命名空间 Ns1
{
    class A {…}                                      //声明类 A
}
namespace Ns2                                        //声明命名空间 Ns2
{
    class A {…}                                      //声明类 A
}
```

那么,在应用程序中,这两个类可以使用不同的命名空间来引用,定义它们的对象如下:

```
Ns1.A a = new Ns1.A();
Ns2.A b = new Ns2.A();
```

命名空间可以嵌套,即在命名空间可以声明其他的命名空间,例如:

```
namespace Ns1
{   namespace Ns2
    {
        class A {…}
    }
}
```

这样引用类 A 时应加上两层的命名空间,即 Ns1.Ns2,定义其对象如下:

```
Ns1.Ns2.A a = new Ns1.Ns2.A();
```

在 C# 中开发项目时,每个项目都会自动附加一个默认的命名空间。如果在应用程序中没有自定义的命名空间,那么应用程序中所定义的所有的类都属于一个默认的命名空间,其名称就是项目的名称,这个命名空间称为根命名空间。可以通过选择"项目"菜单下的"项目属性"对话框来查看或修改此命名空间。

注意:namespace 语句只能出现在文件级或命名空间级中。

练习题 6

1. 单项选择题

(1) 在 C# 中，_____访问修饰符修饰的字段只能由当前程序集访问。

A. public   B. protected   C. internal   D. private

(2) 类 ClassA 有一个名称为 M1 的方法，在程序中有如下一段代码，假设该段代码是可以执行的，则修饰 M1 方法时一定使用了_____修饰符。

```
ClassA obj = new ClassA();
ClassA.M1();
```

A. public   B. static   C. public static   D. virtual

(3) 在 C# 中，从属性的读写特性上来进行分类，可以划分为以下 3 种，除了_____。

A. 只读属性   B. 只写属性

C. 读写属性   D. 不可读不可写的属性

(4) 在类的定义中，类的_____描述了该类的对象的行为特征。

A. 类名   B. 方法   C. 所属的命名空间   D. 私有域

(5) 在 C# 中，以下关于属性的描述正确的是_____。

A. 属性是以 public 关键字修饰的字段，以 public 关键字修饰的字段也可称为属性

B. 属性是访问字段值的一种灵活机制，属性更好地实现了数据的封装和隐藏

C. 要定义只读属性只需在属性名前加上 readonly 关键字

D. 在 C# 的类中不能自定义属性

(6) 以下类 MyClass 的属性 count 属于_____属性。

```
class MyClass
{
    int i;
    int count
    {
        get  { return i; }
    }
}
```

A. 只读   B. 只写   C. 可读写   D. 不可读不可写

(7) 以下关于 C# 中方法重载的说法正确的是_____。

A. 如果两个方法名称不同，而参数的个数不同，那么它们可以构成方法重载

B. 如果两个方法名称相同，而返回值的数据类型不同，那么它们可以构成方法重载

C. 如果两个方法名称相同，而参数的数据类型不同，那么它们可以构成方法重载

D. 如果两个方法名称相同，而参数的个数相同，那么它们一定不能构成方法重载

(8) 以下_____不是构造函数的特征。

A. 构造函数的函数名和类名相同   B. 构造函数可以重载

C. 构造函数可以带有参数   D. 可以指定构造函数的返回值

C♯程序设计教程(第2版)

(9) 在 C♯中,以下有关索引器的参数个数的说法中正确的是_____。

A. 索引器只能有一个参数　　　　　B. 索引器可以有多个参数

C. 索引器可以没有参数　　　　　　D. 索引器至少要有两个参数

(10) 在类 MyClass 中有下列方法定义:

```
public void testParams(params int[] arr)
{    Console.Write ("使用 Params 参数!"); }
public void testParams(int x, int y)
{    Console.Write ("使用两个整型参数!"); }
```

请问上述方法重载有无二义性? 若没有,则下列语句的输出为_____。

```
MyClass x = new MyClass();
x.testParams(0);
x.testParams(0,1);
x.testParams(0,1,2);
Console.WriteLine();
```

A. 有语义二义性

B. 使用 Params 参数!使用两个整型参数!使用 Params 参数!

C. 使用 Params 参数!使用 Params 参数!使用 Params 参数!

D. 使用 Params 参数!使用两个整型参数!使用两个整型参数!

(11) 下列程序的输出结果是_____。

```
using System;
namespace aaa
{
    class Example1
    {    static long sub(int x, int y)
        {    return x * x + y * y; }
        public static void Main()
        {    int a = 30;
            sub(5,2);
            Console.WriteLine("{0}",a);
        }
    }
}
```

A. 0　　　　　　　B. 29　　　　　　　C. 30　　　　　　　D. 无定值

(12) C♯中 MyClass 为一个自定义类,其中有以下方法定义 public void Hello(){…}。使用以下语句创建了该类的对象,并使变量 obj 引用该对象:

```
MyClass obj = new MyClass();
```

那么,可访问类 MyClass 的 Hello 方法的语句是_____。

A. obj. Hello();　　　　　　　　　　B. obj:.Hello();

C. MyClass. Hello();　　　　　　　　D. MyClass:.Hello();

(13) 分析以下 C♯语句,注意类 MyClass 没有访问修饰符:

```
namespace aaa
{
    class MyClass
    {    public class subclass
        {    int i; }
    }
}
```

若必须为类 MyClass 添加访问修饰符,并使 MyClass 的可访问域保持不变,则应选择_____。

A. private   B. protected   C. internal   D. public

(14) 分析下列程序:

```
public class Myclass
{   private string _sData = "";
    public string sData
    {
        set { _sData = value; }
    }
}
```

在 Main 函数中,在成功创建该类的对象 obj 后,以下_____语句是合法的。

A. obj. sData = "It is funny!";   B. Console. WriteLine(obj. sData);

C. obj. _sData = 100;   D. obj. set(obj. sData);

(15) 以下_____关键字用于委托类型。

A. delegate   B. event   C. this   D. value

(16) 以下关于委托和委托类型的叙述中正确的是_____。

A. 委托不是一种类的成员   B. 委托必须定义在类中

C. 定义委托需要使用 delegate 关键字   D. 委托类型是一种数据类型

(17) 分析下列语句:

```
namespace NS
{
    public delegate void Hello(string target);
}
```

该语句的作用是_____。

A. 在 NS 命名空间中定义了一个名称为 Hello 的全局方法

B. 在 NS 命名空间中声明了函数 Hello 的原型

C. 在 NS 命名空间中声明了一个名称为 Hello 的函数指针

D. 在 NS 命名空间中声明了一个名称为 Hello 的委托类型

(18) 有以下部分 C#代码:

```
class App
{
    public static void Main()
    {
```

```
            mydelegate p = new mydelegate(CheckStatus);
            p("string…");
            …
        }
        static void CheckSatus(string state)
        {
            Console.WriteLine(state);
        }
}
```

其中 mydelegate 是一个_____。

A. 委托类型　　　B. 结构类型　　　　　　C. 函数　　　　　　D. 类名

(19) 以下 C#程序的执行情况是_____。

```
using System;
namespace aaa
{   delegate void delep(int i);
    class Program
    {   public static void Main()
        {   funb(new delep(funa)); }
        public static void funa(int t)
        {   funb(21); }
        public static void funb(int i)
        {   Console.WriteLine(i.ToString()); }
    }
}
```

A. 代码中存在错误,delegate void delep(int i);不能定义在名称空间或者类之外

B. 代码中存在错误,代码行 funb(new delep(funa))使用委托错误

C. 程序正常运行,输出为 0

D. 程序正常运行,输出为 21

(20) 已知委托类型 DoSomething 定义如下:

```
public delegate void DoSomething();
```

a、b、c 和 d 都是 DoSomething 的变量,分别有以下调用列表:

a:objA. Func1、objA. Func2。

b:objA. Func1、Class1. StaticFunc。

c:objA. Func1、Class2. StaticFunc。

d:objB. Fun1。

其中 objA 为类 Class1 的对象,objB 为类 Class2 的对象。则执行 b=b+c 后,变量 b 关联的方法个数为_____。

A. 2　　　　　　　B. 3　　　　　　　　C. 4　　　　　　　D. 5

(21) 以下_____关键字用于定义事件。

A. delegate　　　B. event　　　　　　C. this　　　　　　D. value

(22) 将发生的事件通知其他对象(订阅者)的对象称为事件的_____。

A. 广播者　　　　B. 通知者　　　　　　C. 发行者　　　　　D. 订阅者

（23）已知类 MyClass 中事件 MouseClicked 定义如下：

```
public delegate void mydelegate();
public event mydelegate MouseClicked;
```

执行下列语句：

```
Method obj = new Method();
MyClass e = new MyClass();
e.MouseClicked += obj.fun;
e.MouseClicked += obj.fun;
```

其中 Method 类中包含事件处理方法 fun。然后引发该 MouseClicked 事件，其结果为_____。

A. obj.fun 方法被调用四次　　　　　B. obj.fun 方法被调用两次

C. obj.fun 方法被调用一次　　　　　D. obj.fun 方法不会被调用

（24）在 C# 中，以下关于命名空间的叙述中正确的是_____。

A. 命名空间不可以进行嵌套

B. 任一个 .cs 文件中，只能存在一个命名空间

C. 使用 private 修饰的命名空间，其内部的类也不允许访问

D. 命名空间使得代码更加有条理、结构更清晰

2. 问答题

（1）简述 C# 中命名空间的作用。

（2）简述 C# 中类成员的几种访问方式。

（3）简述 C# 中构造函数和析构函数的主要作用是什么。它们各有什么特点。

（4）简述 C# 中属性的特点，为什么要设置类的属性。

（5）在设计方法时，ref 和 out 有什么不同？

（6）简述 C# 中实现委托的具体步骤。

（7）什么是事件？如何预订与取消事件？

3. 编程题

（1）设计一个控制台应用程序项目 Proj6_14，声明一个人类 Person 和一个动物类 Animal，它们都包含公有字段 legs（腿的只数）和保护的字段 weight（重量）。定义它们的对象并输出相关数据。

（2）设计一个控制台应用程序项目 Proj6_15，通过委托方式求两个整数（x 和 y）的 $x^2 + y^2$ 和 $x^2 - y^2$ 的值。

（3）设计一个控制台应用程序项目 Proj6_16，创建一个 List 类，可以存储整数、实数、字符数据等（最多存放 100 个元素），并可以添加和删除元素等。用相关数据进行测试。

（4）设计一个控制台应用程序项目 Proj6_17，输入若干个学生的英语和数学成绩，求出总分，并按总分从高到低排序。要求设计一个学生类 Student，所有学生对象存放在一个 Student 对象数组中，通过一个方法对其按照总分进行降序排序，最后输出排序后的结果。

4. 上机实验题

（1）设计一个控制台应用程序项目 Proj6_18 用于求学生的 GPA。GPA 是英文平均分

的简称。美国大学的 GPA 满分是 4 分。例如某学生的 5 门课程的学分和成绩为:

课程 1 有 4 个学分,成绩 92(A);

课程 2 有 3 个学分,成绩 80(B);

课程 3 有 2 个学分,成绩 98(A);

课程 4 有 6 个学分,成绩 70(C);

课程 5 有 3 个学分,成绩 89(B)。

计算 GPA 有两种,一是常见算法 GPA,另一个是标准算法 GPA。计算常见算法 GPA 时,先将分数转换成点数,其转换方式如下:

90～100 对应点数为 4.0,80～89 对应点数为 3.0,70～79 对应点数为 2.0,60～69 对应点数为 1.0,其他为 0。

以上 5 项成绩 GPA 为:

常见算法 GPA＝(4×4+3×3+2×4+6×2+3×3)/(4+3+2+6+3)=3.00

标准算法 GPA＝((92×4+80×3+98×2+70×6+89×3)×4)/((4+3+2+6+3)×100)=3.31。

要求将学生和课程分别设计成类 Student 和 Course,计算一个学生 GPA 的输出结果如图 6.17 所示。

(2) 设计一个控制台应用程序项目 Proj6_19 用于模拟考试过程,其中有一个教师类 Teacher 和一个学生类 Student。教师宣布开始考试,学生接收后开始答题,学生答题完毕引发答题完成事件,教师收卷。例如,有 5 个学生,考试过程如图 6.18 所示。

图 6.17　上机实验题(1)程序执行结果

图 6.18　上机实验题(2)程序执行结果

继承和接口设计　第 7 章

　　继承是面向对象程序设计的基本特征,包括类继承和接口继承。C♯语言不像 C++语言那样支持类的多继承(从多个类派生一个类),但提供了接口并支持接口的多继承(从多个接口派生一个接口)。本章介绍 C♯的继承机制、多态性和接口设计方法。

本章学习要点:

- 掌握 C♯中继承的概念和设计方法。
- 掌握 C♯中在继承时构造函数和析构函数的执行次序。
- 掌握 C♯中多态性的设计方法。
- 掌握 C♯中抽象类的概念和设计方法。
- 掌握 C♯中接口的概念和设计方法。
- 掌握利用 C♯中继承和接口技术设计较复杂程序的方法。

7.1　继承

　　继承是面向对象程序设计最重要的特征之一,它允许创建分等级层次的类。运用继承,能够创建一个通用类,它定义了一系列相关项目的一般特性。该类可以被更具体的类继承,每个具体的类都增加一些自己特有的成员。

7.1.1　什么是继承

　　为了对现实世界中的层次结构进行模型化,面向对象的程序设计技术引入了继承的概念。任何类都可以从另外一个类继承而来,即这个类拥有它所继承类的所有成员。C♯提供了类的继承机制,但 C♯只支持单继承而不支持多重继承,即在 C♯中一次只允许继承一个类,不允许继承多个类。

　　一个类从另一个类派生出来时,称之为派生类或子类,被派生的类称为基类或父类。派生类从基类那里继承特性,派生类也可以作为其他类的基类,从一个基类派生出来的多层类形成了类的层次结构。

　　与 C++不同,C♯中仅允许单个继承,也就是说,一个类只能从一个基类

派生出来。C♯中的继承具有以下特点:

- C♯只允许单继承,即一个派生类只能有一个基类。
- C♯中继承是可以传递的,如果 C 从 B 派生,B 从 A 派生,那么 C 不仅继承 B 的成员,还继承 A 的成员。
- C♯中派生类可以添加新成员,但不能删除基类的成员。
- C♯中派生类不能继承基类的构造函数和析构函数,但能继承基类的属性。
- C♯中派生类可以隐藏基类的同名成员,如果在派生类可以隐藏了基类的同名成员,基类成员在派生类中就不能被直接访问,只能通过"base. 基类方法名"来访问。
- C♯中派生类对象也是基类的对象,但基类对象却不一定是基派生类的对象。也就是说,基类的引用变量可以引用基派生类对象,而派生类的引用变量不可以引用基类对象。

7.1.2　派生类的声明

派生类的声明格式如下:

```
[类修饰符] class 派生类 : 基类
{
    //派生类的代码
}
```

C♯中派生类可以从它的基类中继承字段、属性、方法、事件、索引器等,实际上除了构造函数和析构函数外,派生类隐式地继承了基类的所有成员。

例如,声明一个基类如下:

```
class A
{   private int n;                      //私有字段
    protected int m;                    //保护的字段
    public void afun()                  //公有方法
    {
        //方法的代码
    }
}
```

再声明一个 B 类继承 A 类,注意继承是用":"来表示的:

```
class B : A
{
    private int x;                      //私有字段
    public void bfun()                  //公有方法
    {
        //方法的代码
    }
}
```

在主函数中包含以下代码:

```
B b = new B();                          //定义对象并实例化
b.afun();                               //执行 b 对象的 afun()方法
```

从中可以看出 afun()方法在 B 类中不用重写,因为 B 类继承了 A 类,所以可以通过 B 类的对象 b 来调用 afun()方法。

7.1.3　基类成员的可访问性

派生类将获取基类的所有非私有数据和行为。在前面的示例中,基类 A 中保护的字段 m 和公有方法 afun()都被继承到派生类 B 类中,这样在 B 类中隐含有保护的字段 m 和公有方法 afun()。但基类 A 中的私有字段 n 不能被继承到派生类 B 中。

所以,如果希望在派生类中隐藏某些基类的成员,可以在基类中将这些成员设为 private 访问成员。

7.1.4　按次序调用构造函数和析构函数

1. 调用默认构造函数的次序

如果类是从一个基类派生出来的,那么在调用这个派生类的默认构造函数之前会调用基类的默认构造函数。调用的次序将从最远的基类开始。

例如,有以下 3 个类,B 类是从基类 A 派生的,C 类是从类 B 派生的,它们各有一个默认的构造函数:

```
class A                              //基类
{
    public A() { Console.WriteLine("调用类 A 的构造函数");}
}
class B : A                          //从 A 派生类 B
{
    public B() { Console.WriteLine("调用类 B 的构造函数"); }
}
class C:B                            //从 B 派生类 C
{
    public C() { Console.WriteLine("调用类 C 的构造函数"); }
}
```

在主函数中执行以下语句:

```
C b = new C();                       //定义对象并实例化
```

其执行结果如下:

```
调用类 A 的构造函数
调用类 B 的构造函数
调用类 C 的构造函数
```

从结果看到,当创建类 C 的实例对象时,先调用最远类 A 的默认构造函数,再调用类 B 的默认构造函数,最后调用类 C 的默认构造函数。

按照这种调用顺序,C#能够保证在调用派生类的构造函数之前,把派生类所需的资源全部准备好。当执行派生类构造函数的时候,基类的所有字段都初始化了。

2. 调用默认析构函数的次序

当销毁对象时,它会按照相反的顺序来调用析构函数。首先调用派生类的析构函数,然后是最近基类的析构函数,最后才调用那个最远的析构函数。

例如,有以下 3 个类,B 类是从基类 A 派生的,C 类是从类 B 派生的,它们各有一个默认的析构函数(实际上,一个类只能有一个析构函数):

```
class A                                    //基类声明
{
    ~A() { Console.WriteLine("调用类 A 的析构函数");}
}
class B : A                                //从 A 派生类 B
{
    ~B() { Console.WriteLine("调用类 B 的析构函数"); }
}
class C:B                                  //从 B 派生类 C
{
    ~C() { Console.WriteLine("调用类 C 的析构函数"); }
}
```

在主函数中执行语句 C b＝new C(),其执行结果如下:

```
调用类 C 的析构函数
调用类 B 的析构函数
调用类 A 的析构函数
```

从结果看到,创建类 C 的实例对象后,当它被销毁时,先调用类 C 的析构函数,再调用类 B 的析构函数,最后调用类 A 的析构函数。

按照这种调用顺序,C♯能够保证任何被派生类使用基类资源,只有在派生类销毁之后才会被释放。

3. 调用重载构造函数的次序

调用基类的重载构造函数需使用 base 关键字。base 关键字主要是为派生类调用基类成员提供一个简写的方法,可以在子类中使用 base 关键字访问的基类成员。调用基类中重载构造函数的方法是将派生类的重载构造函数作如下设计:

```
public 派生类名(参数列表 1):base(参数列表 2)
{
    …
}
```

其中,"参数列表 2"和"参数列表 1"存在对应关系。

同样,在通过"参数列表 1"创建派生类的实例对象时,先以"参数列表 2"调用基类的构造函数,再调用派生类的构造函数。

【例 7.1】 分析以下程序的执行结果(对应 H:\C♯2005\ch7\Proj7_1 控制台应用程序项目)。

```
using System;
namespace Proj7_1
{   class A
    {   private int x;
        public A() {    Console.WriteLine("调用类 A 的构造函数");}
```

```
        public A(int x1)
        {    x = x1;
             Console.WriteLine("调用类 A 的重载构造函数");
        }
        ~A() { Console.WriteLine("A:x = {0}", x); }
    }
    class B : A
    {    private int y;
        public B() {     Console.WriteLine("调用类 B 的构造函数"); }
        public B(int x1,int y1):base(x1)
        {    y = y1;
             Console.WriteLine("调用类 B 的重载构造函数");
        }
        ~B() {     Console.WriteLine("B:y = {0}", y); }
    }
    class C:B
    {    private int z;
        public C() {     Console.WriteLine("调用类 C 的构造函数"); }
        public C(int x1,int y1,int z1):base(x1,y1)
        {    z = z1;
             Console.WriteLine("调用类 C 的重载构造函数");
        }
        ~C() {     Console.WriteLine("C:z = {0}", z); }
    }
    class Program
    {    static void Main(string[] args)
        {    C c = new C(1,2,3);      }
    }
}
```

解：当创建类 C 的实例对象时，调用重载构造函数的次
序为：调用类 A 重载构造函数→调用类 B 重载构造函数→
调用类 C 重载构造函数。调用析构函数的次序为：调用类 C
析构函数→调用类 B 析构函数→调用类 A 析构函数。程序
执行结果如图 7.1 所示。

图 7.1　例 7.1 程序执行结果

7.1.5　使用 sealed 修饰符来禁止继承

C♯ 中提供了 sealed 关键字用来禁止继承。要禁止继承一个类，只需要在声明类时加
上 sealed 关键字即可，这样的类称为密封类。例如：

```
sealed class 类名
{
    …
}
```

这样就不能从该类派生任何子类了。

7.2 多态性

多态性也是面向对象程序设计最重要的特性之一。多态性是指发出同样的消息被不同类型的对象接收时可能导致不同的行为,运算符重载和方法重载都属于多态性的表现形式。本节介绍采用虚方法实现多态性,也就是子类继承父类,并重写父类的方法,从而实现了不同的操作。

7.2.1 隐藏基类方法

C♯中可以为每个类的每个方法给出特定的代码,而且还需要让程序能够调用正确的方法。当派生类从基类继承时,它会获得基类的所有方法、字段、属性和事件。若要更改基类的数据和行为,有两种选择,可以使用新的派生成员替换基成员或者可以重写虚拟的基成员。本小节介绍前一种方法,在下一小节介绍后一种方法。

在使用新的派生方法替换基方法时应使用 new 关键字,例如:

```
class A                               //声明基类 A
{    public void fun()
     {    Console.WriteLine("A");     }
}
class B:A                             //从 A 类派生 B 类
{    new public void fun()           //隐藏基类方法 fun
     {    Console.WriteLine("B");     }
}
```

在主函数中执行以下语句:

```
B b = new B();
b.fun();
```

其执行结果如下:

```
B
```

从结果中看到,b.fun()语句调用的是类 B 的方法。如果类 B 中 fun()方法定义没有使用 new 关键字,编译时会给出警告信息:"B.fun()隐藏了继承的成员 A.fun(),如果是有意隐藏,请使用关键字 new"。

7.2.2 重写

重写是指在子类中编写有相同名称和参数的方法,或者说重写是在子类中对父类的方法进行修改或重新编写。重写和重载是不同的,重载是指编写(在同一个类中)具有相同的名称、却有不同的参数即有不同签名的方法。也就是说,重写是指子类中的方法与基类中的方法具有相同的签名,而重载方法具有不同的签名。

重写父类方法的过程如下:

(1) 在父类中使用 virtual 关键字把某个方法定义为虚方法;

(2) 在子类中使用 override 关键字重写父类的虚方法。

1．virtual 关键字

virtual 关键字用于修饰方法、属性、索引器或事件声明，并且允许在派生类中重写这些对象。例如，以下定义了一个虚拟方法并可被任何继承它的类重写：

```
public virtual double Area()
{     return x * y;     }
```

调用虚方法时，首先调用派生类中的该重写成员，如果没有派生类重写该成员，则它可能是原始成员。

注意：默认情况下，方法是非虚拟的，不能重写非虚方法。

virtual 修饰符不能与 static、abstract 和 override 修饰符一起使用。在静态属性上使用 virtual 修饰符是错误的。

2．重写方法

override()方法提供从基类继承的成员的新实现。通过 override 声明重写的方法称为重写基方法。重写的基方法必须与 override()方法具有相同的签名。

不能重写非虚方法或静态方法。重写的基方法必须是 virtual、abstract 或 override 的。

override 声明不能更改 virtual 方法的可访问性。

不能使用修饰符 new、static、virtual 或 abstract 来修改 override()方法。

重写属性声明必须指定与继承属性完全相同的访问修饰符、类型和名称，并且被重写的属性必须是 virtual、abstract 或 override 的。

【例 7.2】　分析以下程序的执行结果（对应 H:\C#2005\ch7\Proj7_2 控制台应用程序项目）。

```
using System;
namespace Proj7_2
{   class Student
    {   protected int no;                    //学号
        protected string name;               //姓名
        protected string tname;              //班主任或指导教师
        public void setdata(int no1, string name1,string tname1)
        {    no = no1; name = name1;tname = tname1;     }
        public virtual void dispdata()       //虚方法
        {     Console.WriteLine("本科生 学号:{0} 姓名:{1} 班主任:{2}",no,name,tname);
        }
    }
    class Graduate : Student
    {   public override void dispdata()        //重写方法
        {     Console.WriteLine("研究生 学号:{0}姓名:{1}指导教师:{2}",no, name,tname);}
    }
    class Program
    {   static void Main(string[ ] args)
        {   Student s = new Student();
            s.setdata(101, "王华","李量");
            s.dispdata();
            Graduate g = new Graduate();
            g.setdata(201,"张华","陈军");
```

C#程序设计教程(第2版)

```
        g.dispdata();
    }
}
}
```

解：Student 类是基类，派生出 Graduate 类。在 Graduate 类中重写 dispdata()方法，所以在基类中要将其修饰符指定为 virtual，在执行 g. dispdata()语句时，是调用 Graduate 类的 dispdata 方法而不是基类的 dispdata 方法，程序执行结果如图 7.2 所示。

类层次结构会有许多分支。在每个分支上，许多类都有共同的方法，而且它们都是从相同的祖先派生而来的。在许多情况下，某个方法会和别的方法实现相同的目标，但实现的细节是不同的。此时就需要用虚方法实现该方法的不同细节。当设计虚方法时，相当于告诉编译器，派生类可以为这个方法提供不同的实现代码。

图 7.2　例 7.2 程序执行结果

【例 7.3】　设计一个控制台应用程序，采用虚方法求长方形、圆、圆球体和圆柱体的面积或表面积。

解：在 H:\C#2005\ch7 文件夹中设计一个控制台应用程序项目 Proj7_3，对应的代码如下：

```
using System;
namespace Proj7_3
{   public class Rectangle                          //长方形类
    {   public const double PI = Math.PI;
        protected double x, y;
        public Rectangle() {}
        public Rectangle(double x1, double y1)
        {   x = x1;y = y1; }
        public virtual double Area()                //求面积方法
        {   return x * y;      }
    }
    public class Circle : Rectangle                 //圆类
    {   public Circle(double r): base(r, 0) { }
        public override double Area()               //求面积方法
        {   return PI * x * x;      }
    }
    class Sphere : Rectangle                        //圆球体类
    {   public Sphere(double r): base(r, 0) {}
        public override double Area()               //求面积方法
        {   return 4 * PI * x * x;      }
    }
    class Cylinder : Rectangle                      //圆柱体类
    {   public Cylinder(double r, double h): base(r, h) {}
        public override double Area()               //求面积方法
        {   return 2 * PI * x * x + 2 * PI * x * y;      }
    }
    class Program
    {   static void Main(string[] args)
```

```
    {   double x = 2.4, y = 5.6;
        double r = 3.0, h = 5.0;
        Rectangle t = new Rectangle(x,y);
        Rectangle c = new Circle(r);
        Rectangle s = new Sphere(r);
        Rectangle l = new Cylinder(r, h);
        Console.WriteLine("长为{0},宽为{1}的长方形面积={2:F2}",x,y,t.Area());
        Console.WriteLine("                半径为{0}的圆面积={1:F2}",r,c.Area());
        Console.WriteLine("                半径为{0}的圆球体表面积={1:F2}",r,s.Area());
        Console.WriteLine("半径为{0},高度为{1}的圆柱体表面积={2:F2}",
            r,h,l.Area());
    }
  }
}
```

本程序中,基类 Rectangle 包含 x(长)和 y(宽)两个保护的字段和计算图形面积或表面积的 Area()虚方法,从它派生出 Circle、Cylinder 和 Sphere 类,类继承关系如图 7.3 所示。每个派生类都有各自的 Area()重写实现。根据与此方法关联的对象,通过调用正确的 Area()实现,该程序为每个图形计算并显示正确的面积或表面积。程序的执行结果如图 7.4 所示。

图 7.3 类继承关系

图 7.4 例 7.3 程序执行结果

注意:父类的对象可以指向子类的实例,反之则不成立。

7.3 抽象类

如果一个类不与具体的事物相联系,而只是表达一种抽象的概念,仅仅是作为其派生类的一个基类,这样的类就是抽象类。在声明抽象类时要使用 abstract 修饰符。

7.3.1 抽象类的特性

C#中抽象类也是一种类,它可以包含多个成员,但和普通的类相比,抽象类具有以下特性:

- 抽象类不能实例化。
- 抽象类可以包含抽象方法和抽象访问器。
- 抽象类中可以存在非抽象的方法,即在抽象类中可以包含某些方法的实现代码。
- 不能用 sealed 修饰符修改抽象类,这也意味着抽象类不能被继承。
- 从抽象类派生的非抽象类必须包括继承的所有抽象方法和抽象访问器的实现。

- 抽象类可以被抽象类所继承,结果仍是抽象类。

由于任何情况下,抽象类都不应进行实例化,因此,正确定义其构造函数就非常重要。而确保抽象类功能的正确性和扩展性也很重要。以下准则有助于确保抽象类能够正确地设计并在实现后可以按预期方式工作:

- 不要在抽象类中定义公共的或受保护的内部构造函数。具有 public 或 protected internal 可见性的构造函数用于能进行实例化的类型。任何情况下抽象类型都不能实例化。
- 应在抽象类中定义一个受保护构造函数或内部构造函数。如果在抽象类中定义一个受保护构造函数,则在创建派生类的实例时,基类可执行初始化任务。内部构造函数可防止抽象类被用做其他程序集中的类型的基类。

7.3.2　抽象方法

在方法声明中使用 abstract 修饰符以指示方法不包含实现的,即为抽象方法。抽象方法具有以下特性:

- 声明一个抽象方法使用 abstract 关键字。
- 抽象方法是隐式的虚方法。
- 只允许在抽象类中使用抽象方法声明。
- 一个类中可以包含一个或多个抽象方法。
- 因为抽象方法声明不提供实际的实现,所以没有方法体;方法声明只是以一个分号结束,并且在签名后没有大括号{}。
- 抽象方法实现由一个重写方法提供,此重写方法是非抽象类的成员。
- 实现抽象类用“:”,实现抽象方法用 override 关键字。
- 在抽象方法声明中使用 static 或 virtual 修饰符是错误的。
- 抽象方法被实现后,不能更改修饰符。

如果一个类包含任何抽象方法,那么该类本身必须被标记为抽象类。

【例 7.4】　分析以下程序的执行结果(对应 H:\C＃2005\ch7 文件夹中的 Proj7_4 项目)。

```csharp
using System;
namespace Proj7_4
{   abstract class A                          //抽象类声明
    {
        abstract public int fun();            //抽象方法声明
    }
    class B : A                               //从类派生类 B
    {   int x, y;
        public B(int x1, int y1)              //构造函数
        {    x = x1; y = y1;      }
        public override int fun()             //抽象方法实现
        {    return x * y;      }
    }
    class Program
    {    static void Main(string[ ] args)
```

```
        {   B b = new B(2, 3);
            Console.WriteLine("{0}", b.fun());
        }
    }
}
```

解：本程序中声明的类 A 为抽象类，包含一个抽象方法 fun，在类 A 的派生类 B 中提供了 fun 的实现。本程序的执行结果如下：

6

7.3.3 抽象属性

除了在声明和调用语法上不同外，抽象属性的行为与抽象方法类似，另外，抽象属性具有如下特性：

- 在静态属性上使用 abstract 修饰符是错误的。
- 在派生类中，通过包括使用 override 修饰符的属性声明，可以重写抽象的继承属性。
- 抽象属性声明不提供属性访问器的实现，它只声明该类支持属性，而将访问器实现留给其派生类。

【例 7.5】 分析以下程序的执行结果（对应 H：\C＃2005\ch7 文件夹中的 Proj7_5 项目）。

```
using System;
namespace Proj7_5
    {   abstract class A                        //抽象类声明
        {   protected int x = 2;
            protected int y = 3;
            public abstract void fun();         //抽象方法声明
            public abstract int px { get;set; } //抽象属性声明
            public abstract int py { get; }     //抽象属性声明
        }
        class B : A
        {   public override void fun()          //抽象方法实现
            {   x++; y++;      }
            public override int px              //抽象属性实现
            {   set
                {   x = value; }
                get
                {   return x + 10; }
            }
            public override int py              //抽象属性实现
            {   get
                {   return y + 10; }
            }
        }
        class Program
        {   static void Main(string[] args)
            {   B b = new B();
                b.px = 5;
```

C♯ 程序设计教程(第 2 版)

```
            b.fun();
            Console.WriteLine("x = {0}, y = {1}", b.px, b.py);
        }
    }
}
```

解：本程序中声明的类 A 为抽象类，包含一个抽象方法 fun、两个抽象属性 px 和 py，在类 A 的派生类 B 中提供了 fun、px 和 py 的实现。程序执行结果如下：

x = 16, y = 14

本例中，类 A 中的抽象属性 px 是可读可写的，而抽象属性 py 是只读的。

7.4 接口

接口只包含方法、委托或事件的签名，方法的实现是在实现接口的类中完成的。C♯ 中不允许多继承(一个类有多个基类)，但通过接口可以实现 C++ 中多继承的功能。

7.4.1 接口的特性

接口是类之间交互内容的一个抽象，把类之间需要交互的内容抽象出来定义成接口，可以更好的控制类之间的逻辑交互。接口具有以下特性：

- 接口类似于抽象基类。继承接口的任何非抽象类型都必须实现接口的所有成员。
- 不能直接实例化接口。
- 接口可以包含事件、索引器、方法和属性。
- 接口不包含方法的实现。
- 接口不能定义字段、构造函数、常量和委托。
- 类和结构可从多个接口继承。
- 接口自身可从多个接口继承。

接口和抽象类在定义上和功能上有很多相似的地方，但两者之间也存在差异。接口最适合为不相关的类提供通用功能，通常在设计小而简练的功能块时使用接口。归纳起来，接口和抽象类的异同如表 7.1 所示。

表 7.1 接口和抽象类的异同

比较	接 口	抽 象 类
不同点	interface 关键字	abstract 关键字
	子类可以实现多个接口	子类只能继承一个抽象类
	接口中直接给出方法头	使用 abstract 关键字声明方法头
	直接实现方法	使用 override 关键字实现方法
相同点	都不能实例化，都包含有未实现的方法，子类必须实现所有的未实现的方法	

7.4.2 接口的定义

1. 声明接口

一个接口声明属于一个类型说明，一般语法格式如下：

```
[接口修饰符] interface 接口名[:父接口列表]
{
    //接口成员定义体
}
```

其中,接口修饰符可以是 new、public、protected、internal 和 private。new 修饰符是在嵌套接口中唯一被允许存在的修饰符,表示用相同的名称隐藏一个继承的成员。

2. 接口的继承

接口可以从零个或多个接口中继承。当一个接口从多个接口中继承时,用":"后跟被继承的接口名称,这多个接口之间用","号分隔。被继承的接口应该是可以被访问的,即不能从 internal 或 internal 类型的接口继承。

对一个接口的继承也就继承了接口的所有成员。

例如,以下代码先声明了接口 Ia 和 Ib,另一个接口 Ic 是从它们派生出来的。

```
public interface Ia                      //接口 Ia 声明
{
    void mymethod1();
}
public interface Ib                      //接口 Ib 声明
{
    int mymethod2(int x);
}
public interface Ic : Ia, Ib             //接口 Ic 从 Ia 和 Ib 继承
{
}
```

这样,接口 Ic 中包含了从 Ia 和 Ib 中继承来的 mymethod1 和 mymethod2 方法。

7.4.3　接口的成员

接口可以声明零个或多个成员。一个接口的成员不止包括自身声明的成员,还包括从父接口继承的成员。所有接口成员默认都是公有的,接口成员声明中包含任何修饰符都是错误的。

1. 接口方法成员

声明接口的方法成员的语法格式如下:

```
返回类型 方法名([参数表]);
```

2. 接口属性成员

声明接口的属性成员的语法格式如下:

```
返回类型 属性名{get; 或 set;};
```

例如,以下代码声明一个接口 Ia,其中,接口属性 x 为只读的,y 为可读可写的,z 为只写的。

```
public interface Ia
{   int x { get;}
    int y { set;get;}
```

```
    int z { set;}
}
```

3. 接口索引器成员

声明接口的索引器成员的语法格式如下：

数据类型 this[索引参数表]{get; 或 set;};

例如,以下代码声明一个接口 Ia,其中包含一个接口索引器成员。

```
public interface Ia
{    string this[int index]
     {    get; set; }
}
```

4. 接口事件成员

声明接口的事件成员的语法格式如下：

event 代表名 事件名;

例如,以下代码声明一个接口 Ia,其中包含一个接口事件成员。

```
public delegate void mydelegate();              //声明委托类型
public interface Ia
{
     event mydelegate myevent;
}
```

7.4.4 接口的实现

接口的实现分为隐式实现和显式实现。如果类或者结构要实现的是单个接口,可以使用隐式实现,如果类或者结构继承了多个接口,那么接口中相同名称成员就要显式实现。显式实现是通过使用接口的完全限定名来实现接口成员的。

接口实现的语法格式如下：

```
class 类名: 接口名列表
{
     //类实体
}
```

说明:

- 当一个类实现一个接口时,这个类就必须实现整个接口,而不能选择实现接口的某一部分。
- 一个接口可以由多个类来实现,而在一个类中也可以实现一个或多个接口。
- 一个类可以继承一个基类,并同时实现一个或多个接口。

1. 隐式实现接口成员

如果类实现了某个接口,它必然隐式地继承了该接口成员,只不过增加了该接口成员的具体实现。若要隐式实现接口成员,类中的对应成员必须是公共的、非静态的,并且与接口成员具有相同的名称和签名。

【例 7.6】 分析以下程序的执行结果（对应 H:\C♯2005\ch7 文件夹中的 Proj7_6 项目）。

```
using System;
namespace Proj7_6
{   interface Ia                              //声明接口 Ia
    {
        float getarea();                      //接口成员声明
    }
    public class Rectangle : Ia               //类 A 继承接口 Ia
    {   float x,y;
        public Rectangle(float x1, float y1)  //构造函数
        {   x = x1; y = y1; }
        public float getarea()                //隐式接口成员实现,必须使用 public
        {   return x * y; }
    }
    class Program
    {   static void Main(string[] args)
        {   Rectangle box1 = new Rectangle(2.5f, 3.0f);   //定义一个类实例
            Console.WriteLine("长方形面积: {0}", box1.getarea());
        }
    }
}
```

解：本程序中类 Rectangle 中隐式实现接口 Ia 的成员 getarea()，其执行结果如下：

长方形面积:7.5

一个接口可以被多个类继承，在这些类中实现该接口的成员，这样接口就起到提供统一界面的作用。

【例 7.7】 分析以下程序的执行结果（对应 H:\C♯2005\ch7 文件夹中的 Proj7_7 项目）。

```
using System;
namespace Proj7_7
{   interface Ia                              //声明接口 Ia
    {
        int fun();                            //接口成员声明
    }
    class A : Ia                              //类 A 继承接口 Ia
    {   int x, y;
        public A(int a, int b)                //构造函数
        {   x = a; y = b; }
        public int fun()                      //隐式接口成员实现
        {   return x-y; }
    }
    class B : Ia                              //类 B 继承接口 Ia
    {   int x, y;
```

```
            public B(int a, int b)                      //构造函数
            {    x = a; y = b; }
            public int fun()                            //隐式接口成员实现
            {    return x + y; }
        }
        class Program
        {   static void Main(string[] args)
            {    A a = new A(5,2);
                Console.WriteLine("{0}", a.fun());
                B b = new B(5,2);
                Console.WriteLine("{0}", b.fun());
            }
        }
    }
```

解： 本程序中声明了一个接口 Ia，由两个类（A 和 B）继承了该接口。在主函数中分别调用同一接口的两个不同实现（分别进行减法和加法运算），程序执行结果如下：

3
7

2. 显式实现接口成员

当类实现接口时，如给出了接口成员的完整名称即带有接口名前缀，则称这样实现的成员为显式接口成员，其实现被称为显式接口实现。显式接口成员实现不能使用任何修饰符。

【例 7.8】 分析以下程序的执行结果（对应 H:\C#2005\ch7 文件夹中的 Proj7_8 项目）。

```
using System;
namespace Proj7_8
{   interface Ia                                    //声明接口 Ia
    {
        float getarea();                            //接口成员声明
    }
    public class Rectangle : Ia                     //类 Rectangle 继承接口 Ia
    {   float x,y;
        public Rectangle(float x1, float y1)        //构造函数
        {    x = x1; y = y1; }
        float Ia.getarea()                          //显式接口成员实现,带有接口名前缀,不能使用 public
        {    return x * y; }
    }
    class Program
    {   static void Main(string[] args)
        {    Rectangle box1 = new Rectangle(2.5f, 3.0f);     //定义一个类实例
            Ia ia = (Ia)box1;                       //定义一个接口实例
            Console.WriteLine("长方形面积: {0}", ia.getarea());
        }
    }
}
```

解： 本程序中类 Rectangle 中显式实现接口 Ia 的成员 getarea()。当接口成员由类显式

实现时,只能通过使用对接口的引用来访问该成员。在本例主函数中,通过 ia. getarea()调用接口成员,本程序执行结果如下:

> 长方形面积:7.5

如果改为通过 box1. getarea()调用接口成员,则产生"Rectangle 并不包含 getarea 的定义"的编译错误,这是因为显式实现时导致隐藏接口成员。所以如果没有充分理由,应避免显式实现接口成员。如果成员只应通过接口调用,则考虑显式实现接口成员。

7.4.5　接口映射

接口通过类实现,对于接口中声明的每一个成员都应该对应类的一个成员,这种对应关系是由接口映射来实现的。

类的成员 A 及其所映射的接口成员 B 之间必须满足以下条件:
- 如果 A 和 B 都是成员方法,那么 A 和 B 的名称、返回类型、形参个数和每个形参的类型都应该是一致的。
- 如果 A 和 B 都是成员属性,那么 A 和 B 的名称和类型都应该是一致的。
- 如果 A 和 B 都是事件,那么 A 和 B 的名称和类型都应该是一致的。
- 如果 A 和 B 都是索引器,那么 A 和 B 的名称、形参个数和每个形参的类型都应该是一致的。

一个接口成员确定哪一个类的成员实现呢? 即一个接口成员映射哪一个类的成员。假设类 C 实现了接口 Ia 的一个接口 fun,此时 fun 的映射过程如下:

(1) 如果类 C 中存在一个显式接口成员实现,它与 Ia 的接口成员的 fun 相应,则由它来实现 fun 成员。

(2) 如果类 C 中找不到匹配的显式接口成员实现,则看类 C 中是否存在一个与 fun 相匹配的非静态的公有成员,若有,则被认为是 Ia 的接口成员的 fun 的实现。

(3) 如果以上都不满足,则在类 C 的基类中寻找一个基类 D,用 D 来代替 C 进行重复寻找,直到找到一个满足条件的类成员实现。如果都没找到,则报告一个错误。

【例 7.9】　分析以下程序的执行结果(对应 H:\C♯2005\ch7 文件夹中的 Proj7_9 项目)。

```
using System;
namespace Proj7_9
{   interface Ia                        //接口 Ia 声明
    {   double fun1();                  //接口成员声明
        int fun2();                     //接口成员声明
    }
    class A                             //声明基类 A
    {   public int fun2()               //隐式实现接口成员 fun2
        {   return 2; }
    }
    class B : A, Ia                     //类 B 从基类 A 和接口继承
    {   double x;
        public B(double y)              //构造函数
        {   x = y; }
```

```
        public double fun1()                        //隐式实现接口成员 fun1
        {    return x; }
    }
    class Program
    {   static void Main(string[] args)
        {   B b = new B(2.5);
            Console.WriteLine("{0}", b.fun1());
            Console.WriteLine("{0}", b.fun2());
        }
    }
}
```

解：按照接口映射规则，Ia 接口中的 fun1 接口成员对应类 B 中的 fun1 成员实现(实际上为隐式实现)，Ia 接口中的 fun2 接口成员对应类 A 中的 fun2 成员实现(也为隐式实现)。本程序的执行结果如下：

```
2.5
2
```

7.4.6 接口实现的继承

因为接口中的所有成员都是公有的，所以一个类可以从它的基类继承所有的接口实现。除非在派生类中重新实现一个接口，否则派生类无法改变从基类中继承而来的接口映射。

【例 7.10】 分析以下程序的执行结果(对应 H:\C#2005\ch7 文件夹中的 Proj7_10 项目)。

```
using System;
namespace Proj7_10
{   interface Ia                                //接口 Ia 声明
    {
        int fun();                              //接口成员声明
    }
    class A : Ia                                //实现接口 Ia
    {   public int fun()                        //接口成员实现
        {    return 1; }
    }
    class B : A                                 //从类 A 派生类 B
    {   new public int fun()                    //隐藏基类 A 中的 fun 方法
        {    return 2; }
    }
    class Program
    {   static void Main(string[] args)
        {   A a = new A();
            Console.WriteLine("{0}", a.fun());      //调用 A.fun()
            B b = new B();
            Console.WriteLine("{0}", b.fun());      //调用 B.fun()
            Ia ia = a;
            Console.WriteLine("{0}", ia.fun());     //调用 A.fun()
            Ia ib = b;
            Console.WriteLine("{0}", ib.fun());     //调用 A.fun()
```

```
        }
    }
}
```

解：本例中派生类 B 中的 fun 方法隐藏了基类 A 中的 fun()方法,但并不改变 A. fun()
与 Ia. fun()之间的接口映射。即使接口 Ia 的实例的值为 B 类的对象实例 b,通过 ib. fun()
调用的仍是 A. fun()。程序执行结果如下:

```
1
2
1
1
```

注意：本例中类 B 中 fun()接口成员覆盖了继承而来的成员,若不使用 new 关键字,编
译时会出现"B. fun()隐藏了继承的成员 A. fun(),如果是有意隐藏,请使用关键字 new"的
警告信息,此时程序仍能执行,结果与前相同。

当接口方法被映射到类中的虚方法时,派生类就可以通过覆盖基类虚方法来改变接口
的实现,例如,将上面的程序改为:

```
using System;
namespace Proj7_10
{   interface Ia                          //接口 Ia 声明
    {
        int fun();                        //接口成员声明
    }
    class A : Ia                          //实现接口 Ia
    {   public virtual int fun()          //接口成员实现
        {    return 1; }
    }
    class B : A                           //从类 A 派生类 B
    {   public override int fun()         //覆盖基类 A 中的 fun 方法
        {    return 2; }
    }
    class Program
    {   static void Main(string[ ] args)
        {   A a = new A();
            Console.WriteLine("{0} ", a.fun());      //调用 A. fun()
            B b = new B();
            Console.WriteLine("{0} ", b.fun());      //调用 B. fun()
            Ia ia = a;
            Console.WriteLine("{0} ", ia.fun());     //调用 A. fun()
            Ia ib = b;
            Console.WriteLine("{0} ", ib.fun());     //调用 B. fun()
        }
    }
}
```

这样,ib. fun()调用的是 B. fun()方法,程序执行结果如下:

```
1
```

2
1
2

由于显式接口成员实现不能被声明为虚成员,因此不能通过上述方式改变它的接口映射。但可以在显式接口成员实现中调用类的一个虚方法,然后在派生类中覆盖这个虚方法,因为调用的方法发生了改变,所以可达到同样的效果。例如,对于例 7.10 的程序,可以采用显式接口成员实现如下:

```
using System;
namespace Proj7_10
{   interface Ia                               //接口 Ia 声明
    {
        int fun();                             //接口成员声明
    }
    class A : Ia                               //实现接口 Ia
    {   public virtual int fun1()              //虚方法 fun1
        {   return 1; }
        int Ia.fun()                           //接口成员实现
        {   return fun1(); }
    }
    class B : A                                //从类 A 派生类 B
    {   public override int fun1()             //覆盖基类 A 中的 fun1 方法
        {   return 2; }
    }
    class Program
    {   static void Main(string[] args)
        {   A a = new A();
            B b = new B();
            Ia ia = a;
            Console.WriteLine("{0} ", ia.fun());    //调用 A.fun()
            Ia ib = b;
            Console.WriteLine("{0} ", ib.fun());    //调用 A.fun()
        }
    }
}
```

其中,ib.fun()调用的仍是 A.fun()方法,但执行不是 A.fun1()而是 B.fun1()。程序执行结果如下:

1
2

7.4.7　重新实现接口

所谓接口的重新实现,是指某个类可以通过它的基类中包含已被基类实现的接口再一次的实现该接口。

当重新实现接口时,不管派生类建立的接口映射如何,它从基类继承的接口映射都不会受到影响。

例如,对于以下代码:

```
interface Ia
{    void fun(); }
class A: Ia
{
    void Ia.fun() { … }
}
class B: A, Ia
{
    public void fun() { … }
}
```

其中类 A 把 Ia.fun()映射到了 A.Ia.fun()上,但这并不影响在类 B 中的重实现。在类 B 中的重实现中,Ia.fun()被映射到 B.fun()之上。

在接口的重实现时,继承而来的公有成员定义和继承而来的显式接口成员的定义都参与到了接口映射的过程。

【例 7.11】　分析以下程序的执行结果(对应 H:\C♯2005\ch7 文件夹中的 Proj7_11 项目)。

```
using System;
namespace Proj7_11
{   interface Ia                                    //接口声明
    {   int fun1();                                 //接口成员声明
        int fun2();                                 //接口成员声明
        int fun3();                                 //接口成员声明
    }
    class A : Ia                                     //类 A 从接口 Ia 继承
    {   int Ia.fun1()                               //显式接口实现
        {   return 1; }
        int Ia.fun2()                               //显式接口实现
        {   return 2; }
        int Ia.fun3()                               //显式接口实现
        {   return 3; }
    }
    class B : A, Ia                                  //类 B 从类 A 和接口 Ia 继承
    {   public int fun1()                           //隐式接口实现
        {   return 4; }
        int Ia.fun2()                               //显式接口实现
        {   return 5; }
    }
    class Program
    {   static void Main(string[ ] args)
        {   A a = new A();
            B b = new B();
            Ia ia = a;
            Console.WriteLine("{0} ", ia.fun1());    //调用 A.fun1()
            Console.WriteLine("{0} ", ia.fun2());    //调用 A.fun2()
            Console.WriteLine("{0} ", ia.fun3());    //调用 A.fun3()
            Ia ib = b;
```

```
                Console.WriteLine("{0} ", ib.fun1());         //调用 B.fun1()
                Console.WriteLine("{0} ", ib.fun2());         //调用 B.fun2()
                Console.WriteLine("{0} ", ib.fun3());         //调用 A.fun3()
            }
        }
    }
```

解：本程序中，接口 Ia 在 B 中的实现把接口方法映射到了 B.fun1()、Ia.B.fun2 和 Ia.A.fun3()。也就是说，类在实现一个接口时，同时隐式地实现了该接口的所有父接口。同样，类在重实现一个接口的同时，隐式地重实现了该接口的所有父接口。本程序的执行结果如下：

```
1
2
3
4
5
3
```

7.5   接口在集合排序中的应用

第 5 章介绍了一些集合类，并给出了一些排序的简单示例，本节结合接口并以 ArrayList 类为例介绍灵活地使用集合类实现排序的方法。

7.5.1   ArrayList 类的排序方法

ArrayList 类对象不仅可以存放数值和字符串，还可以存放其他类的对象和结构变量。其提供的排序方法如下：
- ArrayList.Sort()：使用每个元素的 IComparable 接口实现对整个 ArrayList 中的元素进行排序。
- ArrayList.Sort(IComparer)：使用指定的比较器对整个 ArrayList 中的元素进行排序。
- ArrayList.Sort(Int32, Int32, IComparer)：使用指定的比较器对 ArrayList 中某个范围内的元素进行排序。

其中涉及 IComparable 和 IComparer 两个系统接口，下面分别进行介绍。

7.5.2   IComparable 接口

IComparable 接口定义通用的比较方法，由值类型或类实现以创建类型特定的比较方法。其公共成员有 CompareTo，它用于比较当前实例与同一类型的另一对象。其使用语法格式如下：

```
int CompareTo(Object obj)
```

其中，obj 表示与此实例进行比较的对象。其返回值是一个 32 位有符号整数，指示要比较的对象的相对顺序。返回值的含义如下：

- 小于 0：此实例小于 obj。
- 0：此实例等于 obj。
- 大于 0：此实例大于 obj。

IComparable 接口的 CompareTo()方法提供默认排序次序，如果需要改变其排序方式，可以在相关类中实现 CompareTo()方法，以订制其比较功能。下面通过一个示例进行说明。

【例 7.12】　分析以下程序的执行结果（对应 H:\C♯2005\ch7 文件夹中的 Proj7_12 项目）。

```csharp
using System;
using System.Collections;                       //新增引用
namespace Proj7_12
{   class Program
    {   class Stud : IComparable                 //从接口派生
        {   int xh;                              //学号
            string xm;                           //姓名
            int fs;                              //分数
            public int pxh                       //pxh 属性
            {
                get { return xh; }
            }
            public string pxm                    //pxm 属性
            {
                get { return xm; }
            }
            public int pfs                       //pfs 属性
            {
                get { return fs; }
            }
            public Stud(int no, string name, int degree)
            {   xh = no; xm = name; fs = degree; }
            public void disp()                   //输出学生信息
            {   Console.WriteLine("\t{0}\t{1}\t{2}", xh, xm, fs); }
            public int CompareTo(object obj)      //实现接口方法
            {   Stud s = (Stud)obj;              //转换为 Stud 实例
                if (pfs < s.pfs) return 1;
                else if (pfs == s.pfs) return 0;
                else return -1;
            }
        }
        static void disparr(ArrayList myarr, string str)   //输出所有学生信息
        {   Console.WriteLine(str);
            Console.WriteLine("\t 学号\t 姓名\t 分数");
            foreach (Stud s in myarr)
                s.disp();
        }
        static void Main(string[] args)
        {   int i, n = 4;
            ArrayList myarr = new ArrayList();
```

```
Stud[ ] st = new Stud[4] { new Stud(1, "Smith", 82), new Stud(4, "John", 88),
    new Stud(3, "Mary", 95), new Stud(2, "Cherr", 64) };
for (i = 0; i < n; i++)                        //将对象添加到 myarr 集合中
    myarr.Add(st[i]);
disparr(myarr, "排序前:");
myarr.Sort();
disparr(myarr, "按分数降序排序后:");
        }
    }
}
```

上述程序中声明了一个学生类 Stud,包含学号、姓名和分数字段,并设计了对应的属性和相关方法。由于要对若干学生按照分数降序排序,需要改变默认的排序方式,所以 Stud 类从 IComparable 接口派生并实现 CompareTo()方法。

在主函数中定义了一个集合对象 myarr,将 st 对象数组中所有对象添加到 myarr 中。调用 ArrayList 类的 Sort()方法,在排序比较时自动使用 Stud 类中实现的 CompareTo()方法。

本程序的执行结果如图 7.5 所示。

图 7.5 例 7.12 程序执行结果

7.5.3 IComparer 接口

IComparer 接口定义两个对象的通用比较方法,其公共成员有 Compare()方法。Compare()方法比较两个对象并返回一个值,指示一个对象是小于、等于还是大于另一个对象。其使用语法格式如下:

```
int Compare(Object x, Object y)
```

其中,x 表示要比较的第一个对象。y 表示要比较的第二个对象。其返回值是一个 32 位有符号整数,指示要比较的对象的相对顺序。返回值的含义如下:

- 小于 0:x 小于 y。
- 0:x 等于 y。
- 大于 0:x 大于 y。

通常声明一个类(从 IComparer 接口派生),其中实现 Compare()方法,以订制其比较功能,然后再调用排序方法以该类的对象作为参数,这样在排序时会自动使用该订制的 Compare 方法。下面通过一个示例进行说明。

【例 7.13】 分析以下程序的执行结果(对应 H:\C#2005\ch7 文件夹中的 Proj7_13 项目)。

```
using System;
using System.Collections;                        //新增引用
namespace Proj7_13
{   class Program
    {   class Stud                                //声明 Stud 类
        {   int xh;                               //学号字段
```

```
        string xm;                                  //姓名字段
        int fs;                                     //分数字段
        public int pxh                              //pxh 属性
        {
            get { return xh; }
        }
        public string pxm                           //pxm 属性
        {
            get { return xm; }
        }
        public int pfs                              //pfs 属性
        {
            get { return fs; }
        }
        public Stud(int no, string name, int degree)  //构造函数
        {    xh = no; xm = name; fs = degree; }
        public void disp()                          //输出学生信息
        {    Console.WriteLine("\t{0}\t{1}\t{2}", xh, xm, fs); }
}
public class myCompareClassxh : IComparer          //从接口派生 myCompareClassxh 类
{    int IComparer.Compare(object x, object y)      //实现 Compare()方法
     {    Stud a = (Stud)x;                          //将 x 对象转换成 Stud 类对象 a
          Stud b = (Stud)y;                          //将 y 对象转换成 Stud 类对象 b
          if (a.pxh > b.pxh) return 1;
          else if (a.pxh == b.pxh) return 0;
          else return -1;
     }
}
public class myCompareClassxm : IComparer          //从接口派生 myCompareClassxm 类
{    int IComparer.Compare(object x, object y)      //实现 Compare()方法
     {    Stud a = (Stud)x;                          //将 x 对象转换成 Stud 类对象 a
          Stud b = (Stud)y;                          //将 y 对象转换成 Stud 类对象 b
          return String.Compare(a.pxm, b.pxm);
     }
}
public class myCompareClassfs : IComparer          //从接口派生 myCompareClassfs 类
{    int IComparer.Compare(object x, object y)      //实现 Compare()方法
     {    Stud a = (Stud)x;                          //将 x 对象转换成 Stud 类对象 a
          Stud b = (Stud)y;                          //将 y 对象转换成 Stud 类对象 b
          if (a.pfs < b.pfs) return 1;
          else if (a.pfs == b.pfs) return 0;
          else return -1;
     }
}
static void disparr(ArrayList myarr, string str)   //Program 类的静态方法
{    Console.WriteLine(str);
     Console.WriteLine("\t 学号\t 姓名\t 分数");
     foreach (Stud s in myarr)
          s.disp();
}
static void Main(string[] args)                    //Program 的主函数
{    int i, n = 4;
     IComparer myComparerxh = new myCompareClassxh();
     IComparer myComparerxm = new myCompareClassxm();
```

C# 程序设计教程(第 2 版)

```
            IComparer myComparerfs = new myCompareClassfs();
            ArrayList myarr = new ArrayList();
            Stud[] st = new Stud[4] { new Stud(1, "Smith", 82),new Stud(4, "John", 88),
                    new Stud(3, "Mary", 95),new Stud(2, "Cherr", 64) };
            for (i = 0; i < n; i++)                    //将 st 的各元素添加到 myarr 集合中
                myarr.Add(st[i]);
            disparr(myarr, "排序前:");
            myarr.Sort(myComparerxh);                      //按学号排序
            disparr(myarr, "按学号升序排序后:");
            myarr.Sort(myComparerxm);                      //按姓名排序
            disparr(myarr, "按姓名词典次序排序后:");
            myarr.Sort(myComparerfs);                      //按分数排序
            disparr(myarr, "按分数降序排序后:");
        }
    }
}
```

上述程序从 IComparer 接口派生出 3 个类 myCompareClassxh、myCompareClassxm 和 myCompareClassfs,它们都实现了 Compare()方法。在主函数中以它们的对象作为排序对象,从而达到不同的排序效果。

本程序的执行结果如图 7.6 所示。

【例 7.14】 编写一个程序,在一个集合中输入若干学生成绩数据(含学号、姓名、课程名和分数),按课程名递增、相同课程者按分数递减排序,并输出排序前和排序后的结果。

解:设计一个学生类 Stud 和存放学生对象的集合 myarr,为了实现排序,需要从接口 IComparer 派生 myCompareClass 类,并实现 Compare()方法,对应的程序如下:

图 7.6 例 7.13 程序执行结果

```
using System;
using System.Collections;                               //新增引用
namespace Proj7_14
{
    class Stud                                          //声明 Stud 类
    {   int xh;                                         //学号字段
        string xm;                                      //姓名字段
        string kcm;                                     //课程名字段
        int fs;                                         //分数字段
        public string pkcm                              //pkcm 属性
        {
            get { return kcm; }
        }
        public int pfs                                  //pfs 属性
        {
            get { return fs; }
        }
        public Stud(int no, string name, string course, int degree)   //构造函数
        { xh = no; xm = name; kcm = course; fs = degree; }
```

```
    public void disp()                              //输出成绩信息
    {   Console.WriteLine("\t{0}\t{1}\t{2}\t{3}", kcm, fs, xh, xm); }
}
public class myCompareClass : IComparer          //从接口派生 myCompareClass 类
{   int IComparer.Compare(object x, object y)     //实现 Compare 方法
    {   Stud a = (Stud)x;                          //将 x 对象转换成 Stud 类对象 a
        Stud b = (Stud)y;                          //将 y 对象转换成 Stud 类对象 b
        if (String.Compare(a.pkcm, b.pkcm, true) > 0
            || String.Compare(a.pkcm, b.pkcm, true) == 0 && a.pfs <= b.pfs) return 1;
        else if (String.Compare(a.pkcm, b.pkcm, true) == 0 && a.pfs == b.pfs) return 0;
        else return -1;
    }
}
class Program
{   static void Main(string[] args)               //Program 的主函数
    {   int i, n = 6;
        Comparer myComparer = new myCompareClass();
        ArrayList myarr = new ArrayList();
        Stud[] st = new Stud[6] { new Stud(1, "Smith", "高级语言",82),
            new Stud(1,"Smith","数据结构",75), new Stud(4,"John","高级语言",82),
            new Stud(4,"John","数据结构",88), new Stud(3,"Mary","高级语言",93),
            new Stud(3,"Mary","数据结构",95) };
        for (i = 0; i < n; i++)                    //将 st 各元素添加到 myarr 集合
            myarr.Add(st[i]);
        Console.WriteLine("排序前:");
        Console.WriteLine("\t 课程名\t\t 分数\t 学号\t 姓名");
        foreach (Stud s in myarr)
            s.disp();
        myarr.Sort(myComparer);                   //排序
        Console.WriteLine("排序后:");
        Console.WriteLine("\t 课程名\t\t 分数\t 学号\t 姓名");
        foreach (Stud s in myarr)
            s.disp();
    }
}
}
```

本程序的执行结果如图 7.7 所示。

图 7.7　例 7.14 程序执行结果

练习题 7

1. 单项选择题

(1) 在 C＃中,一个类_____。

A. 可以继承多个类 　　　　　　 B. 可以实现多个接口

C. 在一个程序中只能有一个子类 　 D. 只能实现一个接口

(2) 以下关于继承机制的叙述中正确的是_____。

A. 在 C＃中任何类都可以被继承

B. 一个子类可以继承多个父类

C. object 类是所有类的基类

D. 继承有传递性,如 A 类继承 B 类,B 类又继承 C 类,那么 A 类也继承 C 类的成员

(3) _____关键字用于在 C＃中从派生类中访问基类的成员。

A. new 　　　　 B. super 　　　　 C. this 　　　　 D. base

(4) 在定义类时,如果希望类的某个方法能够在派生类中进一步进行改进,以处理不同的派生类的需要,则应将该方法声明成_____。

A. sealed 方法 　 B. public 方法 　 C. virtual 方法 　 D. override 方法

(5) 在 C＃语法中,在派生类中对基类的虚函数进行重写,要求在派生类的声明中使用_____。

A. override 　　 B. new 　　　　 C. static 　　　　 D. virtual

(6) 有以下程序:

```
using System;
namespace aaa
{
    class A
    {   public A()
        {   Console.Write("A "); }
    }
    class B : A
    {   public B()
        {   Console.WriteLine("B"); }
    }
    class Program
    {   public static void Main()
        {   B b = new B(); }
    }
}
```

上述代码运行后,将在控制台窗口输出_____。

A. A 　　　　　　 B. B 　　　　　　 C. A B 　　　　　 D. B A

(7) 以下关于抽象类的叙述中错误的是_____。

A. 抽象类可以包含非抽象方法

B. 含有抽象类方法的类一定是抽象类

C. 抽象类不能被实例化

D. 抽象类可以是密封类

(8) 在 C♯中接口与抽象基类的区别在于＿＿＿＿。

A. 抽象类可以包含非抽象方法,而接口不包含任何方法的实现

B. 抽象类可以被实例化,而接口不能被实例化

C. 抽象类不能被实例化,而接口可以被实例化

D. 抽象类中能够被继承,而接口不能被继承

(9) 以下关于抽象类和接口的叙述中正确的是＿＿＿＿。

A. 在抽象类中,所有的方法都是抽象方法

B. 继承自抽象类的子类必须实现其父类(抽象类)中的所有抽象方法

C. 在接口中,可以有方法实现,在抽象类中不能有方法实现

D. 一个类可以从多个接口继承,也可以从多个抽象类继承

(10) 以下类 MyClass 的定义中＿＿＿＿是合法的抽象类。

A. abstract class MyClass { public abstract int getCount(); }

B. abstract class MyClass { abstract int getCount(); }

C. private abstract class MyClass { abstract int getCount(); }

D. sealed abstract class MyClass { abstract int getCount(); }

(11) 多态是指两个或多个属于不同对象,对于同一个消息作出不同响应的方式。C♯中的多态不能通过＿＿＿＿实现。

A. 接口　　　　　B. 抽象类　　　　　C. 虚方法　　　　　D. 密封类

(12) 分析下列程序中类 MyClass 的定义

```
class BaseClass
{
    public int i;
}
class MyClass:BaseClass
{
    public new int i;
}
```

则下列语句在 Console 上的输出为＿＿＿＿。

```
MyClass y = new MyClass();
BaseClass x = y;
x.i = 100;
Console.WriteLine("{0}, {1}",x.i,y.i);
```

A. 0,0　　　　　B. 100,100　　　　　C. 0,100　　　　　D. 100,0

(13) 接口和类的区别中正确的是＿＿＿＿。

A. 类可以继承而接口不可以

B. 类不可以继承而接口可以

C. 类可以多继承而接口不可以

D. 类不可以多继承而接口可以

（14）接口 Animal 声明如下：

```
public interface Animal
{
    void Move();
}
```

则下列抽象类的定义中，_____是合法的。

A. abstract class Cat：Animal
　　{　abstract public void Move(); }

B. abstract class Cat：Animal
　　{　virtual public void Move(){Console. Write(Console. Write("Move!");)} }

C. abstract class Cat：Animal
　　{　public void Move(){Console. Write(Console. Write("Move!");)}; }

D. abstract class Cat：Animal
　　{　public void Eat(){Console. Write(Console. Write("Eat!");)}; }

（15）已知接口 IHello 和类 Base、Derived 的声明如下：

```
interface IHello
{
    void Hello();
}
class Base : IHello
{
    public void Hello()
    { System.Console.WriteLine("Hello in Base!"); }
}
class Derived : Base
{   public void Hello()
    { System.Console.WriteLine("Hello in Derived!"); }
}
```

则下列语句在控制台中的输出结果为_____。

```
IHello x = new Derived();
x.Hello();
```

A. Hello in Base!　　　　　　　　　　B. Hello in Derived!

C. Hello in Base!Hello in Derived!　　D. Hello in Derived!Hello in Base!

（16）在 C# 程序中定义如下 IPlay 接口，实现此接口的代码正确的是_____。

```
interface IPlay
{   void Play();
    void Show();
}
```

A. class Teacher ：IPlay
　　{　void Play() { //省略部分代码 }
　　　void Show() { //省略部分代码 }

```
        }
```

B. class Teacher：IPlay

    { public string Play() { //省略部分代码 }

      public void Show() { //省略部分代码 }

    }

C. class Teacher：IPlay

    { public void Play() { //省略部分代码 }

      public void Show() { //省略部分代码 }

    }

D. class Teacher：IPlay

    { public void Play()；

      public void Show() { //省略部分代码 }

    }

（17）以下程序的输出结果是_____。

```
using System;
namespace aaa
{
    public class Vehicle
    {   private int speed = 10;
        public int Speed
        {   get { return speed; }
            set
            {   speed = value;
                Console.WriteLine("禁止驶入");
            }
        }
    }
    public class NewVehicle : Vehicle
    {   public NewVehicle()
        {   if (this.Speed >= 20)
                Console.Write("机动车!");
            else
                Console.Write("非机动车!");
        }
    }
    public class Program
    {   public static void Main()
        {   NewVehicle tong = new NewVehicle();
            tong.Speed = 30;
        }
    }
}
```

A. 禁止驶入非机动车!　　　　　　　B. 非机动车!禁止驶入

C. 禁止驶入机动车!　　　　　　　　D. 机动车禁止驶入!

（18）以下程序的输出结果是_____。

```
using System;
namespace aaa
{
    public class Person
    {   private int age = 0;
        public int Age
        {   get { return age; }
            set
            {   if (value >= 18)
                    Console.WriteLine("成年人");
                else
                    Console.WriteLine("非成年人");
                age = value;
            }
        }
    }
    public class People:Person
    {   public People()
        {   Console.Write("不得入内"); }
    }
    public class Program
    {   public static void Main()
        {   People Shang = new People();
            Shang.Age = 25;
        }
    }
}
```

A. 非成年人不得入内   B. 成年人不得入内

C. 不得入内非成年人   D. 不得入内成年人

2. 问答题

(1) 简述 C# 中类继承的特点。

(2) 简述 C# 类继承时调用构造函数和析构函数的执行次序。

(3) 简述 C# 中方法重写和重载的区别。

(4) 简述 C# 中抽象类的特点。

(5) 简述 C# 中接口的特点。

(6) 简述 C# 中虚方法有什么作用。

3. 编程题

(1) 设计一个控制台应用程序项目 Proj7_15,设计一个普通职工类 Employee,其工资为基本工资(1000 元)加上工龄工资(每年增加 30 元)。从 Employee 类派生出一个本科生类 UEmployee,其工资为普通职工算法的 1.5 倍。并用相关数据进行测试。

(2) 设计一个控制台应用程序项目 Proj7_16,在习题 7 的基础上,另从 Employee 类派生出一个研究生职工类,其工资为普通职工的 1.5 倍。要求计算工资采用虚方法实现,并用相关数据进行测试。

(3) 设计一个控制台应用程序项目 Proj7_17,实现学生和教师数据输入和显示功能。学生类 Student 有编号、姓名、班号和成绩等字段,教师类有编号、姓名、职称和部门等字段。

要求将编号、姓名输入和显示设计成一个类 Person,并作为 Student 和 Teacher 的基类。需用相关数据进行测试。

（4）设计一个控制台应用程序项目 Proj7_18,输入若干个学生的英语和数学成绩,求出总分,并按总分从高到低排序,最出输出排序后的结果。要求比较采用继承 IComparable 接口的方式实现。

4. 上机实验题

编写一个控制台应用程序项目 Proj7_19,假设图书馆的图书类 Book 包含书名、编号和作者属性,读者类 Reader 包含姓名和借书证属性,每位读者最多可借 5 本书,设计它们的公共基类 BClass。要求列出所有读者的借书情况,类似图 7.8 所示。

图 7.8　上机实验题程序执行结果

CHAPTER 8

第 8 章 Windows 窗体应用程序设计

图形化界面是 Windows 应用程序的一大特色。C♯中的窗体是设计图形界面的基础,而窗体是由一些控件组成的,合理并恰当地使用各种不同的控件,以及熟练掌握各个控件的属性设置和方法调用,是采用 C♯语言设计界面友好应用程序的基础。

本章学习要点:

- 掌握 C♯窗体和多文档窗体的属性及设计方法。
- 掌握 C♯中各种内部控件的特点。
- 掌握 C♯中各种内部控件的属性、方法和事件过程。
- 掌握 C♯中窗体事件处理机制。
- 掌握 C♯中使用各种内部控件设计界面美观的窗体的方法。

8.1 窗体设计

窗体(Form)是一个窗口或对话框,是存放各种控件(包括标签、文本框、命令按钮等)的容器,可以用来向用户显示信息。在 C♯中可以灵活地使用窗体,既可以同时显示所有窗体,也可以按需要显示或隐藏某些窗体。

8.1.1 创建 Windows 窗体应用程序的过程

采用第 2 章中例 2.2 的步骤创建一个"Windows 应用程序"类型的应用程序项目。在一个 Windows 应用程序项目中可以包含多个窗体。

添加一个窗体的操作步骤是:选择"项目"|"添加 Windows 窗体"菜单命令,在出现的如图 8.1 所示的"添加新项"对话框中,选中"Windows 窗体",输入相应的名称(这里为 Form2.cs),单击"添加"按钮。

首先创建的窗体是一个空的,由以下 4 部分组成:

- 标题栏:显示该窗体的标题,标题的内容由窗体的 Text 属性指定。
- 控制按钮:提供窗体最大化、最小化以及关闭窗体的按钮。

- 边界：用于限制窗体的大小和边界样式，可以通过窗体的 FormBorderStyle 属性指定。
- 窗口区：窗体的主要部分，可以放置其他对象。

图 8.1　"添加新项"对话框

8.1.2　窗体类型

在 C♯ 中，窗体分为如下两种类型：

（1）普通窗体，也称为单文档（SDI 窗体），前面所有创建的窗体均为普通窗体。普通窗体又分为如下两种：

- 模式窗体。这类窗体在屏幕上显示后用户必须响应，只有在它关闭后才能操作其他窗体或程序。
- 无模式窗体。这类窗体在屏幕上显示后用户可以不必响应，可以随意切换到其他窗体或程序进行操作。通常情况下，当建立新的窗体时，都默认设置为无模式窗体。

（2）MDI 父窗体，即多文档窗体，其中可以放置普通子窗体，其创建过程在本章后面介绍。

8.1.3　窗体的常用属性

窗体属性很多，下面按照分类顺序对常用的窗体属性进行说明。

1. 布局属性

有关窗体常用的布局属性及说明如表 8.1 所示。

表 8.1　常用的布局属性及其说明

布局属性	说　　明
Location	用于获取或设置窗体的左上角在桌面上的坐标，有 X 和 Y 两个值，表示窗体左上角的坐标，默认值为坐标原点（0,0）
Size	获取或设置窗体的大小，有 Height 和 Width 两个值，表示窗体的高度和宽度

续表

布局属性	说　　明
StartPosition	获取或设置执行时窗体的起始位置,其取值为如下之一: (1) Manual:窗体的位置由 Location 属性确定。 (2) CenterScreen:窗体在当前显示窗口中居中,其尺寸在窗体大小中指定。 (3) WindowsDefaultLocation:窗体定位在 Windows 默认位置,其尺寸在窗体大小中指定(默认值)。 (4) WindowsDefaultBounds 窗体定位在 Windows 默认位置,其边界也由 Windows 默认决定。 (5) CenterParent:窗体在其父窗体中居中
WindowState	获取或设置窗体的窗口状态,其取值为如下之一: (1) Normal:默认大小的窗口(默认值)。 (2) Minimized:最小化的窗口。 (3) Maximized:最大化的窗口

2. 样式属性

有关窗体的常用窗体样式属性如表 8.2 所示。

表 8.2　常用的窗体样式属性及其说明

样式属性	说　　明
ControlBox	获取或设置一个值,该值指示在该窗体的标题栏中是否显示控件框
Helpbutton	获取或设置一个值,该值指示是否在窗体的标题框中显示"帮助"按钮
Icon	获取或设置窗体标题栏中的图标
MaximizeBox	获取或设置一个值,该值指示是否在窗体的标题栏中显示"最大化"按钮
MinimizeBox	获取或设置一个值,该值指示是否在窗体的标题栏中显示"最小化"按钮
Showlcon	获取或设置一个值,该值指示是否在窗体的标题栏中显示图标
ShowInTaskbar	获取或设置一个值,该值指示是否在 Windows 任务栏中显示窗体
TopMost	获取或设置一个值,指示该窗体是否应显示为最顶层窗体

图 8.2 为窗体设置 Icon 属性为 refbar.ico 的结果。

Icon属性

图 8.2　设置 Icon 属性为 refbar.ico 的结果

3. 外观样式属性

有关窗体的常用外观样式属性如表 8.3 所示,有关 Font 的常用属性如表 8.4 所示。

表 8.3　常用的外观样式属性及其说明

外观样式属性	说　　明
BackColor	获取或设置窗体的背景色
BackgroundImage	获取或设置在窗体中显示的背景图像
Cursor	获取或设置当鼠标指针位于控件上时显示的光标
Font	获取或设置窗体显示的文字的字体
ForeColor	获取或设置窗体的前景色
FormBorderStyle	获取或设置窗体的边框样式,其取值为如下之一: (1) None:无边框。 (2) FixedSingle:固定的单行边框。 (3) Fixed3D:固定的三维边框。 (4) FixedDialog:固定的对话框样式的粗边框。 (5) Sizable:可调整大小的边框(默认值)。 (6) FixedToolWindow:不可调整大小的工具窗口边框。 (7) SizableToolWindow:可调整大小的工具窗口边框
Text	在窗体顶部的标题栏中显示标题

表 8.4　Font 的常用属性及其说明

Font 的属性	说　　明
Name	获取此 Font 的字体名称
Size	获取此 Font 的全身大小,单位采用 Unit 属性指定的单位
Unit	获取此 Font 的度量单位
Bold	获取一个值,该值指示此 Font 是否为粗体
Italic	获取一个值,该值指示此 Font 是否为斜体
Strikeout	获取一个值,该值指示此 Font 是否指定贯穿字体的横线
Underline	获取一个值,该值指示此 Font 是否有下划线

例如,为了设置窗体的 BackgroundImage 属性,在"属性"窗口中单击 Cursor 属性右侧的 ⋯ 按钮,出现"选择资源"对话框,选择"导入"命令,在出现的"打开"对话框中选择一个图像文件(如 STONE.BMP),如图 8.3 所示,单击"确定"按钮,此时的窗体的背景设置为该图像内容,如图 8.4 所示。

图 8.3　"选择资源"对话框

图 8.4　设置 BackgroundImage 属性后的窗体

4. 行为属性

有关窗体的常用行为样式属性如表 8.5 所示。

表 8.5　常用的行为属性及其说明

行为属性	说　　明
AllowDrop	获取或设置一个值,该值指示控件是否可以接受用户拖放到它上面的数据
Enabled	指示是否启用该控件,获取或设置一个值,该值指示控件是否可以对用户交互作出响应
ImeMode	获取或设置控件的输入法编辑器(IME)模式

8.1.4　窗体的常用事件

窗体有很多事件,窗体的常用事件及其说明如表 8.6 所示。

表 8.6　常用的窗体事件及其说明

事　　件	说　　明
Activated	当使用代码激活或用户激活窗体时发生
Click	在单击控件时发生
Closed	关闭窗体后发生
Closing	在关闭窗体时发生
DoubleClick	在双击控件时发生
Enter	进入控件时发生
FormClosed	关闭窗体后发生
FormClosing	关闭窗体前发生
GotFocus	在控件接收焦点时发生
Load	在第一次显示窗体前发生
MouseClick	在鼠标单击该控件时发生
MouseDoubleClick	当用鼠标双击控件时发生
MouseDown	当鼠标指针位于控件上并按下鼠标左键时发生
MouseEnter	在鼠标指针进入控件时发生
MouseMove	在鼠标指针移到控件上时发生
MouseUp	在鼠标指针在控件上并释放鼠标左键时发生

8.1.5　窗体的常用方法

窗体的常用方法及其说明如表 8.7 所示。

表 8.7　常用的窗体方法及其说明

方　　法	说　　明
Activate	激活窗体并给予它焦点
Close	关闭窗体
Focus	为控件设置输入焦点
Hide	对用户隐藏控件
OnClick	引发 Click 事件
OnClosed	引发 Closed 事件
OnClosing	引发 Closing 事件
OnDoubleClick	引发 DoubleClick 事件
OnFormClosed	引发 FormClosed 事件
OnFormClosing	引发 FormClosing 事件
OnGotFocus	引发 GotFocus 事件
OnLoad	引发 Load 事件
OnMouseClick	引发 MouseClick 事件
OnMouseDoubleClick	引发 MouseDoubleClick 事件
OnMouseDown	引发 MouseDown 事件
OnMouseEnter	引发 MouseEnter 事件
OnMouseLeave	引发 MouseLeave 事件
OnMouseMove	引发 MouseMove 事件
Refresh	强制控件使其工作区无效并立即重绘自己和任何子控件
Show	将窗体显示为无模式对话框
ShowDialog	将窗体显示为模式对话框

8.1.6　多个窗体之间的调用

一个 Windows 应用程序通常由多个窗体组成。创建一个窗体时,会在应用程序中创建 Form 类的一个实例对象,当前显示的窗体就是一个类的对象。同样的情况,想在当前窗体中显示另一个窗体时,必须在当前窗体中创建另一个窗体的实例。使用以下代码可以打开另外一个窗体:

新窗体类 窗体实例名 = new 新窗体类();

当然,只是实例化一个窗体类的对象是不能让窗体"显示"出来的,还要调用该对象的方法才能显示出窗体,窗体对象有两个方法可以完成该功能:

窗体实例名.Show();

Show()方法以无模式对话框方式显示该窗体,即新窗体显示后,主窗体(调用窗体)和子窗体(被调用窗体)之间可以任意切换,互不影响。

窗体实例名.ShowDialog();

ShowDialog()方法以模式对话框方式显示该窗体,即新窗体显示后,必须操作完子窗体,关闭子窗体后才能再操作主窗体。

【例 8.1】　设计 3 个窗体 Form1、Form1_1 和 Form1_2,在执行 Form1 窗体时,用户单

C# 程序设计教程(第 2 版)

击其中的命令按钮分别调用模式窗体 Form1_1 和无模式窗体 Form1_2。

(1) 设计过程。

创建一个 Windows 窗体应用程序项目 Proj8_1(存放在 H:\C#2005\ch8 文件夹中),向其中添加 3 个窗体 Form1、Form1_1 和 Form1_2。其设计界面如图 8.5～图 8.7 所示,Form1 中有 2 个命令按钮(button1 的标题为"调用模式窗体",button2 的标题为"调用无模式窗体",并通过属性窗口修改它们的字体属性)。Form1_1 和 Form1_2 中各有一个标签。将所有 3 个窗体的 StartPosition 属性设置为 CenterScreen。

图 8.5　Form1 设计界面

图 8.6　Form1_1 设计界面

在 Form1 窗体中分别双击两个命令按钮,在代码编辑窗口中输入 button1_Click 和 button2_Click 两个事件过程代码。

(2) 项目结构。

本项目的"解决方案资源管理器"对话框如图 8.8 所示。每个窗体对应 3 个文件,两个.cs 文件和一个.resx 文件,.cs 为 C# 文件,.resx 为资源文件。如,双击 Form1.cs 进入 Form1 窗体的设计界面,双击 Form1.Designer.cs 打开 Form1 窗体设计文件。

图 8.7　Form1_2 设计界面

图 8.8　例 8.1 的项目文件

(3) 代码分析。

在 Form1 窗体中空白处双击或右击并在出现的快捷菜单中选择"查看代码"命令,看到以下设计代码,其中只有黑体部分由程序员输入,其他代码是 C# 自动创建的。

```
//引用部分
using System;
using System.Collections.Generic;
using System.ComponentModel;
using System.Data;
```

```
using System.Drawing;
using System.Text;
using System.Windows.Forms;
namespace Proj8_1
{   public partial class Form1 : Form              //从 Form 类继承 Form1 窗体
    {     public Form1()                           //Form1 类构造函数
        {     InitializeComponent();
                        //调用初始化方法,其代码在 Form1.Designer.cs 文件中
        }
        private void button1_Click(object sender, EventArgs e)
        {   Form myform = new Form1_1();           //定义 Form1_1 类对象
            myform.ShowDialog();                   //以模式窗体方式调用
        }
        private void button2_Click(object sender, EventArgs e)
        {   Form myform = new Form1_2();           //定义 Form1_2 类对象
            myform.Show();                         //以无模式窗体方式调用
        }
    }
}
```

说明：partial 关键字表示采用分部类定义方式。

从上述代码中看到,Form1 窗体是从 Form 类派生的。button1_Click 和 button2_Click 两个事件过程的代码由程序员输入,分别定义相应的对象,并以模式窗体方式调用和以无模式窗体方式调用相应的窗体对象。

双击 Form1.Designer.cs 打开 Form1 窗体设计文件如下(所有代码均由 C♯自动创建的)：

```
namespace Proj8_1
{   partial class Form1
    {   ///< summary >
        ///必需的设计器变量
        ///</summary >
        private System.ComponentModel.IContainer components = null;
        ///< summary >
        ///清理所有正在使用的资源
        ///</summary >
        ///< param name = "disposing">如果应释放托管资源,为 true;
        ///否则为 false。</param >
        protected override void Dispose(bool disposing)
        //重写基类 Dispose()方法
        {   if (disposing && (components != null))
            {   components.Dispose(); }
            base.Dispose(disposing);               //调用基类的 Dispose()方法
        }
        ♯region Windows 窗体设计器生成的代码
        ///< summary >
        ///设计器支持所需的方法 - 不要
        ///使用代码编辑器修改此方法的内容
        ///</summary >
```

```
private void InitializeComponent()            //初始化方法
{    this.button1 = new System.Windows.Forms.button();
     this.button2 = new System.Windows.Forms.button();
     this.SuspendLayout();
     //
     //button1
     //
     this.button1.Font = new System.Drawing.Font("宋体", 9F,
         System.Drawing.FontStyle.Bold,
         System.Drawing.GraphicsUnit.Point, ((byte)(134)));
     this.button1.Location = new System.Drawing.Point(28, 21);
     this.button1.Name = "button1";
     this.button1.Size = new System.Drawing.Size(117, 33);
     this.button1.TabIndex = 0;
     this.button1.Text = "调用模式窗体";
     this.button1.UseVisualStyleBackColor = true;
     this.button1.Click += new System.EventHandler(this.button1_Click);
     //订阅事件
     //button2
     //
     this.button2.Font = new System.Drawing.Font("宋体", 9F,
         System.Drawing.FontStyle.Bold,
         System.Drawing.GraphicsUnit.Point, ((byte)(134)));
     this.button2.Location = new System.Drawing.Point(28, 69);
     this.button2.Name = "button2";
     this.button2.Size = new System.Drawing.Size(117, 33);
     this.button2.TabIndex = 1;
     this.button2.Text = "调用无模式窗体";
     this.button2.UseVisualStyleBackColor = true;
     this.button2.Click += new System.EventHandler(this.button2_Click);
     //订阅事件
     //Form1
     //
     this.AutoScaleDimensions = new System.Drawing.SizeF(6F, 12F);
     this.AutoScaleMode = System.Windows.Forms.AutoScaleMode.Font;
     this.ClientSize = new System.Drawing.Size(169, 128);
     this.Controls.Add(this.button2);
     this.Controls.Add(this.button1);
     this.Name = "Form1";
     this.StartPosition = System.Windows.Forms.FormStartPosition.CenterScreen;
     this.Text = "Form1";
     this.ResumeLayout(false);
}
#endregion
private System.Windows.Forms.button button1;    //私有字段
private System.Windows.Forms.button button2;    //私有字段
    }
}
```

尽管通常情况下不需要修改上述代码,但是理解这些代码对于掌握 C# 面向对象程序设计是十分重要的。

上述代码构成 Form1 类定义的一部分,其中主要是 InitializeComponent()初始化方法的定义,它实际上将用户窗体设计转换成相应的代码。该方法中先对两个私有字段button1 和 button2(用户在窗体中拖放两个命令按钮,则 Form1 类中对应有两个命令按钮对象 button1 和 button2)进行实例化,然后对它们的属性进行设置。由于每个命令按钮上设计有单击事件过程,为此通过以下语句将事件处理方法(如 button1_Click 为默认的事件处理方法名称)和相应对象(如 button1)关联起来:

```
this.button1.Click += new System.EventHandler(this.button1_Click);
this.button2.Click += new System.EventHandler(this.button2_Click);
```

这样执行时用户单击 button1 命令按钮,则执行 button1_Click 事件过程(该事件过程体由用户输入)。

另外,Form1_1 和 Form1_2 窗体的代码与 Form1 的类似,这里不再介绍。

每个 C♯项目都有一个 Program.cs 文件,本项目中该文件对应的代码如下:

```
using System;
using System.Windows.Forms;
namespace Proj8_1
{   static class Program
    {   ///< summary >
        ///应用程序的主入口点
        ///</ summary >
        [STAThread]
        static void Main()
        {   Application.EnableVisualStyles();
            Application.SetCompatibleTextRenderingDefault(false);
            Application.Run(new Form1());              //启动窗体为 Form1
        }
    }
}
```

其中,Main 是项目的主函数(与控制台应用程序的主函数类似),作为应用程序的主入口点,该函数调用 Application 类的 3 个方法,各方法的说明如下:

- EnableVisualStyles():启用应用程序的可视样式。
- SetCompatibleTextRenderingDefault(false):在应用程序范围内设置控件显示文本的默认方式,参数为 true 表示使用 GDI＋方式显示文本,参数为 false 表示使用 GDI 方式显示文本。这里参数为 false。
- Run(new Form1()):执行指定的窗体对象,这里表示执行 Form1 窗体对象,即设置本项目的启动窗体为 Form1。

注意:如果一个项目中有多个窗体,默认的启动窗体为 Form1,程序员可以修改 Run()方法中的参数将其他窗体指定为启动窗体。

(4) 项目执行。

按 F5 键或单击工具栏中的 ▶按钮执行本项目,出现 Form1 窗体界面,单击"调用模式窗体"命令按钮出现 Form1_1 窗体,由于 Form1_1 窗体以模式窗体打开(Form1_1 窗体称为模式窗体),此时只能操作 Form1_1 窗体,只有在关闭它后才能做其他工作;关闭 Form1_1

C#程序设计教程(第 2 版)

窗体后返回到 Form1 窗体,再单击"调用无模式窗体"命令按钮出现 Form1_2 窗体,由于 Form1_2 窗体以无模式窗体打开(Form1_2 窗体称为无模式窗体),不关闭 Form1_2 窗体也可以做其他工作。

8.1.7　窗体上各事件的引发顺序

当一个窗体启动时,执行事件过程的次序如下:

(1) 本窗体上的 Load 事件过程。

(2) 本窗体上的 Activated 事件过程。

(3) 本窗体上的其他 Form 级事件过程。

(4) 本窗体上包含对象的相应事件过程。

一个窗体被卸载时,执行事件过程的次序如下:

(1) 本窗体上的 Closing 事件过程。

(2) 本窗体上的 FormClosing 事件过程。

(3) 本窗体上的 Closed 事件过程。

(4) 本窗体上的 FormClosed 事件过程。

8.1.8　焦点与 Tab 键次序

焦点(Focus)是指当前处于活动状态的窗体或控件。在 Windows 系统中,任一时刻可执行几个应用程序,但只有具有焦点的应用程序的窗口才有活动标题栏,才能接受用户输入。而在有多个控件的 Windows 窗体中,只有具有焦点的控件才可以接受用户的输入。

当单击控件或按下选定控件的访问键(由 Text 属性设置)时,均可使其获得焦点。若想通过程序使某个对象获得焦点,可使用 Focus()方法。

当一个对象获得或失去焦点时,会产生 GotFocus 事件或 LostFocus 事件。窗体和大多数控件支持这些事件。当单击一个窗体或控件使其获得焦点时,将先发生 Click 事件,然后发生 GotFocus 事件。当一个控件失去焦点时,将发生 LostFocus 事件。

对于大多数可以接收焦点的控件来说,它是否具有焦点是可以看出来的。例如,命令按钮、选项按钮或复选框具有焦点时,它们的周围将显示一个虚线框,而文本框具有焦点时,插入光标将在文本框中闪耀。只有控件的 Enabled 和 Visible 属性为 True 时,该控件才能接收焦点。

Tab 键次序就是在按 Tab 键时,焦点在控件间移动的顺序。当向窗体中放置控件时,系统会自动按顺序为每个控件指定一个 Tab 键次序,其数值反映在控件的 TabIndex 属性中。其中,第一个控件的 TabIndex 属性值为 0,第二个控件的 TabIndex 属性值为 1,依次类推。Tab 键次序决定了按 Tab 键时,焦点从一个对象移动到另一个对象的顺序。

图 8.9　窗体中各控件的 TabIndex 属性值

当窗体上设计好控件后,可以选择"视图"|"Tab 键顺序"命令查看各控件的 TabIndex 属性值,如图 8.9 所示。此时可以顺序单击各控件改变它们的顺序,当再次选择"视图"|"Tab 键顺序"命令时不再显示各控件的 TabIndex 属性值。

在执行窗体时,通过按 Tab 键将焦点移到下一个控件,若下一个控件不能获得焦点(如其 Enabled 属性为 False 或标签一类没有焦点的控件),这样的控件将被跳过。

C♯提供了焦点控制方法 Focus(),例如,要将焦点移到当前窗体中的 textBox1 文本框,可以使用以下命令:

```
textBox1.Focus();
```

8.2　常用控件的设计

8.2.1　控件概述

控件是包含在窗体上的对象,是构成用户界面的基本元素,也是 C♯可视化编程的重要工具。使用控件可以减少程序设计中大量重复性的工作,有效地提高设计效率。要快捷地编写出好的应用程序,必须掌握每种控件的功能、用途以及其常用的属性、事件和方法。

工具箱中包含了建立应用程序的各种控件,根据控件的不同用途分为若干个选项卡,可根据用途单击相应的选项卡,将其展开,选择需要的控件。

控件的外观和行为,如控件的大小、颜色、位置以及控件使用方式等特征,是由它的属性决定的。不同的控件拥有不同的属性,并且系统为它提供的默认值也不同。大多数默认值设置比较合理,能满足一般情况下的需求。通常,在使用控件时,只有少数的属性值需要修改。有些属性属于公共属性,适用于大多数控件或所有控件。此外,每个控件还有它专门的属性。大多数控件还包含一些更高级属性,在进入高级应用程序开发阶段会很有用。大多数控件共有的基本属性如下:

1. Name 属性

每个控件都有一个 Name(名称)属性,在应用程序中,可通过此名称来引用这个控件。C♯会给每个新产生的控件指定一个默认名,一般它由控件类型和序号组成,如 button1、button2、textBox1、textBox2 等。在应用程序设计中,可根据需要将控件的默认名称改成更有实际代表意义的名称。

2. Text 属性

大多数控件都有一个获取或设置文本的属性,即 Text 属性。如命令按钮、标签和窗体都用 textBox 属性设置其文本;文本框用 Text 属性获取用户输入或显示文本等。

3. 尺寸大小(Size)和位置(Location)属性

各种控件一般都有一个设置其尺寸大小和位置的属性,即 Size 和 Location 属性。Size 属性可用于设置控件的宽度和高度。Location 属性可用于设置一个控件相对于它所在窗体左上角的 X,Y 坐标值。这两个属性既可以通过输入新的设置值来改变,也可以随着控件的缩放或拖动而改变。

当用鼠标单击窗体中的一个控件时,控件周围就会出现 8 个白色小方块,拖拽这些小方块可以缩放控件的大小,这时属性窗口中的 Size 属性值也随之变化。把鼠标放在控件上面时,鼠标指针就变成十字形状,这时可拖动控件移动,控件的 Location 属性值也随之改变。

4. 字体(Font)属性

如果一个控件要显示文字,可通过 Fon 属性来改变它的显示字体。

设置控件字体的方法是,在属性窗口中单击 Font 属性,它的右边会显示一个 ⬚ 按钮,再单击这个小按钮,就会弹出一个"字体"对话框,通过"字体"对话框就可以选择所用的字体、字样和字号等。

5. 颜色(BackColor 和 ForeColor)属性

控件的背景颜色是由 BackColor 属性设置的;控件要显示的文字或图形的颜色,则是由 ForeColor 属性设置的。

设置控件颜色的方法是:在属性窗口中用鼠标单击对应的属性后,在它的右边会显示一个 ⬇ 按钮,再单击这个小按钮,就会弹出一个列表框,可以从标准的 Windows 颜色列表框中选择一种颜色,也可以从"自定义"的调色板中选择一种颜色。

6. Cursor 属性

Cursor 属性主要功能是获取或设置当鼠标指针位于控件上时显示的光标。将 Cursor 分配给控件的 Cursor 属性,以便更改在鼠标指针位于该控件上时显示的光标。

7. 可见(Visible)和有效(Enabled)属性

一个控件的可见属性 Visible 确定了该控件在用户界面上是否可见。一个控件的有效属性 Enabled 决定了该控件能否被使用。当一个控件的 Enabled 属性设置为 False 时,它变成灰色显示,单击此控件时不会起作用。如果一个控件的 Visible 属性设置为 False,则在用户界面上就看不到这个控件,它的 Enabled 属性也就无关紧要。所以,设置的一般原则是控件总是可见的,但不必总是有效的。

在第 2 章的示例中使用了标签、文本框和命令按钮控件并作了简单介绍,本章后面主要讨论其他控件的使用。

8.2.2   富文本框控件

由于文本框控件无法像 Microsoft Word 那样输入、显示或处理具有格式的文本,此时可以使用富文本框控件,其在工具箱中的图标为 ▉ RichTextBox 。该控件是继承 textBox 控件而来的,因此除了具有 textBox 所拥有属性和方法外,还增加了让用户能输入并编辑文本的属性,同时提供比标准的 textBox 控件更高级的格式设置,如字体和颜色设置。还可将文本直接赋值给控件,以及从 Rich Text 格式文档(. rtf 文件)或纯文本文件加载文件内容等。富文本框控件不像 textBox 控件受到 64KB 字符容量的限制。使用 textBox 控件的应用程序只要稍加修改,就可以使用富文本框控件。

1. 富文本框的属性

富文本框的属性很多,除了包含 textBox 所拥有的属性外,另外一些常用的属性及其说明如表 8.8 所示。

表 8.8　富文本框的常用属性及其说明

富文本框的属性	说　　明
AutoWordSelection	获取或设置一个值,通过该值指示是否启用自动选择字词
SelectionFont	获取或设置当前选定文本或插入点的字体
SelectionColor	获取或设置当前选定文本或插入点的文本颜色
SelectionProtected	获取或设置一个值,通过该值指示是否保护当前选定文本
SelectionIndent	获取或设置 RichtextBox 的左边缘与当前选定文本或添加到插入点后的文本的左边缘之间的距离(以像素为单位)
SelectionLength	获取或设置控件中选定的字符数
SelectionStart	获取或设置文本框中选定的文本起始点
Text	获取或设置多格式文本框中的当前文本

2. 富文本框的事件和方法

富文本框的常用事件及其说明如表 8.9 所示,其常用方法及其说明如表 8.10 所示。

表 8.9　富文本框的常用事件及其说明

富文本框的事件	说　　明
SelectionChanged	控件内的选定文本更改时发生
TextChanged	RichtextBox 控件的内容有任何改变都会引发此事件

表 8.10　富文本框的常用方法及其说明

富文本框的方法	说　　明
LoadFile	将现有的 RTF 或 ASCII 文本文件加载到富文本框中,也可从已打开的数据流中加载数据,基本格式为:RichtextBoxl. LoadFile(文件名,文件类型)。其中"文件类型"的取值如下: (1) PlainText:用空格代替对象链接与嵌入(OLE)对象的纯文本流。 (2) RichNoOleObjs:用空格代替 OLE 对象的丰富文本格式(RTF 格式)流,该值只在用于 RichtextBox 控件的 SaveFile 方法时有效。 (3) RichText:RTF 格式流。 (4) TextTextOleObjs:具有 OLE 对象的文本表示形式的纯文本流。该值只在用于 RichtextBox 控件的 SaveFile 方法时有效。 (5) UnicodePlainText:包含用空格代替对象链接与嵌入(OLE)对象的文本流,该文本采用 Unicode 编码
SaveFile	将富文本框的内容保存到文件中。其用法和 LoadFile 方法类似
Find	在富文本框的内容内搜索文本
Clear	将富文本框内的文本清空

【例 8.2】　设计一个窗体,说明富文本框的使用方法。

解:在 Proj8_1 项目中添加一个窗体 Form2,在其中只有一个富文本框控件 richtextBox1,如图 8.10 所示。在本窗体上设计以下事件过程:

```
private void Form2_Load(object sender, EventArgs e)
{
    richtextBox1.LoadFile("H:\\C#2005\\ch8\\file.RTF",RichtextBoxStreamType.RichText);
```

```
        }
```

将本窗体设计为启动窗体,执行本窗体,在富文本框 RichtextBox1 中显示 H:\C#2005\ch8\file.rtf 文件的内容,如图 8.11 所示。

图 8.10   Form2 设计界面

图 8.11   Form2 执行界面

8.2.3   分组框控件

分组框控件在工具箱中的图标为 GroupBox,其作用主要是区分一个控件组,也就是让用户可以容易地区分窗体中的各个选项,或者把几个单选按钮分成组,以便把不同种类的单选按钮分隔开。分组框在实际运用中往往和其他控件一起使用。

要在分组框中加入组成员,必须先在窗体中建立一个分组框,再在它的上面建立其所属按钮。如果在分组框外面建立好控件之后再将其移到分组框内,控件是不会与所属的分组框成为一个群组的。

1. 分组框的属性

分组框的常用属性只有 Text 和 Visible。Text 用于设置分组框的标题,Visible 属性用来设置指示是否显示该控件,当 Visible 属性值为 False 时,则该分组框中的对象都将一起隐藏。

2. 分组框的事件和方法

尽管分组框也有事件和方法,但和标签一样,它们很少使用。

8.2.4   面板控件

面板控件在工具箱中的图标为 Panel,其作用与分组框相似,也是用于区分一个控件组。

1. 面板控件的属性

面板控件没有 Text 属性,其常用属性及其说明如表 8.11 所示。

表 8.11   面板控件的常用属性及其说明

面板控件的属性	说　　　明
BorderStyle	用于设置边框的样式。可取以下值之一: (1) None:无边框(默认值)。 (2) FixedSingle:单线边框。 (3) Fixed3D:3D 立体边框
AutoScroll	设置是否显示滚动条。设置为 True,则显示滚动条,设置为 False(默认值),则不显示滚动条

2. 面板控件的事件和方法

面板控件也有事件和方法,但如同标签一样,它们很少使用。

8.2.5 复选框控件

复选框控件在工具箱中的图标为 ☑ CheckBox,它属于选择类控件,用来设置需要或不需要某一选项功能。在执行时,如果用户用鼠标单击复选框左边的方框,方框中就会出现一个"√"符号,表示已选取这个功能了。复选框的功能是独立的,如果在同一窗体上有多个复选框,用户可根据需要选取其中的一个或几个。

复选框的功能类似于单选按钮,也允许在多个选项中做出选择。但不同的是,一系列单选按钮中只允许选定其中的一个,而在一系列复选框中却可以选择多个。

使用复选框时,每单击一次将切换一次复选框的状态,即选中或者未选中。每次单击也激活复选框的 Click 事件,可执行相应操作。

1. 复选框的属性

复选框的常用属性及其说明如表 8.12 所示。

表 8.12 复选框的常用属性及其说明

复选框的属性	说　明
Appearance	获取或设置一个值,控制复选框的外观,设置为 Button 时为按钮类型,设置为 Normal 时为普通复选框类型(默认值)
CheckAlign	设置控件中复选框的位置
Checked	获取或设置一个布尔值,该值指示是否已选中控件。如果为 True,则指示选中状态;否则为 False(默认值)
TextAlign	复选框上文字的对齐方式

2. 复选框的事件和方法

复选框的常用事件为 Click,当用户在一个复选框上单击鼠标按钮时引发。

【例 8.3】 设计一个窗体,说明复选框的应用。

解:在 Proj8_1 项目中添加一个窗体 Form3。在其中放置一个分组框 groupBox1 和一个命令按钮 button1。在 groupBox1 中放置 4 个复选框(从上到下分别为 checkBox1～checkBox4)。其设计界面如图 8.12 所示。在本窗体上设计以下事件过程:

```
private void button1_Click(object sender, EventArgs e)
{    if (checkBox1.Checked && checkBox3.Checked &&
        !checkBox2.Checked && !checkBox4.Checked)
        MessageBox.Show("您答对了,真的很棒!!!", "信息提示",MessageBoxButtons.OK);
    else
        MessageBox.Show("您答错了,继续努力吧!!!", "信息提示",MessageBoxButtons.OK);
}
```

将本窗体设计为启动窗体,执行本窗体,单击 checkBox1 和 checkBox3,再单击"确定"命令按钮,表示答对了,其结果如图 8.13 所示。

上述代码中使用了消息框类 MessageBox(位于 System. Windows. Forms 命名空间

中),通过调用其 Show()方法显示一个预定义对话框,以便向用户显示与应用程序相关的信息。Show 方法的主要使用格式如下:

public static DialogResult Show(string text, string caption, MessageBoxButtons buttons)

图 8.12　Form3 设计界面

图 8.13　Form3 执行界面

其中,text 参数指出要在消息框中显示的文本。caption 参数指出要在消息框的标题栏中显示的文本。buttons 参数指定 MessageBoxButtons 枚举值(其可取值及其说明如表 8.13 所示)之一,可指定在消息框中显示哪些按钮。

调用该方法的返回值为 DialogResult 枚举值(其可取值及其说明见表 8.14)之一。

表 8.13　MessageBoxButtons 枚举值及其说明

成员名称	说　明
MessageBoxButtons.AbortRetryIgnore	消息框包含"中止"、"重试"和"忽略"按钮
MessageBoxButtons.OK	消息框包含"确定"按钮
MessageBoxButtons.OKCancel	消息框包含"确定"和"取消"按钮
MessageBoxButtons.RetryCancel	消息框包含"重试"和"取消"按钮
MessageBoxButtons.YesNo	消息框包含"是"和"否"按钮
MessageBoxButtons.YesNoCancel	消息框包含"是"、"否"和"取消"按钮

表 8.14　DialogResult 枚举值及其说明

成员名称	说　明
Abort	对话框的返回值是 Abort(通常从标题为"中止"的按钮发送)
Cancel	对话框的返回值是 Cancel(通常从标题为"取消"的按钮发送)
Ignore	对话框的返回值是 Ignore(通常从标题为"忽略"的按钮发送)
No	对话框的返回值是 No(通常从标题为"否"的按钮发送)
None	从对话框返回了 Nothing。这表明有模式对话框继续执行
OK	对话框的返回值是 OK(通常从标题为"确定"的按钮发送)
Retry	对话框的返回值是 Retry(通常从标题为"重试"的按钮发送)
Yes	对话框的返回值是 Yes(通常从标题为"是"的按钮发送)

例如,以下 3 个语句的执行结果分别如图 8.14(a)～8.14(c)所示。

```
MessageBox.Show("3 个按钮", "信息提示", MessageBoxButtons.AbortRetryIgnore);
MessageBox.Show("3 个按钮", "信息提示", MessageBoxButtons.YesNoCancel);
MessageBox.Show("2 个按钮", "信息提示", MessageBoxButtons.OKCancel);
```

(a) 语句一	(b) 语句二	(c) 语句三

图 8.14　示例消息框

提示：要查看一个控件有哪些事件，能对用户的哪些操作做出反应，可单击属性窗口里的 ⚡ 按钮。例如，打开 Proj8_1 项目的 Form1 窗体，选中命令按钮 button1，再单击属性窗口里的 ⚡ 按钮，会看到 button1_Click 事件过程。

8.2.6　单选按钮控件

单选按钮控件在工具箱中的图标为 ⊙ RadioButton（Radiobutton）与复选框控件的功能非常相近，复选框表示是否需要某个选项，可以同时选择多个选项中的一个或多个，即各选项间是不互斥的。单选按钮则是多选一，只能从多个选项中选择一个，各选项间的关系是互斥的。单选按钮使用时经常用多个控件构成一个组，同一时刻只能选择同一组中的一个单选按钮，因此，经常将单选按钮放在一个分组框中构成一个选项组。

1．单选按钮的属性

单选按钮的常用属性与复选框的相同，如表 8.12 所示。

2．单选按钮的事件和方法

单选按钮的常用事件为 Click，当用户在一个单选按钮上单击鼠标按钮时引发。

【例 8.4】　设计一个窗体，说明单选按钮的使用方法。

解：在 Proj8_1 项目中添加一个窗体 Form4。在其中放置一个分组框 groupBox1 和一个命令按钮 button1。在 GroupBox1 中放置 4 个单选按钮（从上到下分别为 radiobutton1～radiobutton4）。其设计界面如图 8.15 所示。在本窗体上设计以下事件过程：

```
private void button1_Click(object sender, EventArgs e)
{    if (radiobutton3.Checked)
        MessageBox.Show("您选对了,这是微软公司开发的操作系统",
              "信息提示", MessageBoxButtons.OK);
    else if (radiobutton1.Checked || radiobutton4.Checked)
        MessageBox.Show("您选错了,这是程序设计语言","信息提示",MessageBoxButtons.OK);
    else
        MessageBox.Show("您选错了,这是数据库管理系统",
              "信息提示",MessageBoxButtons.OK);
}
```

将本窗体设计为启动窗体，执行本窗体，单击 radiobutton3，再单击"确定"命令按钮，表示答对了，其结果如图 8.16 所示。

图 8.15　Form4 设计界面

图 8.16　Form4 执行界面

8.2.7　图片框控件

图片框控件在工具箱中的图标为 ![PictureBox]PictureBox(PictureBox)用于在窗体的特殊位置上放置图形信息,也可以在其上放置多个控件,因此它可作为其他控件的容器。图片框的绘图功能将在第 10 章进行详细介绍。

1. 图片框的属性

图片框的常用属性及其说明如表 8.15 所示。

表 8.15　图片框的常用属性及其说明

面板控件的属性	说　　明
BorderStyle	用于设置图片框边框的样式,可取以下值之一: (1) None:无边框(默认值)。 (2) FixedSingle:单线边框。 (3) Fixed3D:3D 立体边框
BackgroundImage	获取或设置图片框中显示的背景图像。在执行时可使用 Image. FromFile 函数加载图像
Image	获取或设置图片框中显示的图像。在执行时再使用 Image. FromFile 函数加载图像
SizeMode	指示如何显示图像,可取以下值之一: (1) Normal(默认值):图像被置于图片框的左上角。如果图像比包含它的图片框大,则该图像将被剪裁掉。 (2) AutoSize:调整图片框大小,使其等于所包含的图像大小。 (3) CenterImage:如果图片框比图像大,则图像将居中显示。如果图像比图片框大,则图片将居于图片框中心,而外边缘将被剪裁掉。 (4) StretchImage:将图片框中的图像拉伸或收缩,以适合图片框的大小。 (5) Zoom:图像大小按其原有的大小比例被增加或减小

2. 图片框的事件和方法

图片框的常用事件及其说明如表 8.16 所示。

表 8.16　图片框的常用事件及其说明

图片框的事件	说　明
Click	在单击图片框时发生
DoubleClick	在双击图片框时发生
MouseDown	当鼠标指针位于图片框上并按下鼠标键时发生
MouseEnter	在鼠标指针进入图片框时发生
MouseHover	在鼠标指针停放在图片框上时发生
MouseLeave	在鼠标指针离开图片框时发生
MouseMove	在鼠标指针移到图片框上时发生
MouseUp	在鼠标指针在图片框上并释放鼠标键时发生
MouseWheel	在移动鼠标滑轮并且图片框有焦点时发生
Move	在移动图片框时发生

【例 8.5】　设计一个窗体,以选择命令按钮方式显示春、夏、秋、冬 4 个季节的图片。

解:在 Proj8_1 项目中添加一个窗体 Form5,在其中放置一个图片框 pictureBox1 和 4 个命令按钮(button1～button4),其设计界面如图 8.17 所示,在 H:\C#2005\ch8 文件夹中包含春、夏、秋和冬等 4 幅图片。在本窗体上设计以下事件过程:

```
private void button1_Click(object sender, EventArgs e)
{    pictureBox1.Image = Image.FromFile("H:\\C#2005\\ch8\\spring.jpg"); }
private void button2_Click(object sender, EventArgs e)
{    pictureBox1.Image = Image.FromFile("H:\\C#2005\\ch8\\summer.jpg"); }
private void button3_Click(object sender, EventArgs e)
{    pictureBox1.Image = Image.FromFile("H:\\C#2005\\ch8\\fall.jpg"); }
private void button4_Click(object sender, EventArgs e)
{    pictureBox1.Image = Image.FromFile("H:\\C#2005\\ch8\\winter.jpg"); }
```

将本窗体设计为启动窗体,执行本窗体,单击"冬"命令按钮,其结果如图 8.18 所示。

图 8.17　Form5 设计界面

图 8.18　Form5 执行界面

8.2.8　组合框控件

组合框控件在工具箱中的图标为 ComboBox (ComboBox),它的功能是从一个列表中一次只能选取或输入一个选项,其主要特点是具有带向下箭头的方框。在程序执行时,按下此按钮就会下拉出一个列表框供用户选择项目。另外,还可以在组合框上方的框中输入数据。

1. 组合框的属性

组合框的属性很多,除了前面介绍的基本属性,另外一些常用的属性及其说明如表 8.17 所示。

表 8.17　组合框的常用属性及其说明

组合框的属性	说　　明
DropDownStyle	获取或设置指定组合框样式的值,可取以下值之一: (1) DropDown(默认值):文本部分可编辑。用户必须单击箭头按钮来显示列表部分。 (2) DropDownList:用户不能直接编辑文本部分。用户必须单击箭头按钮来显示列表部分。 (3) Simple:文本部分可编辑。列表部分总可见
DropDownWidth	获取或设置组合框下拉部分的宽度(以像素为单位)
DropDownHeight	获取或设置组合框下拉部分的高度(以像素为单位)
Items	表示该组合框中所包含项的集合
SelectedItem	获取或设置当前组合框中选定项的索引
SelectedText	获取或设置当前组合框中选定项的文本
Sorted	指示是否对组合框中的项进行排序

各种样式的组合框如图 8.19 所示。

(a) DropDownStyle=Simple　(b) DropDownStyle=DropDown　(c) DropDownStyle=DropDownList

图 8.19　各种样式的组合框

2. Items 的属性和方法

组合框的 Items 属性是最重要的属性,它是存放组合框中所有项的集合,对组合框的操作实际上就是对该属性即项集合的操作。Items 的属性及其说明如表 8.18 所示,其方法及其说明如表 8.19 所示。

表 8.18　Items 的常用属性及其说明

Items 的属性	说　　明
Count	组合框的项集合中项个数

表 8.19　Items 的常用方法及其说明

Items 的方法	说　　明
Add	向 ComboBox 项集合中添加一个项
AddRange	向 ComboBox 项集合中添加一个项的数组
Clear	移除 ComboBox 项集合中的所有项
Contains	确定指定项是否在 ComboBox 项集合中
Equqls	判断是否等于当前对象
GetType	获取当前实例的 Type
Insert	将一个项插入到 ComboBox 项集合中指定的索引处

续表

Items 的方法	说　　明
IndexOf	检索指定的项在 ComboBox 项集合中的索引
Remove	从 ComboBox 项集合中移除指定的项
RemoveAt	移除 ComboBox 项集合中指定索引处的项

3. 组合框的事件和方法

组合框的常用事件及其说明如表 8.20 所示。

表 8.20　组合框的常用事件及其说明

组合框的事件	说　　明
Click	在单击控件时发生
TextChanged	在 Text 属性值更改时发生
SelectedIndexChanged	在 SelectedIndex 属性值改变时发生
KeyPress	在控件有焦点的情况下按下键时发生

【例 8.6】 设计一个窗体，通过一个文本框向组合框中添加项。

解：在 Proj8_1 项目中添加一个窗体 Form6，在其中放置两个分组框（groupBox1 和 groupBox2），在 groupBox1 中放置一个文本框 textBox1 和一个命令按钮 button1，在 groupBox2 中放置一个组合框 comboBox1。其设计界面如图 8.20 所示。在本窗体上设计以下事件过程：

```
private void button1_Click(object sender, EventArgs e)
{    if (textBox1.Text != "")
        if (!comboBox1.Items.Contains(textBox1.Text))
            comboBox1.Items.Add(textBox1.Text);        //不添加重复项
}
```

将本窗体设计为启动窗体，执行本窗体，在文本框中输入"汉族"，单击"添加"命令按钮，再在文本框中输入"回族"，单击"添加"按钮，这两个民族在原来的组合框中是没有的，故添加到组合框中。通过下拉组合框，从中可以看到这两个民族已添加到组合框中了，如图 8.21 所示。

图 8.20　Form6 设计界面　　　　图 8.21　Form6 执行界面

8.2.9　列表框控件

列表框控件在工具箱中的图标为 ▦ ListBox（listBox），它是一个为用户提供选择的列表，用户可从列表框列出的一组选项中用鼠标选取一个或多个所需的选项。如果有较多的选择项，超出规定的区域不能一次全部显示时，C♯会自动加上滚动条。

1. 列表框的属性

列表框的属性很多,除了前面介绍的基本属性,另外一些常用的属性及其说明如表 8.21 所示。

表 8.21 列表框的常用属性及其说明

列表框的属性	说　明
MultiColumn	获取或设置列表框控件是否支持多列。设置为 True,则支持多列,设置为 False(默认值),则不支持多列
SelectedIndex	获取或设置列表框控件中当前选定项从 0 开始的索引
SelectedIndices	获取一个集合,它包含所有当前选定项的从 0 开始的索引
SelectedItem	获取或设置列表框控件中当前选定项
SelectedItems	获取一个集合,它包含所有当前选定项
Items	获取列表控件项的集合
SelectionMode	获取或设置列表框控件的选择模式。可选以下值之一: (1) one:表示只能选择一项。 (2) none:表示无法选择。 (3) MultiSimple:表示可以选择多项。 (4) MultiExtended:表示可以选择多项。并且按下 Shift 键的同时单击鼠标或者同时按下 Shift 键和箭头键,会将选定内容从前一选定项扩展到当前项,按Ctrl 键的同时单击鼠标将选择或撤销选择列表中的某项
Text	当前选取的选项文本

2. Items 的属性和方法

列表框的 Items 属性和组合框的 Items 属性一样,是存放列表框中所有项的集合。Items 的属性及其说明如表 8.18 所示,其方法及其说明如表 8.19 所示。

3. 列表框的事件和方法

列表框的常用事件及其说明如表 8.22 所示。

表 8.22 列表框的常用事件及其说明

列表框的事件	说　明
Click	在单击控件时发生
SelectedIndexChanged	在 SelectedIndex 属性值改变时发生
KeyPress	在控件有焦点的情况下按下任何键时发生

【例 8.7】 设计一个窗体,其功能是在两个列表框中移动数据项。

解:在 Proj8_1 项目中添加一个窗体 Form7,在其中放置两个列表框(listBox1 和 listBox2)和 4 个命令按钮(从上到下分别为 button1~button4,它们的功能分别是将左列表框的当前项移到右列表框中、将左列表框的全部项移到右列表框中、将右列表框的当前项移到左列表框中、将右列表框的全部项移到左列表框中)。其设计界面如图 8.22 所示。在本窗体上设计以下事件过程:

```
private void Form7_Load(object sender, EventArgs e)
{   listBox1.Items.Add("清华大学"); listBox1.Items.Add("北京大学");
```

```
        listBox1.Items.Add("浙江大学"); listBox1.Items.Add("南京大学");
        listBox1.Items.Add("武汉大学"); listBox1.Items.Add("中国科技大学");
        listBox1.Items.Add("中国人民大学"); listBox1.Items.Add("华中科技大学");
        listBox1.Items.Add("复旦大学");
        enbutton();                         //调用 enbutton()方法
    }
    private void enbutton()                 //自定义方法
    {   if (listBox1.Items.Count == 0)      //当左列表框为空时右移命令按钮不可用
        {   button1.Enabled = false; button2.Enabled = false; }
        else                                //当左列表框不为空时右移命令按钮可用
        {   button1.Enabled = true; button2.Enabled = true; }
        if (listBox2.Items.Count == 0)      //当右列表框为空时左移命令按钮不可用
        {   button3.Enabled = false; button4.Enabled = false; }
        else                                //当右列表框不为空时左移命令按钮可用
        {   button3.Enabled = true; button4.Enabled = true; }
    }
    private void button1_Click(object sender, EventArgs e)
    {   if (listBox1.SelectedIndex >= 0)    //将左列表框中选中项移到右列表框中
        {   listBox2.Items.Add(listBox1.SelectedItem);
            listBox1.Items.RemoveAt(listBox1.SelectedIndex);
        }
        enbutton();                         //调用 enbutton()方法
    }
    private void button2_Click(object sender, EventArgs e)
    {   foreach (object item in listBox1.Items)//将左列表框中所有项移到右列表框中
            listBox2.Items.Add(item);
        listBox1.Items.Clear();
        enbutton();                         //调用 enbutton()方法
    }
    private void button3_Click(object sender, EventArgs e)
    {   if (listBox2.SelectedIndex >= 0)    //将右列表框中选中项移到左列表框中
        {   listBox1.Items.Add(listBox2.SelectedItem);
            listBox2.Items.RemoveAt(listBox2.SelectedIndex);
        }
        enbutton();                         //调用 enbutton()方法
    }
    private void button4_Click(object sender, EventArgs e)
    {   foreach (object item in listBox2.Items)//将右列表框中所有项移到左列表框中
            listBox1.Items.Add(item);
        listBox2.Items.Clear();
        enbutton();                         //调用 enbutton()方法
    }
```

　　将本窗体设计为启动窗体，执行本窗体，在左列表框选择"北京大学"，单击">"按钮，选择"南京大学"，单击">"按钮，再选择"武汉大学"，单击">"按钮，其结果如图 8.23 所示。

图 8.22　Form7 设计界面

图 8.23　Form7 执行界面

8.2.10 带复选框的列表框控件

带复选框的列表框控件在工具箱中的图标为 ⊞ CheckedListBox（CheckedListBox）。和 listBox 控件相似，带复选框的列表框控件也是用来显示一系列列表项的，不过每个列表项前面都有一个复选项。这样，是否选中了某个列表项就可以很清楚地表现出来。

1. CheckedListBox 的属性

事实上，CheckedListBox 类是继承了 listBox 类而得来的，所以 CheckedListBox 的大部分属性、事件和方法都来自 listBox 类。例如 Item 属性、Items. Add 方法和 Items. Remove 方法等。除了继承来的属性和方法外，CheckedListBox 还有其特有的属性和方法。表 8.23 列出了 CheckedListBox 的常用属性及其说明。

表 8.23 CheckedlistBox 的常用属性及其说明

CheckedlistBox 的属性	说　　明
CheckedClick	该属性值为 True 时，单击某一列表项就可以选中它。默认的属性值为 False，此时，单击列表项只是改变了焦点，再次单击时才选中该列表项
CheckedIndices	该带复选框的列表框中选中索引的集合
CheckedItems	该带复选框的列表框中选中项的集合
MultiColumn	该属性值为 True 时，表示以多列显示，为 False 时只以单列显示
ColumnWidth	当多列显示时，该属性指出每列的宽度
ThreeCheckBoxes	该属性值为 True 时，选项前面的复选框以立体的方式显示，否则以平面方式显示

2. CheckedListBox 的事件和方法

CheckedListBox 的常用事件有 Click 和 DoubleClick，常用的方法如表 8.24 所示。

表 8.24 CheckedlistBox 的常用方法及其说明

CheckedListBox 的方法	说　　明
GetItemCheckState	该方法用于取得指定列表项的状态，即该列表项是否被选中。该方法有一个整型参数，用来确定该方法返回哪个列表项的状态
GetItemChecked	返回指示指定项是否选中的值，为 True 表示已选中
SetItemCheckState	该方法用于设定指定的列表项的状态，即设置该列表项是选中或未选中，还是处于不确定状态，该方法有两个参数。第一个参数是整型参数，用于指定所设定的是哪一个列表项。第二个参数可选以下值之一： (1) CheckState. Checked：选中。 (2) CheckState. UnChecked：未选中。 (3) CheckState. Indeterminate：不确定状态
SetItemChecked	将指定索引处的项的状态设置为 CheckState. Checked

【例 8.8】 设计一个窗体，将一个 checkedListBox 控件中的所有选中项在一个 listBox 控件中显示出来。

解：在 Proj8_1 项目中添加一个窗体 Form8，在其中放置一个 CheckedListBox 控件 checkedListBox1、一个列表框 listBox1、一个标签 label1 和一个命令按钮 button1。该窗体的设计界面如图 8.24 所示。在本窗体上设计以下事件过程：

```
private void Form8_Load(object sender, EventArgs e)
{    checkedListBox1.Items.Add("中国"); checkedListBox1.Items.Add("美国");
     checkedListBox1.Items.Add("俄罗斯"); checkedListBox1.Items.Add("英国");
     checkedListBox1.Items.Add("法国"); checkedListBox1.CheckOnClick = true;
}
private void button1_Click(object sender, EventArgs e)
{    foreach(object item in checkedListBox1.CheckedItems)
         listBox1.Items.Add(item);
}
```

将本窗体设计为启动窗体，执行本窗体，从 CheckedListBox1 中选中"中国"和"俄罗斯"，单击"确定"按钮，它们被加入到右边的列表框中，如图 8.25 所示。

图 8.24　Form8 设计界面

图 8.25　Form8 执行界面

8.2.11　定时器控件

定时器控件在工具箱中的图标为 Timer，其特点是每隔一定的时间间隔就会自动执行一次定时器事件。所谓时间间隔，指的是定时器事件两次调用之间的时间间隔，一般以毫秒（ms）为基本单位。

1．定时器的属性

定时器的常用属性及其说明如表 8.25 所示。

表 8.25　定时器的常用属性及其说明

定时器的属性	说　　明
Enabled	设置是否起用定时器控件。若设置为 True（默认值），表示启动定时器开始计时；否则，表示暂停定时器的使用
Interval	设置两个定时器事件之间的时间间隔。设置时以毫秒为单位，设置的范围是 0～65 535ms

2．定时器的事件和方法

定时器的主要事件就是 Tick 事件，在每隔 Interval 指定的时间间隙就执行一次该事件过程。定时器的常用方法如表 8.26 所示。

表 8.26　定时器的常用方法及其说明

定时器的方法	说　明
Start	启动定时器,也可以将 Enabled 属性设置为 True 来启动定时器
Stop	停止定时器,也可以将 Enabled 属性设置为 False 来停止定时器

【例 8.9】　设计一个窗体说明定时器的使用方法。

解：在 Proj8_1 项目中添加一个窗体 Form9,在其中放置一个标签 label1、一个文本框 textBox1(Font 属性设置为宋体,12pt,style=Bold,ReadOnly 属性设置为 True)和一个定时器 timer1(在设计时显示在窗体设计器的下方),如图 8.26 所示。在本窗体上设计以下事件过程：

```
private void Form9_Load(object sender, EventArgs e)
{    textBox1.Text = DateTime.Now.ToString("h:mm:ss");
     timer1.Enabled = true;                  //启动定时器 timer1
     timer1.Interval = 100;
}
private void timer1_Tick(object sender, EventArgs e)
{    textBox1.Text = DateTime.Now.ToString("h:mm:ss"); }
```

将本窗体设计为启动窗体,执行本窗体,其执行界面如图 8.27 所示。

图 8.26　Form9 设计界面　　　图 8.27　Form9 执行界面

8.2.12　滚动条控件

滚动条控件分为两种类型,即水平滚动条(在工具箱中的图标为 ◀▶ HScrollBar)和垂直滚动条(在工具箱中的图标为 ▲▼ VScrollBar)。滚动条通常与文本框、列表框等一起使用,通过它可以查看列表项目和数据,还可以进行数值输入。借助最大值和最小值的设置,并配合滚动条中移动方块的位置,就能读取用户指定的数值。

滚动条的结构为两端各有一个滚动箭头,两个滚动箭头中间是滚动条部分,在滚动条上有一个能够移动的小方块,叫做滚动框。

水平滚动条和垂直滚动条的结构和使用方法相同。滚动条在窗体上的外观如图 8.28 所示,左边是水平滚动条,右边是垂直滚动条。

1. 滚动条的属性

滚动条的常用属性及其说明如表 8.27 所示。

图 8.28　水平滚动条和
垂直滚动条

表 8.27　滚动条的常用属性及其说明

滚动条的属性	说　　明
Maximum	表示滚动条的最大值
Minimum	表示滚动条的最小值
Value	表示目前滚动条所在位置对应的值
LargeChange	设置滚动条的最大变动值
SmallChange	设置滚动条的最小变动值

2. 滚动条的事件和方法

滚动条的方法很少使用,滚动条的常用事件及其说明如表 8.28 所示。

表 8.28　滚动条的常用事件及其说明

滚动条的事件	说　　明
Scroll	当用鼠标压住滚动条上的滑块进行移动时,滑块被重新定位时发生
Change	在改变 Value 属性值时发生

【例 8.10】　设计一个窗体说明滚动条的使用方法。

解：在 Proj8_1 项目中添加一个窗体 Form10,在其中放置一个水平滚动条(hScrollBar1)、垂直滚动条(vScrollBar1)和一个分组框 groupBox1,在 groupBox1 中放置一个文本框 textBox1 和一个命令按钮 button1。该窗体设计界面如图 8.29 所示。在本窗体上设计以下事件过程：

```
private void Form10_Load(object sender, EventArgs e)
{   hScrollBar1.Maximum = 100; hScrollBar1.Minimum = 0;
    hScrollBar1.SmallChange = 2; hScrollBar1.LargeChange = 5;
    vScrollBar1.Maximum = 100; vScrollBar1.Minimum = 0;
    vScrollBar1.SmallChange = 2; vScrollBar1.LargeChange = 5;
    hScrollBar1.Value = 0; vScrollBar1.Value = 0;
    textBox1.Text = "0";
}
private void hScrollBar1_Scroll(object sender, ScrollEventArgs e)
{   textBox1.Text = hScrollBar1.Value.ToString("d");
    //将 hScrollBar1.Value 整数将实际宽度转换成字符串在 textBox1 中显示
    vScrollBar1.Value = hScrollBar1.Value;
}
private void vScrollBar1_Scroll(object sender, ScrollEventArgs e)
{   textBox1.Text = vScrollBar1.Value.ToString("d");
    hScrollBar1.Value = vScrollBar1.Value;
}
private void button1_Click(object sender, EventArgs e)
{   if (Convert.ToInt16(textBox1.Text)> = 0 && Convert.ToInt16(textBox1.Text) < = 100)
    {   hScrollBar1.Value = Convert.ToInt16(textBox1.Text);
        vScrollBar1.Value = Convert.ToInt16(textBox1.Text);
    }
}
```

通过 hScrollBar1_Scroll 和 vScrollBar1_Scroll 这两个事件过程,使得在移动滚动条时

C# 程序设计教程(第 2 版)

在文本框中显示当前值,同时使得这两个滚动条同步移动。也可以在文本框中输入一个数值后,单击"设置"按钮使两个滚动条定位在相应位置上。

将本窗体设计为启动窗体,执行本窗体,将移动水平滚动条至 34,其结果如图 8.30 所示。

图 8.29　Form10 设计界面　　　　图 8.30　Form10 执行界面

8.2.13　月历控件

月历控件在工具箱中的图标为 MonthCalendar ,可用于显示一个月或几个月的月历。

1．月历控件的常用属性

月历控件的常用属性及其说明如表 8.29 所示。

表 8.29　月历控件的常用属性及其说明

月历控件的属性	说　　明
MonthlyBoldedDate	该属性值是 DateTime 数组类型,用于设置一个月中要用粗体显示的日期
BolderDate	该属性值是 DateTime 数组类型,用于设置要用粗体显示的日期
MinDate	获取或设置可选择的最小月历日期
MaxDate	获取或设置可选择的最大月历日期
SelectionRange	获取或设置在月历中选择日期的范围
SelectionStart	获取或设置所选日期范围的开始日期
ShowWeekNumbers	获取或设置是否在月历的左方,列出每个星期是本年度的第几个星期
ShowToday	获取或设置是否在月历的底部显示"今天"的日期
ShowTodayCircle	获取或设置是否在当天的日期上加一个圈
TodayDate	获取或设置当前的日期值

2．月历控件的事件和方法

月历控件的常用事件及其说明如表 8.30 所示,其方法很少使用。

表 8.30　月历控件的常用事件及其说明

月历控件的事件	说　　明
DateChanged	当日期改变时,引发此事件
DateSelected	当日期被选择时,引发此事件

8.2.14　日期/时间控件

日期/时间控件在工具箱中的图标为 DateTimePicker (DateTimerPicker),其外观像一个组合框,用于显示日期和时间。而当单击下拉箭头时,就会出现一个按月份显示的日历,可以从中选择日期。

1. 日期/时间控件的属性

日期/时间控件的常用属性及其说明如表 8.31 所示。

表 8.31　日期/时间控件的常用属性及其说明

日期/时间控件的属性	说　　明
Format	用设置显示日期/时间的格式。可选以下值之一: (1) Custom:DateTimePicker 控件以自定义格式显示日期/时间值。 (2) Long:DateTimePicker 控件以用户操作系统设置的长日期格式显示日期/时间值。 (3) Short:DateTimePicker 控件以用户操作系统设置的短日期格式显示日期/时间值。 (4) Time:DateTimePicker 控件以用户操作系统设置的时间格式显示日期/时间值
CustomFormat	用于设置自定义格式的字符串,当设置 Format 属性为 Custom 时,使用此格式
MaxDate	获取或设置可选择的最大日期
MinDate	获取或设置可选择的最小日期
ShowCheckBox	获取或设置一个值,该值指示在选择日期的左侧是否显示一个复选框
ShowUpDown	获取或设置一个值,该值指示是否使用数值调节按钮调整日期/时间值
Value	用于获取或设置当前日期

2. 日期/时间控件的事件和方法

日期/时间控件常用的事件是 ValueChanged,当选择的日期改变时,引发此事件。日期/时间控件的方法很少使用。

【例 8.11】 设计一个窗体,说明日期/时间控件的使用方法。

解:在 Proj8_1 项目中添加一个窗体 Form11,在其中放置一个日期/时间控件 dateTimerPicker1、一个标签 label1 和一个文本框 textBox1。该窗体设计界面如图 8.31 所示。在本窗体上设计以下事件过程:

图 8.31　Form11 设计界面

```
private void Form11_Load(object sender, EventArgs e)
{    dateTimePicker1.Format = DateTimePickerFormat.Long;
     dateTimePicker1.ShowCheckBox = true;
     dateTimePicker1.ShowUpDown = false;
     textBox1.Text = "";
}
private void dateTimePicker1_ValueChanged(object sender, EventArgs e)
{    textBox1.Text = dateTimePicker1.Value.ToString("yyyy.MM.dd hh:mm:ss");
     //将 dateTimePicker1 中的值转换成日期时间字符串并在 textBox1 中显示
}
```

将本窗体设计为启动窗体,执行本窗体,单击日期/时间控件右侧的 ![按钮] 按钮,出现如图 8.32 所示的界面,从中选择一个日期,返回后的结果如图 8.33 所示。

图 8.32　Form11 执行界面一　　　　　图 8.33　Form11 执行界面二

8.2.15　超链接标签控件

超链接标签控件在工具箱中的图标为 **A LinkLabel**（LinkLabel），同 Label 控件十分相似，与之不同之处在于 LinkLabel 控件具有超链接功能。使用此控件可以超链接到一个网站的站点或网页上，也可以使用它连接到其他的应用程序。LinkLabel 控件中的大部分属性、方法、事件都是从 Label 控件中继承来的，但它有几个特殊的用于超链接的属性和事件。

1. LinkLabel 控件的属性

LinkLabel 控件的常用属性及其说明如表 8.32 所示。

表 8.32　LinkLabel 控件的常用属性及其说明

LinkLabel 控件的属性	说　　明
ActiveLinkColor	获取或设置显示超链接部分的颜色
LinkArea	获取或设置该控件显示的标签文本中超链接部分的区域大小。该属性设置两个值，第一个值为该区域起始字符的位置，第二个值为区域的长度
DisabledLinkColor	获取或设置该控件不用时，标签文本中链接部分的颜色
LinkColor	获取或设置未连接过的超链接的文本颜色
VisitedLinkColor	获取或设置已连接过的超链接的文本颜色

2. LinkLabel 控件的事件和方法

LinkLabel 控件的常用事件及其说明如表 8.33 所示，其方法很少使用。

表 8.33　LinkLabel 的常用事件及其说明

LinkLabel 控件的事件	说　　明
LinkClicked	当鼠标移到标签文本中的超链接文本部分时，会出现一只手的小图标，这时单击此超链接文本部分，将会引发此事件。通常在此事件过程中，使用 System. Diagnostics. Process. Start 方法打开指定的网页
MouseMove	当在 LinkLabel 控件上移动鼠标时，将发生此事件。并且伴随鼠标的移动，将连续不断地引发此事件

【例 8.12】　设计一个窗体，说明超链接标签控件的使用方法。

解：在 Proj8_1 项目中添加一个窗体 Form12，在其中放置一个超链接标签控件 linkLabel1。窗体设计界面如图 8.34 所示。在本窗体上设计以下事件过程：

```
private void LinkLabel1_LinkClicked(object sender, LinkLabelLinkClickedEventArgs e)
{    System.Diagnostics.Process.Start("http://www.hao123.com"); }
private void Form12_Load(object sender, EventArgs e)
{    LinkLabel1.LinkColor = Color.Blue;
     LinkLabel1.ActiveLinkColor = Color.Green;
}
```

将本窗体设计为启动窗体,执行本窗体,单击其中的 LinkLabel1 控件,启动 www.
hao123.com 网站的主页,如图 8.35 所示。

图 8.34 Form12 设计界面   图 8.35 Form12 执行界面

8.3 多文档窗体

前面所创建的都是单文档界面(SDI)应用程序,这样的程序仅支持一次打开一个窗口或文档,如果要编辑多个文档,则必须创建应用程序的多个实例,使用多文档窗体可以达到这个目的。

多文档界面(MDI)应用程序在应用软件设计中是非常多见的,如 Microsoft Office 系列的许多产品,包括 Word、Excel 等都是多文档界面应用程序。多文档界面应用程序由一个多文档窗体(MDI 父窗体)中包含多个文档(MDI 子窗体)组成,父窗体作为子窗体的容器,子窗体显示各自文档,它们具有不同的功能。处于活动状态的子窗体的最大数目是 1;子窗体本身不能成为父窗体;不能将子窗体移动到父窗体的区域之外。

多文档界面应用程序具有如下特性:

(1) 所有子窗体均显示在 MDI 窗体的工作区内,用户可改变、移动子窗体的大小,但被限制在 MDI 窗体中。

(2) 当最小化子窗体时,它的图标将显示在 MDI 窗体上而不是在任务栏中。

（3）当最大化子窗体时，它的标题与 MDI 窗体的标题一起显示在 MDI 窗体的标题栏上。

（4）MDI 窗体和子窗体都可以有各自的菜单，当子窗体加载时覆盖 MDI 窗体的菜单。

1. MDI 父窗体属性、事件和方法

1）MDI 父窗体的属性

常用的 MDI 父窗体属性及其说明如表 8.34 所示。

表 8.34　常用的 MDI 父窗体属性及其说明

MDI 父窗体属性	说　明
ActiveMdiChild	表示当前活动的 MDI 子窗口，如没有子窗口则返回 NULL
IsMdiContainer	指示窗体是否为 MDI 父窗体，值为 True 时表示是父窗体，值为 False 时表示是普通窗体
MdiChildren	以窗体数组形式返回所有 MDI 子窗体

2）MDI 父窗体的方法

一般只使用父窗体的 LayoutMdi 方法，其使用格式为：

```
MDI 父窗体名.LayoutMdi(value)
```

其功能是在 MDI 父窗体中排列 MDI 子窗体，参数 value 决定排列方式，有以下 4 种取值：

- LayoutMdi. ArrangeIcons：所有 MDI 子窗体以图标形式排列在 MDI 父窗体中。
- LayoutMdi. TileHorizontal：所有 MDI 子窗体均垂直平铺在 MDI 父窗体中。
- LayoutMdi. TileVertical：所有 MDI 子窗体均水平平铺在 MDI 父窗体中。
- LayoutMdi. Cascade：所有 MDI 子窗体均层叠在 MDI 父窗体中。

3）MDI 父窗体的事件

常用的 MDI 父窗体的事件是 MdiChildActivate，在激活或关闭 MDI 子窗体时将引发该事件。

2. MDI 子窗体属性

常用的 MDI 子窗体属性及其说明如表 8.35 所示。

表 8.35　常用的 MDI 子窗体属性及其说明

MDI 子窗体属性	说　明
IsMdiChild	指示窗体是否为 MDI 子窗体，值为 True 时表示是子窗体，值为 False 时表示是一般窗体
MdiParent	用来指定该窗体的 MDI 父窗体

3. 创建 MDI 父窗体及其子窗体

创建一个多文档应用程序的基本步骤如下：

（1）创建一个表示 MDI 父窗体的窗体 PForm（和普通窗体创建方式相同），然后将其 IsMdiContainer 属性设置为 True。

（2）创建一个或多个子窗体用于产生子窗体的模板（和普通窗体创建方式相同）。

（3）编写程序代码。例如，子窗体为 SForm，则在父窗体 PForm 上使用以下语句设置

并显示子窗体：

```
SForm child = new SForm();                 //定义子窗体对象
child.MdiParent = this;                     //建立父子窗体关系
child.Show();                               //显示子窗体
```

【例 8.13】 设计一个 Windows 应用程序，说明多文档窗体的使用方法。

解：创建一个 Windows 窗体应用程序项目 Proj8_2(存放在 H:\C♯2005\ch8 文件夹中)，向其中添加一个窗体 Form1，将其 IsMdiContainer 属性设置为 True(为多文档窗体)，Text 属性设置为 MDIForm1，在其下方放置 5 个命令按钮(button1～button5)，其设计界面如图 8.36 所示。

再在项目中添加一个普通窗体 Form2，不放置任何控件。在本项目文件中设计以下事件过程：

```
using System;
using System.Windows.Forms;
namespace Proj8_2
{   public partial class Form1 : Form
    {   private int n = 0;
        public Form1()
        {   InitializeComponent(); }
        private void button1_Click(object sender, EventArgs e)
        {   Form2 child = new Form2();
            child.MdiParent = this;
            child.Show();
            n++;
            child.Text = "第" + n + "个子窗体";
        }
        private void button2_Click(object sender, EventArgs e)
        {   this.LayoutMdi(System.Windows.Forms.MdiLayout.ArrangeIcons); }
        private void button3_Click(object sender, EventArgs e)
        {   this.LayoutMdi(System.Windows.Forms.MdiLayout.Cascade); }
        private void button4_Click(object sender, EventArgs e)
        {   this.LayoutMdi(System.Windows.Forms.MdiLayout.TileVertical); }
        private void button5_Click(object sender, EventArgs e)
        {   this.LayoutMdi(System.Windows.Forms.MdiLayout.TileHorizontal); }
    }
}
```

执行 Form1 窗体，单击 3 次"创建子窗体"命令按钮，其结果如图 8.37 所示，单击一次"水平平铺"命令按钮，其结果如图 8.38 所示，再单击一次"垂直平铺"命令按钮，其结果如图 8.39 所示。

图 8.36　Form1 设计界面

图 8.37　Form1 执行界面一

图 8.38　Form1 执行界面二

图 8.39　Form1 执行界面三

8.4　窗体设计的事件机制

8.4.1　什么是事件处理程序

事件处理程序是代码中的过程,用于确定事件(如用户单击按钮或消息队列收到消息)发生时要执行的操作。事件处理程序是绑定到事件的方法。当引发事件时,将执行收到该事件的一个或多个事件处理程序。

每个事件处理程序提供两个参数。例如,窗体中一个命令按钮 button1 的 Click 事件的事件处理程序如下:

```
private void button1_Click(object sender, System.EventArgs e)
{
    //输入相应的代码
}
```

其中,第一个参数 sender 提供对引发事件的对象的引用,第二个参数 e 传递特定于要处理的事件的对象。通过引用对象的属性(有时引用其方法)可获得一些信息,如鼠标事件中鼠标的位置或拖放事件中传输的数据。

创建事件处理程序有以下两种方法:

(1) 在 Windows 窗体中创建事件处理程序。

(2) 在执行时为 Windows 窗体创建事件处理程序。

8.4.2　在 Windows 窗体中创建事件处理程序

在 Windows 窗体设计器上创建事件处理程序的过程如下:

(1) 单击要为其创建事件处理程序的窗体或控件。

(2) 在属性窗口中单击“事件”按钮 ⚡。

(3) 在可用事件的列表中,单击要为其创建事件处理程序的事件。

(4) 在事件名称右侧的框中,输入处理程序的名称,然后按 Enter 键。如图 8.40 所示为 button1 命令按钮选择 button1_Click 事件处理程序,这样 C# 系统会在对应窗体的 .Designer.cs 文件中自动添加以下语句(如图 8.41 所示):

```
this.button1.Click += new System.EventHandler(this.button1_Click);
```

图8.40 在属性窗口中添加事件处理程序

图8.41 自动添加订阅事件

该语句的功能是订阅事件(参见第 6 章),即接收器使用加法赋值运算符(＋＝)将该委托 System.EventHandler(this.button1_Click)添加到源对象 button1 的事件中。

(5)将适当的代码添加到该事件处理程序中。

实际上,在为命令按钮创建单击事件处理程序时,通常是在窗体中直接双击命令按钮 button1 进入代码编辑窗口,出现 button1_Click 方法首部时再输入相应的事件处理代码(本章前面的示例均采用这种方法来创建事件处理程序的),这一操作过程也是按照前面的步骤进行的,只不过由 C♯ 系统自动完成了。所以将 button1_Click 称为命令按钮的默认事件处理程序。如果要创建其他事件处理程序,就必须按照上述操作步骤进行。

另外,如果用户不需要某个已创建的事件处理程序时,直接在代码编辑窗口中删除对应的事件处理程序,在编译时会导致出错,因为对应的订阅事件语句没有自动删除,只需打开窗体的.Designer.cs 文件,删除对应的订阅事件语句即可。

8.4.3 在执行时为 Windows 窗体创建事件处理程序

除了使用 Windows 窗体设计器创建事件处理程序外,还可以在执行时创建事件处理程序。该操作允许在执行时根据代码中的条件连接相应的事件处理程序,而不是在程序刚启动时连接事件处理程序。在执行时创建事件处理程序的过程如下:

(1)在代码编辑器中打开要向其添加事件处理程序的窗体。

(2)对于要处理的事件,将带有其方法签名的方法添加到窗体上。

例如,如果要处理命令按钮 button1 的 Click 事件,则需创建如下的一个方法:

```
private void button1_Click(object sender, System.EventArgs e)
{
    //输入相应的代码
}
```

(3)将适合应用程序的代码添加到事件处理程序中。

(4)确定要创建事件处理程序的窗体或控件。

（5）打开对应窗体的 .Designer.cs 文件，添加指定事件处理程序的代码处理事件。例如，以下代码指定事件处理程序 button1_Click 处理命令按钮控件的 Click 事件：

```
button1.Click += new System.EventHandler(button1_Click);
```

注意：在很多情况下，C#会自动添加上述代码。

8.4.4 将多个事件连接到 Windows 窗体中的单个事件处理程序

在应用程序设计中，可能需要将单个事件处理程序用于多个事件或让多个事件执行同一过程，这样便于简化代码。在 C#中将多个事件连接到单个事件处理程序的过程如下：

（1）选择要将事件处理程序连接到的控件。

（2）在"属性"窗口中，单击"事件"按钮。

（3）单击要处理的事件的名称。

（4）在事件名称旁边的值区域中，单击下拉按钮显示现有事件处理程序列表，这些事件处理程序会与要处理的事件的方法签名相匹配。

（5）从该列表中选择适当的事件处理程序。

代码将添加到该窗体中，以便将该事件绑定到现有事件处理程序。

图 8.42 Form1 设计
界面

【例 8.14】 设计一个 Windows 应用程序，用于模拟简单计算器的功能。

解：创建一个 Windows 窗体应用程序项目 Proj8_3（存放在 H:\C#2005\ch8 文件夹中），向其中添加一个窗体 Form1，其设计界面如图 8.42 所示，它有一个文本框 textBox1、一个标签 label1 和 16 个命令按钮（button1~button9 的标题分别为 1~9，button10 的标题为 0，button11 的标题为 . ，button12 的标题为＝，button13 的标题为＋，button14 的标题为－，button15 的标题为×，button16 的标题为÷）。

在该窗体上设计如下代码：

```csharp
using System;
using System.Windows.Forms;
namespace Prj8_3
{   public partial class Form1 : Form
    {   private string s;                          //保存用户所按的运算按钮
        private double x, y;                       //保存用户输入的运算数
        private Button btn;                        //运算按钮变量
        public Form1()
        {   InitializeComponent(); }
        private void Form1_Load(object sender, EventArgs e)
        {   textBox1.Text = "";
            label1.Text = "";
        }
        private void buttond_Click(object sender, EventArgs e)
                                    //单击数字命令按钮的事件处理程序
        {   btn = (Button)sender;
```

```
            textBox1.Text = textBox1.Text + btn.Text;
    }
    private void buttonop_Click(object sender, EventArgs e)
                                    //单击运算符命令按钮的事件处理程序
    {   btn = (Button)sender;
        if (btn.Name!="button12")       //用户不是单击"="命令按钮
        {   x = Convert.ToDouble(textBox1.Text);
            textBox1.Text = "";
            s = btn.Name;               //保存用户按键
            label1.Text = x.ToString();
        }
        else                            //用户单击"="命令按钮
        {   if (label1.Text == "")
                MessageBox.Show("输入不正确!!!","信息提示",MessageBoxButtons.OK);
            else
            {   y = Convert.ToDouble(textBox1.Text);
                switch(s)
                {
                case "button13":        //用户刚前面单击"+"命令按钮
                    textBox1.Text = (x + y).ToString();
                    break;
                case "button14":        //用户刚前面单击"-"命令按钮
                    textBox1.Text = (x - y).ToString();
                    break;
                case "button15":        //用户刚前面单击"×"命令按钮
                    textBox1.Text = (x * y).ToString();
                    break;
                case "button16":        //用户刚前面单击"÷"命令按钮
                    if (y == 0)
                        MessageBox.Show("除零错误!!!", "信息提示",MessageBoxButtons.OK);
                    else
                        textBox1.Text = (x / y).ToString();
                    break;
                }
                label1.Text = textBox1.Text;
            }
        }
    }
}
```

本窗体中的 16 个命令按钮分为两组,button1～button11 共 11 个命令按钮为数字组,用于输入数值(含小数点),button12～button16 为运算符组。

由于数字组的所有操作是类似的,它们共享同一事件处理过程 buttond_Click,所以需要为 button1～button11 共 11 个命令按钮指定 buttond_Click 事件处理过程,其操作如图 8.40 所示。同样,运算符组的所有操作是类似的,它们共享同一事件处理过程 buttonop_Click,所以需要为 button12～button16 共 5 个命令按钮指定 buttonop_Click 事件处理过程,其操作与图 8.40 类似。

其中 button12(标题为＝)命令按钮比较特殊,因为正常操作的情况下,单击它时前面已经输入 x op y 的式子(op 为某个运算符,用变量 s 保存它),只需进行相应的运算,并将结果在 label1 中显示即可。

执行本窗体,通过单击命令按钮在文本框中输入 15.2,单击"＋"按钮,再输入 63.7,最后单击"＝"按钮,结果如图 8.43 所示。

图 8.43 Form1 执行
界面

练习题 8

1. 单项选择题

(1) C♯程序中为使变量 myForm 引用的窗体对象显示为对话框,必须_____。

A. 使用 myForm.ShowDailog()方法显示对话框

B. 将 myForm 对象的 isDialog 属性设为 true

C. 将 myForm 对象的 FormBorderStyle 枚举属性设置为 FixedDialog

D. 将变量 myForm 改为引用 System.Windows.Dialog 类的对象

(2) 在 C♯程序中,文本框控件的_____属性用来设置其是否是只读的。

A. ReadOnly   B. Locked   C. Lock   D. Style

(3) 设置文本框的_____属性可以使其显示多行。

A. PasswordChar   B. ReadOnly   C. Multiline   D. MaxLength

(4) 当用户单击窗体上的命令按钮时,会引发命令按钮控件的_____事件。

A. Click   B. Leave   C. Move   D. Enter

(5) 在 Windows 应用程序中,如果复选框控件的 Checked 属性值设置为 True,表示_____。

A. 该复选框被选中   B. 该复选框不被选中

C. 不显示该复选框的文本信息   D. 显示该复选框的文本信息

(6) 要获取 ListBox 控件当前选中项的文本,通过_____属性得到。

A. SelectedIndex   B. SelectedItem   C. Items   D. Text

(7) 要获取 ComboBox 控件所包含项的集合,通过_____属性得到。

A. SelectedItem   B. SelectedText   C. Items   D. Sorted

(8) 启动一个定时器控件的方法是_____。

A. Enabled   B. Interval   C. Start   D. Stop

(9) 已知在某 Windows 应用程序中,主窗口类为 Form1,程序入口为静态方法 From1.Main。如下所示:

```
public class Form1 : System.Windows.Forms.Form
{
    //其他代码
    static void Main()
    {
        //在此添加合适代码
```

　　　　}
　　}

则在 Main 方法中打开主窗口的正确代码是_____。

A. Application. Open(new Form1());

B. Application. Run(new Form1());

C. (new Form1()). Open();

D. (new Form1()). Run();

(10) 在 Windows 应用程序中，可以通过以下_____方法使一个窗体成为 MDI 窗体。

A. 改变窗体的标题信息

B. 在工程的选项中设置启动窗体

C. 设置窗体的 IsMdiContainer 属性为 True

D. 设置窗体的 ImeMode 属性

2. 问答题

(1) 简述 C♯ 中有哪几种窗体类型，窗体有哪些基本属性。

(2) 简述 C♯ 中常用控件的属性和方法。

(3) 创建一个 Windows 窗体应用程序项目 Proj8_4(存放在 H:\C♯2005\ch8 文件夹中)，向其中添加一个窗体 Form1，实现用户登录(输入用户名和口令，假设正确的用户名/口令为 1234/1234)，并给出相应的提示信息。规定用户错误输入不超过 3 次。其执行界面如图 8.44 所示。

3. 编程题

(1) 在 Proj8_4 项目中添加一个窗体 Form2，其执行界面如图 8.45 所示，上方是一个文本框，包含有"中华人民共和国成立 60 周年"的值。下面有两个分组框和一个复选框，分别用于修改文本框的字体、大小和是否粗体。说明：设计本题需要查阅 Font 类的相关文档。

　　图 8.44　问答题(3)窗体执行界面　　　图 8.45　编程题(1)窗体执行界面

(2) 在 Proj8_4 项目中添加一个窗体 Form3，其执行界面如图 8.46 所示，从左边列表框中选择一个乘数，在中间列表框中选择一个被乘数，这时在右边列表框中出现它们的求积算式及结果；当单击最右边列表框时删除单击的选项。

(3) 在 Proj8_4 项目中添加一个窗体 Form4，其执行界面如图 8.47 所示。当在组合框中输入一个新项时自动添加到该组合框列表中，并给出相应提示；当在组合框中输入一个已存在的项时，给出相应提示。

220

C＃程序设计教程(第2版)

图 8.46　编程题(2)窗体执行界面　　　　　图 8.47　编程题(3)窗体执行界面

4. 上机实验题

在 Proj8_4 项目中添加一个窗体 Form5,在学生结构数组存放 10 名学生的记录,然后根据用户指定的学号显示相应的学生记录。其执行界面如图 8.48 所示,这里是从组合框中选择 3 时,在学生记录分组框中显示该学号的记录。

图 8.48　上机实验题窗体执行界面

用户界面设计　　第 9 章

本章介绍的用户界面设计包括菜单设计和一些美化用户界面的非 C♯内部控件的使用。为应用程序设计好的界面,可以提高应用程序的可操作性。

本章学习要点:

- 掌握 C♯菜单的基本结构和组成。
- 掌握 C♯下拉式菜单和弹出式菜单的设计方法。
- 掌握通用对话框控件的设计方法。
- 掌握 ImageList 控件的设计方法。
- 掌握 TreeView(树视图)和 ListView(列表视图)控件的设计方法。
- 掌握 ToolStrip(工具栏)和 StatusStrip(状态栏)控件的设计方法。

9.1　菜单设计

9.1.1　菜单的基本结构

菜单是用户界面中的重要组成部分。不论何种风格的菜单,按使用形式可以分为下拉式菜单和弹出式菜单两种。下拉式菜单位于窗口顶部,一般通过单击菜单栏中的菜单标题(如"文件"、"编辑"和"视图"等)的方式打开。弹出式菜单是独立于窗体菜单栏而显示在窗体内的浮动菜单,一般通过右键单击某一区域的方式打开,不同的区域所"弹出"的菜单内容是不同的。

下拉式菜单和弹出式菜单的基本结构大致相似,下面以下拉式菜单为例来说明菜单的基本结构。

下拉式菜单的基本结构包括:菜单栏、菜单标题、一级菜单和子菜单。

一般情况下,菜单栏都紧位于窗体标题栏的下面,由若干个菜单标题构成主菜单。当单击一个菜单标题时,包括菜单项列表的一级菜单就被拉下来。一级菜单由若干菜单项和分隔条组成。若一个菜单项右侧有一个子菜单标记▶,单击这样的菜单时,将打开下一级子菜单,可以从子菜单中选择要

C♯程序设计教程(第 2 版)

执行的子菜单项。此时上一级菜单项又称为子菜单标题。在 C♯中,最多可以设计出 6 级子菜单,但这种菜单对用户来说太复杂了,通常在应用程序中最多有两级下拉菜单。

菜单的各个组成部分如图 9.1 所示。

图 9.1　菜单的基本结构

1. 菜单栏

图 9.1 中窗体标题栏下面"文件"、"编辑"等菜单所在的区域为菜单栏。

2. 菜单标题

图 9.1 中的"文件"等都是菜单标题。它们都有下一级菜单,菜单标题实际上是其下级菜单的标题,例如,"文件"是文件下一级菜单的标题。

3. 菜单项

当单击菜单标题时,所打开的下拉列表项就是菜单项,每个菜单项代表一条命令或子菜单标题。

当单击一个菜单项时,若是一般的命令,则马上执行该命令。若菜单项的右边有"…",则单击此菜单项时,将打开一个对话框,在对话框中输入执行命令所需要的信息并单击"确定"按钮即可执行该菜单命令。

4. 分隔条

如图 9.1 所示的分隔条用于分隔不同类别的菜单。

5. 菜单快捷键

在图 9.1 中,"文件"下拉菜单中的"打开项目"菜单项最右侧的 Ctrl+O 键就是菜单快捷键。当用户按 Ctrl+O 键时就等效于用户用鼠标单击"打开项目"菜单项。

6. 子菜单标记

当菜单项的右侧出现黑色三角形▶时,表示该菜单项有子菜单。

7. 菜单热键

在图 9.1 中,"打开文件"菜单项右侧的"O"表示"打开文件"菜单项的热键。在"添加"子菜单中,"现有项目"菜单项右侧的"E"表示"现有项目"菜单项的热键。

当程序执行后,若出现包含有菜单热键的菜单,用户可以按下相应的字母来执行对应的命令。例如,在出现"文件"一级菜单时,按 O 键等效于鼠标单击"文件"菜单中的"打开文件"命令。当出现"添加"子菜单时,按 E 键就是执行"现有项目"命令。

9.1.2　创建下拉式菜单

C# 的工具箱中提供了一个 MenuStrip 菜单控件,其图标为 ![MenuStrip]。使用 MenuStrip 控件创建菜单非常简单方便。下面详细介绍使用 MenuStrip 控件设计菜单的方法。

1．添加菜单和菜单项

要在窗体上创建一个标准菜单,可以直接向窗体添加一个 MenuStrip 控件 menuStrip1,并利用菜单设计器添加菜单项,其步骤如下:

(1) 从工具箱中把一个 MenuStrip 控件拖拽到窗体上。

此时,menuStrip1 控件不是显示在窗体上,而是显示在窗体设计器区域下面的一个独立面板上,窗体标题栏的下面会出现一个可视化菜单设计器。可视化菜单设计器为一个文本框,框内显示"请在此输入"。

例如,新建一个 Windows 应用程序项目 Proj9_1,向其中添加一个窗体 Form1,从工具箱将 MenuStrip 控件拖放在窗体上,其结果如图 9.2 所示。

(2) 输入菜单标题。

单击可视化菜单设计器所显示的文本框,输入一个菜单标题。

例如,在 Form1 窗体的菜单中输入 AAA 作为第一个菜单标题,此时该菜单标题的右侧和下面就显示出带阴影的文本框。右侧的带阴影的文本框用来设置第二个菜单标题,下面带阴影的文本框用来设置该菜单标题下的菜单项。单击 AAA 菜单标题右侧框输入 "BBB",单击下面的文本框输入 AAA1,则所建菜单的第二个菜单标题是 BBB,而 AAA 菜单标题下的第一个菜单项是 AAA1,添加菜单标题与菜单项如图 9.3 所示。

图 9.2　可视化菜单控件

图 9.3　添加菜单标题与菜单项

(3) 输入新的菜单项和子菜单。

在输入一个菜单项后,该菜单项的右侧和下面也显示出带阴影的文本框。其下面的框用于设置同级的菜单项,而其右侧的框用于设置其子菜单项。例如,在 AAA 菜单项下面的阴影框中输入"AAA2"菜单项,而在其右侧的阴影框中输入 AAA11,则 AAA 菜单标题下第二个菜单项为 AAA2,AAA1 菜单项的第一个子菜单项是 AAA11,如图 9.4 所示。

(4) 插入分隔条。

可以在两个相邻的菜单项之间插入分隔条,这样能够起到美观的作用。例如,在 AAA1 和 AAA2 两个菜单项之间插入一个分隔条。其操作过程是,将鼠标指针移到 AAA2 菜单项上右击,出现一个快捷菜单,选择"插入"|Separator 命令,如图 9.5 所示,这样便在 AAA1 和 AAA2 两个菜单项之间插入了一个分隔条。

图 9.4　添加新的菜单项和子菜单

图 9.5　添加分隔条

按照上面的步骤可创建程序所需要的主菜单或子菜单。如图 9.6 所示的是一个完整的菜单实例,它包括两个菜单标题,其中"AAA"菜单包括两个菜单项,而第一个菜单项又包含 3 个子菜单项。

(5) 删除菜单项。

当一个菜单项已建立后,删除菜单项十分容易。例如,选中 AAA1 菜单项,单击鼠标右键,出现一个快捷菜单,选择"删除"命令即可删除 AAA1 菜单项,如图 9.7 所示。

图 9.6　一个完整的菜单

图 9.7　删除菜单项

（6）更改菜单项文本和名称。

当一个菜单项已建立后，更改其文本也十分容易。
例如，单击 AAA1 菜单项，此时该菜单项变为可编辑的，
直接输入新的文本即可，如图 9.8 所示。

更改菜单项名称的操作是，单击菜单项，在属性窗体
中将 Name 的默认值改为希望的名称即可。

2. 设置菜单项属性

MenuStrip 菜单控件可理解为一个容器。它是一个
包含了所有菜单项的对象集，每个菜单项是一个

图 9.8　菜单项更名

ToolStripMenuItem 对象。每个菜单项的默认的名称为菜单项文本加上
ToolStripMenuItem（C♯ 中控件名称以小写字母开头，故将第一个字母改为小写，如 AAA2
菜单项对应的控件名为 aAA2ToolStripMenuItem），若有重名的菜单项，名称后面加上序号
进行区别。可以为每个菜单项 ToolStripMenuItem 对象设置属性等。例如，修改菜单项的
名称即修改其 Name 属性。菜单项 ToolStripMenuItem 对象的常用属性如表 9.1 所示，其
常用事件有 Click、DoubleClick 等。

表 9.1　菜单项 ToolStripMenuItem 对象的常用属性

ToolStripMenuItem 对象的属性	说　　明
Checked	获取或设置一个值，通过该值指示选中标记是否出现在菜单项文本的旁边。如果要放置选中标记在菜单项旁边，则为 True，否则为 False（默认值）
Name	获取或设置菜单的名称
Enabled	用于控制菜单是否可用。如果设置该值为 True，表示启用该项，若为 False 则禁用该项
ShortcutKeys	获取或设置与 ToolStripMenuItem 关联的快捷键
ShowShortcutKeys	获取或设置一个值，该值指示与 ToolStripMenuItem 关联的快捷键是否显示在 ToolStripMenuItem 旁边
Text	设置菜单项显示的文本
Image	获取或设置显示在 ToolStripItem 上的图像
Visible	控制菜单项是否可见。如果设置为 True，则菜单项可见；如果设置为 False，则将隐藏菜单项
ToolTipText	获取或设置一个值，该值为菜单项的提示信息

例如，执行以下语句设置 aAA2ToolStripMenuItem 菜单项的属性：

```
aAA2ToolStripMenuItem.Checked = True
aAA2ToolStripMenuItem.Text = "AAA2 菜单项"
aAA2ToolStripMenuItem.ToolTipText = "功能是插入一个记录"
```

这样，执行时 aAA2ToolStripMenuItem 的效果如图 9.9 所示。

用户可以更改菜单项默认的名称，其操作有两种方法：

（1）进入属性窗体，从对象列表中选中相应的菜单项，直接修改其 Name 属性。

（2）选中窗体中的菜单，单击右边的 ▶ 按钮，如图 9.10 所示，在出现的下拉菜单中选择

Ｃ#程序设计教程（第 2 版）

"编辑项"命令，出现如图 9.11 所示的"项集合编辑器"对话框，修改对应菜单项的 Name 值。

图 9.9　设置相关属性后的菜单项

图 9.10　选择"编辑项"命令

图 9.11　"项集合编辑器"对话框

这些操作也适合于修改菜单项的其他属性。

3. 为菜单项编写事件过程

当使用菜单 MenuStrip 控件 menuStrip1 创建了菜单界面后，必须为菜单项编写事件过程。这样，菜单命令才能发挥作用。菜单项唯一响应的事件就是 Click 事件，在应用程序执行时，单击一个菜单项时就会发生一个 Click 事件，对应的菜单命令就会得到响应，执行相应的 Click 事件过程。

在设计菜单时，要想为某个菜单项编写事件过程，只要双击该菜单项，即可自动打开代码窗口。例如，双击 AAA2 菜单项，出现对应的代码编辑窗口如图 9.12 所示，用户可以输入相应的代码。

4. 为菜单编写事件过程

菜单常用的事件为 Click 事件。例如，以下事件过程的功能是，当单击本菜单时，若 textBox2 文本框的值为 0，则使 divop 菜单项变为不可用，否则可以使用以下事件过程：

```
private void menuStrip1_Click(object sender, EventArgs e)
{    if (textBox2.Text == "" || Convert.ToInt16(textBox2.Text) == 0)
        divop.Enabled = false;
    else
        divop.Enabled = true;
}
```

图 9.12 为菜单项编写事件过程

【例 9.1】 设计一个下拉式菜单实现两个数的加、减、乘和除运算。

解：在前面创建的 Proj9_1 项目中添加一个窗体 Form2，在该窗体中加入 3 个标签（label1～label3）和 3 个文本框（textBox1～textBox3），然后在窗体中放置一个 MenuStrip 控件，设计的菜单层次如下：

运算(op)　　　　　　　　//表示"运算"菜单项的名称为 op,下同
....加法(addop)
....减法(subop)
....乘法(multop)
....分隔条 1
....除法(divop)

图 9.13 Form1 设计界面

Form1 的设计界面如图 9.13 所示,在本窗体上设计如下事件过程：

```
private void addop_Click(object sender, EventArgs e)
{   int n;
    n = Convert.ToInt16(textBox1.Text) + Convert.ToInt16(textBox2.Text);
    textBox3.Text = n.ToString();
}
private void subop_Click(object sender, EventArgs e)
{   int n;
    n = Convert.ToInt16(textBox1.Text) - Convert.ToInt16(textBox2.Text);
    textBox3.Text = n.ToString();
}
private void mulop_Click(object sender, EventArgs e)
{   int n;
    n = Convert.ToInt16(textBox1.Text) * Convert.ToInt16(textBox2.Text);
    textBox3.Text = n.ToString();
}
private void divop_Click(object sender, EventArgs e)
{   int n;
    n = Convert.ToInt16(textBox1.Text) / Convert.ToInt16(textBox2.Text);
    textBox3.Text = n.ToString();
}
private void op_Click(object sender, EventArgs e)
{   if (textBox2.Text == "" || Convert.ToInt16(textBox2.Text) == 0)
        divop.Enabled = false;
```

```
    else
        divop.Enabled = true;
}
```

执行本窗体,在 textBox1 文本框中输入 100,在 textBox2 文本框中输入 4,选择"运算"|"除法"命令,其结果如图 9.14 所示。若在 textBox2 文本框中输入 0,再选择"运算"|"除法"命令,其结果如图 9.15 所示,此时不能进行除法运算。

图 9.14　Form1 执行界面一

图 9.15　Form1 执行界面二

9.1.3　弹出式菜单设计

弹出式菜单也称为快捷菜单,它是独立于主菜单,而显示于窗口任何位置上的浮动菜单。一般通过右击来激活弹出式菜单。弹出式菜单作为主菜单的补充是非常有用的,通过弹出式菜单为用户提供常用命令列表,可以加快操作速度。在 C#中提供了专用的 ContextMenuStrip 控件,用于设计弹出式菜单,其图标为 ContextMenuStrip。使用 ContextMenuStrip 控件设计弹出式菜单的步骤如下:

(1)打开项目 Proj9_1,新建一个窗体 Form3。

(2)从工具箱中选择 ContextMenuStrip 控件,并将其拖到窗体 Form3 中,这时将会在窗口底部看到该控件的图标,如图 9.16 所示。

(3)在确保 ContextMenuStrip 控件选中的情况下,与下拉式菜单类似的,在显示"请在此键入"信息的文本框中输入菜单项文本,并可在"属性"窗口中修改菜单项的 Name 属性。在 Form11 窗体中设计好的弹出式菜单如图 9.17 所示。

图 9.16　创建弹出式菜单

图 9.17　一个完整的弹出式菜单

（4）此时并没有将该弹出式菜单与相应的上下文关联。因此，还需要选择窗体对象Form3，将其 ContextMenuStip 属性设置为 contextMenuStripl（contextMenuStrip1 即刚才建立的弹出式菜单）。这样，在执行该程序时，只要在窗体上右击，就会弹出刚刚建立的弹出式菜单，如图 9.18 所示。

注意：如果设计时窗体中看不见弹出式菜单，单击下方的 contextMenuStrip1 即可出现弹出式菜单，以便设计和修改它。

ContextMenuStrip 控件的常用事件是 Opened，它在打开该弹出式菜单时被引发。

【例 9.2】　设计一个弹出式菜单实现两个数的加、减、乘和除运算。

解：在 Proj9_1 项目其中添加一个窗体 Form4，在该窗体中加入 3 个标签（label1～label3）和 3 个文框（textBox1～textBox3），然后在窗体中放置一个 ContextMenuStip 控件op，设计的菜单层次如下：

.... 加法（addop）
.... 减法（subop）
.... 乘法（mulop）
.... 分隔条 1
.... 除法（divop）

将 Form4 的 ContextMenuStip 属性设置为 ContextMenuStripl。Form4 的设计界面如图 9.19 所示。在本窗体上设计如下事件过程：

```csharp
private void addop_Click(object sender, EventArgs e)
{   int n;
    n = Convert.ToInt16(textBox1.Text) + Convert.ToInt16(textBox2.Text);
    textBox3.Text = n.ToString();
}
private void subop_Click(object sender, EventArgs e)
{   int n;
    n = Convert.ToInt16(textBox1.Text) - Convert.ToInt16(textBox2.Text);
    textBox3.Text = n.ToString();
}
private void mulop_Click(object sender, EventArgs e)
{   int n;
    n = Convert.ToInt16(textBox1.Text) * Convert.ToInt16(textBox2.Text);
    textBox3.Text = n.ToString();
}
private void divop_Click(object sender, EventArgs e)
{   int n;
    n = Convert.ToInt16(textBox1.Text) / Convert.ToInt16(textBox2.Text);
    textBox3.Text = n.ToString();
}
private void op_Opened(object sender, EventArgs e)
{   if (textBox2.Text == "" || Convert.ToInt16(textBox2.Text) == 0)
        divop.Enabled = false;
    else
        divop.Enabled = true;
}
```

执行本窗体，在 textBox1 文本框中输入 100，在 textBox2 文本框中输入 4，右击，选择"除法"命令，其结果如图 9.20 所示。若在 textBox2 文本框中输入 0，再选择"除法"命令，其结果如图 9.21 示，此时不能进行除法运算。

图 9.18　弹出式菜单的执行结果

图 9.19　Form4 设计界面

图 9.20　Form4 执行界面一

图 9.21　Form4 执行界面二

9.1.4　为菜单项添加访问热键和快捷键

1. 为菜单项添加访问热键

可以为菜单标题或菜单项添加访问热键，其操作是，在菜单标题或菜单项的文字中使用 & 符号即可使其后的字母作为该菜单项的访问热键。例如，在 AAA 菜单标题中加入（&A）便可将 A 作为它的访问热键。

例如，在 Form1 窗体的菜单中，修改各菜单标题或菜单项的文字如下：

图 9.22　加有热键的菜单

AAA	⇨	AAA(&A)
BBB	⇨	BBB(&B)
CCC	⇨	CCC(&C)
DDD	⇨	DDD(&D)
AAA1	⇨	AAA1(&E)
AAA2	⇨	AAA2(&F)
AAA11	⇨	AAA11(&G)
AAA12	⇨	AAA12(&H)
AAA13	⇨	AAA13(&I)

执行时 Form1 窗体中的菜单如图 9.22 所示。有关热键的使用在前面已介绍。

2. 为菜单项添加快捷键

要为某个菜单项添加快捷键，只需设置该菜单项的 ShortcutKeys 属性。该属性默认值为 None，表示没有快捷键。需要添加快捷键时，可以单击该属性右边的下拉按钮，在弹出的菜单中选择修饰符和键。

如图 9.23 所示是为 Form1 窗体中菜单的 aAA2ToolStripMenuItem 菜单项设置 Ctrl+F 的快捷键,图 9.24 是设置快捷键后的结果。

在图 9.24 中,修饰符可以是 Ctrl、Shift 和 Alt 键中的一个,也可以是它们的组合。键值可以是字母 A~Z、数字 0~9、功能键 F1~F12 以及键盘上的其他一些键。

注意：快捷键在菜单中显示与否由 ShowShortcutKeys 属性决定,默认为 True,即显示；若改为 False 则不显示快捷键。

图 9.23 设置快捷键　　　　　图 9.24 添加快捷键后的菜单

9.2 通用对话框

通用对话框控件提供了 Windows 系统的一些通用功能,如打开文件、保存文件、设置打印机、选择字体和选择颜色等。

在 C# 的工具箱中可以找到这些对话框控件,如用来打开文件的 OpenFileDialog 控件,用来保存文件的 SaveFileDialog 控件,用来选择颜色的 ColorDialog 控件,用来选择字符的 FontDialog 控件,用来打印文件的 PrintDialog 控件,用来设置页面的 PageSetupDialog 控件以及用来打印预览的 PrintViewDialog 控件等。每个通用对话框控件都可以使用 ShowDialog 的方法来显示。

通过设置每个通用对话框控件的相关属性,可以控制每个通用对话框控件的内容。本节只介绍打开文件对话框、保存文件对话框、颜色对话框和字体对话框,其他对话框的使用与它们类似。

9.2.1 打开文件对话框

打开文件对话框(OpenFileDialog)可以用来指定要打开文件所在的驱动器、文件夹(目录)及其文件名、文件扩展名等,其图标为 ![OpenFileDialog]。

打开文件对话框的常用属性及其说明如表 9.2 所示,其常用的方法及其说明如表 9.3

C＃程序设计教程(第 2 版)

所示。

使用 ShowDialog 方法时出现打开文件对话框,用户操作后,其返回值为 DialogResult
枚举值,其含义如表 9.4 所示。

表 9.2 打开文件对话框的常用属性及其说明

打开文件对话框的属性	说　　明
AddExtension	获取或设置一个值,该值指示如果用户省略扩展名,对话框是否自动在文件名中添加扩展名
CheckFileExists	获取或设置一个值,该值指示如果用户指定不存在的文件名,对话框是否显示警告
CheckPathExists	获取或设置一个值,该值指示如果用户指定不存在的路径,对话框是否显示警告
DefaultExt	获取或设置默认文件扩展名
FileName	获取或设置一个包含在文件对话框中选定的文件名的字符串
FileNames	获取对话框中所有选定文件的文件名
Filter	获取或设置当前文件名筛选器字符串,该字符串决定对话框的"另存为文件类型"或"文件类型"框中出现的选择内容
FilterIndex	获取或设置文件对话框中当前选定筛选器的索引
InitialDirectory	获取或设置文件对话框显示的初始目录
Multiselect	获取或设置一个值,该值指示对话框是否允许选择多个文件
ReadOnlyChecked	获取或设置一个值,该值指示是否选定只读复选框
RestoreDirectory	获取或设置一个值,该值指示对话框在关闭前是否还原当前目录
ShowHelp	获取或设置一个值,该值指示文件对话框中是否显示"帮助"按钮
ShowReadOnly	获取或设置一个值,该值指示对话框是否包含只读复选框
Title	获取或设置文件对话框标题

表 9.3 打开文件对话框的常用方法及其说明

打开文件对话框的方法	说　　明
Dispose	释放由 Open 对话框占用的资源
OpenFile	打开用户选定的具有只读权限的文件,该文件由 FileName 属性指定
Reset	将所有属性重新设置为其默认值
ShowDialog	执行通用对话框。在调用该方法之前,要设置好需要的所有属性

表 9.4 打开文件对话框的返回值及其说明

返回值	说　　明
Abort	对话框的返回值是 Abort(通常从标签为"中止"的按钮发送)
Cancel	对话框的返回值是 Cancel(通常从标签为"取消"的按钮发送)
Ignore	对话框的返回值是 Ignore(通常从标签为"忽略"的按钮发送)
No	对话框的返回值是 No(通常从标签为"否"的按钮发送)
None	从对话框返回了 Nothing。这表明有模式对话框继续执行
OK	对话框的返回值是 OK(通常从标签为"确定"的按钮发送)
Retry	对话框的返回值是 Retry(通常从标签为"重试"的按钮发送)
Yes	对话框的返回值是 Yes(通常从标签为"是"的按钮发送)

9.2.2 保存文件对话框

保存文件对话框(SaveFileDialog)可以用来指定文件所要保存的驱动器、文件夹及其文件名、文件扩展名等,其图标为 SaveFileDialog 。

保存文件对话框的常用属性及其说明如表 9.5 所示,其常用的方法与 OpenFileDialog 的相同,参见表 9.3。保存文件对话框的返回值见表 9.4。

表 9.5 保存文件对话框的常用属性及其说明

保存文件对话框的属性	说 明
AddExtension	获取或设置一个值,该值指示如果用户省略扩展名,对话框是否自动在文件名中添加扩展名
CheckFileExists	获取或设置一个值,该值指示如果用户指定不存在的文件名,对话框是否显示警告
CheckPathExists	获取或设置一个值,该值指示如果用户指定不存在的路径,对话框是否显示警告
CreatePrompt	获取或设置一个值,该值指示如果用户指定不存在的文件,对话框是否提示用户允许创建该文件
DefaultExt	获取或设置默认文件扩展名
FileName	获取或设置一个包含在文件对话框中选定的文件名的字符串
FileNames	获取对话框中所有选定文件的文件名
Filter	获取或设置当前文件名筛选器字符串,该字符串决定对话框的"另存为文件类型"或"文件类型"框中出现的选择内容
FilterIndex	获取或设置文件对话框中当前选定筛选器的索引
InitialDirectory	获取或设置文件对话框显示的初始目录
OverwritePrompt	获取或设置一个值,该值指示如果用户指定的文件名已存在,Save As 对话框是否显示警告
RestoreDirectory	获取或设置一个值,该值指示对话框在关闭前是否还原当前目录
ShowHelp	获取或设置一个值,该值指示文件对话框中是否显示"帮助"按钮
Title	获取或设置文件对话框标题

【例 9.3】 设计一个窗体,用于打开用户指定的文件(RTF 和 TXT 格式),并可以将其存放到另外的同类型文件中。

解: 在 Proj9_1 项目中添加一个窗体 Form5,其设计界面如图 9.25 所示,其中有一个打开文件对话框对象 openFileDialog1、一个保存文件对话框 saveFileDialog1、一个富文本框 richTextBox1 和两个命令按钮(从左到右分别为 button1 和 button2)。在该窗体上设计如下事件过程:

图 9.25 Form5 设计界面

```
private void button1_Click(object sender, EventArgs e)
{   openFileDialog1.FileName = "";
    openFileDialog1.Filter = "RTF File( * .rtf)| * .RTF|TXT FILE( * .txt)| * .txt";
    openFileDialog1.ShowDialog();
    if (openFileDialog1.FileName != "")
        switch(openFileDialog1.FilterIndex)
        {
        case 1:              //选择的是.rtf 类型
```

```
                richTextBox1.LoadFile(openFileDialog1.FileName,
                    RichTextBoxStreamType.RichText);
                break;
            case 2:             //选择的是.txt 类型
                richTextBox1.LoadFile(openFileDialog1.FileName,
                    RichTextBoxStreamType.PlainText);
                break;
            }
            button2.Enabled = true;
        }
        private void button2_Click(object sender, EventArgs e)
        {   saveFileDialog1.Filter = "RTF File(*.rtf)|*.RTF|TXT FILE(*.txt)|*.txt";
            if (saveFileDialog1.ShowDialog() ==
                System.Windows.Forms.DialogResult.OK)
                switch(openFileDialog1.FilterIndex)
                {
                case 1:             //选择的是.rtf 类型
                    richTextBox1.SaveFile(saveFileDialog1.FileName,
                        RichTextBoxStreamType.RichText);
                    break;
                case 2:             //选择的是.txt 类型
                    richTextBox1.SaveFile(saveFileDialog1.FileName,
                        RichTextBoxStreamType.PlainText);
                    break;
                }
        }
        private void Form5_Load(object sender, EventArgs e)
        {   button1.Enabled = true;
            button2.Enabled = false;
        }
```

执行本窗体,单击"打开"命令按钮,在出现的打开文件对话框中选择 H:\C＃2005\ch9 \file.rtf 文件,在 richTextBox1 中显示该文件内容,如图 9.26 所示,再单击"另存为"命令按 钮,输入存储文件名为 file3.rtf,如图 9.27 所示,这样将 richTextBox1 中的内容存储到 file3.rtf 文件中。

图 9.26　Form5 执行界面

图 9.27　"另存为"对话框

9.2.3　颜色对话框

颜色对话框（ColorDialog）用来在调色板中选择颜色或者创建自定义颜色，其图标为 <kbd>ColorDialog</kbd> 。

颜色对话框的常用属性及其说明如表 9.6 所示，其常用的方法及其说明如表 9.7 所示。

使用 ShowDialog 方法时出现颜色对话框，用户操作后，其返回值为 DialogResult 枚举值，其含义如表 9.4 所示。

表 9.6　颜色对话框的常用属性及其说明

颜色对话框的属性	说　　明
AllowFullOpen	获取或设置一个值，该值指示用户是否可以使用该对话框定义自定义颜色
AnyColor	获取或设置一个值，该值指示对话框是否显示基本颜色集中可用的所有颜色
Color	获取或设置用户选定的颜色
CustomColors	获取或设置对话框中显示的自定义颜色集
FullOpen	获取或设置一个值，该值指示用于创建自定义颜色的控件在对话框打开时是否可见
ShowHelp	获取或设置一个值，该值指示在颜色对话框中是否显示"帮助"按钮
SolidColorOnly	获取或设置一个值，该值指示对话框是否限制用户只选择纯色

表 9.7　颜色对话框的常用方法及其说明

颜色对话框的方法	说　　明
Dispose	释放由 ColorDialog 对话框占用的资源
Reset	将所有选项重新设置为其默认值，将最后选定的颜色重新设置为黑色，将自定义颜色重新设置为其默认值
ShowDialog	执行通用对话框。在调用该方法之前，要设置好需要的所有属性
ToString	返回表示 ColorDialog 的字符串

9.2.4　字体对话框

字体对话框（FontDialog）设置并返回所用字体的名称、样式、大小、效果及颜色。使用 ShowFont 方法启动字体对话框，其图标为 <kbd>FontDialog</kbd> 。

字体对话框的常用属性及其说明如表 9.8 所示，其常用的方法及其说明如表 9.9 所示。

使用 ShowDialog 方法时出现字体对话框，用户操作后，其返回值为 DialogResult 枚举值，其含义类似颜色对话框，参见表 9.4。

表 9.8　字体对话框的常用属性及其说明

字体对话框的属性	说　　明
Color	获取或设置选定字体的颜色
Font	获取或设置选定的字体
MaxSize	获取或设置用户可选择的最大磅值
MinSize	获取或设置用户可选择的最小磅值
ShowApply	获取或设置一个值，该值指示对话框是否包含"应用"按钮

续表

字体对话框的属性	说　明
ShowColor	获取或设置一个值,该值指示对话框是否显示颜色选择
ShowEffects	获取或设置一个值,该值指示对话框是否包含允许用户指定删除线、下划线和文本颜色选项的控件
ShowHelp	获取或设置一个值,该值指示对话框是否显示"帮助"按钮

表 9.9　字体对话框的常用方法及其说明

字体对话框的方法	说　明
Dispose	释放由 FontDialog 对话框占用的资源
Reset	将所有对话框选项重置为默认值
ShowDialog	执行通用对话框
ToString	检索包含对话框中当前选定字体的名称的字符串

9.3　图像列表框控件

图像列表框(ImageList)控件的作用是存储图像,构成一个图形库列表,其图标为
⊞ ImageList 。ImageList 控件是一个非可视化的控件,在 C♯工具箱中含有 ImageList 属性
的控件有 Label、Button、RadioButton、CheckBox、ToolBar、TreeView 和 ListVie 等。一旦
在窗体上建好了图像列表控件,这些控件的 ImageList 属性的下拉式列表中都会有一个对
应名称的图像列表供选定使用。

9.3.1　建立 ImageList 控件

在窗体上建立 ImageList 控件的步骤如下:

(1) 在工具箱中拖拽一个图像列表控件到窗体,其名称默认为 imageList1。

(2) 在其属性窗口中选择 Images 属性,单击右边的 按钮,出现"图像集合编辑器"对
话框,如图 9.28 所示。

(3) 单击"添加"按钮,出现图 9.29 所示的"打开"对话框,选定需要的图像文件。

图 9.28　"图像集合编辑器"对话框

图 9.29 "打开"对话框

（4）单击"打开"按钮，返回"图像集合编辑器"对话框，则已在"成员"列表框中加入该图像。连续 4 次操作，加入 4 幅图像，如图 9.30 所示。

图 9.30 加入 4 幅图像

（5）若要删除其中的图像，可从图 9.30 所示的列表框中选中它，然后单击"移除"按钮即可。

（6）此时，若窗体中有 Label、Button、RadioButton、CheckBox、ToolBar、TreeView 或 ListView 等控件，便可在它们的 ImageList 属性的下拉列表中选择已建好的 imageList1 图像列表控件，接着在属性窗口中的 ImageIndex 属性下拉列表中挑选需要的图像索引即可。

9.3.2 ImageList 控件的属性

ImageList 控件的常用属性及其说明如表 9.10 所示。

表 9.10　ImageList 控件的常用属性及其说明

ImageList 控件的属性	说　　明
Images	是一个集合对象,表示存储在 ImageList 控件中的图像
ColorDepth	用来设定图像的色彩数目,可取值 Depth4Bit、Depth8Bit、Depth8Bit(默认值)、Depth16Bit、Depth24Bit 和 Depth32Bit
TranparentColor	用来指定某个颜色为透明色(默认为白色)
ImageSize	用来设定图像列表中图像的大小,默认值为(16,16),分别为图像的宽度和高度

9.3.3　Images 集合的属性和方法

Images 集合作为图像列表控件的属性,它自己也具有属性和方法。主要原因是它是一个集合,需要对集合的元素进行进一步的操作。它的常用属性及其说明如表 9.11 所示,其常用方法及其说明如表 9.12 所示。

表 9.11　Images 集合的常用属性及其说明

Images 集合的属性	说　　明
Count	Images 集合中图像的个数
Item	获取或设置 Images 集合中指定索引处的图像

表 9.12　Images 集合的常用方法及其说明

Images 集合的方法	说　　明
Add	用来将指定的图像文件加载到控件内。例如,ImageList1.Images.Add(Image.FromFile("H:\C# 程序\a.bmp"))将 H 盘 C# 程序文件夹下的 a.bmp 文件加载到 ImageList1 控件内
RemoveAt	删除 ImageList 控件内的图像文件。例如,ImageList1.Images.Remove(0)将图像列表中的第一幅图像删除
Clear	将图像列表中的所有图像全部清除

例如,假设一个窗体中有一个 ImageList 控件 imageList1(其 ImageSize 设置为(60,40)),其中有 4 幅图像,如图 9.30 所示。在该窗体中放置一个命令按钮 button1(其 FlatStyle 属性设置为 Popup,Text 属性设置为空,ImageList 属性设置为 imageList1,ImageIndex 属性设置为 3,对应 Stone.bmp 图像)。该窗体的执行结果如图 9.31 所示,这样将一个命令按钮显示成一幅图像,起到界面美观的作用。

图 9.31　命令按钮样式

9.4　树形视图控件

树形视图控件(TreeView)以分级或分层视图的形式显示信息,如同 Windows 中显示的文件和目录,其图标为 ⁞ TreeView 。

9.4.1　TreeView 控件概述

树形视图(TreeView)控件由一些层叠的节点(即 TreeNode 对象)分支构成,每个节点由图像和标签组成。每个 TreeView 都包括一个或多个根节点,根节点下面包括多个子节点,子节点下面还可以再包含子节点,具有子节点的节点可以展开或收缩。对 TreeView 的操作实际上是对节点的操作。

单击节点前面的＋或－(如果有子节点),则节点就会展开或收缩。在执行时可以添加和删除节点。

如图 9.32 所示是 TreeView 控件显示分级数据的示例,其中所有数据分为 3 层,分别是系、年级和班,每个系有若干年级,每个年级有若干班。

归纳起来,TreeView 控件中节点的层次结构如下:

当向 TreeView 控件 TreeView1 中添加若干节点后,所有节点构成一个层次结构,TreeView1.Nodes[0]表示第1层的第 1 个节点,TreeView1.Nodes[1]表示第 1 层的第2 个节点,依次类推。TreeView1.Nodes[0].Nodes 表示第

图 9.32　TreeView 控件的
示例图

1 层的第 1 个节点的所有子节点集合,它们构成第 2 层的节点,所有子节点的索引从 0 开始。这样,TreeView1.Nodes[0].Nodes[0]表示第 1 层第 1 个节点的第 1 个节点,它属于第 2 层的节点,依次类推。例如,TreeView1.Nodes[0].Nodes[3].Nodes[2]即为第 3 层节点,是第 1 层第 1 个节点的第 4 个子节点的第 3 个子节点。

9.4.2　建立 TreeView 控件

在窗体上建立 TreeView 控件的步骤如下:

(1) 在工具箱中拖拽一个 TreeView 控件到窗体,其名称默认为 TreeView1。

(2) 在其属性窗口中选定 Nodes 属性,单击右边的 ⋯ 按钮,出现"TreeNode 编辑器"对话框,如图 9.33 所示。这个对话框用图形化的方式编辑 TreeView 中的节点,其左边就是一个树形视图控件,右边是其属性窗口。

图 9.33　"TreeNode 编辑器"对话框

在"TreeNode 编辑器"对话框中,单击"添加根"按钮将在树形层次结构的最顶层添加一个根节点,单击"添加子级"按钮,则在当前选中的节点下方添加一个子节点,单击 ✖ 按钮,可以删除当前选中的节点。

属性窗口中还包括两个下拉列表框选项,ImageIndex 属性的下拉列表框用来设置节点的图像,SelectedImageIndex 属性的下拉列表框用来设置选中节点的图像。

(3)当 TreeNode 编辑完毕,单击"确定"按钮返回,此时窗体中 TreeView 控件显示设定的数据。

9.4.3 TreeView 控件的属性

TreeView 控件的常用属性及其说明如表 9.13 所示。

表 9.13　TreeView 控件的常用属性及其说明

TreeView 控件的属性	说　明
CheckBoxes	指示是否在节点旁显示复选框
Dock	定义要绑定到容器的控件边框
ImageIndex	节点默认的图像列表索引值
ImageList	从中获取节点图像的 ImageList 控件
Indent	子节点的缩进宽度(以像素为单位)
Nodes	获取 TreeNode 对象的集合,它表示 TreeView 控件中的根节点
SelectedNode	获取或设置当前选定的节点
SelectedImageIndex	选定节点的默认的图像列表索引值
ShowLines	获取或设置一个值,用以指示是否在同级节点和父子节点之间绘制连线
ShowRootLines	获取或设置一个值,用以指示是否在根节点之间显示绘制的连线

9.4.4 TreeView 控件的事件和方法

TreeView 控件的事件很多,常用的事件及其说明如表 9.14 所示,其常用方法及其说明如表 9.15 所示。

表 9.14　TreeView 控件的常用事件及其说明

TreeView 的事件	说　明
SelectedNodeChanged	当选择 TreeView 控件中的节点时引发
TreeNodeCollapsed	当折叠 TreeView 控件中的节点时引发
AfterCollapse	当折叠节点后引发
TreeNodeExpanded	当扩展 TreeView 控件中的节点时引发
AfterExpanded	当扩展节点后引发

表 9.15　TreeView 控件的常用方法及其说明

TreeView 的方法	说　明
CollapseAll	关闭树中的每个节点
ExpandAll	打开树中的每个节点
FindNode	检索 TreeView 控件中指定值路径处的 TreeNode 对象

9.4.5　Nodes 集合和 TreeNode 对象

Nodes 是 TreeView 控件的一个属性,它也是一个节点集合。每个节点就是一个 TreeNode 对象。

1. Nodes 集合的属性和方法

Nodes 集合的常用属性及其说明如表 9.16 所示,其常用方法及其说明如表 9.17 所示。

表 9.16　Nodes 集合的常用属性及其说明

Nodes 集合的属性	说　明
Count	集合中总的节点个数
IsReadOnly	指示集合是否只读

表 9.17　Nodes 集合的常用方法及其说明

Nodes 集合的方法	说　明
Add	增加新的节点
Contains	确定指定的节点是否为集合成员
Indexof	返回集合中指定节点的索引
Insert	在指定位置上插入一个节点
Remove	从集合中删除指定的节点
RemoveAt	从集合中删除指定索引处的节点

2. TreeNode 对象的属性和方法

TreeNode 对象的常用属性及其说明如表 9.18 所示,其常用方法及其说明如表 9.19 所示。

表 9.18　TreeNode 对象的常用属性及其说明

TreeNode 的属性	说　明
Checked	获取或设置一个值,用以指示 TreeNode 是否处于选中状态
FirstNode	获取 TreeNode 集合中的第一个子 TreeNode
FullPath	设置从根 TreeNode 到当前 TreeNode 的路径
ImageIndex	获取或设置当 TreeNode 处于未选定状态时所显示图像的图像列表索引值
Index	获取 TreeNode 在 TreeNode 集合中的位置
IsEditing	获取一个值,用以指示 TreeNode 是否处于可编辑状态
IsExpanded	获取一个值,用以指示 TreeNode 是否处于可展开状态
IsSelected	获取一个值,用以指示 TreeNode 是否处于选定状态
LastNode	获取最后一个子 TreeNode
Name	获取或设置 TreeNode 的名称
NextNode	获取下一个同级 TreeNode
Nodes	获取分配给当前 TreeNode 的 TreeNode 对象的集合
Parent	获取当前 TreeNode 的父 TreeNode

续表

TreeNode 的属性	说　明
PrevNode	获取上一个同级 TreeNode
SelectedImageIndex	获取或设置当 TreeNode 处于选定状态时所显示的图像的图像列表索引值
Text	获取或设置在 TreeNode 标签中显示的文本
TreeView	获取 TreeNode 分配到的父树视图

表 9.19　TreeNode 对象的常用方法及其说明

TreeNode 的方法	说　明
Collapse	折叠 TreeNode
Equals	确定两个 Object 实例是否相等
Expand	展开 TreeNode
ExpandAll	展开所有子 TreeNode
GetNodeCount	返回子 TreeNode 的数目
Remove	从树视图控件中移除当前 TreeNode
RemoveAt	从树视图控件中移除指定索引的 TreeNode
Toggle	将 TreeNode 切换为展开或折叠状态

9.4.6　执行时 TreeView 控件的基本操作

1. 添加节点

给 TreeView 添加节点用到的是 Nodes 集合的 Add()方法。首先选定要添加子节点的节点才能应用这个方法，TreeView 中的节点的组织关系是父节点管理子节点的关系，也就是说，子节点组成的集合就是父节点的 Nodes 属性，子节点的 Index 属性是根据其在子节点集合中的位置而决定的，而不是整棵树中节点的位置。根据这个特点，若想找到指定节点须使用以下的格式：

```
treeView1.Nodes[Index1].Nodes[Index2]…
```

而添加节点的方式为：

```
treeView1.Nodes[Index1].Nodes[Index2].Add(要添加子节点的文本)
```

2. 删除节点

同样，删除一个节点时，先要找到指定节点，然后使用 RemoveAt()或 Remove()方法。例如，要删除第 1 层第 2 个节点的第 3 个子节点，使用语句如下：

```
treeView1.Nodes[1].Nodes.RemoveAt(2)
```

其中，treeView1.Nodes[1].Nodes 表示第 1 层第 2 个节点的所有子节点集合。

3. 查找所选节点的所有子节点

先获取用户在 TreeView 控件中所选的节点，若存在这样的节点，且它存在子节点，则在一个列表框中显示所有子节点的文本，对应的代码如下：

```
TreeNode node = treeView1.SelectedNode;
```

```
listBox1.Items.Clear();
if (node == null)
    MessageBox.Show("没有选中任何节点", "信息提示", MessageBoxButtons.OK);
else
    if (node.Nodes.Count == 0)
        MessageBox.Show("所选节点没有子节点","信息提示",MessageBoxButtons.OK);
    else
        foreach (TreeNode node1 in node.Nodes)
            listBox1.Items.Add(node1.Text);
```

【例 9.4】 设计一个窗体,其执行界面如图 9.30 所示,并增加在文本框中显示当前节点所有子节点的功能。

解：在 Proj9_1 项目中添加一个窗体 Form6,它的设计界面如图 9.34 所示,将 treeView1 控件的 Dock 属性设置为 Left,在 ImageList 控件 imageList1 中添加"系名"、"年级"和"班号"字样的 3 幅图像。另有一个标签 label1、一个列表框 listBox1 和一个命令按钮 button1。在该窗体上设计如下事件过程：

```
private void Form6_Load(object sender, EventArgs e)
{   treeView1.ImageList = imageList1;       //以下用于产生 treeView1 控件的数据
    treeView1.Indent = 10;
    treeView1.Nodes.Add("计算机系");
    treeView1.Nodes[0].ImageIndex = 0;
    treeView1.Nodes[0].SelectedImageIndex = 0;
    treeView1.Nodes[0].Nodes.Add("一年级");
    treeView1.Nodes[0].Nodes[0].ImageIndex = 1;
    treeView1.Nodes[0].Nodes[0].SelectedImageIndex = 1;
    treeView1.Nodes[0].Nodes[0].Nodes.Add("0701 班");
    treeView1.Nodes[0].Nodes[0].Nodes[0].ImageIndex = 2;
    treeView1.Nodes[0].Nodes[0].Nodes[0].SelectedImageIndex = 2;
    treeView1.Nodes[0].Nodes[0].Nodes.Add("0702 班");
    treeView1.Nodes[0].Nodes[0].Nodes[1].ImageIndex = 2;
    treeView1.Nodes[0].Nodes[0].Nodes[1].SelectedImageIndex = 2;
    treeView1.Nodes[0].Nodes.Add("二年级");
    treeView1.Nodes[0].Nodes[1].ImageIndex = 1;
    treeView1.Nodes[0].Nodes[1].SelectedImageIndex = 1;
    treeView1.Nodes[0].Nodes[1].Nodes.Add("0601 班");
    treeView1.Nodes[0].Nodes[1].Nodes[0].ImageIndex = 2;
    treeView1.Nodes[0].Nodes[1].Nodes[0].SelectedImageIndex = 2;
    treeView1.Nodes[0].Nodes[1].Nodes.Add("0602 班");
    treeView1.Nodes[0].Nodes[1].Nodes[1].ImageIndex = 2;
    treeView1.Nodes[0].Nodes[1].Nodes[1].SelectedImageIndex = 2;
    treeView1.Nodes.Add("电子工程系");
    treeView1.ExpandAll();                  //展开所有节点
}
private void button1_Click(object sender, EventArgs e)
{   TreeNode node = treeView1.SelectedNode;
    listBox1.Items.Clear();
    if (node == null)
        MessageBox.Show("没有选中任何节点", "信息提示",MessageBoxButtons.OK);
    else
```

```
        if (node.Nodes.Count == 0)
            MessageBox.Show("所选节点没有任何子节点", "信息提示",
                MessageBoxButtons.OK);
        else
            foreach (TreeNode node1 in node.Nodes)
                listBox1.Items.Add(node1.Text);
}
```

执行本窗体,选中"计算机系"节点的"二年级"子节点,单击"所有子节点"命令按钮,其结果如图 9.35 所示。

图 9.34   Form6 设计界面

图 9.35   Form6 执行界面

9.5   列表视图控件

列表视图控件(ListView)与 TreeView 控件类似,都是用来显示信息,只是 TreeView 控件以树形式显示信息,而 ListView 控件以列表形式显示信息,能够用来制作像 Windows 中"控制面板"那样的用户界面,其图标为 ListView 。

9.5.1   ListView 控件概述

ListView 控件可以以 5 种不同的视图模式显示数据:

- 大图标(LargeIcon,默认值):每个项都显示为一个最大化图标,在它的下面有一个标签。
- 小图标(SmallIcon):每个项都显示为一个小图标,在它的右边带一个标签。
- 列表(List):每个项都显示为一个小图标,在它的右边带一个标签。各项排列在列中,没有列标头。
- 详细资料(Details):每个项显示在不同的行上,并带有关于列中所排列的各项的进一步信息。最左边的列包含一个小图标和标签,后面的列包含应用程序指定的子项。列显示一个标头,它可以显示列的标题。用户可以在执行时调整各列的大小。
- 完整图标(Tile):每个项都显示为一个完整大小的图标,在它的右边带项标签和子项信息。显示的子项信息由应用程序指定。此视图仅在 Windows XP 和 Windows Server 2003 系列受支持。在之前的操作系统上,此项被忽略,并且 ListView 控件在 LargeIcon 视图中显示。

图 9.36～图 9.40 分别以上述 5 种不同的视图模式显示相同的数据。

ListView 控件以项(ListItem 对象)的形式显示数据。每个项可以有一个可选的图标与其标签相关联,如图 9.36 所示每个项与一个"打开"的图标相关联。

图 9.36 "大图标"模式

图 9.37 "小图标"模式

图 9.38 "列表"模式

图 9.39 "详细资料"模式

图 9.40 "完整图标"模式

归纳起来,ListView 控件中项的结构如下:

一个 ListView 控件 listView1 中可以包含若干个项,由 Items 集合表示,例如,ListView1.Items[index1]表示索引为 index1 的项,每个项可以包括子项,由其 SubItems 集合表示,例如,ListView1.Items[index1].SubItems 表示该项的子项集合,ListView1.Items[index1].SubItems[index2]表示该项中索引为 index2 的子项。

在以详细资料模式显示时,还需有列标题,由 Columns 表示,例如,ListView1.Columns[index]表示索引为 index 的列标题。列标题一般要和项相对应。

9.5.2 建立 ListView 控件

在窗体上建立 ListView 控件的步骤如下:

(1) 在工具箱中拖拽一个 ListView 控件到窗体,其名称默认为 listView1。

(2) 为了在 ListView 中显示图标,需要使用 imageList 控件。一般地,窗体需要有两个 ImageList 控件,一个用来存放大图标,另一个用来存放小图标。这里只考虑大图标,所以只使用一个 ImageList 控件 imageList1,在其中添加一幅图像,把 imageSize 属性设置为 30,30。

(3) 在 ListView 的"属性"窗口中,将 LargeImagelist 属性设置为 imageList1,Font 属性改为:宋体,10.5pt,style = Bold,CheckBoxes 属性改为 true,View 属性默认为 LargeIcon。

(4) 在 listView1 控件的"属性"窗口中选定 Items 属性,单击右边的 按钮,出现"ListViewItem 集合编辑器"对话框,如图 9.41 所示。这个对话框用图形化的方式编辑 ListView 中的项目,其左边就是一个列表视图控件,右边是其属性窗口。

在"ListViewItem 集合编辑器"对话框中,单击"添加"按钮即添加一个项目,通过右边的属性窗口设置各项的属性,这里设置了各项的"字体"、"颜色"、"图标"等。单击"移除"按钮,可以删除当前选中的项。

对于每个项,还可以添加子项,单击"ListViewItem 集合编辑器"对话框中 SubItems 属性右边的 ··· 按钮,将打开"ListViewItem 集合编辑器"对话框,由此为每一个项添加子项。

(5) 当编辑完毕,单击"确定"按钮返回,此时窗体中 ListView 控件显示设定的数据。其结果如图 9.42 所示。

图 9.41 "ListViewItem 集合编辑器"对话框

图 9.42 ListView 控件

9.5.3 ListView 控件的属性

ListView 控件的常用属性及其说明如表 9.20 所示。

表 9.20 ListView 控件的常用属性及其说明

ListView 控件的属性	说　　明
Alignment	获取或设置控件中项的对齐方式
CheckBoxes	获取或设置一个值,该值指示控件中各项的旁边是否显示复选框
Columns	获取控件中显示的所有列标头的集合
Dock	获取或设置哪些控件边框停靠到其父控件并确定控件如何随其父级一起调整大小
FullRowSelect	获取或设置一个值,该值指示单击某项是否选择其所有子项
GridLines	获取或设置一个值,该值指示在包含控件中行和列之间是否显示网格线
Items	获取包含控件中所有项的集合
LargeImageList	获取或设置当项以大图标在控件中显示时使用的 ImageList
MultiSelect	获取或设置一个值,该值指示是否可以选择多个项
SelectedItems	获取在控件中选定的项
SmallImageList	获取或设置 ImageList,当项在控件中显示为小图标时使用
Sorting	获取或设置控件中项列的排序顺序
View	获取或设置项在控件中的显示方式。其可取值为前面介绍的 5 种显示模式值

9.5.4 ListView 控件的事件和方法

ListView 控件的事件很多,常用的事件及其说明如表 9.21 所示,其常用方法及其说明如表 9.22 所示。

表 9.21　ListView 控件的常用事件及其说明

ListView 控件的事件	说　　明
Click	在单击控件时发生
ColumnClick	当用户在列表视图控件中单击列标头时发生
ItemActivate	当激活项时发生
ItemChecked	当某项的选中状态更改时发生
ItemSelectionChanged	当项的选定状态发生更改时发生

表 9.22　ListView 控件的常用方法及其说明

ListView 控件的方法	说　　明
Clear	从控件中移除所有项和列
Contains	检索一个值,该值指示指定控件是否为一个控件的子控件
Sort	对列表视图的项进行排序

9.5.5　Items 集合和 ListViewItem 对象

Items 是 ListView 控件的一个属性,它也是一个项集合。每个项就是一个 ListViewItem 对象。

1. Items 集合的属性和方法

Items 集合的常用属性及其说明如表 9.23 所示,其常用方法及其说明如表 9.24 所示。

表 9.23　Items 集合的常用属性及其说明

Items 集合的属性	说　　明
Count	集合中总的项个数
IsReadOnly	指定该集合是否是只读的

表 9.24　Items 集合的常用方法及其说明

Items 集合的方法	说　　明
Add	增加新的项
Contains	确定指定的项是否为集合成员
Indexof	返回集合中指定项的索引
Insert	在指定位置上插入一个项
Remove	从集合中删除指定的项
RemoveAt	从集合中删除指定索引处的项

2. ListViewItem 对象的属性和方法

ListViewItem 对象的常用属性及其说明如表 9.25 所示,其常用方法及其说明如表 9.26 所示。

C# 程序设计教程（第 2 版）

表 9.25 ListViewItem 对象的常用属性及其说明

ListViewItem 的属性	说　明
Checked	获取或设置一个值，用以指示一个 ListViewItem 是否处于选中状态
ImageList	获取 ImageList，它包含与该项一起显示的图像
ImageIndex	获取或设置为该项显示的图像的索引
Index	获取 ListView 控件中该项的从零开始的索引
ListView	获取包含该项的 ListView 控件
Selected	获取或设置一个值，该值指示是否选定此项
SubItems	获取包含该项的所有子项的集合
Name	获取或设置与此 ListViewItem 关联的名称
Text	获取或设置该项的文本

表 9.26 ListViewItem 对象的常用方法及其说明

ListViewItem 的方法	说　明
Remove	从关联的 ListView 控件中移除该项
GetSubItemAt	返回位于指定坐标位置的 ListViewItem 的子项
FindNearestItem	从 ListViewItem 查找下一个项，按指定的方向搜索

9.5.6　Columns 集合和 ColumnHeader 对象

Columns 是 ListView 控件的一个属性（其使用方式如 listView1.Columns），也是一个集合，该集合包含 ListView 控件中显示的列标头（即 ColumnHeader 对象，如 listView1.Columns[index]表示列集合中索引为 index 的列标头）。列标头定义当 View 属性设置为 Details 时显示在 ListView 控件中的列。各列用于显示 ListView 中的各项的子项信息。

1. Columns 集合的属性和方法

Columns 集合的常用属性及其说明如表 9.27 所示，其常用方法及其说明如表 9.28 所示。

表 9.27 Columns 集合的常用属性及其说明

Columns 集合的属性	说　明
Count	集合中总的列标题个数
IsReadOnly	指定该集合是否是只读的

表 9.28 Columns 集合的常用方法及其说明

Columns 集合的方法	说　明
Add	增加新的列标题
Contains	确定指定的列标题是否为集合成员
Indexof	返回集合中指定列标题的索引
Insert	在指定位置上插入一个列标题
Remove	从集合中删除指定的列标题
RemoveAt	从集合中删除指定索引处的列标题

2. ColumnHeader 对象的属性和方法

ColumnHeader 对象的常用属性及其说明如表 9.29 所示,其方法较少使用。例如:

```
h1 = new ColumnHeader();                        //定义列标头对象 h1
h2 = new ColumnHeader();                        //定义列标头对象 h1
h1.Text = "File name";                          //指定 h1 的 Text 属性
h1.TextAlign = HorizontalAlignment.Left;        //指定 h1 的 TextAlign 属性
h1.Width = 70;                                  //指定 h1 的 Width 属性
h2.TextAlign = HorizontalAlignment.Left;        //指定 h2 的 TextAlign 属性
h2.Text = "Location";                           //指定 h2 的 Text 属性
h2.Width = 200;                                 //指定 h2 的 Width 属性
listView1.Columns.Add(h1);                      //将 h1 添加到 listView1 中
listView1.Columns.Add(h2);                      //将 h2 添加到 listView1 中
listView1.Columns[0].Text = "Name";             //将第一个列的标题改为"Name"
```

表 9.29　ColumnHeader 对象的常用属性及其说明

ColumnHeader 的属性	说　　明
ImageList	获取 ImageList,它包含与该列标题关联的图像
ImageIndex	获取或设置为该列标题显示的图像的索引
Index	获取 ListView 控件中该列标题的从零开始的索引
ListView	获取列标题所位于的 ListView 控件
Name	获取或设置 ColumnHeader 的名称
Text	获取或设置该项的文本
TextAlign	获取或设置 ColumnHeader 中所显示文本的水平对齐方式

9.5.7　执行时 ListView 控件的基本操作

1. 添加项和子项

给 ListView1 添加项用到的是 Items 集合的 Add()方法。例如:

```
itemx = ListView1.Items.Add("李华", 0);
```

就是添加第一个项,其中 0 为对应的图标的索引。当添加一个项后,可以为它添加子项,例如:

```
itemx.SubItems.Add("男")
```

就是添加一个子项目。

2. 删除项和子项

同样,删除一个项时,先要找到指定项点,然后使用 RemoveAt()或 Remove()方法。例如:

```
ListView1.Items.RemoveAt(0)
```

就是删除第 1 个项。同样也可以删除子项,例如:

```
ListView1.Items[0].SubItems.RemoveAt(0)
```

就是删除第 1 个项的第 1 个子项。

3. 删除列标题

删除列标题是使用 Columns 集合的 RemoveAt()或 Remove()方法,例如:

```
ListView1.Columns.RemoveAt(0)
```

就是删除第 1 个列标题。

【例 9.5】 设计一个窗体,实现图 9.36~图 9.40 的功能。

解:在 Proj9_1 项目中添加一个窗体 Form7,在该窗体中添加一个 ListView 控件 listView1、两个 ImageList 控件(imageList1 和 imageList2)、一个含有 5 个单选按钮(名称从上到下分别为 radioButton1~radioButton5)的分组框 groupBox1,其界面如图 9.43 所示。在 imageList1 和 imageList2 中分别插入一幅图像,它们的高度和宽度不同,前者为 30×30,后者为 15×15。在该窗体上设计如下事件过程:

图 9.43　Form7 设计界面

```csharp
private void Form7_Load(object sender, EventArgs e)
{   ListViewItem itemx = new ListViewItem();
    listView1.View = View.LargeIcon;
    listView1.SmallImageList = imageList1;
    listView1.LargeImageList = imageList2;
    listView1.GridLines = true;
    listView1.Columns.Add("姓名", 60, HorizontalAlignment.Left); //添加第一个列
    listView1.Columns.Add("性别", 40, HorizontalAlignment.Left); //添加第二个列
    listView1.Columns.Add("班号", 50, HorizontalAlignment.Left); //添加第三个列
    itemx = listView1.Items.Add("李华", 0);      //添加第一个 ListItem 对象
    itemx.SubItems.Add("男");                    //添加一个子项目
    itemx.SubItems.Add("06001");                 //添加一个子项目
    itemx = listView1.Items.Add("陈斌", 0);      //添加第二个 ListItem 对象
    itemx.SubItems.Add("男");                    //添加一个子项目
    itemx.SubItems.Add("06002");                 //添加一个子项目
    itemx = listView1.Items.Add("王丽", 0);      //添加第三个 ListItem 对象
    itemx.SubItems.Add("女");                    //添加一个子项目
    itemx.SubItems.Add("06003");                 //添加一个子项目
    radioButton1.Checked = true;
}
private void radioButton1_CheckedChanged(object sender, EventArgs e)
{    listView1.View = View.LargeIcon; }
private void radioButton2_CheckedChanged(object sender, EventArgs e)
{    listView1.View = View.SmallIcon; }
private void radioButton3_CheckedChanged(object sender, EventArgs e)
{    listView1.View = View.List; }
private void radioButton4_CheckedChanged(object sender, EventArgs e)
{    listView1.View = View.Details; }
private void radioButton5_CheckedChanged(object sender, EventArgs e)
{    listView1.View = View.Tile; }
```

执行本窗体的结果如图 9.36~图 9.40 所示。

9.6 工具栏控件

工具栏控件(ToolStrip)以其直观、快捷的特点出现在各种应用程序中,如 Visual Studio. NET 系统集成界面中就提供了工具栏,这样不必在一级级的菜单去搜寻需要的命令,给用户操作带来了方便。在应用程序中也可以设计自己的工具栏。工具栏控件的图标为 🔲 **ToolStrip** 。

一个 ToolStrlp 控件可以包含若干个项,每个项是一个 ToolStripItem 对象,该对象可以进一步分为按钮(ToolStripButton 对象)、标签(ToolStripLabel 对象)、文本框(ToolStripTextBox 对象)、组合框(ToolStripComboBox 对象)或分隔条(ToolStripSeparator 对象)等。通过单击各个项就可以执行相应的操作。一般地,工具栏中的每个项都有相应的菜单命令与之对应。

9.6.1 建立 ToolStrip 控件

在窗体上建立 ToolStrip 控件的步骤如下:

(1) 在工具箱中拖拽一个 ToolStrip 控件到窗体,其名称默认为 toolStrip1。

(2) 为了在 ToolStrip 中显示图标,需要使用 ImageList 控件。如果没有 ImageList 控件,ToolStrip 使用默认的图标。

(3) 在 ToolStrip1 的属性窗口中选定 Items 属性,单击右边的 按钮,出现"项集合编辑器"对话框,如图 9.44 所示。这个对话框用图形化的方式编辑 ToolStrip1 中的项,其左边就是一个项添加器,右边是其属性窗口。

图 9.44 "项集合编辑器"对话框一

在"项集合编辑器"对话框中,单击"添加"按钮即添加一个项目,通过右边的属性窗口设置各项的属性,这里设置了各项的"字体"、"颜色"、"图标"等。单击 ✖ 按钮,可以删除当前选中的项。

实际上,在窗体中添加一个 ToolStrip1 控件后,可以利用其中的 🔲▾ 按钮添加各项,其功能与使用"项集合编辑器"对话框相似。

(4) 在添加 3 个按钮后,单击"确定"按钮返回,此时窗体中

图 9.45 toolStrip1 控件

toolStrip1 控件显示设定的数据。其结果如图 9.45 所示。

9.6.2 ToolStrip 控件的属性

ToolStrip 控件的常用属性及其说明如表 9.30 所示。

表 9.30 ToolStrip 控件的常用属性及其说明

ToolStrip 控件的属性	说　明
AutoSize	获取或设置一个值,该值指示是否自动调整控件的大小以完整显示其内容
ImageList	获取或设置包含 ToolStrip 项上显示的图像的图像列表
Items	ToolStrip 控件中包含的项集合
ShowItemToolTips	获取或设置一个值,该值指示是否要在 ToolStrip 项上显示工具提示
Text	获取或设置与此控件关联的文本
Visible	获取或设置一个值,该值指示是否显示该控件
Width	获取或设置控件的宽度

9.6.3 Items 集合和 ToolStripButton 对象

Items 是 ToolStrip 控件的一个属性,它也是一个项集合。每个项就是一个 ToolStripButton 对象。

1. Items 集合的属性和方法

Items 集合的常用属性及其说明如表 9.31 所示,其常用方法及其说明如表 9.32 所示。

表 9.31 Items 集合的常用属性及其说明

Items 集合的属性	说　明
Count	集合中总的项个数
IsReadOnly	指定该集合是否是只读的

表 9.32 Items 集合的常用方法及其说明

Items 集合的方法	说　明
Add	增加新的项
Contains	确定指定的项是否为集合成员
Indexof	返回集合中指定项的索引
Insert	在指定位置上插入一个项
Remove	从集合中删除指定的项
RemoveAt	从集合中删除指定索引处的项

2. ToolStripButton 对象的属性和事件

在 ToolStrip 中最常见是添加按钮即 ToolStripButton 对象,它的常用属性及其说明如表 9.33 所示,其方法很少使用,其事件主要有 Click 事件。

表 9.33 **ToolStripButton** 对象的常用属性及其说明

ToolStripButton 的属性	说　明
BackColor	获取或设置项的背景色
CanSelect	获取一个值,该值指示 ToolStripButton 是否可选
Checked	获取或设置一个值,该值指示是否已按下 ToolStripButton
Enabled	获取或设置一个值,该值指示是否启用了 ToolStripItem 的父控件
Font	获取或设置由该项显示的文本的字体
ForeColor	获取或设置项的前景色
Height	获取或设置 ToolStripItem 的高度(以像素为单位)
ImageIndex	获取或设置显示在 ToolStripItem 上的图像的索引
ImageAlign	获取或设置 ToolStripItem 上的图像对齐方式
TextAlign	获取或设置 ToolStripLabel 上的文本的对齐方式
TextImageRelation	获取或设置文本和图标之间的关系
ToolTipText	获取或设置作为控件的 ToolTip 显示的文本
Visible	获取或设置一个值,该值指示是否显示该项
Width	获取或设置 ToolStripItem 的宽度(以像素为单位)

9.7 状态栏控件

状态栏控件(StatusStrip)和菜单、工具栏一样是 Windows 应用程序的一个特征,它通常位于窗体的底部,应用程序可以在该区域中显示提示信息或应用程序的当前状态等各种状态信息。状态栏控件的图标为 StatusStrip。

一个 StatusStrip 控件可以包含若干个项,每个项是一个 ToolStripItem 对象,该对象可以进一步分为状态标签(ToolStripStatusLabel 对象)、进度条(ToolStripProgressBar 对象)、下拉按钮 1(ToolStripDropDown 对象)或下拉按钮 2(ToolStripSplitButton 对象)等。

9.7.1 建立 StatusStrip 控件

在窗体上建立 StatusStrip 控件的步骤如下:

(1) 在工具箱中拖放一个 StatusStrip 控件到窗体,其名称默认为 statusStrip1。

(2) 在 StatusStrip1 的属性窗口中选定 Items 属性,单击右边的 按钮,出现"项集合编辑器"对话框,如图 9.46 所示。这个对话框用图形化的方式编辑 StatusStrip1 中的项,其左边就是一个项添加器,右边是其属性窗口。

在"项集合编辑器"对话框中,单击"添加"按钮即添加一个项,通过右边的属性窗口设置各项的属性,这里设置了各项的字体、颜色、图标等。单击 按钮,可以删除当前选中的项。

(3) 在添加两个状态标签后,单击"确定"按钮返回,此时窗体中 statusStrip1 控件显示设定的数据。其结果如图 9.47 所示。

图 9.46 "项集合编辑器"对话框二　　　　　　图 9.47　StatusStrip 控件

9.7.2　StatusStrip 控件的属性

StatusStrip 控件的常用属性及其说明如表 9.34 所示。

表 9.34　StatusStrip 控件的常用属性及其说明

StatusStrip 控件的属性	说　　明
AutoSize	获取或设置一个值,该值指示是否自动调整控件的大小以完整显示其内容
BackColor	获取或设置 ToolStrip 的背景色
Backgroundlmage	获取或设置在控件中显示的背景图像
Font	获取或设置用于在控件中显示文本的字体
ForeColor	获取或设置 ToolStrip 的前景色
Height	获取或设置控件的高度
Items	StatusStrip 控件中包含的项集合
Name	获取或设置控件的名称
Size	获取或设置控件的高度和宽度
Text	获取或设置与此控件关联的文本
Visible	获取或设置一个值,该值指示是否显示该控件
Width	获取或设置控件的宽度

当向 StatusStrip 控件中添加项后,每个项都有自己的属性和事件,设计各项事件的方法与 ToolStrip 控件的类似,这里不再进行介绍。

练习题 9

1. 单项选择题

(1)用鼠标右击一个控件时出现的菜单一般称为_____。

A. 主菜单　　　　　　B. 菜单项　　　　　　C. 快捷菜单　　　　　　D. 子菜单

(2)为菜单添加快捷键的属性是_____。

  A. ShortcutKeys   B. keys

  C. MenuKeys   D. MenuShortcutKeys

  (3) 变量 openFileDialog1 引用一个 OpenFileDialog 对象。为检查用户在退出对话框时是否单击了"确定"按钮,应检查 openFileDialog1. ShowDialog( )的返回值是否等于_____。

  A. DialogResult. OK   B. DialogResult. Yes

  C. DialogResult. No   D. DialogResult. Cancel

  (4) 展开一个 TreeView 控件中所有节点,使用_____方法。

  A. CollapseAll()   B. ExpandAll()

  C. FindNode()   D. Indent()

  (5) 列表视图 ListView 的 View 属性的默认值为_____。

  A. 大图标 LargeIcon   B. 小图标 SmallIcon

  C. 详细资料 Details   D. 列表 List

2. 问答题

  (1) 简述菜单的基本结构。

  (2) 简述打开文件对话框和保存文件对话框的作用。

  (3) 简述图像列表框的作用。

3. 编程题

  创建一个 Windows 窗体应用程序项目 Proj9_2(存放在 H:\C♯2005\ch9 文件夹中),添加一个窗体 Form1,其中有一个下拉式菜单,包含的菜单项如下:

```
字体(menu1)
....宋体(menu11)
....仿宋(menu12)
.....-
....黑体(menu13)
....幼圆(menu14)
....楷体(menu15)
大小(menu2)
....28(menu21)
....20(menu22)
.... -
....16(menu23)
....12(menu24)
....8(menu25)
```

当用户单击菜单项时,改变窗体中一个标签的字体和大小。

4. 上机实验题

  在 Proj9_2 项目中设计一个窗体 Form2,其中包含有一个 TreeView 控件和 ListView 控件,单击 TreeView1 控件中某节点时,在 ListView1 控件中显示所有子节点,并通过弹出式菜单选择 ListView 控件的大图标、小图标、列表和完整图标等 4 种视图显示模式。

  例如,在 TreeView 控件中单击"鱼类"节点,其结果如图 9.48 所示,右击出现如图 9.49 所示的弹出式菜单,从中选择一项,则 ListView 控件以该模式显示其中的各项。

图 9.48　上机实验题窗体执行界面一

图 9.49　上机实验题窗体执行界面二

图 形 设 计　第 10 章

C#提供了非常灵活的图形功能。通过相关类提供的方法可以绘制各种复杂的图形,还可以控制图形的位置、颜色和样式等。本章介绍 C#图形设计的基本方法。

本章学习要点:
- 掌握 C#中绘制图形的基本过程。
- 掌握 C#中各种绘图工具如 Pen、Brush 等创建方法。
- 掌握 C#中绘制文字的方法。
- 使用 C#中绘图方法设计较复杂的图形应用程序。

10.1　绘图概述

.NET Framework 为操作图形提供了 GDI＋应用程序编程接口(API)。通过这个接口可以绘制复杂的图形。

10.1.1　绘图的基本知识

1. 像素

计算机屏幕由成千上万个微小的点组成,这些点称为“像素”,程序通过定义每个像素的颜色来控制屏幕显示的内容。当然,大部分工作已经由定义窗体和控件的代码完成了。

2. 坐标系

将窗体看成一块可以在上面绘制(或绘画)的画布,窗体也有尺寸。真正的画布用英寸或厘米来度量,而窗体用像素来度量。“坐标”系统决定了每个像素的位置,其中 X 轴坐标度量从左到右的尺寸,Y 轴坐标度量从上到下的尺寸,如图 10.1 所示。

坐标从窗体的左上角开始计算,因此,如果要绘制一个距离左边 10 个像素且距离顶部 10 个像素的单点,则应将 X 轴和 Y 轴坐标分别表示为 10,10。

C#程序设计教程(第2版)

像素也可用来表示图形的宽度和高度。若要定义一个长和宽均为 100 个像素的正方形,并且此正方形的左上角离左边和顶部的距离均为 10 个像素,则应将坐标表示为(10,10,100,100)。

计算机的屏幕分辨率决定了屏幕所能显示的像素的数量。例如,屏幕分辨率设置为 1024×768 时,可以显示 786×432 个像素,比屏幕分辨率设置为 800×600 时要多。分辨率确定后,每个像素在屏幕的位置就确定了。

3. Paint 事件

这种在屏幕上进行绘制的操作称为"绘画"。窗体和控件都有一个 Paint 事件,每当需要重新绘制窗体和控件(例如,首次显示窗体或窗体由另一个窗口覆盖)时就会发生该事件。用户所编写的用于显示图形的任何代码通常都包含在 Paint 事件处理程序中。

图 10.1   坐标系

4. 颜色

颜色是绘图功能中非常重要的一部分,在 C#中颜色用 Color 结构和 Color 列举来表示。在 Color 结构中颜色由 4 个整数值 Red、Green、Blue 和 Alpha 表示。其中 Red、Green 和 Blue 可简写成 R、G、B,表示颜色的红、绿、蓝三原色;Alpha 表示不透明度。

可以通过 Color 类的 FromArgb 方法来设置和获取颜色。FromArgb 方法使用的语法格式如下:

```
Color.FromArgb([A,]R,G,B)
```

其中,A 为透明参数,其值为 0~255,数值越小越透明。0 表示全透明,255 表示完全不透明(默认值)。R、G、B 为颜色参数不可默认,范围为 0~255。例如,(255,0,0)为红色,(0,255,0)为绿色,(255,0,255)为紫色。

在绘制图形时,可以直接使用系统自定义的颜色,这些被定义的颜色均用英文命名,有 140 多个,常用的有 Red、Green、Blue、Yellow、Brown、White、Gold、Tomato、Pink、SkyBule 和 Orange 等。其使用语法如下:

```
Color.颜色名称
```

例如,以下两个语句都是将文本框 textBox1 的背景颜色设置为红色,前者直接使用系统颜色,后者使用 FromArgb 方法来设置颜色,但作用完全相同:

```
textBox1.BackColor = Color.Red;
textBox1.BackColor = Color.FromArgb(255, 0, 0);
```

10.1.2   什么是 GDI+

GDI+是 Windows 的 Graphics Device Interface(图形设备接口)。GDI+是一个 2D(二维)图形库,通过它可以创建图形、绘制文本以及将图形图像作为对象来操作。

使用 GDI+,程序员可以编写与设备无关的应用程序,使程序开发人员不必考虑不同显卡之间的区别,其作用如图 10.2 所示。

图 10.2 GDI+在图形应用程序设计中的作用

GDI+由.NET 类库中 System.Drawing 命名空间下的很多类组成,这些类包括在窗体上绘图的必需功能,可以在屏幕上完成对文本和位图的绘制,也可以控制字体、颜色、线条粗细、阴影、方向等因素,并把这些操作发送到显示卡上,确保在显示器上正确输出。表 10.1 列出了一些最常用的 GDI+类和结构。

表 10.1 常用的 GDI+类和结构

类/结构	说 明
System.Drawing.Bitmap	封装 GDI+位图,该位图由图形图像及其属性的像素数据组成。Bitmap 是一个用于处理由像素数据定义的图像
System.Drawing.Brushes	定义所有标准颜色所对应的画笔
System.Drawing.Color	表示一种 ARGB 颜色
System.Drawing.Font	定义文本的特定格式,包括字体、字号和样式属性
System.Drawing.Pen	定义用于绘制直线和曲线的对象
System.Drawing.Pens	定义所有标准颜色所对应的钢笔
System.Drawing.Point	提供有序的 x 坐标和 y 坐标整数对,该坐标对在二维平面中定义一个点
System.Drawing.Rectangle	存储一组表示矩形的位置和大小的 4 个整数
System.Drawing.SolidBrush	定义单个颜色所对应的画笔。画笔用于填充图形形状,如矩形、椭圆、扇形、多边形和轨迹
System.Drawing.TextureBrush	TextureBrush 类的每个属性都是一个使用图像填充形状内部的 Brush 对象

10.1.3 Graphics 类

Graphics 类封装一个 GDI+绘图图面,无法继承此类。该类提供了对象绘制到显示设备的方法,且与特定的设备上下文关联。也就是说,Graphics 类是 GDI+的核心类,它包含许多绘制操作方法和图像操作方法,所有 C♯ 的图形绘制都是通过它提供的方法进行的。例如,DrawLine 方法就是绘制一条连接由坐标对指定的两个点的线条。

10.2 绘图的基本步骤

在窗体上绘图的基本步骤如下:

1. 创建 Graphics 对象

在绘图之前,必须在指定的窗体上创建一个 Graphics 对象,即建立一块画布,只有创建了 Graphics 对象,才可以调用 Graphics 类的方法画图。但是,不能直接建立 Graphics 类的

C# 程序设计教程(第 2 版)

对象,例如,以下语句是错误的:

```
Graphics 对象名 = new Graphics();
```

这是因为 Graphics 类没有提供构造函数,它只能由可以给自己设置 System. Drawing. Graphics 类的对象来操作。一般地,建立 Graphics 类的对象有以下两种方法:

(1) 调用窗体 CreateGraphics 方法来建立 Graphics 对象。

通过当前窗体的 CreateGraphics 方法,把当前窗体的画笔、字体和颜色作为默认值,获取对 Grpahics 对象的引用。例如,在窗体 Form1 的 Paint 事件(该事件是在绘制窗体时发生)中编写如下代码:

```
private void Form1_Paint(object sender, PaintEventArgs e)
{    Graphics gobj = this.CreateGraphics();
     //调用 gobj 的方法画图
}
```

(2) 在窗体的 Paint 事件处理过程中建立 Graphics 对象。

在窗体的 Paint 事件处理过程中,通过 Graphics 属性获取 Graphics 对象。例如,在窗体 Form1 的 Paint 事件中编写如下代码:

```
private void Form1_Paint(object sender, PaintEventArgs e)
{    Graphics gobj = e.Graphics;
     //调用 gobj 的方法画图
}
```

2. 创建绘图工具

创建 Graphics 对象后,可用于绘制线条和形状、呈现文本或显示与操作图像。与 Graphics 对象一起使用的主要对象有以下几类:

(1) Pen 类:用于绘制线条、勾勒形状轮廓或呈现其他几何表示形式。根据需要可对画笔的属性进行设置,例如 Pen 的 Color 属性,可以设置画笔的颜色,DashStyle 属性可设置 Pen 的线条样式。

(2) Brush 类:用于填充图形区域,如实心形状、图像或文本。创建画刷有多种方式,可以创建 SolidBrush、HatchBrush、TextureBrush 等。

(3) Font 类:提供有关在呈现文本时要使用什么形状的说明。在输出文本之前,先指定文本的字体。通过 Font 类可以定义特定的文本格式,包括字体、字号和字形属性。

(4) Color 结构:表示要显示的不同颜色。颜色是绘图必要的因素,绘图前需要先定义颜色,可以使用 Color 结构中自定义的颜色,也可以通过 FromArgb 方法来创建 RGB 颜色。

3. 使用 Graphics 类提供的方法绘图

Graphics 类提供的如下绘图方法可以绘制空心图形、填充图形和文本等:

(1) 绘制空心图形的方法:DrawArc、DrawBezier、DrawEllipse、DrawImage、DrawLine、DrawPolygon 和 DrawRectangle 等。

(2) 绘制填充图形的方法:FillClosedCurve、FillEllipse、FillPath、FillPolygon 和 FillRectangle 等。

(3) 绘制文字的方法:Drawstring。

另外,还可以进行图形变换,包括图形的平移、旋转、缩放,以及对图片进行一些特殊效果的制作。

4. 清理 Graphics 对象

当在 Graphics 对象上绘图完成后,有时需要重新绘制新的图形,这时需要清理画布对象。其使用方法为:

```
画布对象.Clear(颜色);
```

其功能是将画布对象的内容清理成指定的颜色。例如,以下语句将画布对象 gobj 清理为白色:

```
gobj.Clear(Color.White);
```

5. 释放资源

对于在程序中创建的 Graphics、Pen、Brush 等资源对象,在不再使用时应尽快释放,调用该对象的 Dispose()方法即可。如果不调用 Dispose()方法,则系统将自动回收这些资源,但释放资源的时间会滞后。

【例 10.1】　设计一个窗体,画出 4 条线构成一个矩形。

解:新建一个项目 Proj10_1(存放在 H:\C♯2005\ch10 文件夹中),向其中添加窗体 Form1,不放置任何控件,在其上设计如下事件过程:

```
private void Form1_Paint(object sender, PaintEventArgs e)
{   Graphics gobj = this.CreateGraphics();
    int x, y, w, h;
    x = 10; y = 10; w = 150; h = 100;
    gobj.DrawLine(Pens.Blue, x, y, x + w, y);
    gobj.DrawLine(Pens.Blue, x, y, x, y + h);
    gobj.DrawLine(Pens.Blue, x + w, y, x + w, y + h);
    gobj.DrawLine(Pens.Blue, x, y + h, x + w, y + h);
}
```

图 10.3　Form1 执行界面

在上述代码中,Paint 事件处理过程通过画 4 条直线构成一个左上角坐标为(x,y)、长为 h、宽为 w 的矩形,每条直接使用 DrawLine 方法来绘制。

执行本窗体,其结果如图 10.3 所示。

10.3　绘制图形

前面介绍过,绘制图形是使用 Graphics 对象的方法实现的。根据图形的形状可分为直线、矩形、多边形、圆和椭圆、弧线、饼形、闭合曲线、非闭合曲线、贝济埃曲线等;又根据是否填充分为空心图形和填充图形。

10.3.1　绘制直线

直线不分空心图形和填充图形。绘制直线需要创建 Graphics 对象和 Pen 对象。Graphics 对象提供进行绘制直线的 DrawLine()方法。其常用语法格式如下:

C#程序设计教程(第 2 版)

```
Graphics.DrawLine(Pen, 起点坐标, 终点坐标);
```

绘制直线时需指明直线的起点坐标(即起点列、行坐标)和终点坐标(即终点列、行坐标)。

Pen 是画笔对象,用于指定画线的颜色等。在后面将介绍 Pen 对象,本节凡是出现 Pen 参数的地方只需简单使用 Pens.Red(画笔为红色)、Pens.Blue(画笔为蓝色)等颜色。

例如,例 10.1 就是使用 DrawLine 方法采用蓝色画笔绘制 4 条直线。

10.3.2 绘制矩形

矩形有空心图形和填充图形之分。

1. 绘制空心矩形

Graphics 对象提供绘制空心矩形的 DrawRectangle()或 DrawRectangles()方法。常用语法格式如下:

```
Graphics.DrawRectangle(Pen, Rectangle);
Graphics.DrawRectangles(Pen, Rectangle[]);
```

其中,DrawPolygon()方法绘制由一个 Rectangle 结构定义的多边形,而 DrawRectangles()方法绘制一系列由 Rectangle 结构指定的矩形。

Rectangle 是 System.Drawing 命名空间中一个结构类型,用于存储一组整数,共 4 个,分别表示一个矩形的位置和大小,即左上角顶点坐标、矩形的宽和高。凡是出现 Rectangle 参数的地方也都可以直接给出矩形的左上角顶点坐标、宽和高这 4 个数据。

2. 绘制填充矩形

绘制填充矩形使用 FillRectangle()或 FillRectangles()方法。常用语法格式如下:

```
Graphics.FillRectangle(Brush, Rectangle);
Graphics.FillRectangles(Brush, Rectangle[]);
```

其中,FillRectangle()方法填充由 Rectangle 指定的矩形的内部。FillRectangles()方法填充由 Rectangle 结构指定的一组矩形的内部。

Brush 是画刷对象,用于指定填充图形的内部颜色等,在后面介绍 Brush 对象,本节凡是出现 Brush 参数的地方只需使用 Brushes.Red(画刷为红色)、Brushes.Blue(画刷为蓝色)等颜色。

【例 10.2】 设计一个窗体,说明矩形方法的使用。

解:在 Proj10_1 项目中添加窗体 Form2,不放置任何控件,在其上设计如下事件过程:

```
private void Form2_Paint(object sender, PaintEventArgs e)
{    Graphics gobj = this.CreateGraphics();
     Rectangle rec1 = new Rectangle(20, 20, 50, 50);      //定义一个矩形 rec1
     Rectangle rec2 = new Rectangle(80, 20, 80, 100);     //定义一个矩形 rec2
     gobj.DrawRectangle(Pens.Blue, rec1);                 //绘制一个空心矩形
     gobj.FillRectangle(Brushes.Red, rec2);               //绘制一个填充矩形
}
```

其执行结果如图 10.4 所示。左边矩形是空心,用 DrawRectangle()方法绘制,右边矩形是填充,用 FillRectangle()方法绘制。

10.3.3　绘制多边形

多边形分为空心图形和填充图形。

1. 绘制空心多边形

多边形是有 3 条以上直边组成的闭合图形。若要绘制多边形,需要 Graphics 对象、Pen 对象和 Point(或 PointF)对象数组。Graphics 对象提供进行绘制空心多边形的 DrawPolygon()方法。其常用语法格式如下:

```
Graphics.DrawPolygon(Pen, Point[]);
```

其中 Point 数组是由一组 Point 结构对象定义的多边形。Pen 对象指出画线的画笔。

2. 绘制填充多边形

Graphics 对象提供绘制填充多边形的 FillPolygon()方法。其常用语法格式如下:

```
Graphics.FillPolygon(Brush, Point[]);
```

【例 10.3】 设计一个窗体,说明多边形方法的使用。

解:在 Proj10_1 项目中添加窗体 Form3,不放置任何控件,在其上设计如下事件过程:

```
private void Form3_Paint(object sender, PaintEventArgs e)
{   Graphics gobj = this.CreateGraphics();
    Point[] parray1 = {new Point(20, 20),              //定义点数组 parray1
        new Point(20, 80),new Point(100, 80)};
    gobj.DrawPolygon(Pens.Blue, parray1);
    Point[] parray2 = {new Point(150, 10), new Point(120, 50),
        new Point(150, 90), new Point(200, 90),         //定义点数组 parray2
        new Point(230, 50), new Point(200, 10)};
    gobj.FillPolygon(Brushes.Red, parray2);
}
```

其执行结果如图 10.5 所示。左边的多边形为空心,用 DrawRolygen()方法绘制,左边的多边形为填充,用 FillPolygen()方法绘制。

图 10.4　Form2 执行界面

图 10.5　Form3 执行界面

10.3.4　绘制圆和椭圆

圆和椭圆有空心图形和填充图形之分。

1. 绘制空心圆和椭圆

Graphics 对象提供了绘制空心圆或椭圆的 DrawEllipse()方法。语法格式如下:

```
Graphics.DrawEllipse(Pen, Rectangle);
```

绘制圆和椭圆的方法相同,当宽和高的取值相同时,椭圆就变成圆了。

2. 绘制填充圆和椭圆

Graphics 对象提供了绘制填充圆或椭圆的 DrawEllipse()方法。语法格式如下:

```
Graphics.FillEllipse(Brush, Rectangle);
```

【例 10.4】 设计一个窗体,说明圆和椭圆方法的使用。

解:在 Proj10_1 项目中添加窗体 Form4,不放置任何控件,在其上设计如下事件过程:

```
private void Form4_Paint(object sender, PaintEventArgs e)
{    Graphics gobj = this.CreateGraphics();
     gobj.DrawEllipse(Pens.Red, 20, 20, 150, 100);
     gobj.DrawEllipse(Pens.Blue, 50, 40, 60, 60);
     gobj.FillEllipse(Brushes.Green, 180, 40, 100, 60);
}
```

其执行结果如图 10.6 所示。其中左边的一个圆和一个椭圆为空心,用 DrawEllipse()
方法绘制,左边的一个椭圆为填充,用 FillEllipse()方法绘制。

10.3.5 绘制弧线

弧线不分空心图形和填充图形。弧线其实就是椭圆的一部分。Graphics 对象提供进
行绘制弧线的 DrawArc()方法。DrawArc()方法除了需要绘制椭圆的参数外,还需要有起
始角度和仰角参数。DrawArc()方法语法格式如下:

```
Graphics.DrawArc (Pen,起点坐标,终点坐标,起始角度,仰角参数);
```

其中最后两个参数是弧线的起始角度和仰角参数。

【例 10.5】 设计一个窗体,说明弧线方法的使用。

解:在 Proj10_1 项目中添加窗体 Form5,不放置任何控件,在其上设计如下事件过程:

```
private void Form5_Paint(object sender, PaintEventArgs e)
{    Graphics gobj = this.CreateGraphics();
     gobj.DrawArc(Pens.Red, 30, 30, 140, 70, 30, 180);
     gobj.DrawArc(Pens.Black, 50, 40, 140, 70, 60, 270);
}
```

其执行结果如图 10.7 所示。

图 10.6　Form4 执行界面

图 10.7　Form5 执行界面

10.3.6　绘制饼形

饼形有空心图形和填充图形之分。

1．绘制空心饼形

空心饼形是用 DrawPie 方法来绘制的,语法格式与弧线相同。但是,饼形与弧线不同,饼形是由椭圆的一段弧线和两条与该弧线的终结点相交的射线定义的。常用的语法格式如下:

```
Graphics.DrawPie(Pen, Rectangle, 起始角度, 仰角参数);
```

其中,若"仰角参数"大于 360°或小于－360°,则将其分别视为 360°或－360°。

2．绘制填充饼形

填充饼形是用 FillPie()方法来绘制的,常用的语法格式如下:

```
Graphics.FillPie(Brush, Rectangle, 起始角度, 仰角参数);
```

【例 10.6】　设计一个窗体,说明饼形方法的使用。

解：在 Proj10_1 项目中添加窗体 Form6,不放置任何控件,在其上设计如下事件过程:

```
private void Form6_Paint(object sender, PaintEventArgs e)
{    Graphics gobj = this.CreateGraphics();
     Rectangle rec1 = new Rectangle(20, 20, 100, 70);
     Rectangle rec2 = new Rectangle(130, 30, 140, 70);
     gobj.DrawPie(Pens.Red, rec1, 20, 180);
     gobj.FillPie(Brushes.Blue, rec2, 30, 180);
}
```

其执行结果如图 10.8 所示。左边的饼形为空心,用 DrawPie()方法绘制,右边的饼形为填充,用 FillPie()方法绘制。

10.3.7　绘制非闭合曲线

多边形不分空心图形和填充图形。非闭合曲线通过 DrawCurve()方法来绘制,其语法格式如下:

```
Graphics.DrawCurve(Pen,Point[],offset,numberofsegments,tension);
```

其中,Point 为点数组,也可以为 PointF 结构数组,这些点定义样条曲线,其中必须包含至少 4 个点。offset 从 Point 参数数组中的第一个元素到曲线中起始点的偏移量,如果从第一个点开始画,则偏移量为 0,如果从第二个点开始画,则偏移量为 1,依次类推。numberOfSegments 表示起始点之后要包含在曲线中的段数。tension 表示该值指定曲线的张力,大于或等于 0.0F 的值,用来指定曲线的拉紧程度,值越大,拉紧程度越大,当值为 0 时,则此方法绘制直线段以连接这些点。通常,tension 参数小于或等于 1.0F,超过 1.0F 的值会产生异常结果。

offset、numberofsegments 和 tension 这 3 个参数是可选项。

【**例 10.7**】 设计一个窗体,说明非闭合曲线方法的使用。

解:在 Proj10_1 项目中添加窗体 Form7,不放置任何控件,在其上设计如下事件过程:

```
private void Form7_Paint(object sender, PaintEventArgs e)
{    Graphics gobj = this.CreateGraphics();
     Point[] parray = {new Point(30, 30), new Point(50, 50),
         new Point(80, 90), new Point(70, 60),
         new Point(130, 50), new Point(150, 10)};
     gobj.DrawCurve(Pens.Red, parray, 0, 5, 0.2f);
}
```

其执行结果如图 10.9 所示。

图 10.8 Form6 执行界面   图 10.9 Form7 执行界面

10.3.8 绘制闭合曲线

闭合曲线有空心图形和填充图形之分。

1. 绘制空心闭合曲线

空心闭合曲线使用 DrawClosedCurve 方法来绘制,与画非闭合曲线的格式基本相同,语法格式如下:

```
Graphics.DrawClosedCurve(Pen, Point[]);
```

其功能是使用指定的张力来绘制由 Point 数组定义的闭合基数样条。Point 表示点的数组,其中必须包含至少 4 个点。

用该方法可以连接多个点画出一条闭合曲线,如果最后一个点不匹配第一个点,则在最后一个点和第一个点之间添加一条附加曲线段以使其闭合。

2. 绘制填充闭合曲线

填充闭合曲线使用 FillClosedCurve()方法来绘制,与画非闭合曲线的格式基本相同,语法格式如下:

```
Graphics.FillClosedCurve(Brush, point[]);
```

【**例 10.8**】 设计一个窗体,说明闭合曲线方法的使用。

解:在 Proj10_1 项目中添加窗体 Form8,不放置任何控件,在其上设计如下事件过程:

```
private void Form8_Paint(object sender, PaintEventArgs e)
{    Graphics gobj = this.CreateGraphics();
```

```
Point[] parray1 = {new Point(20, 20), new Point(50, 50),
    new Point(80, 90), new Point(70, 60),
    new Point(110, 50), new Point(100, 10)};
Point[] parray2 = {new Point(140, 20), new Point(170, 50),
    new Point(200, 90), new Point(190, 60),
    new Point(230, 50), new Point(220, 10)};
gobj.DrawClosedCurve(Pens.Red, parray1);
gobj.FillClosedCurve(Brushes.Blue, parray2);
}
```

其执行结果如图 10.10 所示。左边的闭合曲线为空心,用 DrawClosedCurve 方法绘制,左边的闭合曲线为填充,用 FillClosedCurve 方法绘制。

10.3.9　绘制贝济埃曲线

Bezier Curve 贝济埃曲线是一种用数学方法生成的能显示非一致曲线的线。贝济埃曲线是以法国数学家皮埃尔·贝济埃命名的。一条贝济埃曲线有 4 个点,在第 1 个点和第 4 个点之间绘制贝济埃样条,第 2 个点和第 3 个点是确定曲线形状的控制点。贝济埃曲线是通过 DrawBezier 方法来绘制的,语法格式如下:

```
Graphics.DrawBezier(Pen, point1, point2, point3, point4);
```

其中,point1、point2、point3 和 point4 为 4 个 Point 结构或者 PointF 结构对象,分别表示曲线的起始点、第 1 个控制点、第 2 个控制点和曲线的结束点。

【例 10.9】　设计一个窗体,说明贝济埃曲线方法的使用。

解:在 Proj10_1 项目中添加窗体 Form9,不放置任何控件,在其上设计如下事件过程:

```
private void Form9_Paint(object sender, PaintEventArgs e)
{    Graphics gobj = this.CreateGraphics();
    Point p1 = new Point(30, 30);
    Point p2 = new Point(50, 50);
    Point p3 = new Point(80, 90);
    Point p4 = new Point(130, 30);
    gobj.DrawBezier(Pens.Red, p1, p2, p3, p4);
}
```

其执行结果如图 10.11 所示。

图 10.10　Form8 执行界面

图 10.11　Form9 执行界面

10.4　创建画图工具

画图工具包括画笔、笔刷、字体和颜色等。

10.4.1　创建画笔

画笔是用来画线的基本对象，同时通过画笔在窗体上绘制各种颜色的图形。在 C# 中使用 Pen 类来定义绘制直线和曲线的对象，画笔是 Pen 类的一个实例。在绘图之前首先需要创建一个画笔，语法格式如下：

```
Pen 画笔名称;
画笔名称 = new Pen(颜色, 宽度);
```

或

```
Pen 画笔名称 = new Pen(颜色, 宽度);
```

Pen 类可在 Graphics 画布对象上绘制图形，只要指定画笔对象的颜色与粗细，配合相应的绘图方法，就可绘制图形形状、线条和轮廓。画笔类中封装了线条宽度、线条样式和颜色等。表 10.2 列出了 Pen 类的常用属性。

表 10.2　Pen 类的常用属性及说明

属性名	说　　明
Color	设置颜色
Brush	获取或设置 Brush，用于确定此 Pen 的属性
DashStyle	设置虚线样式，取值如下： (1) Custom：指定用户定义的自定义划线段样式。 (2) Dash：指定由划线段组成的直线。 (3) DashDot：指定由重复的划线点图案构成的直线。 (4) DashDotDot：指定由重复的划线点点图案构成的直线。 (5) Dot：指定由点构成的直线。 (6) Solid：指定实线
EndCap	设置直线终点使用的线帽样式，取值如下： (1) AnchorMask：指定用于检查线帽是否为锚头帽的掩码。 (2) ArrowAnchor：指定箭头状锚头帽。 (3) Custom：指定自定义线帽。 (4) DiamondAnchor：指定菱形锚头帽。 (5) Flat：指定平线帽。 (6) NoAnchor：指定没有锚。 (7) Round：指定圆线帽。 (8) RoundAnchor：指定圆锚头帽。 (9) Square：指定方线帽。 (10) SquareAnchor：指定方锚头帽。 (11) Triangle：指定三角线帽
StartCap	设置直线起点使用的线帽样式，其取值与 EndCap 相同

续表

属性名	说　　明
PenType	获取直线样式,取值如下: (1) HatchFill:指定阴影填充。 (2) LinearGradient:指定线性渐变填充。 (3) PathGradient:指定路径渐变填充。 (4) SolidColor:指定实填充。 (5) TextureFill:指定位图纹理填充
Transform	获取或设置此 Pen 的几何变换
Width	设置线的宽度

【例 10.10】 设计一个窗体,说明画笔的使用方法。

解:在 Proj10_1 项目中添加窗体 Form10,不放置任何控件,在其上设计如下事件过程:

```
private void Form10_Paint(object sender, PaintEventArgs e)
{     Graphics gobj = this.CreateGraphics();          //创建 Graphics 对象
    Pen redPen = new Pen(Color.Red);                //创建 Pen 对象 redPen
    Pen bluePen = new Pen(Color.Blue, 8);           //创建 Pen 对象 bluePen
    Pen greenPen = new Pen(Color.Green, 3);         //创建 Pen 对象 greenPen
    Point p1 = new Point(40, 30);
    Point p2 = new Point(150, 30);
    redPen.DashStyle = System.Drawing.Drawing2D.DashStyle.Dash;     //设置直线样式为虚线
    redPen.Width = 5;                               //设置直线宽度
    gobj.DrawLine(redPen, 20, 20, 20, 150);
    bluePen.StartCap = System.Drawing.Drawing2D.LineCap.RoundAnchor;
        //设置直线起点样式
    bluePen.EndCap = System.Drawing.Drawing2D.LineCap.ArrowAnchor;
        //设置直线终点样式
    gobj.DrawLine(bluePen, p1, p2);
    gobj.DrawLine(greenPen, 40, 50, 150, 150);
}
```

其执行结果如图 10.12 所示。

10.4.2　创建笔刷

前面介绍的画笔对象是描绘图形的边框和轮廓,若要填充图形
的内部则必须使用画刷(Brush)对象。Brus 类用来填充图形空间的
对象,定义用于填充图形形状,如矩形、椭圆、饼形、多边形和封闭路
径等内部的对象,它具有颜色和图案。

图 10.12　Form10 执行
界面

GDI＋ 提 供 了 几 种 不 同 形 式 的 画 刷,如 实 心 笔 刷(SolidBrush)、纹 理 笔 刷
(TextureBrush)、阴影笔刷(HatchBrush)和渐变笔刷(LinearGradientBrush)等。这些画
刷都是从 System.Drawing.Brush 基类中派生出来的。下面仅介绍实心笔刷和阴影笔刷的
使用方法。

1. 实心笔刷

实心笔刷(SolidBrush)指定了填充区域的颜色,是最简单的一种,其创建方法如下:

```
SolidBrush 笔刷名称 = new SolidBrush(笔刷颜色);
```

例如,定义一个颜色为红色的实心笔刷:

```
SolidBrush redBrush = new SolidBrush(Color.Red);
```

2. 阴影笔刷

HatchBrush 笔刷是一种复杂的画刷,它通过绘制一种样式来填充区域,作用是在某一种图案来填充图形,创建方法如下:

```
HatchBrush 笔刷名称 = new HatchBrush(HatchStyle,ForegroundColor,BackgroundColor);
```

其中,HatchStyle 指出获取此 HatchBrush 对象的阴影样式,也就是填充图案的类型,是一个 HatchBrush 枚举数据类型,该枚举有 50 多个图案类型,部分样式如表 10.3 所示。ForegroundColor 指出获取此 HatchBrush 对象绘制的阴影线条的颜色;BackgroundColor 指出此 HatchBrush 对象绘制的阴影线条间空间的颜色。

表 10.3　HatchBrush 部分样式及说明

HatchBrush 笔刷样式	说　明
BackwardDiagonal	从右上到左下的对角线
DarkDownwardDiagonal	从顶点到底点向右倾斜对角线
DashedHorizontal	虚线水平线
DashedUpwardDiagonal	虚线对角线
ForwardDiagonal	从左上到右下的对角线
Horizontal	水平线
LargeConfetti	五彩纸屑外观的阴影
Plaid	格子花呢材料外观的阴影
Shingle	对角分层鹅卵石外观的阴影
Trellis	格架外观的阴影
Vertical	垂直线的图案
Cross	交叉的水平线和垂直线
DarkUpwardDiagonal	从顶点到底点向左倾斜的对角线
DashedVertical	虚线垂直线
DiagonalBrick	分层砖块外观的阴影
DiagonalCross	交叉对角线的图案
Divot	草皮层外观的阴影
HorizontalBrick	水平分层砖块外观的阴影
SmallCheckerBoard	棋盘外观的阴影
SmallConfetti	五彩纸屑外观的阴影
SmallGrid	互相交叉的水平线和垂直线
SolidDiamond	对角放置的棋盘外观的阴影

【例 10.11】　设计一个窗体,说明画笔的使用方法。

解：在 Proj10_1 项目中添加窗体 Form11（在引用部分添加 using System. Drawing. Drawing2D;语句），不放置任何控件，在其上设计如下事件过程：

```
private void Form11_Paint(object sender, PaintEventArgs e)
{    Graphics gobj = this. CreateGraphics();
     SolidBrush myBrush1 = new SolidBrush(Color.Red);        //声明实心画笔
     HatchBrush myBrush2 =
        new HatchBrush(HatchStyle. Vertical, Color. Blue, Color. Green);
     Pen blackPen = new Pen(Color. Black, 3);
     gobj. FillRectangle(myBrush1, 20, 20, 100, 100);        //绘制并填充矩形
     gobj. DrawRectangle(blackPen, 20, 20, 100, 100);
                        //绘制绿色背景色蓝色阴影线矩形
     gobj. FillRectangle(myBrush2, 150, 20, 100, 100);
}
```

其执行结果如图 10.13 所示。

图 10.13　Form11 执行界面

10.4.3　创建字体

Font 类定义了文字的格式，如字体、大小和样式等。创建字体对象的一般语法格式如下：

```
Font 字体对象 = new Font(字体名称,字体大小, 字体样式);
```

其中，"字体样式"为 FontStyle 枚举类型，其取值及说明如表 10.4 所示。例如，以下语句创建一个字体为"宋体"，大小为 20，样式为粗体的 Font 对象 f：

```
Font f = new Font("宋体", 20, FontStyle. Bold);
```

表 10.4　字体样式及其说明

字体样式	说　　明
Bold	粗体
Italic	斜体
Regular	正常文本
Strikeout	有删除线的文本
UnderLine	有下划线的文本

10.5　绘制文本

在程序设计中，有时还需要在图形中设计文字，即文字图形（非文本信息）。Graphics 对象提供了文字设置的 DrawString 方法。其语法格式如下：

```
Graphics. DrawString (字符串,Font,Brush,Point,字体格式);
Graphics. DrawString (字符串,Font,Brush,Rectangle,字体格式);
```

其中，各参数的说明如下：

(1)"字符串"指出要绘制的字符串，也就是要输出的文本。

C♯程序设计教程(第2版)

（2）Font 为创建的字体对象,用来指出字符串的文本格式。

（3）Brush 为创建的笔刷对象,它确定所绘制文本的颜色和纹理。

（4）Point 表示 Point 结构或者 PointF 结构的点。这个点表示绘制文本的起始位置,它指定所绘制文本的左上角。Rectangle 表示由 Rectangle 结构指定的矩形,矩形左上角的坐标为文本的起始位置,文本在矩形的范围内输出。

（5）"字体格式"是一个 StringFormat 对象,用于指定应用于所绘制文本的格式化属性,如行距和对齐方式等。包括文本布局信息,如对齐、文字方向和 Tab 停靠位等,以显示操作和 OpenType 功能。

StringFormat 的常用属性如表 10.5 所示。

表 10.5 StringFormat 的常用属性及其说明

属　　性	说　　明
Alignment	获取或设置垂直面上的文本对齐信息,其取值如下: （1）Center：指定文本在布局矩形中居中对齐。 （2）Far：指定文本远离布局矩形的原点位置对齐。在左到右布局中,远端位置是右。在右到左布局中,远端位置是左。 （3）Near：指定文本靠近布局对齐。在左到右布局中,近端位置是左。在右到左布局中,近端位置是右
FormatFlags	获取或设置包含格式化信息的 StringFormatFlags 枚举,常用的取值如下: （1）DirectionRightToLeft：按从右向左的顺序显示文本。 （2）DirectionVertical：文本垂直对齐。 （3）FitBlackBox 允许部分字符延伸该字符串的布局矩形。默认情况下,将重新定位字符以避免任何延伸。 （4）NoClip：允许显示标志符号的伸出部分和延伸到边框外的未换行文本。在默认情况下,延伸到边框外侧的所有文本和标志符号部分都被剪裁。 （5）NoWrap：在矩形内设置格式时,禁用文本换行功能。当传递的是点而不是矩形时,或者指定的矩形行长为零时,已隐含此标记
GenericDefault	获取一般的默认 StringFormat 对象
LineAlignment	获取或设置水平面上的行对齐信息,和 Aligment 属性取值相同

【例 10.12】 设计一个窗体,说明绘制文字的使用方法。

解：在 Proj10_1 项目中添加窗体 Form12(在引用部分添加 using System. Drawing. Drawing2D;语句),不放置任何控件,在其上设计如下事件过程：

```
private void Form12_Paint(object sender, PaintEventArgs e)
{    Graphics gobj = this.CreateGraphics();
     StringFormat sf1 = new StringFormat();
     StringFormat sf2 = new StringFormat();
     Font f = new Font("隶书", 20, FontStyle.Bold);
     HatchBrush bobj1 =
          new HatchBrush(HatchStyle.Vertical,Color.Blue, Color.Green);
     SolidBrush bobj2 = new SolidBrush(Color.Red);
     sf1.Alignment = StringAlignment.Far;
     sf2.FormatFlags = StringFormatFlags.DirectionVertical;
     gobj.DrawString("中华人民共和国", f, bobj1, 220, 15, sf1);
```

```
    gobj.DrawString("北京奥运会", f, bobj2, 100, 50, sf2);
}
```

其执行结果如图 10.14 所示。

图 10.14　Form12 执行界面

练习题 10

1. 单项选择题

(1) 在 GDI＋的所有类中，_____类是核心，在绘制任何图形之前，一定要先用它创建一个对象。

A. Graphics　　　　B. Pen　　　　C. Brush　　　　D. Font

(2) 在 Windows 应用程序中，在界面上绘制矩形、弧、椭圆等图像对象，可以使用 System.Drawing 命名空间的_____类来实现。

A. Brush　　　　B. Pen　　　　C. Color　　　　D. Image

(3) 要设置 Pen 对象绘制线条的宽度，应使用它的_____属性。

A. Color　　　　B. Width　　　　C. DashStyle　　　　D. PenType

(4) 通过 HatchBush 对象的_____属性可设置 HatchBush 对象的阴影样式。

A. BackgroundColor　　　　　　B. ForegroundColor

C. HatchStyle　　　　　　　　D. ColorStyle

(5) 在界面上创建字体的类是_____。

A. Graphics　　　　B. Pen　　　　C. Brush　　　　D. Font

(6) 在界面上绘制文本使用 Graphics 对象的_____方法。

A. DrawPie()　　　　B. FillPie()　　　　C. DrawString()　　　　D. FillEllipse()

2. 问答题

(1) 简述 GDI＋在图形应用程序设计中的作用。

(2) 简述创建 Graphics 对象的各种方法。

3. 编程题

(1) 创建一个 Windows 窗体应用程序项目 Proj10_2(存放在 H:\C#2005\ch10 文件夹中)，添加一个窗体 Form1，绘制两个矩形，一个为蓝色边框，另一个为红色边框。

(2) 在 Proj10_2 项目中，设计一个窗体 Form2，绘制两个填充饼形构成一个椭圆。

(3) 在 Proj10_2 项目中，设计一个窗体 Form3，绘制一个带边的填充椭圆。

(4) 在 Proj10_2 项目中,设计一个窗体 Form4,用不同的字体大小绘制 3 个文字。

4. 上机实验题

在 Proj10_2 项目中,设计一个窗体 Form5,提供 3 个命令按钮,单击时分别在窗体上画一条直线、画一个形状和画一个文本。其执行界面如图 10.15 所示。

图 10.15　上机实验题窗体执行界面

CHAPTER 11

文件操作　

　　文件是永久存储在磁盘等介质上的一组数据,一个文件有唯一的文件名,操作系统通过文件名对文件进行管理。很多程序需要读写磁盘文件,这就涉及如何建立文件,如何从文件中读数据,如何向文件写数据等问题。

　　本章学习要点:

- 掌握 C♯ 中文件的各种类型及其特点。
- 掌握使用 System. IO 模型实现文件操作的方法。
- 掌握使用文件系统对象模型实现文件操作的方法。

11.1　文件和 System. IO 模型概述

　　在程序执行时,从文件中读取数据到内存中(称为读操作或输入操作),并把处理结果存放到文件中(称为写操作或输出操作)。

11.1.1　文件类型

　　文件的分类标准很多,根据不同的分类方式,可以将文件分为不同的形式。

1. 按文件的存取方式及结构,文件可以分为顺序文件和随机文件

1) 顺序文件

　　顺序存取文件简称为顺序文件,它由若干文本行组成,并且常称做 ASCII 文件。每个文本行的结尾为一个回车字符(ASCII 码 13,称为行分界字符),且文件结尾为 Ctrl＋Z(ASC 码 26)。顺序文件中的每个字符用一个字节来存储,并且可以用 Windows 记事本来浏览、编辑和创建。顺序文件存储格式如图 11.1 所示。

　　顺序文件的优点是操作简单,缺点是无法任意取出某一个记录来修改,一定要将全部数据读入,在数据量很大时或只想修改某一条记录时,显得非常不方便。

图 11.1　顺序文件存储格式

2) 随机存取文件

随机存取文件简称为随机文件,它是以记录格式来存储数据的文件,由多个记录组成,每个记录都有相同的大小和格式。随机文件像一个数据库,由大小相同的记录组成,每个记录又由字段组成,在字段中存放着数据。其存储结构如图 11.2 所示。

每个记录前都有记录号表示此记录开始。在读取文件时,只要给出记录号,就可迅速找到该记录,并将该记录读出;若对该记录做了修改,需要写到文件中时,也只要指出记录号即可,新记录将自动覆盖原有记录。所以,随机文件的访问速度快,读、写、修改灵活方便,但由于在每个记录前增加了记录号,从而使其占用的存储空间增大。

图 11.2　随机文件存储格式

2. 按文件数据的组织格式,文件可分为 ASCII 文件和二进制文件

1) ASCII 文件

ASCII 文件又称为文本文件,在这种文件中,每个字符存放一个 ASCII 码,输出时每个字节代表一个字符,便于对字节进行逐个处理,但这种文件一般占用的空间较大,并且转换时间较长。

2) 二进制文件

二进制存取文件简称为二进制文件,其中的数据均以二进制方式存储,存储的基本单位是字节。

在二进制文件中,能够存取任意所需要的字节,可以把文件指针移到文件的任何地方,因此,这种存取方式最为灵活。

11.1.2　文件的属性

文件的属性用于描述文件本身的信息,主要包括以下几方面:

1. 文件属性

文件属性有只读、隐藏和归档等类型。

2. 访问方式

文件的访问方式有读、读/写和写等类型。

3. 访问权限

文件的访问权限有读、写、追加数据等类型。

4. 共享权限

文件的共享权限有文件共享、文件不共享等类型。

11.1.3　文件访问方式

在 C♯ 中可以通过 .NET 的 System.IO 模型以流的方式对各种数据文件进行访问。

11.2　System.IO 模型

11.2.1　什么是 System.IO 模型

System.IO 模型提供了一个面向对象的方法来访问文件系统。System.IO 模型提供了很多针对文件、文件夹的操作功能,特别是以流(Stream)的方式对各种数据进行访问,这种访问方式不但灵活,而且可以保证编程接口的统一。

System.IO 模型的实现包含在 System.IO 命名空间中,该命名空间包含允许读写文件和数据流的类型以及提供基本文件和文件夹支持的各种类,也就是说,System.IO 模型是一个文件操作类库,包含的类可用于文件的创建、读/写、复制、移动和删除等操作,其中最常用的类如表 11.1 所示。

表 11.1　System.IO 命名空间中常用的类及其说明

类	说　明
BinaryReader	用特定的编码将基元数据类型读作二进制值
BinaryWriter	以二进制形式将基元类型写入流,并支持用特定的编码写入字符串
BufferedStream	给另一流上的读写操作添加一个缓冲层。无法继承此类
Directory	公开用于创建、移动和枚举通过目录和子目录的静态方法。无法继承此类
DirectoryInfo	公开用于创建、移动和枚举目录和子目录的实例方法。无法继承此类
DriveInfo	提供对有关驱动器的信息的访问
File	提供用于创建、复制、删除、移动和打开文件的静态方法,并协助创建 FileStream 对象
FileInfo	提供创建、复制、删除、移动和打开文件的实例方法,并且帮助创建 FileStream 对象,无法继承此类
FileStream	公开以文件为主的 Stream,既支持同步读写操作,也支持异步读写操作
Path	对包含文件或目录路径信息的 String 实例执行操作。这些操作是以跨平台的方式执行
Stream	提供字节序列的一般视图
StreamReader	实现一个 TextReader,使其以一种特定的编码从字节流中读取字符
StreamWriter	实现一个 TextWriter,使其以一种特定的编码向流中写入字符
StringReader	实现从字符串进行读取的 TextReader
StringWriter	实现一个用于将信息写入字符串的 TextWriter,该信息存储在基础 StringBuilder 中
TextReader	表示可读取连续字符系列的读取器
TextWriter	表示可以编写一个有序字符系列的编写器。该类为抽象类

11.2.2 文件编码

文件编码也称为字符编码,用于指定在处理文本时如何表示字符。一种编码是否能优于另一种编码,主要取决于它能处理或不能处理哪些语言字符,不过通常首选的是Unicode。

读取或写入文件时,未正确匹配文件编码的情况可能会导致发生异常或产生不正确的结果。

以前的字符编码标准包括传统的字符集,如使用 8 位代码值或 8 位值组合来表示特定语言或地理区域中使用的字符的 Windows ANSI 字符集。

编码是一个将一组 Unicode 字符转换为一个字节序列的过程,解码是一个反向操作过程,即将一个编码字节序列转换为一组 Unicode 字符。System.IO 模型中 Encoding 类表示字符编码,表 11.2 列出了该类的属性及其对应文件编码方式。

表 11.2　Encoding 类的属性及其说明

属性	说　　明
ASCII	获取 ASCII(7 位)字符集的编码
Default	获取系统的当前 ANSI 代码页的编码
Unicode	获取使用 Little-Endian 字节顺序的 UTF-16 格式的编码
UTF32	获取使用 Little-Endian 字节顺序的 UTF-32 格式的编码
UTF7	获取 UTF-7 格式的编码
UTF8	获取 UTF-8 格式的编码

11.2.3　C♯的文件流

C♯将文件看成是顺序的字节流,也称为文件流。文件流是字节序列的抽象概念,文件可以看成是存储在磁盘上的一系列二进制字节信息,C♯用文件流对其进行输入、输出操作,例如,读取文件信息、向文件写入信息。

C♯提供的 Stream 类(System.IO 成员)是所有流的基类,由它派生出文件流FileStream 和缓冲区流 BufferedStream。本章主要介绍 FileStream 文件流。

在 System.IO 模型中,文件操作的基本方式是:用 File 类打开操作系统文件,建立对应的文件流即 FileStream 对象,用 StreamReader/StreamWriter 类提供的方法对该文件流(文本文件)进行读写或用 BinaryReader/BinaryWriter 类提供的方法对该文件流(二进制文件)进行读写。

11.3　文件夹和文件操作

11.3.1　文件夹操作

Directory 类提供了文件夹操作的方法,表 11.3 列出了 Directory 类的常用方法。Directory 类内的方法是共享的,无须创建对象实体即可使用。

表 11.3　Directory 类的常用方法及其说明

方　　法	说　　明
CreateDirectory	创建所有目录或子目录
Delete	从指定路径删除目录
Exists	返回值确定给定路径是否现有目录
GetCreationTime	返回指定目录的创建日期和时间
GetCurrentDirectory	返回应用程序的当前工作目录
GetDirectories	返回值为指定目录中子目录的名称
GetFiles	返回指定目录中的文件的名称
GetFileSystemEntries	返回指定目录中所有文件和子目录的名称
GetLastAccessTime	返回上次访问指定文件或目录的日期和时间
GetLastWriteTime	返回上次写入指定文件或目录的日期和时间
GetLogicalDrives	返回此计算机上格式为"驱动器号:\"的逻辑驱动器的名称
GetParent	返回指定路径的父目录
Move	将文件或目录及其内容移到新位置
SetCreationTime	为指定的文件或目录设置创建日期和时间
SetCurrentDirectory	将应用程序的当前工作目录设置为指定的目录
SetLastAccessTime	设置上次访问指定文件或目录的日期和时间
SetLastWriteTime	设置上次写入目录的日期和时间

除了 Directory 类外,DirectoryInfo 类也提供了文件夹操作的方法,其使用方式与 Directory 类相似。但 Directory 类的方法都是静态方法,如果只执行一次,使用前者对象来实现更好些。另外,DirectoryInfo 类必须创建对象实体才能使用其方法。

11.3.2　文件操作

File 类提供了文件操作的方法,并协助创建 FileStream 对象。File 类的常用方法如表 11.4 所示。和 Directory 类一样,File 类的方法是共享的,无须创建对象实体即可使用。

表 11.4　File 类的常用方法及其说明

方　　法	说　　明
AppendAllText	将指定的字符串追加到文件中,如果文件还不存在则创建该文件
AppendText	创建一个 StreamWriter,它将 UTF-8 编码文本追加到现有文件中
Copy	将现有文件复制到新文件中
Create	在指定路径中创建文件
CreateText	创建或打开一个文件用于写入 UTF-8 编码的文本
Delete	删除指定的文件。如果指定的文件不存在,则不引发异常
Exists	确定指定的文件是否存在
GetAttributes	获取在此路径上的文件的 FileAttributes
GetCreationTime	返回指定文件或目录的创建日期和时间
GetLastAccessTime	返回上次访问指定文件或目录的日期和时间
GetLastWriteTime	返回上次写入指定文件或目录的日期和时间
Move	将指定文件移到新位置,并提供指定新文件名的选项
Open	打开指定路径上的 FileStream

方　　法	说　　明
OpenRead	打开现有文件以进行读取
OpenText	打开现有 UTF-8 编码文本文件以进行读取
OpenWrite	打开现有文件以进行写入
ReadAllBytes	打开一个文件,将文件的内容读入一个字符串,然后关闭该文件
ReadAllLines	打开一个文本文件,将文件的所有行都读入一个字符串数组,然后关闭该文件
ReadAllText	打开一个文本文件,将文件的所有行读入一个字符串,然后关闭该文件
Replace	使用其他文件的内容替换指定文件的内容,这一过程将删除原始文件,并创建被替换文件的备份

除了 File 类外,FileInfo 类都提供了文件操作的方法。它们的使用方式类似。但 File 类的方法都是静态方法,如果只执行一次,使用前者对象来实现更好些。

【例 11.1】 设计一个窗体,显示指定目录中的所有文件的文件名、创建时间和文件属性。

解: 新建一个项目 Proj11_1(存放在 H:\C♯2005\ch11 文件夹中),向其中添加一个窗体 Form1(引用部分添加 using System. IO;语句),该窗体的设计界面如图 11.3 所示。其中已经有一个标签 label1、一个文本框 textBox1、一个列表框 listBox1 和一个命令按钮 button1。在该窗体上设计以下事件过程:

```
private void button1_Click(object sender, EventArgs e)
{    int i;
    string[] filen;
    string filea;
    listBox1.Items.Clear();
    if (!Directory.Exists(textBox1.Text))
        MessageBox.Show(textBox1.Text + "文件夹不存在",
            "信息提示",MessageBoxButtons.OK);
    else
    {    filen = Directory.GetFiles(textBox1.Text);
        for (i = 0; i <= filen.Length - 1; i++)
        {    filea = String.Format("{0}\t{1} {2}",filen[i],
                File.GetCreationTime(filen[i]),fileatt(filen[i]));
            listBox1.Items.Add(filea);
        }
    }
}
private string fileatt(string filename)        //获取文件属性
{    string fa = "";
    switch(File.GetAttributes(filename))
    {
    case FileAttributes.Archive:
        fa = "存档";
        break;
    case FileAttributes.ReadOnly:
        fa = "只读";
        break;
```

```
        case FileAttributes.Hidden:
            fa = "隐藏";
            break;
        case FileAttributes.Archive | FileAttributes.ReadOnly:
            fa = "存档 + 只读";
            break;
        case FileAttributes.Archive | FileAttributes.Hidden:
            fa = "存档 + 隐藏";
            break;
        case FileAttributes.ReadOnly | FileAttributes.Hidden:
            fa = "只读 + 隐藏";
            break;
        case FileAttributes.Archive | FileAttributes.ReadOnly | FileAttributes.Hidden:
            fa = "存档 + 只读 + 隐藏";
            break;
        }
        return fa;
    }
```

执行本窗体,在文本框中输入"C:\Windows",单击"显示文件"按钮,在列表框中显示其 Windows 目录下的所有文件,如图 11.4 所示。

图 11.3 Form1 设计界面

图 11.4 Form1 执行界面

11.4 FileStream 类

使用 FileStream 类可以产生文件流,以便对文件进行读取、写入、打开和关闭操作。FileStream 类提供的构造函数很多,最常用的构造函数如下:

```
public FileStream(string path, FileMode mode)
```

它使用指定的路径和创建模式初始化 FileStream 类的新实例。其中,path 指出当前 FileStream 对象封装的文件的相对路径或绝对路径。mode 指定一个 FileMode 常数,确定如何打开或创建文件,FileMode 常数的说明如表 11.5 所示。

C＃程序设计教程（第 2 版）

表 11.5　FileMode 常数及其说明

成员名称	说　　明
Append	打开现有文件并查找到文件尾，或创建新文件。FileMode. Append 只能同 FileAccess. Write 一起使用
Create	指定操作系统应创建新文件。如果文件已存在，它将被改写。如果文件不存在，则使用 CreateNew；否则使用 Truncate
CreateNew	指定操作系统应创建新文件
Open	指定操作系统应打开现有文件
OpenOrCreate	指定操作系统应打开文件（如果文件存在）；否则，应创建新文件
Truncate	指定操作系统应打开现有文件。文件一旦打开，就将被截断为零字节大小

　　FileStream 类提供的常用方法如表 11.6 所示。

　　注意：FileStream 类是以字节文件编码方式进行数据读写的。

表 11.6　FileStream 的常用方法及其说明

方　　法	说　　明
BeginRead	开始异步读
BeginWrite	开始异步写
Close?	关闭当前流并释放与之关联的所有资源
EndRead	等待挂起的异步读取完成
EndWrite	结束异步写入，在 I/O 操作完成之前一直阻止
Flush	清除该流的所有缓冲区，使得所有缓冲的数据都被写入到基础设备中
Lock	允许读取访问的同时防止其他进程更改 FileStream
Read	从流中读取字节块并将该数据写入给定缓冲区中
ReadByte	从文件中读取一个字节，并将读取位置提升一个字节
Seek	将该流的当前位置设置为给定值
SetLength	将该流的长度设置为给定值
Unlock	允许其他进程访问以前锁定的某个文件的全部或部分
Write	使用从缓冲区读取的数据将字节块写入该流
WriteByte	将一个字节写入文件流的当前位置

11.5　文本文件的操作

　　文本文件的操作通过 StreamReader 和 StreamWriter 两个类提供的方法来实现的。

11.5.1　StreamReader 类

　　从例 11.3 看到，使用 FileStream 类时，其数据流是字节流，只能进行字节的读写，这样很不方便。为此，Syatem. IO 模型又提供了 StreamReader 类和 StreamWriter 类，它们分别提供了文本数据的读写方法。

　　StreamReader 类以一种特定的编码从字节流中读取字符，其常用的构造函数如下：

* StreamReader(Stream)：为指定的流初始化 StreamReader 类的新实例。
* StreamReader(String)：为指定的文件名初始化 StreamReader 类的新实例。

- StreamReader（Stream，Encoding）：用指定的字符编码为指定的流初始化 StreamReader 类的一个新实例。
- StreamReader(String，Encoding)：用指定的字符编码，为指定的文件名初始化 StreamReader 类的一个新实例。

StreamReader 类的常用的方法如表 11.7 所示。

表 11.7　StreamReader 类的常用方法及其说明

方　　法	说　　明
Close	关闭 StreamReader 对象和基础流，并释放与读取器关联的所有系统资源
Peek	返回下一个可用的字符，但不使用它
Read	读取输入流中的下一个字符或下一组字符
ReadBlock	从当前流中读取最大 count 的字符并从 index 开始将该数据写入 buffer
ReadLine	从当前流中读取一行字符并将数据作为字符串返回
ReadToEnd	从流的当前位置到末尾读取流

使用 Streamreader 类读取数据的过程如图 11.5 所示。首先通过 File 的 OpenRead 方法建立一个文件读取文件流，然后通过 StreamReader 类的方法将文件流中的数据读到 C# 编辑控件中（如文本框等）。

图 11.5　读取数据模型

【例 11.2】　设计一个窗体，在一个文本框中显示 H:\MyTest.txt 文件中的数据（假设该文件已存在，其中有 3 行文字）。

解：在 Proj11_1 项目中添加一个窗体 Form2，该窗体的设计界面如图 11.6 所示，其中有一个文本框 textBox1（其 MultiLine 属性设置为 true，Font 设为楷体粗体五号）和一个命令按钮 button1。在该窗体上设计以下事件过程：

```
private void button1_Click(object sender, EventArgs e)
{    string path = "H:\\MyTest.txt";
     string mystr = "";
     FileStream fs = File.OpenRead(path);
     StreamReader sr = new StreamReader(fs, Encoding.Default );
         //指定打开文件
     fs.Seek(0, SeekOrigin.Begin);     //将文件流指针定位在开始位置
     while (sr.Peek() > -1)
         mystr = mystr + sr.ReadLine() + "\r\n"; //\r\n表示回车换行
     sr.Close();
     fs.Close();
     textBox1.Text = mystr;
}
```

C#程序设计教程(第2版)

执行本窗体,单击"显示文件"命令按钮,从该文件中读出数据并在文本框中输出,其结果如图 11.7 所示。

图 11.6　Form2 设计界面

图 11.7　Form2 执行界面

11.5.2　StreamWriter 类

StreamWriter 类以一种特定的编码输出字符,其常用的构造函数如下:

- StreamWriter(Stream):用 UTF-8 编码及默认缓冲区大小,为指定的流初始化 StreamWriter 类的一个新实例。
- StreamWriter(String):使用默认编码和缓冲区大小,为指定路径上的指定文件初始化 StreamWriter 类的新实例。
- StreamWriter(Stream,Encoding):用指定的编码及默认缓冲区大小,为指定的流初始化 StreamWriter 类的新实例。
- public StreamWriter(string path,bool append):path 表示要写入的完整文件路径。append 表示确定是否将数据追加到文件。如果该文件存在,并且 append 为 false,则该文件被改写;如果该文件存在,并且 append 为 true,则数据被追加到该文件中。否则,将创建新文件。

StreamWriter 类的常用的方法如表 11.8 所示。

表 11.8　StreamWriter 类的常用方法及其说明

方　　法	说　　明
Close	关闭当前的 StreamWriter 对象和基础流
Write	写入流
WriteLine	写入重载参数指定的某些数据,后跟行结束符

StreamWriter 类的文件编码默认使用 UTF8Encoding 的实例,除非指定了其他编码。

使用 StreamWriter 类写入数据的过程如图 11.8 所示。首先通过 File 类的 OpenWrite 建立一个写入文件流,然后通过 StreamWriter 的 Write/WriteLine()方法将 C#编辑控件(如文本框等)中的数据写入到该文件流中。

【例 11.3】　设计一个窗体,用于将一个文本框中的数据写入到 H:\MyTest1.txt 文件中,并在另一个文本框中显示这些数据。

解:在 Proj11_1 项目中添加一个窗体 Form3,该窗体的设计界面如图 11.9 所示,其中有两个文本框(textBox1 和 textBox2,它们的 MultiLine 属性均设置为 true)和两个命令按

图 11.8 写入数据模型

钮(button1 和 button2)。该窗体包含的代码如下：

```
using System;
using System.IO;                        //引用 System.IO 命名空间,新增
using System.Text;
using System.Windows.Forms;
namespace Proj11_1
{   public partial class Form3 : Form
    {   string path = "H:\\MyTest1.txt";    //文件名 path 作为 Form3 类的字段
        public Form3()
        {   InitializeComponent(); }
        private void button1_Click(object sender, EventArgs e)
        {   if (File.Exists(path))          //存在该文件时删除它
                File.Delete(path);
            else
            {   FileStream fs = File.OpenWrite(path);
                StreamWriter sw = new StreamWriter(fs);
                sw.WriteLine(textBox1.Text);
                sw.Close();
                fs.Close();
                button2.Enabled = true;
            }
        }
        private void button2_Click(object sender, EventArgs e)
        {   string mystr = "";
            FileStream fs = File.OpenRead(path);
            StreamReader sr = new StreamReader(fs);
            while (sr.Peek() > -1)
                mystr = mystr + sr.ReadLine() + "\r\n";
            sr.Close();
            fs.Close();
            textBox2.Text = mystr;
        }
        private void Form3_Load(object sender, EventArgs e)
        {   textBox1.Text = "";
            textBox2.Text = "";
            button1.Enabled = true;
            button2.Enabled = false;
        }
    }
}
```

执行本窗体,在 textBox1 文本框中输入几行数据,单击"写入数据"命令按钮将它们写入到指定的文件中。单击"读取数据"命令按钮从该文件中读出数据并在文本框 textBox2 中输出,其结果如图 11.10 所示。

图 11.9　Form3 设计界面

图 11.10　Form3 执行界面

11.6　二进制文件操作

二进制文件操作是通过 BinaryReader 和 BinaryWriter 两个类提供的方法来实现的。

11.6.1　BinaryWriter 类

BinaryWriter 类以二进制形式将基元类型写入流,并支持用特定的编码写入字符串,数据写入过程与 StreamWriter 类相似,只是二者数据格式不同。BinaryWriter 类常用的构造函数如下:

- BinaryWriter():初始化向流中写入的 BinaryWriter 类的新实例。
- BinaryWriter(Stream):基于所提供的流,用 UTF8 作为字符串编码来初始化 BinaryWriter 类的新实例。
- BinaryWriter(Stream,Encoding):基于所提供的流和特定的字符编码,初始化 BinaryWriter 类的新实例。

BinaryWriter 类的常用的方法如表 11.9 所示。

表 11.9　BinaryWriter 类的常用方法及其说明

方　　法	说　　明
Close	关闭当前的 BinaryWriter 和基础流
Seek	设置当前流中的位置
Write	将值写入当前流

【例 11.4】　设计一个窗体,用于向指定的文件写入若干学生记录。

解:在 Proj11_1 项目中添加一个窗体 Form4,该窗体的设计界面如图 11.11 所示,其中只有一个命令按钮 button1。该窗体包含的代码如下:

```
using System;
using System.IO;                        //新增
using System.Text;
```

```
using System.Windows.Forms;
namespace Proj11_1
{    public partial class Form4 : Form
    {    string path = "H:\\MyTest.dat";              //字段
        const int stnum = 4;                          //学生人数常量
        struct Student                                //声明结构类型
        {    public int sno;
            public string sname;
            public double score;
        }
        Student[] st = new Student[stnum];            //定义结构数组
        public Form4()
        {    InitializeComponent(); }
        private void button1_Click(object sender, EventArgs e)
        {    st[0].sno = 1; st[0].sname = "王 华"; st[0].score = 90.2;
            st[1].sno = 3; st[1].sname = "陈红兵"; st[1].score = 87.5;
            st[2].sno = 4; st[2].sname = "刘 英"; st[2].score = 72.5;
            st[3].sno = 2; st[3].sname = "张晓华"; st[3].score = 88.5;
            int i;
            if (File.Exists(path))                    //存在该文件时删除之
                File.Delete(path);
            FileStream fs = File.OpenWrite(path);
            BinaryWriter sb = new BinaryWriter(fs, Encoding.Default);
            for (i = 0; i < stnum; i++)
            {    sb.Write(st[i].sno);
                sb.Write(st[i].sname);
                sb.Write(st[i].score);
            }
            sb.Close();
            fs.Close();
        }
    }
}
```

上述代码中，使用 BinaryWriter 类的 Write 方法分别向 MyTest.dat 文件写入学生记录。

执行本窗体，单击"建立二进制文件"命令按钮，生成的 Mytest.dat 文件的内容如图 11.12 所示，从中看到，它是一个二进制文件。

图 11.11 Form4 设计界面

图 11.12 MyTest.dat 文件内容

11.6.2 BinaryReader 类

BinaryReader 类用特定的编码将基元数据类型读作二进制值，数据读取过程与

C♯ 程序设计教程(第 2 版)

StreamReader 类相似,只是数据格式不同。BinaryReader 类常用的构造函数如下:

- BinaryReader(Stream):基于所提供的流,用 UTF8Encoding 初始化 BinaryReader 类的新实例。
- BinaryReader(Stream,Encoding):基于所提供的流和特定的字符编码,初始化 BinaryReader 类的新实例。

BinaryReader 类的常用方法如表 11.10 所示。

表 11.10　BinaryReader 类的常用方法及其说明

方　　法	说　　明
Close	关闭当前阅读器及基础流
PeekChar	返回下一个可用的字符,并且不提升字节或字符的位置
Read	从基础流中读取字符,并提升流的当前位置
ReadBoolean	从当前流中读取 Boolean 值,并使该流的当前位置提升 1 个字节
ReadByte	从当前流中读取下一个字节,并使流的当前位置提升 1 个字节
ReadBytes	从当前流中将 count 个字节读入字节数组,并使当前位置提升 count 个字节
ReadChar	从当前流中读取下一个字符,并根据所使用的 Encoding 和从流中读取的特定字符,提升流的当前位置
ReadChars	从当前流中读取 count 个字符,以字符数组的形式返回数据,并根据所使用的 Encoding 和从流中读取的特定字符,提升当前位置
ReadDecimal	从当前流中读取十进制数值,并将该流的当前位置提升 16 个字节
ReadDouble	从当前流中读取 8 字节浮点值,并使流的当前位置提升 8 个字节
ReadSByte	从此流中读取一个有符号字节,并使流的当前位置提升 1 个字节
ReadSingle	从当前流中读取 4 字节浮点值,并使流的当前位置提升 4 个字节
ReadString	从当前流中读取一个字符串。字符串有长度前缀,每 7 位被编码为一个整数

【例 11.5】　设计一个窗体,在一个文本框中显示 H:\MyTest.dat 文件中的数据。

解:在 Proj11_1 项目中添加一个窗体 Form5,该窗体的设计界面如图 11.13 所示。其中有一个标签、一个文本框 textBox1(其 MultiLine 属性设置为 true)和一个命令按钮 button1。该窗体包含的代码如下:

```
using System;
using System.IO;                              //引用 System.IO 命名空间,新增
using System.Text;
using System.Windows.Forms;
namespace Proj11_1
{   public partial class Form5 : Form
    {   string path = "H:\\MyTest.dat";
        public Form5()
        {   InitializeComponent(); }
        private void button1_Click(object sender, EventArgs e)
        {   string mystr = "";
            FileStream fs = File.OpenRead(path);
            BinaryReader sb = new BinaryReader(fs, Encoding.Default);
            fs.Seek(0, SeekOrigin.Begin);
            while (sb.PeekChar() > - 1)
                mystr = mystr + sb.ReadInt32() + "\t" +
```

```
                sb.ReadString() + "\t" + sb.ReadDouble() + "\r\n";
        sb.Close();
        fs.Close();
        textBox1.Text = mystr;
        }
    }
}
```

执行本窗体,单击"全部记录"命令按钮,从该文件中读出数据并在文本框中输出,其结果如图 11.14 所示。

图 11.13 Form5 设计界面

图 11.14 Form5 执行界面

11.6.3 二进制文件的随机查找

Syatem.IO 模型方便于二进制结构化数据的随机查找,其基本方法是:用 BinaryReader 类的方法打开指定的二进制文件,并求出每个记录的长度 reclen,通过 Seek() 方法将文件指针移动到指定的位置进行读操作。

【例 11.6】 设计一个窗体,用于实现若干学生记录(存放在二进制文件中)的随机查找。

解:在 Proj11_1 项目中添加一个窗体 Form6,该窗体的设计界面如图 11.15 所示。其中有一个标签、一个文本框(textBox1,其 MultiLine 属性设置为 true)、一个分组框、一个组合框 comboBox1 和一个命令按钮 button1。该窗体包含的代码如下:

```
using System;
using System.IO;                                //引用 System.IO 命名空间,新增
using System.Text;
using System.Windows.Forms;
namespace Proj11_1
{   public partial class Form6 : Form
    {   string path = "H:\\MyTest.dat";
        public Form6()
        {   InitializeComponent(); }
        private void Form6_Load(object sender, EventArgs e)
        {   comboBox1.Items.Add(1); comboBox1.Items.Add(2);
            comboBox1.Items.Add(3); comboBox1.Items.Add(4);
            comboBox1.Text = ""; textBox1.Text = "";
        }
        private void button1_Click(object sender, EventArgs e)
        {   int n,reclen,currp;
```

```
                    textBox1.Text = "";
                    if (comboBox1.Text != "")
                    {   string mystr;
                        FileStream fs = File.OpenRead(path);
                        BinaryReader sb = new BinaryReader(fs, Encoding.Default);
                        reclen = (int)(fs.Length / 4);      //每个记录的长度
                        n = Convert.ToInt16(comboBox1.Text);
                        currp = (n - 1) * reclen;            //计算第 n 个记录的起始位置
                        fs.Seek(currp, SeekOrigin.Begin);  //将文件流指针定位在指定的位置
                        mystr = sb.ReadInt32() + "\t" + sb.ReadString() + "\t"
                            + sb.ReadDouble();
                        sb.Close();
                        fs.Close();
                        textBox1.Text = mystr;
                    }
                }
            }
        }
```

执行本窗体,选择记录号 3,单击"确定"命令按钮,其结果如图 11.16 所示。

图 11.15   Form6 设计界面   图 11.16   Form6 执行界面

11.7 序列化和反序列化

序列化用于将对象的状态存储到文件中。在这一过程中,对象的公共字段和私有字段以及类的名称都被转换成字节流,然后写入数据流。在以后反序列化该对象时,创建原始对象的精确副本。使用序列化可以将对象从一个应用程序传递给另一个应用程序。

11.7.1 序列化

在序列化过程中,对象的公有成员、私有成员和类名都转换成数据流的形式,存储到文件中。序列化的一个类的最简单方式是使用 Serializable 属性标记,例如,以下声明了一个可序列的类 Student:

```
public class Student
{   private int no;                         //学号
    private string name;                    //姓名
    public int pno                          //属性
    {   get { return no; }
        set { no = value; }
```

```
    }
    public string pname                        //属性
    {   get { return name; }
        set { name = value; }
    }
}
```

以下代码说明了该类对象是如何被序列化到一个二进制文件中的：

```
Student s = new Student();
s.pno = 100; s.pname = "John";
FileStream f = new FileStream(@"H:\C#2005\ch11\studnt.dat",FileMode.Create);
BinaryFormatter formatter = new BinaryFormatter();
formatter.Serialize(f,s);
f.Close();
```

在上述代码中，创建了流实例 f 和使用格式接口 formatter 后，对该格式接口调用 Serialize()方法，对象 s 中所有成员变量都将被序列化，即使是那些已被指定为私有字段。

11.7.2　反序列化

反序列化将对象还原其以前的状态，首先创建用于读取的文件流和格式接口，然后用格式接口反序列化该对象。以下代码说明了这一过程：

```
f = new FileStream(@"H:\C#2005\ch11\studnt.dat", FileMode.Open);
s = (Student)formatter.Deserialize(f);
f.Close();
```

其中@表示后面是一个路径字符串。需要特别注意的是，在反序列化一个对象时不调用构造函数。

【例 11.7】　设计一个窗体，用于实现序列化和反序列若干学生记录。

解：在 Proj11_1 项目中添加一个窗体 Form7，该窗体的设计界面如图 11.17 所示。其中有一个文本框（textBox1，其 MultiLine 属性设置为 true）和一个命令按钮 button1。该窗体包含的代码如下：

```
using System;
using System.IO;                               //新增
using System.Runtime.Serialization;            //新增使用序列化引用的命名空间
using System.Runtime.Serialization.Formatters.Binary;
        //新增使用序列化引用的命名空间
using System.Collections;
using System.Windows.Forms;
namespace Proj11_1
{   public partial class Form7 : Form
    {   [Serializable]
        public class Student
        {   private int no;                     //学号
            private string name;               //姓名
            public int pno
            {   get { return no; }
```

```
                set { no = value; }
            }
        public string pname
        {   get { return name; }
            set { name = value; }
        }
    }
    public Form7()
    {   InitializeComponent(); }
    private void button1_Click(object sender, EventArgs e)
    {   ArrayList st = new ArrayList();
        Student s1 = new Student();
        s1.pno = 1; s1.pname = "王华";
        Student s2 = new Student();
        s2.pno = 8; s2.pname = "李明";
        st.Add(s1);
        st.Add(s2);
        FileStream f = new FileStream(@"H:\C#2005\ch11\studnt.dat",
            FileMode.Create);
        BinaryFormatter formatter = new BinaryFormatter();
        formatter.Serialize(f,st);
        f.Close();
        f = new FileStream(@"H:\C#2005\ch11\studnt.dat",
            FileMode.Open);
        st.Clear();
        st = (ArrayList)formatter.Deserialize(f);
        f.Close();
        textBox1.Text = "学号\t姓名" + "\r\n";
        foreach (Student s in st)
            textBox1.Text = textBox1.Text +
                string.Format("{0}\t{1}", s.pno, s.pname) + "\r\n";
    }
  }
}
```

本例程序先声明一个学生类 Student,定义其两个对象,并添加到 ArrayList 对象 st 中,通过序列化将 st 保存到指定的文件中,然后通过反序列化读出其数据并在文本框中显示。

执行本窗体,单击"序列化和反序列化"命令按钮,其结果如图 11.18 所示。

图 11.17　Form7 设计界面　　　图 11.18　Form7 执行界面

练习题 11

1. 单项选择题

(1) 以下不属于文件访问放式的是_____。

A. 只读　　　　　B. 只写　　　　　C. 读写　　　　　D. 不读不写

(2) 以下_____类提供了文件夹的操作功能。

A. File　　　　B. Directory　　　　C. FileStream　　　D. BinaryWriter

(3) 用 FileStream 对象打开一个文件时,可用 FileMode 参数控制_____。

A. 对文件覆盖、创建、打开等选项中的哪些操作

B. 对文件进行只读、只写还是读写

C. 其他 FileStream 对象对同一个文件所具有的访问类型

D. 对文件进行随机访问时的定位点

(4) 在使用 FileStream 对象打开一个文件时,通过使用 FileMode 枚举类型的_____成员,来指定操作系统打开一个现有文件并把文件读写指针定位在文件尾部。

A. Append　　　　B. Create　　　　C. CreateNew　　　D. Truncate

(5) 假设要使用 C♯ 设计一个日志系统,要求程序运行时,检查 system. log 文件是否存在,如果已经存在则直接打开,如果不存在则创建一个,为了实现这个目的,我们应该以 FileMode 的_____方式创建文件流。

A. CreateNew　　　B. Open　　　　C. OpenOrCreate　　D. Create

(6) 将文件从当前位置一直到结尾的内容都读取出来,应该使用_____方法。

A. StreamReader. ReadToEnd()　　　　B. StreamReader. ReadLine()

C. StreamReader. ReadBlock()　　　　D. StreamReader. WriteLine()

(7) FileStream 类的_____方法用于定位文件位置指针。

A. Close()　　　　B. Seek()　　　　C. Lock()　　　　D. Flush()

(8) 关于以下 C♯ 代码的说法正确的是_____。

```
FileStream fs = new FileStream("D:\\music.txt",FileMode.OpenOrCreate);
```

A. 如果 D 盘根目录中没有文件 music. txt,则代码运行时出现异常

B. 如果 D 盘根目录中存在文件 music. txt,则代码运行时出现异常

C. 该语句存在语法错误

D. 代码执行后,D 盘根目录一定存在文件 music. txt

(9) 以下语句定义和初始化一个整型数组 a:

```
int[] a = new int[400];
for(int i = 0;i < 400;i++) a[i] = i;
```

为了将数组 a 的所有元素值写入 FileStream 流中,可创建_____类的实例对该流进行写入。

A. BinaryWriter　　B. StreamWriter　　C. TextWriter　　D. StringWriter

(10) 在 C♯ 中类上加_____关键字来标记该类支持序列化。

A. [Serializable]   B. [Formatable]   C. [Stream]   D. [STAThread]

2. 回答题

(1) 简述 C# 中的文件类型。

(2) 简述 System.IO 模型的作用。

3. 编程题

(1) 创建一个 Windows 窗体应用程序项目 Proj11_2(存放在 H:\C#2005\ch11 文件夹中),添加一个窗体 Form1,用文本框输入若干文字,将它们存入到指定的文本文件中。

(2) 在 Proj11_2 项目中,设计一个窗体 Form2,读取编程题(1)创建的文本文件内容并在一个文本框中输出。

(3) 在 Proj11_2 项目中,设计一个窗体 Form3,用数组 name 存放若干学生姓名,用 score 数组存放若干学生分数,将它们存入到指定的二进制文件中。

(4) 在 Proj11_2 项目中,设计一个窗体 Form4,读取编程题(3)创建的二进制文件内容并在一个文本框中输出,还需要统计平均分。

4. 上机实验题

在 Proj11_2 项目中,设计一个窗体 Form5,左边分组框用于输入学生信息(包括学号、姓名、性别、年龄和分数),用户单击"添加"命令按钮时将当前学生信息添加到指定的文本文件中。右边分组框用于显示所有存储在指定文件中的学生记录,其执行界面如图 11.19 所示。

图 11.19   上机实验题窗体执行界面

错误调试和异常处理　第12章

在程序设计中不可避免地会出现各种各样的错误,可以采用两类方法加以解决:一是程序员使用 C♯的调试工具找出其中的错误并改正,尽可能使程序正确;二是在程序中加入异常处理的语句,使程序具有容错功能。

本章学习要点:

- 掌握 C♯中程序错误的类型。
- 掌握 C♯程序调试错误的各种方法。
- 掌握 C♯中各种异常处理语句的特点及其使用方法。

12.1　错误分类

在 C♯程序设计中的错误分成以下三类。

12.1.1　语法错误

语法错误也称为编译错误,是由于不正确地编写代码而产生的。如果错误地输入了关键字(如将 int 写为 Int)、遗漏了某些必须的语句成分等,那么 C♯在编译应用程序时就会检测到这些错误,并提示相应的错误信息。

例如,在 Proj12_1 项目中,一个窗体 myForm 上包含以下事件过程:

```
private void button1_Click(object sender, EventArgs e)
{
    a = 1;
}
```

在编辑代码时,其错误列表窗口会显示相应的错误。如图 12.1 所示就是列出上述语法错误的错误列表窗口,指出代码中 a 变量没有先声明。

为了更好地避免一些语法错误,可以设置 C♯文本编辑器的一些特定功能,其操作过程是:选择"工具"|"选项"命令,在出现的"选项"对话框中选择"文本编辑器"|"C♯"|"常规"选项,出现如图 12.2 所示的对话框。例如,勾选"行号"则在代码的每一行前显示该行的行号,还可以通过选择"C♯"中其

他项来设置较复杂的编辑功能。

图 12.1　编译错误提示框

图 12.2　"选项"对话框

12.1.2　执行错误

在 C# 项目执行期间,当一个语句试图执行一个不能执行的操作时,就会发生执行错误,如数据溢出、数组下标越界等。

例如,一个窗体 myForm1 包含以下事件过程:

```
private void button1_Click(object sender, EventArgs e)
{    int[] a = new int[10];
     int i;
     for (i = 0;i <= 20;i + + )
         a[i] = 2 * i;
}
```

当执行该窗体时，出现如图 12.3 所示的编译错误提示框，并指示在代码编辑窗口中出错的代码行，如图 12.3 所示。此时进入调试状态，可以单击工具栏上的 ■ 按钮结束调试过程，返回到正常状态后修改程序代码。

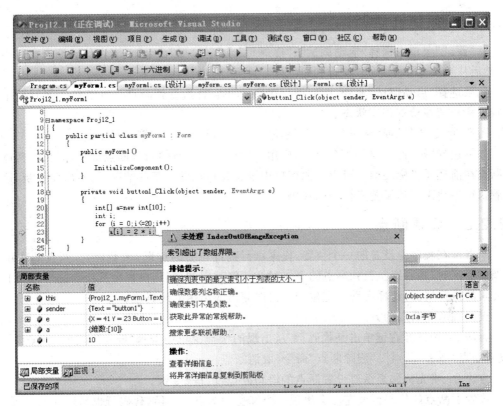

图 12.3　编译错误提示框

12.1.3　逻辑错误

逻辑错误主要表现在程序执行后，没有提示错误信息且能够正常运行，但得到的结果与预期设想的不一致。这有可能是因为程序设计中出现了逻辑错误，这一类错误属于算法设计错误，是最难纠正的，必须使用 C♯ 的调试工具进行错误排查。

12.2　程序调试

C♯ 提供了强大的程序调试功能，使用其调试环境可以有效地完成程序的调试工作，从而有助于发现执行错误。

12.2.1 调试工具

1. "调试"工具栏

选择"视图"|"工具栏"|"调试"命令,出现"调试"工具栏,如图 1.11 所示,其中从左到右各按钮的功能分别是:启动调试、全部中断、停止调试、重新启动、显示下一语句、逐语句、逐过程、跳出、十六进制显示(选中该项在调试时数据以十六进制显示,否则以十进制显示)和设置断点。

2. "调试"菜单

在"调试"菜单中各菜单项也用于程序的错误调试,如图 12.4 所示。

12.2.2 如何开始调试

从"调试"菜单中选择"启动调试"、"逐语句"或"逐过程"命令,或者在代码编辑窗口中右击,然后从快捷菜单中选择"执行到光标处"命令,即开始调试过程。

如果选择"启动调试"命令,则应用程序启动并一直执行到断点。可以在任何时刻中断执行以检查值或检查程序状态。

若选择"逐语句"或"逐过程",应用程序启动并执行,然后在第一行中断。

如果选择"执行到光标处"命令,则应用程序启动并一直执行到断点或光标位置,具体看是断点在前还是光标在前。可以在源窗口中设置光标位置。某些情况下,不出现中断,这意味着执行始终未到达设置光标处的代码。

12.2.3 设置断点

断点是在程序中设置的一个位置,程序执行到此位置时中断(或暂停)。断点的作用是在调试程序时,当程序执行到断点的语句时会暂停程序的执行,供程序员检查这一位置上程序元素的执行情况,这样有助于定位产生错误输出或出错的代码段。

设置和取消断点的方法如下:

方法 1:用鼠标右键单击某代码行,从出现的快捷菜单中选择"断点"|"插入断点"命令(设置断点)或者"断点"|"删除断点"命令(取消断点)。

方法 2:将光标移至需要设置断点的语句处,然后按 F9 键。

设置了断点的代码行最左端会出现一个红色的圆点,并且该代码行也呈现红色背景,例如,图 12.5 显示了在第 23 行处设有一个断点。可以在一个程序中设置多个断点。

图 12.4　"调试"菜单

图 12.5　设置断点一

12.2.4　定位错误

当某行代码中出现错误时,该错误会自动添加到"错误列表"和"输出"窗口中。可以使用"错误列表"或"输出"窗口来查找代码中的错误,其操作是:双击"错误列表"或"输出"窗口中的项,则光标会自动跳到代码编辑器中相应的出错行。有些语言会在编码错误下显示一条波浪线。将鼠标悬停在带有波浪线标记的代码上可显示一条消息,其中对错误进行了描述。

12.2.5　调试过程

先在某行设置断点,然后在调试器中按 F5 键执行应用程序,应用程序会在该行停止,此时可以检查任何给定变量的值,或观察执行跳出循环的时间和方式,按 F10 键逐行单步执行代码。

12.2.6　显示调试信息

在 C♯ 程序中断的状况下,可以将鼠标放在希望观察的执行过的语句变量上面,调试器就会自动显示执行到断点时该变量的值,如图 12.6 所示。也可以在某个对象上右击,从弹出的快捷菜单中选择"快速监视"命令,即可观察到对象中各个元素的值,如图 12.7 所示。

图 12.6　显示变量 i 的值　　　　　　　图 12.7　"快速监视"对话框

下面介绍利用即时窗口、局部变量窗口和监视窗口显示相应的信息,便于纠错。

即时窗口中可以显示正在调试的语句所产生的信息,或直接往窗口中输入的命令所请求的信息。

监视窗口显示当前的监视表达式,其中"上下文"列指出过程、模块,每个监视表达式都在这些过程或模块中进行计算。只有当前语句在指定的上下文中时,监视窗口才能显示监视表达式的值。

局部变量窗口显示了当前过程中所有的变量值。当程序的执行从一个过程切换到另一个过程时,局部变量窗口的内容会发生改变,它只反映当前过程中可用的变量。

下面通过一个示例进行说明。

【例 12.1】　创建一个 Windows 窗体应用程序 Proj12_1 项目(存放在 H:\C♯2005\ch12 文件夹中),其中有一个窗体 Form1,它的功能是求 10～20 间的所有素数,它的设计界面如图 12.8 所示。有一个文本框 textBox1(其 MultiLine 属性设置为 true)和一个命令按钮 button1。该窗体上有如下事件过程：

```csharp
private void button1_Click(object sender, EventArgs e)
{   int i, j;
    bool flag;
    string mystr = "";
    for (i = 10;i <= 20;i + +)
    {   flag = true;
        for (j = 3;j <= Math.Sqrt(i);j + +)
            if (i % j == 0)
            {   flag = false;
                break;
            }
        if (flag == true) mystr = mystr + i.ToString() + " ";
    }
    textBox1.Text = mystr;
}
```

执行本窗体，单击其中的命令按钮，结果如图 12.9 所示。从中看到结果是错误的，因为 10、14 均不是素数。

通过调试找出错误并改正。

图 12.8　窗体设计界面

图 12.9　窗体执行界面

解：打开代码编辑窗口，将 button1_Click 事件过程中的 if 行设置为断点，如图 12.10 所示。然后启动本窗体，单击其中的命令按钮，程序执行在所设置的断点处中断，并进入中断状态，如图 12.11 所示。

图 12.10　设置断点二

此时可以通过即时窗口、局部变量窗口或监视窗口等查看变量的值并查找出错原因：

(1) 单击"调试"工具栏上的 按钮，在下拉列表中选择"即时"命令，或者选择"调试"|"窗口"|"即时"命令，出现即时窗口，在其中输入?flag 后按 Enter 键，显示其值为 true，再输入?i 后按 Enter 键，显示 i 的值为 10，最后输入?j 后按 Enter 键，显示 j 的值为 4，如图 12.12 所示，这说明 i＝10 时，j＝3～4 时，i ％ j 都不为 0，从而得出 i＝10 为素数的结论。实际上 i＝10 为偶数，所有的偶数都不是素数，如果将 j＝3～4 的判断改为 j＝2～4，则不可能得到 i＝10 为素数的错误结论。

图 12.11　程序在断点处中断　　　　　　图 12.12　即时窗口

(2) 单击"调试"工具栏上的 按钮，在下拉列表中选择"局部变量"命令，或者选择"调试"|"窗口"|"局部变量"命令，出现局部变量，打开如图 12.13 所示的局部变量窗口，从中可以直接看到各个变量的值，也很容易找到程序的错误。

名称	值	类型
this	{Proj12_1.Form1, Text: }	Proj12_1.Form1
sender	{Text = "求10到20的素数"}	object {System.Windows.Forms.Butt
e	{X = 98 Y = 14 Button = Left}	System.EventArgs {System.Window
i	10	int
j	4	int
flag	true	bool
mystr	""	string

图 12.13　局部变量窗口一

局部变量窗口不同于即时窗体，它具有跟踪变量的功能，当按 F5 键时，程序继续执行，此时局部变量窗口如图 12.14 所示，可以看到其中的变量值发生了改变。

名称	值	类型
this	{Proj12_1.Form1, Text: }	Proj12_1.Form1
sender	{Text = "求10到20的素数"}	object {System.Windows.Forms.Butt
e	{X = 98 Y = 14 Button = Left}	System.EventArgs {System.Window
i	11	int
j	4	int
flag	true	bool
mystr	"10 "	string

图 12.14　局部变量窗口二

(3) 单击“调试”工具栏上的 █▾ 按钮,在下拉列表中选择“监视”|“监视 1”命令,或者选择“调试”|“窗口”|“监视”|“监视 1”命令,出现监视 1 窗口,如图 12.15 所示。在名称列中输入要监视的表达式,其值和类型直接显示出来,例如输入 i、flag 和 j 这 3 个表达式,此时的监视窗口如图 12.16 所示。

图 12.15 监视窗口一

图 12.16 监视窗口二

跟局部变量窗口一样,也具有跟踪表达式的功能,当按 F5 键时,程序继续执行,此时监视窗口如图 12.17 所示,看到其中的监视表达式值发生了改变。

上述 3 种调试方法都可以找到错误的原因,只需将

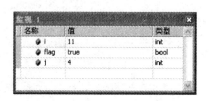

图 12.17 监视窗口三

```
for (j = 3;j <= Math.Sqrt(i);j ++)
```

改为

```
for (j = 2;j <= Math.Sqrt(i);j ++)
```

再执行程序,发生的错误修正了,执行结果正确。

12.2.7 单步跟踪

单步跟踪是指用跟踪来一次一条语句地执行代码。在单步通过每条语句之后,可以通过应用程序的窗体或调试窗口来查看它的效果。可以用如下两种方式执行单步操作:

(1) 选择“调试”|“逐语句”菜单命令。

(2) 按 F11 键。

当单步执行整个代码时,会暂时切换到当前语句,并前进到下一条语句,然后再切换到中断模式。

12.3 异常处理

一个编译没有错误的程序,在执行时可能出现错误,异常处理就是对这类错误进行检测并进行相应的处理,以提高程序的强壮性。

12.3.1 异常概述

异常是指在程序执行期间发生的错误或意外情况,例如整数除零错误或内存不足警告时,就会产生一个异常。如果给定异常没有异常处理程序,则程序将停止执行,并显示一条错误信息,因此对程序中的异常处理是非常重要的。一般情况下,在一个比较完整的程序中

要尽可能考虑可能出现的各种异常,这样当发生异常时,控制流将立即跳转到关联的异常处理程序(如果存在)。

12.3.2　异常处理语句

在 C♯ 中提供了 4 个关键字,即 try、catch、finally 和 throw 来管理异常处理。其中,try 用于执行可能导致异常的操作;catch 用于定义异常处理程序;finally 用于在引发异常时释放资源;throw 用于显式地引发异常。

1. try…catch 语句

try…catch 语句用于捕捉可能出现的异常,其使用语法格式如下:

```
try
{
    //可能产生异常的程序代码
}
catch(异常类型 1 异常类对象 1)
{
    //处理异常类型 1 的异常控制代码
}
…
catch(异常类型 n 异常类对象 n)
{
    //处理异常类型 n 的异常控制代码
}
```

try 块包含可能导致异常的程序代码,也就是说,把可能出现异常的语句放在 try 块中。当这些语句在执行过程中出现异常,try 块会捕捉到这些异常,然后转移到相应的 catch 块中。如果在 try 块中没有异常,就会执行 try…catch 语句后面的代码,而不会执行任何 catch 块中的代码。

通常情况下,try 块后有多个 catch 块,每一个 catch 块对应一个特定的异常,就像 switch…case 语句一样。

try…catch 语句的执行过程是:当位于 try 块中的语句产生异常(抛出异常)时,系统就会在它对应的 catch 块中进行查找,看是否有与抛出的异常类型相同的 catch 块,如果有,就会执行该块中的语句;如果没有,则到调用当前方法的方法中继续查找,该过程一直继续下去,直到找到一个匹配的 catch 块;如果一直没有找到,则在执行时将会产生一个未处理的异常错误。

catch 块使用时可以不带任何参数,这种情况下它可以捕获任何类型的异常,并被称为一般 catch 块。

注意: 当没有 catch 或 finally 块,只有 try 块时会产生编译器错误。

当有多个 catch 块时,catch 块的顺序很重要,因为会按顺序检查 catch 块。将先捕获特定程度较高的异常,而不是特定程度较小的异常。

【例 12.2】 创建一个控制台应用程序 Proj12_2 项目(存放在 H:\C♯2005\ch12 文件夹中),通过 try…catch 语句捕捉整数除零错误。

解: 设计的控制台应用程序如下:

```
using System;
using System.Collections.Generic;
using System.Text;
namespace Proj12_2
{   class Program
    {   static void Main(string[] args)
        {   int x = 5, y = 0;
            try                                       //try…catch 语句
            {
                x = x/y;                              //引发除零错误
            }
            catch (Exception err)                     //捕捉该错误
            {
                Console.WriteLine("{0}", err.Message);  //显示错误信息
            }
        }
    }
}
```

按 Ctrl＋F5 组合键执行本项目,显示"试图除以零。"的错误信息,这是由 catch 块捕捉到异常并显示错误的信息。

2. try…catch…finally 语句

同 try…catch 语句相比,try…catch…finally 语句增加了一个 finally 块,其作用是不管是否发生异常,即使没有 catch 块,都将执行 finally 块中的语句,也就是说,finally 块始终会执行,而与是否引发异常或者是否找到与异常类型匹配的 catch 块无关。其余与 try…catch语句相同。

finally 块通常用来释放资源,而不用等待由执行库中的垃圾回收器来终结对象。

【例 12.3】 创建一个控制台应用程序 Proj12_3 项目(存放在 H:\C#2005\ch12 文件夹中),说明 finally 块的作用。

解:设计的控制台应用程序如下:

```
using System;
using System.Collections.Generic;
using System.Text;
namespace Proj12_3
{   class Program
    {   static void Main(string[] args)
        {   int s = 10, i;
            int[] a = new int[5] { 1, 2, 3, 0, 4 };
            try
            {   for (i = 0; i < a.Length; i++)
                    Console.Write("{0} ", s / a[i]);
                Console.WriteLine();
            }
            catch (Exception err)
            {   Console.WriteLine("{0}", err.Message); }
            finally
            {   Console.WriteLine("执行 finally 块"); }
```

```
            }
        }
    }
```

本程序用 s 除以 a 数组的每个元素，当遇到 a 数组元素 0 时出现异常，终止 for 循环的执行，并执行 catch 块，最后执行 finally 块，程序执行结果如图 12.18 所示。

3. throw 语句

throw 语句有两种使用方式：一是直接抛出异常；二是在出现异常时，通过含有 catch 块对其进行处理并使用 throw 语句重新把这个异常抛出并让调用这个方法的程序进行捕捉和处理。throw 语句的使用语法格式如下：

图 12.18　例 12.3 项目
执行结果

```
throw [表达式];
```

其中"表达式"类型必须是 System. Exception 或从 System. Exception 派生的类的类型。

throw 语句也可以不带"表达式"，此时只能用在 catch 块中。在这种情况下，它重新抛出当前正在由 catch 块处理的异常。

【例 12.4】 创建一个控制台应用程序 Proj12_4 项目（存放在 H:\C♯2005\ch12 文件夹中），说明 throw 语句的作用。

解：设计的控制台应用程序如下：

```
using System;
using System.Collections.Generic;
using System.Text;
namespace Proj12_4
{   class Program
    {   static void fun()
        {   int x = 5, y = 0;
            try                                    //try…catch 语句
            {
                x = x/y;                           //引发除零错误
            }
            catch (Exception err)                  //捕捉该错误
            {   Console.WriteLine("fun:{0}", err.Message);
                throw;                             //重新抛出异常
            }
        }
        static void Main(string[] args)
        {   try
            {   fun(); }
            catch (Exception err)                  //捕捉该错误
            {   Console.WriteLine("Main:{0}", err.Message); }
        }
    }
}
```

在本程序中，fun( )静态方法包含用于捕捉整数除零异常的 catch 块，但其中又使用

throw 语句重新抛出该异常,被调用该方法的 Main()方法中的 catch 块捕捉到并进行处理。
程序执行结果如图 12.19 所示。

12.3.3 常用的异常类

图 12.19 例 12.4 项目
执行结果

C# 的常用异常类均包含在 System 命名空间中,主要有
Exception(所有异常类的基类)、DivideByZeroException(当试图
用整数类型数据除以零时抛出)、OutOfMemoryException(当试
图用 new 来分配内存而失败时抛出)等。

Exception 类的公共属性如表 12.1 所示。通过这些属性可以
获取错误信息等。

表 12.1 Exception 类的公共属性

名　称	说　明
Data	获取一个提供用户定义的其他异常信息的键/值对的集合
HelpLink	获取或设置指向此异常所关联帮助文件的链接
InnerException	获取导致当前异常的 Exception 实例
Message	获取描述当前异常的消息
Source	获取或设置导致错误的应用程序或对象的名称
StackTrace	获取当前异常发生时调用堆栈上的帧的字符串表示形式
TargetSite	获取引发当前异常的方法

练习题 12

1. 单项选择题

(1) 程序执行过程中发生的错误称为_____。

A. 版本　　　　　　B. 断点　　　　　　C. 异常　　　　　　D. 属性

(2) 程序中的错误可以划分为以下三类,除了_____。

A. 逻辑错误　　　　B. 运行错误　　　　C. 语法错误　　　　D. 自定义错误

(3) 以下关于程序的各种错误中说法错误的是_____。

A. 只通过测试无法确保程序运行完全正常

B. 通过异常处理可以捕获运行错误

C. 逻辑错误编译时不能被发现,但是可以通过测试发现

D. 语法错误容易在运行时发现

(4) 以下关于 C# 的异常处理的叙述中正确的是_____。

A. try 块后面必须跟 catch 块或 finally 块组合使用,不能单独使用

B. 一个 try 块后面只能跟随一个 catch 块

C. throw 语句中必须指出抛出的异常

D. 在 try…catch…finally 块中,当发生异常时不会执行 finally 块

(5) 在 C# 程序中可以使用 try…catch 机制来处理程序出现的_____错误。

A. 语法　　　　　　　B. 运行　　　　　　　C. 逻辑　　　　　　　D. 拼写

（6）在 C♯中，在方法 MyFunc 内部的 try…catch 语句中，如果在 try 代码块中发生异常，并且在当前的所有 catch 块中都没有找到合适的 catch 块，则_____。

A. 系统运行时忽略该异常

B. 系统运行时马上强制退出该程序，指出未处理的异常

C. 系统运行时继续在 MyFunc 的调用堆栈中查找提供该异常处理的过程

D. 系统抛出一个新的"异常处理未找到"的异常

（7）以下关于 try…catch…finaly 语句的叙述中不正确的是_____。

A. catch 块可以有多个

B. finaly 块最多只有一个

C. catch 块也是可选的

D. 可以只有 try 块，没有 catch 块和 finaly 块

（8）为了能够在程序中捕获所有的异常，在 catch 语句的括号中使用的类名为_____。

A. Exception　　　　　　　　　　　　B. DivideByZeroException

C. FormatException　　　　　　　　　D. 以上三个均可

（9）假设给出下面代码：

```
try
{
    throw new OverflowException();
}
catch(FileNotFoundException e) { Console.Write("1 "); }
catch(OverflowException e){Console.Write("2 ");}
catch(SystemException e){Console.Write("3 ");}
catch {Console.Write("4 ");}
finally {Console.Write("5 ");}
```

执行时的输出结果是_____。

A. 1 5　　　　　　　B. 2 5　　　　　　　C. 3 5　　　　　　　D. 2 3

（10）有以下的 C♯程序：

```
using System;
namespace aaa
{
    public class Program
    {   public static void ThrowException()
        {   throw new Exception(); }
        public static void Main()
        {
            try
            {   Console.Write("try ");
                ThrowException();
            }
            catch (Exception e)
            {   Console.Write("catch ");
```

```
        finally
        {  Console.Write("finally "); }
    }
}
```

该程序的运行结果是_____。

A. try catch finally   B. try

C. try catch   D. try finally

2. 问答题

(1) 简述设置断点的作用。

(2) 简述 C♯中异常处理的基本方法。

3. 编程题

(1) 创建一个 Windows 窗体应用程序项目 Proj12_5(存放在 H:\C♯2005\ch12 文件夹中),添加一个窗体 Form1,有若干学生姓名和分数存放在 name 和 score 数组中,通过输入的序号(索引)显示对应的数据,使用 try…catch 语句处理索引不正确的情况。例如,输入不正确时的执行界面如图 12.20 所示。

(2) 在 Proj12_5 项目中添加一个窗体 Form2,说明在使用类对象数组时没有实例化每个数组元素时会出错,并使用 try…catch 语句检测出现的错误信息。例如,用消息框显示的错误信息如图 12.21 所示。

图 12.20   编程题(1)窗体执行界面   图 12.21   编程题(2)窗体执行界面

4. 上机实验题

在 Proj12_5 项目中添加一个窗体 Form3,用来求指定文件夹中子文件夹的个数,要求采用 try…catch 语句进行异常处理,其不存在指定文件夹的执行界面如图 12.22 所示。

图 12.22   上机实验题窗体执行界面

C#高级特性 第13章

除了前面介绍的基本知识外,C#还提供了很多高级特性,通过这些特性可以在程序中执行多个线程、设计类型化参数和使用反射机制创建对象和查询对象的方法、属性和字段等,进一步提高程序设计的灵活性和可靠性。本章主要讨论泛型、反射和多线程程序设计。

本章学习要点:
- 掌握泛型编程的概念和方法。
- 掌握反射的原理和应用。
- 掌握多线程的概念、实现多线程互斥和同步的方法。

13.1 泛型

泛型是C#的强大的功能,通过泛型可以定义类型安全的数据结构,而无须使用实际的数据类型。从而显著提高性能并得到更高质量的代码。在概念上,泛型类似于C++模板,但是在实现和功能方面存在明显差异。

13.1.1 什么是泛型

所谓泛型,是指通过参数化类型来实现在同一份代码上操作多种数据类型,泛型编程是一种编程范式,它利用"参数化类型"将类型抽象化,从而实现更为灵活的复用。

泛型类型和普通类型的区别在于泛型类型与一组类型参数或类型变量关联。C#泛型能力是由 CLR 在运行时支持,区别于 C++ 的编译时模板机制和 Java 的编译时的"擦拭法"。这使得泛型能力可以在各个支持 CLR 的语言之间进行无缝的互操作。

例如,对于泛型类 Stack<T>(T 为类型参数,Stack<T>为通用栈类),在 C# 第一轮编译时,编译器只为 Stack<T>类型产生"泛型版"的中间语言代码与元数据,并不进行泛型类型的实例化,T 在中间只充当占位符。在即时编译(JIT)中,编译器第一次遇到 Stack<int>时,将用 int 替换"泛型版"中间语言代码与元数据中的 T,即进行泛型类型的实例化。CLR 为所有类型参数为"引用类型"的泛型类型产生同一份代码;但如果类型参数为"值类型",对每一个不同的"值类型",CLR 将为其产生一份独立的代码。

使用泛型类型可以最大限度地重用代码、保护类型的安全以及提高性能。

13.1.2　泛型的声明和使用

通常先声明泛型,然后通过类型实例化来使用泛型。定义泛型的语法格式如下:

[访问修饰符] [返回类型] 泛型名称<类型参数列表>

其中,"泛型名称"要符合标识符的定义。尖括号表示类型参数列表,可以包含一个或多个类型参数,如<T,U,…>。

C♯中常用的泛型有泛型类和泛型方法,例如:

```
class Stack < T >                        //声明泛型类
{    T data[MaxSize];
     int top;
     …
}
void swap < T >(ref T a, ref T b)        //定义泛型方法
{    T tmp = a;
     a = b;
     b = tmp;
}
```

使用泛型时,需要将未指定的类型参数变成系统能够识别的类型,也可以是类类型。

【例 13.1】　分析以下程序的执行结果(对应 H:\C♯2005\ch13 文件夹中的 Proj13_1 项目)。

```
using System;
namespace Proj13_1
{
    class Stack < T >                    //声明栈泛型类
    {    int maxsize;                     //栈中元素最多个数
         T[] data;                        //存放栈中 T 类型的元素
         int top;                         //栈顶指针
         public Stack()                   //构造函数
         {    maxsize = 10;
              data = new T[maxsize];
              top = −1;
         }
         public Stack(int n)              //重载构造函数
         {    maxsize = n;
              data = new T[maxsize];
              top = −1;
         }
         public bool StackEmpty()         //判断栈空方法
         {    return top == −1; }
         public bool Push(T e)            //元素 e 进栈方法
         {    if (top == maxsize − 1)     //栈满返回 false
                   return false;
```

```
            top++;
            data[top] = e;
            return true;
        }
        public bool Pop(ref T e)                    //元素出栈方法
        {   if (top == -1)                          //栈空返回 false
                return false;
            e = data[top];
            top--;
            return true;
        }
    }
    class Program
    {
        static void Main(string[] args)
        {   int e = 0;
            Stack<int> s = new Stack<int>();        //定义整数栈
            s.Push(1);                              //进栈 3 个整数
            s.Push(3);
            s.Push(2);
            Console.Write("整数栈出栈次序：");
            while (!s.StackEmpty())                 //栈不空时出栈元素
            {   s.Pop(ref e);
                Console.Write("{0} ", e);
            }
            Console.WriteLine();
            string e1 = "";
            Stack<string> s1 = new Stack<string>(); //定义字符串栈
            s1.Push("Mary");                        //进栈 3 个字符串
            s1.Push("John");
            s1.Push("Simth");
            Console.Write("字符串栈出栈次序：");
            while (!s1.StackEmpty())                 //栈不空时出栈元素
            {   s1.Pop(ref e1);
                Console.Write("{0} ", e1);
            }
            Console.WriteLine();
        }
    }
}
```

　　本程序先声明了一个泛型栈 Stack<T>，然后实
例化为整数栈 s 和字符串栈 s1，各自进栈 3 个元素后
并出栈，程序执行结果如图 13.1 所示。

　　一般情况下，创建泛型类的过程是从一个现有的
具体类开始，将每个类型逐一更改为类型参数，直至达
到通用化和可用性的最佳平衡。泛型最常见的用途是

图 13.1　例 13.1 程序执行结果

创建集合类，实际上，.NET Framework 类库在 System. Collections. Generic 命名空间中包
含几个新的泛型集合类。应尽可能地使用这些类来代替普通的类，如 System. Collections
命名空间中的 ArrayList，这些泛型类的使用在前面已介绍过。

13.2 反射

反射(Reflection)是.NET 中的重要机制,通过反射可以在运行时获得.NET 中每一个类型(包括类、结构、委托、接口和枚举等)的成员,包括方法、属性、事件和构造函数等,还可以获得每个成员的名称、限定符和参数等。有了反射,就可对每一个类型了如指掌。如果获得了构造函数的信息,就可直接创建对象,即使这个对象的类型在编译时还不知道。

13.2.1 反射概述

反射是一种机制,通过这种机制可以知道一个未知类型的类型信息。例如有一个对象,它不是我们定义的,既可能是通过网络捕捉到的,也可能是使用泛型定义的,但我们想知道这个对象的类型信息,想知道这个对象有哪些方法或者属性什么的,甚至想进一步调用这个对象的方法。关键是现在只知道它是一个对象,不知道它的类型,自然不会知道它有哪些方法等信息,这时该怎么办呢? 反射机制就是解决这样一个问题的,通过反射机制就可以知道未知类型对象的类型信息。

反射提供了封装程序集、模块和类型的对象(Type 类型),可以使用反射动态创建类型的实例,将类型绑定到现有对象,或从现有对象中获取类型并调用其方法或访问其字段和属性。如果代码中使用了属性,可以利用反射对它们进行访问。

归纳起来,反射在下列情况下很有用:

- 需要访问程序元数据的属性。
- 检查和实例化程序集中的类型。
- 在运行时构建新类型。
- 执行后期绑定,访问在运行时创建的类型的方法。

13.2.2 反射中常用的类

1. Type 类

System.Reflection 是反射的命名空间,而 Type 类为 System.Reflection 功能的根,也是访问元数据的主要方式。Type 类表示类型声明,包括类类型、接口类型、数组类型、值类型、枚举类型、类型参数、泛型类型定义,以及开放或封闭构造的泛型类型。

使用 Type 类的成员获取关于类型声明的信息,如构造函数、方法、字段、属性和类的事件,以及在其中部署该类的模块和程序集。Type 类的常用属性如表 13.1 所示,常用的公共方法如表 13.2 所示。

表 13.1 Type 类的常用属性

公共属性	说　　明
IsAbstract	获取一个值,通过该值指示 Type 是否为抽象的并且必须被重写
IsArray	获取一个值,通过该值指示 Type 是否为数组
IsByRef	获取一个值,通过该值指示 Type 是否由引用传递
IsClass	获取一个值,通过该值指示 Type 是否是一个类,即不是值类型或接口

续表

公共属性	说　　明
IsInterface	获取一个值,通过该值指示 Type 是否为接口,即不是类或值类型
IsSubclassOf	确定当前 Type 表示的类是否是从指定的 Type 表示的类派生的
MakeArrayType	返回一个表示当前类型的一维数组(下限为零)的 Type 对象
Module	获取在其中定义当前 Type 的模块
Name	获取当前成员的名称
Namespace	获取 Type 的命名空间
ReflectedType	获取用于获取该成员的类对象

表 13.2　Type 类的常用方法

方　　法	说　　明
GetElementType	当在派生类中重写时,返回当前数组、指针或引用类型包含的或引用的对象的 Type
GetEvent	获取由当前 Type 声明或继承的特定事件
GetEvents	获取由当前 Type 声明或继承的事件
GetField	获取当前 Type 的特定字段
GetFields	获取当前 Type 的字段
GetInterface	获取由当前 Type 实现或继承的特定接口
GetInterfaces	当在派生类中重写时,获取由当前 Type 实现或继承的所有接口
GetMember	获取当前 Type 的指定成员
GetMembers	获取当前 Type 的成员(包括属性、方法、字段、事件等)
GetMethod	获取当前 Type 的特定方法
GetMethods	获取当前 Type 的方法
GetProperties	获取当前 Type 的属性
GetProperty	获取当前 Type 的特定属性
InvokeMember	使用指定的绑定约束并匹配指定的参数列表,调用指定成员

许多类都提供了 GetType()或 GetTypes()方法,它们分别返回一个 Type 对象和一个 Type 对象数组,可以通过调用这两个方法来获得对与某个类型关联的 Type 对象的引用。因为 Type 是一个抽象类,所以不能直接使用 new 关键字创建一个 Type 对象。归纳起来,得到一个 Type 实例的三种方法如下:

(1) 使用 System.Object.GetType()方法,例如:

```
Person pe = new Person();     //定义 pe 为 person 类的一个对象
Type t = pe.GetType();
```

这样 t 为 pe 的 Type 对象。

(2) 使用 System.Type.GetType()静态方法,参数为类型的完全限定名。例如:

```
Type t = Type.GetType("MyNs.Person");
```

其中,MyNs.Person 为 MyNs 命名空间中的 Person 类,这样 t 为该类的 Type 对象。

(3) 使用 typeof 运算符,例如:

```
Type t = typeof(Person);
```

其中 Person 为一个类,这样 t 为该类的 Type 对象。

上述三种方法中,第一种方法必须先建立一个实例,而后两种方法不必先建立实例。但使用 typeof 运算符仍然需要知道类型的编译时信息,而使用 System. Type. GetType()静态方法时不需要知道类型的编译信息,所以是首选方法。

2. System.Reflection 反射命名空间

System. Reflection 反射命名空间包含提供加载类型、方法和字段的有组织的视图的类和接口,具有动态创建和调用类型的功能。其中主要的类及其功能如下:

- Assembly 类:通过它可以加载、了解和操作一个程序集。它的常用属性如表 13.3 所示,常用方法如表 13.4 所示。
- AssemblyName 类:通过它可以找到大量隐藏在程序集的身份中的信息,如版本信息、区域信息等。
- ConstructorInfo 类:用于发现构造函数及调用构造函数。通过对 ConstructorInfo 调用 Invoke 来创建对象,其中 ConstructorInfo 是由 Type 对象的 GetConstructors( )或 GetConstructor()方法返回的。
- EventInfo 类:通过它可以找到事件的信息。
- FieldInfo 类:通过它可以找到字段的信息。
- MethodInfo 类:通过它可以找到方法的信息。
- ParameterInfo 类:通过它可以找到参数的信息。
- PropertyInfo 类:通过它可以找到属性的信息。
- MemberInfo 类:它是一个抽象基类,为 EventInfo、FieldInfo、MethodInfo、PropertyInfo 等类型定义了公共的行为。
- Module 类:用来访问带有多文件程序集的给定模块。
- DefaultMemberAttribute 类:定义某类型的成员,该成员是 InvokeMember 使用的默认成员。

表 13.3　Assembly 类的常用属性

公共属性	说　明
EntryPoint	获取此程序集的入口点
FullName	获取程序集的显示名称
Location	获取包含清单的已加载文件的路径或位置
ManifestModule	获取包含当前程序集清单的模块

表 13.4　Assembly 类的常用方法

方　法	说　明
GetFiles	获取程序集清单文件表中的文件
GetModule	获取此程序集中的指定模块
GetModules	获取作为此程序集的一部分的所有模块
GetType	获取表示指定类型的 Type 对象
GetTypes	获取此程序集中定义的类型
LoadFile	加载程序集文件的内容
LoadFrom	在已知程序集的文件名或路径等信息时加载程序集
LoadModule	加载此程序集的内部模块

13.2.3　反射的应用示例

1. 通过反射查看类型的成员信息

查看类型信息的过程如下：

(1) 获取指定类型的一个 Type 对象或 Type 对象数组。

(2) 通过 Type 类的许多方法来发现与该类型的成员有关的信息。

【例 13.2】　编写一个程序，通过反射输出 System. Object 类的方法、字段和构造函数的信息。

解：先通过 Type 的 GetTypes()方法获取 System. Object 类的 Type 对象 t，然后用 Type 类的 GetMethods()、GetFields()和 GetConstructors()方法分别获取 t 对象的方法、字段和构造函数信息并输出。程序如下：

```
using System;
using System.Reflection;
namespace Proj13_2
{
    class Program
    {   static void Main(string[] args)
        {   string classname = "System.Object";
            Console.WriteLine("{0}类",classname);
            Type t = Type.GetType(classname);
            MethodInfo[] m = t.GetMethods();
            Console.WriteLine(" {0}的方法个数:{1}", t.FullName, m.Length);
            foreach(MethodInfo item in m)
                Console.WriteLine("\t{0} ",item.Name);
            FieldInfo[] f = t.GetFields();
            Console.WriteLine(" {0}的字段个数:{1}", t.FullName, f.Length);
            foreach (FieldInfo item in f)
                Console.WriteLine("\t{0} ", item.Name);
            ConstructorInfo[] c = t.GetConstructors();
            Console.WriteLine(" {0}的构造函数个数:{1}", t.FullName, c.Length);
            foreach (ConstructorInfo item in c)
                Console.WriteLine("\t{0} ", item.Name);
        }
    }
}
```

本程序的执行结果如图 13.2 所示。

2. 通过反射调用未知类的某方法

调用未知类的某方法的过程如下：

(1) 假设一个未知类 c 属于某个 DLL 文件 xyz. dll，采用 Assembly. LoadFrom("xyz. dll")加载该程序集。

(2) 调用 assembly. GetTypes()方法得到一

图 13.2　例 13.2 程序执行结果

个 Type 对象数组 t。

（3）通过 Type. GetConstructor()方法得到某个对象的构造函数。

（4）通过 ConstructorInfo. Invoke()方法调用构造函数创建未知类的对象 s。

（5）通过对象 s 调用某方法。

【例 13.3】 有一个项目 Proj13_3,通过添加代码文件模板向其中添加一个 Sport. cs 文件,该文件的内容如下：

```
using System;
public abstract class Sport                    //体育运动类
{    protected string name;                     //项目名
     public abstract string GetDuration();      //获取比赛时间
     public abstract string GetName();          //获取项目名
}
```

在命令行方式下使用以下命令生成 Sport. dll 文件：

```
csc/target:library Sport.cs
```

采用命令行方式对 C# 文件进行编译的程序是 csc. exe,它通常位于系统目录下的 Microsoft. NET\Framework\<version>文件夹中,根据每台计算机上的确切配置,此位置可能有所不同。一般情况下其位置是 C:\Windows\Microsoft. NET\Framework\v2. 0. 50727 文件夹中。

为了进行命令行编译,在 Windows 下运行 cmd 命令,进入存放项目的文件夹,如 H:\C#2005\ch13\Proj13_3\Proj13_3,其中包含有本项目的 C# 文件。为了能够执行 csc 程序,通过 path 设置路径,即在命令行方式中输入以下命令：

```
path C:\Windows\Microsoft.NET\Framework\v2.0.50727
```

常用的编译命令如下：

（1）csc/target:library 模块名。该命令使编译器创建一个动态链接库(DLL)而不是一个可执行文件(EXE)。

（2）csc/reference:filename。该命令导致编译器将指定文件中的 public 类型信息导入到当前项目中,从而可以从指定的程序集文件引用元数据。filename 包含程序集清单的文件的名称。若要导入多个文件,请为每个文件包括一个单独的/reference 选项。

通过添加代码文件模板向项目 Proj13_3 添加一个 SomeSports. cs 文件,该文件的内容如下：

```
using System;
public class Basketball : Sport
{
     public Basketball()               //篮球类
     {    name = "篮球"; }
     public override string GetDuration()
     {    return "共节,每节分钟"; }
     public override string GetName()
     {    return name; }
}
```

```
public class Hockey : Sport              //曲棍球类
{
    public Hockey()
    {    name = "曲棍球"; }
    public override string GetDuration()
    {    return "两个半场,各分钟"; }
    public override string GetName()
    {    return name; }
}
public class Football : Sport              //足球类
{
    public Football()
    {    name = "足球"; }
    public override string GetDuration()
    {    return "两个半场,各分钟"; }
    public override string GetName()
    {    return name; }
}
```

在命令行方式下使用以下命令生成 SomeSports.dll 文件:

```
csc/target:library /reference:Sport.dll SomeSports.cs
```

这样就生成两个动态链接库文件 Sport.dll 和 SomeSports.dll。现在要在 Program 类 Main 中设计相应代码,根据用户选择的体育项目输出相应的比赛时间。

解:由于在设计 Program.cs 程序时,提供的 Sport.dll 和 SomeSports.dll 都是动态链接库,不知道其中每个类是如何声明的,只知道 GetName() 和 GetDuration() 两个方法的功能,为此采用反射技术。设计 Program.cs 程序如下:

```
using System;
using System.Reflection;
namespace Proj13_3
{
    class Program
    {    static void Main(string[] args)
        {    int i, j;
            if (args.GetLength(0) < 1)          //命令行输入的参数不正确
                Console.WriteLine("用法:Program dll 库名");
            else
            {    Assembly assembly = Assembly.LoadFrom(args[0]);      //获取程序集对象
                Type[] types = assembly.GetTypes();
                Console.WriteLine(assembly.GetName().Name + "包含的项目名如下:");
                for (i = 0; i < types.GetLength(0); ++i)
                    Console.WriteLine("\r" + i + ": " + types[i].Name);
                i = types.Length - 1;
                Console.Write("请选择(0 - " + i + "):");
                j = Convert.ToInt32(Console.ReadLine());
                Console.WriteLine();
                if (types[j].IsSubclassOf(typeof(Sport)))     //若 types[j]是 Sport 的子类
                {    ConstructorInfo ci = types[j].GetConstructor(new Type[0]);
```

```
                Sport sport = (Sport)ci.Invoke(new Object[0]);     //创建 sport 对象
                Console.WriteLine(sport.GetName() + "比赛时间:" +
                    sport.GetDuration());
            }
            else
                Console.WriteLine(types[j].Name + "不属于指定的体育项目");
        }
    }
  }
}
```

在命令行中输入以下命令 Program.exe 文件:

csc/reference:Sport.dll Program.cs

在命令行中输入以下命令执行 Program.exe:

Program SomeSports.dll

程序的一次执行结果如图 13.3 所示,在出现各种提示后输入 2,屏幕显示足球的比赛时间。

图 13.3 例 13.3 程序执行结果

13.3 多线程程序设计

Windows 是一个多任务的系统,可以通过任务管理器查看当前系统运行的程序和进程。本节介绍线程的概念及多线程编程。

13.3.1 多线程的概述

当一个程序开始运行时,它就是一个进程。进程包括执行中的程序和程序所使用到的内存和系统资源。而一个进程又是由多个线程所组成的,线程是程序中的一个执行流,每个线程都有自己的专有寄存器(栈指针、程序计数器等),但代码区是共享的,即不同的线程可以执行同样的函数。多线程是指程序中包含多个执行流,即在一个程序中可以同时运行多个不同的线程来执行不同的任务,也就是说允许单个程序创建多个并行执行的线程来完成各自的任务。例如,在 Windows 中可以一边播放音乐,一边在 Word 中编辑文字等。

多线程的好处在于它可以提高 CPU 的利用率。在多线程程序中,一个线程可能由于请求某种资源而等待,而此时 CPU 可以执行其他的线程而不是等待,这样就大大提高了程序的效率。

然而也必须认识到线程本身可能会带来系统性能的不利方面：

- 线程也是程序，所以线程需要占用内存，线程越多占用内存也越多。
- 多线程需要协调和管理，所以需要 CPU 时间跟踪线程。
- 线程之间对共享资源的访问会相互影响，必须解决竞用共享资源的问题。
- 线程太多会导致控制太复杂，最终可能造成很多错误。

13.3.2　线程命名空间

线程命名空间是 System.Threading，它提供了多线程程序设计的类和接口等，用以执行诸如创建和启动线程、同步多个线程、挂起线程和中止线程等任务。其中有关线程方面的类如下：

- Thread 类：用于创建并控制线程、设置其优先级并获取其状态。
- Monitor 类：提供同步对对象的访问的机制。
- Mutex 类：一个同步基元，也可用于进程间同步。
- ThreadAbortException 类：在对 Abort()方法进行调用时引发的异常。无法继承此类。
- ThreadInterruptedException 类：中断处于等待状态的 Thread 时引发的异常。
- ThreadStartException 类：当基础操作系统线程已启动但该线程尚未准备好执行用户代码前，托管线程中出现错误，则会引发异常。
- ThreadStateException 类：当 Thread 处于对方法调用无效的 ThreadState 时引发的异常。

其中后 4 个类主要提供线程的异常处理的。

在线程程序设计中需在引用部分添加以下语句引用线程命名空间：

```
using System.Threading;
```

13.3.3　Thread 类及其应用

1. Thread 类

Thread 类是最重要的线程类，它的常用属性如表 13.5 所示，其中 ThreadState 属性和 IsAlive 属性都指示当前线程的状态，但前者比后者能提供更多的特定信息。ThreadState 属性取值及其说明如表 13.6 所示。

线程从创建到线程终止，它一定处于某一个状态。当线程被创建时，它处在 Unstarted 状态，Thread 类的 Start()方法将使线程状态变为 Running 状态，线程将一直处于这样的状态，除非调用了相应的方法使其挂起、阻塞、销毁或者自然终止。如果线程被挂起，它将处于 Suspended 状态，除非调用 Resume()方法使其重新执行，这时候线程将重新变为 Running 状态。一旦线程调用 Abort()方法被销毁或者终止，线程处于 Stopped 状态，处于这个状态的线程将不复存在，正如线程开始启动后再不可能回到 Unstarted 状态。在一个确定的时间，线程可能处于多个状态。例如，一个线程被调用了 Sleep()方法而处于阻塞，接着另外一个线程调用 Abort()方法阻塞这个线程，这时候该线程将同时处于 WaitSleepJoin 和 AbortRequested 状态。一旦线程响应就转为 Sleep 阻塞或者中止，当销毁时会抛出

C#程序设计教程(第2版)

ThreadAbortException 异常。

表 13.5　Thread 类的常用属性

属　　性	说　　明
CurrentThread	获取当前正在运行的线程
IsAlive	获取一个值,该值指示当前线程的执行状态
IsBackground	获取或设置一个值,该值指示某个线程是否为后台线程
Name	获取或设置线程的名称
Priority	获取或设置一个值,该值指示线程的调度优先级
ThreadState	获取一个值,该值包含当前线程的状态

表 13.6　ThreadState 属性的取值及其说明

成员名称	说　　明
Aborted	线程处于 Stopped 状态中
AbortRequested	已对线程调用了 Abort ( )方法,但线程尚未收到试图终止它的挂起的 ThreadAbortException
Background	线程正作为后台线程执行(相对于前台线程而言)。此状态可以通过设置 Thread. IsBackground 属性来控制
Running	线程已启动,它未被阻塞,并且没有挂起的 ThreadAbortException
Stopped	线程已停止
StopRequested	正在请求线程停止
Suspended	线程已挂起
SuspendRequested	正在请求线程挂起
Unstarted	尚未对线程调用 Start()方法
WaitSleepJoin	由于调用 Monitor. Wait、Thread. Sleep 或 ThreadJoin,线程已被阻止(挂起)

　　Thread 类的常用方法如表 13.7 所示。在. NET 中创建一个线程后,当线程执行完毕后一般会自动销毁,如果线程没有自动销毁可通过 Thread 类的 Abort()方法来手动销毁,但要注意的是如果线程中使用的资源没有完全销毁,Abort()方法执行后,也不能保证线程被销毁。

　　说明:由于 Resume()和 Suspend()这两个方法不安全,在. NET Framework 2.0 中已过时,因此最好不要再使用。

表 13.7　Thread 类的常用方法

方　　法	说　　明
Abort	在调用此方法的线程上引发 ThreadAbortException,以开始终止此线程的过程。调用此方法通常会终止线程
Interrupt	中断处于等待、休眠或联接状态的线程
Join	阻塞调用线程,直到某个线程终止时为止
Resume	继续已挂起的线程
Sleep	将当前线程阻塞指定的毫秒数
Start	使线程得以按计划执行
Suspend	挂起线程,或者如果线程已挂起,则不起作用

2．创建和启动新线程

应用程序执行时，将创建新的应用程序域。当执行环境调用应用程序的入口点（Main 方法）时，将创建应用程序的主线程。主线程以外的线程一般称为工作线程。

Thread 类的主要构造函数如下：

（1）public Thread(ThreadStart start)

其中，参数 start 为 ThreadStart 委托，它表示此线程开始执行时要调用的方法。

（2）public Thread(ParameterizedThreadStart start)

其中，参数 start 为 ParameterizedThreadStart 委托，表示此线程开始执行时要调用的方法。它表示初始化 Thread 类的新实例，并指定允许对象在线程启动时传递给线程的委托。

第（1）个构造函数适合创建不带参数的线程，第（2）个构造函数适合创建带有参数的线程。如果不用委托，称为静态创建线程。

在创建工作线程后，通过 Start()方法启动工作线程。

例如，有以下类：

```
class MyClass                          //声明包含方法的类
{   ...
    public void method1()              //不带参数的方法 method1
    {
        ...
    }
    public void method2(object data)   //带参数的方法 method2
    {
        ...
    }
    ...
}
```

采用静态方式创建和启动工作线程的过程如下：

```
MyClass obj = new MyClass();               //创建 MyClass 的实例
Thread workth1 = new Thread(obj.method1); //创建一个工作线程 workth1
workth1.Start();                           //启动工作线程 workth1
...
Thread workth2 = new Thread(obj.method1); //创建一个工作线程 workth2
workth1.Start(10);                         //启动工作线程 workth2,其中 10 为实参
```

采用委托方式创建和启动工作线程的过程如下：

```
delegate void deletype1();                 //声明委托类型 deletype1
delegate void deletype2(object obj);       //声明委托类型 deletype2
...
deletype1 mydele1;                         //定义委托变量 mydele1
deletype2 mydele2;                         //定义委托变量 mydele2
MyClass a = new MyClass();                 //创建 MyClass 类的实例
Thread workth1 = new Thread(new ThreadStart(a.method1));   //创建一个工作线程 workth1
workth1.Start();                           //启动工作线程 workth1
```

C#程序设计教程(第 2 版)

```
Thread workth2 = new Thread(new ParameterizedThreadStart(a.method2)); //创建一个工作线程 workth2
workth2.Start(10);                        //启动工作线程 workth2,其中 10 为实参
```

3. 暂停线程

一旦线程已启动,就可以调用其方法来更改它的状态。例如,通过调用 Thread.Sleep()可以使线程暂停一段时间(以毫秒为单位)。其使用语法格式如下:

```
Sleep(n);
```

其中 n 为挂起的毫秒数,即线程保持锁定状态的毫秒数。

如果使用参数 Infinite 调用 Sleep()方法,则会导致线程休眠,直至调用 Interrupt()方法的另一个线程将其唤醒为止。

注意:一个线程不能针对另一个线程调用 Thread.Sleep()方法。

4. 中断线程

Interrupt()方法会将目标线程从其可能处于的任何等待状态中唤醒,并导致引发 ThreadInterruptedException 异常。

通过对被阻止的线程调用 Interrupt()方法可以中断正在等待的线程,从而使该线程脱离造成阻止的调用。线程应该捕获 ThreadInterruptedException 异常并执行任何适当的操作以继续运行。如果线程忽略该异常,则运行库将捕获该异常并停止该线程。

5. 销毁线程

Abort()方法用于永久地停止托管线程。调用 Abort()方法时,公共语言运行库在目标线程中引发 ThreadAbortException,目标线程可捕捉此异常。

注意:一旦线程被中止,它将无法重新启动。如果线程已经在终止,则不能通过 Start()方法来启动线程。

Abort()方法不直接导致线程中止,因为目标线程可捕捉 ThreadAbortException 并在 finally 块中执行任意数量的代码。如果需要等待线程结束,可调用 Join()方法。Thread.Join()是一种模块化调用,它在线程实际停止执行之前,或可选超时间隔结束之前不会返回。等待对 Join()方法的调用的线程可由其他线程调用 Interrupt()来中断。

【例 13.4】 分析以下程序的执行结果(该控制台项目在 H:\C#2005\ch13\Proj13_4 文件夹中)。

```csharp
using System;
using System.Threading;                 //新增引用
namespace Proj13_4
{
    public class A
    {   public void fun()               //定义类 A 的方法
        {   while (true)
            {   Console.WriteLine("工作线程:正在执行 A.fun 方法…"); }
        }
    };
    public class Program
    {   public static void Main()
        {   Console.WriteLine("主线程启动…");
```

```
A a = new A();                    //创建 A 类的实例
Thread workth = new Thread(new ThreadStart(a.fun));
                                  //创建一个线程,使之执行 A 类的 fun()方法
Console.WriteLine("工作线程启动…");
workth.Start();                   //启动工作线程 workth
while (!workth.IsAlive);          //循环直到工作线程被激活
Console.WriteLine("主线程睡眠 1ms…");
Thread.Sleep(1);                  //让主线程睡眠 1ms,以允许工作线程完成自己的工作
Console.WriteLine("终止工作线程");
workth.Abort();
Console.WriteLine("阻塞工作线程");
workth.Join();
try
{   Console.WriteLine("试图重新启动工作线程");
    workth.Start();
}
catch (ThreadStateException)   //捕捉 workth.Start()方法的异常
{
    Console.WriteLine("终止后的线程不能重启,在重启时引发相关异常");
}
Console.WriteLine("主线程结束");
        }
    }
}
```

解：Main()方法的执行创建了主线程,其中创建了一个工作线程 workth,通过 Start()方法调用启动它,然后让主线程睡眠 1ms 以执行工作主线程,再通过调用 Abort()和 Join()方法终止工作线程。当试图再次启动已终止的工作线程时出现异常。Main()方法执行完毕,主线程已结束。程序的一次执行结果如图 13.4 所示。

说明：本例有两个线程,每次执行的结果可能不完全相同,这是多线程环境下的特点。

图 13.4　例 13.4 程序执行结果

13.3.4　线程优先级和线程调度

每个线程都具有分配给它的线程优先级,通过 Thread 类的 Priority 属性设定,该属性是一个枚举值,如表 13.8 所示。

表 13.8　线程的优先级值

成员名	说　明
Lowest	可以将 Thread 安排在具有任何其他优先级的线程之后
BelowNormal	可以将 Thread 安排在具有 Normal 优先级的线程之后,在具有 Lowest 优先级的线程之前
Normal	可以将 Thread 安排在具有 AboveNormal 优先级的线程之后,在具有 BelowNormal 优先级的线程之前。默认情况下,线程具有 Normal 优先级

成员名	说 明
AboveNormal	可以将 Thread 安排在具有 Highest 优先级的线程之后,在具有 Normal 优先级的线程之前
Highest	可以将 Thread 安排在具有任何其他优先级的线程之前

在公共语言运行库中创建的线程最初分配的优先级为 Normal。线程根据其优先级来调度执行的。即使线程正在运行库中执行,所有线程都是由操作系统分配处理器时间片的。用于确定线程执行顺序的调度算法的详细情况随每个操作系统的不同而不同。在某些操作系统下,具有最高优先级(相对于可执行线程而言)的线程经过调度后总是首先运行。如果具有相同优先级的多个线程都可用,则调度程序将遍历处于该优先级的线程,并为每个线程提供一个固定的时间片来执行。只要具有较高优先级的线程可以运行,具有较低优先级的线程就不会执行。如果在给定的优先级上不再有可运行的线程,则调度程序将移到下一个较低的优先级并在该优先级上调度线程以执行。如果具有较高优先级的线程可以运行,则具有较低优先级的线程将被抢先,并允许具有较高优先级的线程再次执行。除此之外,当应用程序的用户界面在前台和后台之间移动时,操作系统还可以动态调整线程优先级。其他操作系统可以选择使用不同的调度算法。

【例 13.5】 分析以下程序的执行结果(该控制台项目在 H:\C＃2005\ch13\Proj13_5 文件夹中)。

```csharp
using System;
using System.Threading;
namespace Proj13_5
{
    class A                              //声明类 A
    {   bool looptag;
        public A()                       //构造函数
        {   looptag = true; }
        public bool plooptag             //定义属性 plooptag
        {
            set { looptag = value; }
        }
        public void fun()                //定义类 A 的方法
        {   long thcount = 0;            //线程循环计数器
            while (looptag)
            {
                thcount + + ;           //累计循环次数
            }
            Console.WriteLine("{0}优先级为:{1,12},循环次数为:{2}",
                Thread.CurrentThread.Name,
                Thread.CurrentThread.Priority.ToString(),
                thcount.ToString());
        }
    }
    class Program
    {   static void Main()
```

```
{    A a = new A();
     Thread workth1 = new Thread(a.fun);
     Console.WriteLine("启动主线程…");
     workth1.Name = "工作线程 1";
     Thread workth2 = new Thread(a.fun);
     workth2.Name = "工作线程 2";
     workth2.Priority = ThreadPriority.BelowNormal;
     Console.WriteLine("启动工作线程 1…");
     workth1.Start();
     Console.WriteLine("启动工作线程 2…");
     workth2.Start();
     Console.WriteLine("等待 1 秒以便执行工作线程…");
     Thread.Sleep(1000);          //主线程睡眠 1 秒以便执行工作线程
     a.plooptag = false;          //设为 false 使工作线程完成自动的工作
     Console.WriteLine("等待 1 秒以便输出统计结果…");
     Thread.Sleep(1000);          //主线程睡眠 1 秒以便工作线程输出
     Console.WriteLine("终止工作线程 1");
     workth1.Abort();
     workth1.Join();
     Console.WriteLine("终止工作线程 2");
     workth2.Abort();
     workth2.Join();
     Console.WriteLine("主线程结束");
     }
  }
}
```

解：上述程序的主线程中创建了两个工作线程 workth1 和 workth2，在启动后等待它们执行 1 秒钟（这 1 秒钟都在执行 while 循环语句），然后中止各工作线程中的循环语句，再等待 1 秒钟输出（这 1 秒钟工作线程执行输出），最后终止工作线程。执行的一次执行结果如图 13.5 所示，从中可以看到 workth1 的优先级由系统设为 Normal，而 workth1 的优先级由系统设为 BelowNormal，因为 workth2 后启动。由于 workth1 的优先级较高，所以循环执行的次数也较多。

图 13.5 例 13.5 程序执行结果

【例 13.6】 设计一个 Windows 应用程序项目 Prog13_6，在窗体 Form1 上放置两个进度条，单击"开始"命令按钮时，两个进度条同时开始工作。

解：在 H:\C#2005\ch13 文件夹中建立一个名称为 Prog13_6 的 Windows 应用程序项

C# 程序设计教程(第 2 版)

目,添加一个窗体 Form1,其中有两个标签、两个进度条(progressBar1 和 progressBar2)和一个命令按钮 button1,设计界面如图 13.6 所示,对应的程序如下:

```csharp
using System;
using System.Windows.Forms;
using System.Threading;
namespace Proj13_6
{
    struct Mystruct                              //声明结构类型
    {   public ProgressBar pb;                   //进度条对象
        public int n;                            //睡眠时间
    }
    public partial class Form1 : Form
    {   delegate void deletype(ProgressBar p);   //声明委托类型 deletype
        deletype mydele;                         //定义委托变量
        private Thread workth1;                  //定义工作线程 1 变量
        private Thread workth2;                  //定义工作线程 2 变量
        Mystruct s;                              //定义结构变量
        public Form1()                           //构造函数
        {   InitializeComponent(); }
        private void button1_Click(object sender, EventArgs e)
        {   mydele = new deletype(setvalue);          //创建委托实例,让 mydele 指向 setvalue 方法
            workth1 = new Thread(new ParameterizedThreadStart(fun)); //创建工作线程 1
            workth2 = new Thread(new ParameterizedThreadStart(fun)); //创建工作线程 2
            s.pb = progressBar1;                      //给结构变量 s 赋值
            s.n = 100;
            workth1.Start(s);                         //启动工作线程 1
            s.pb = progressBar2;
            s.n = 200;
            workth2.Start(s);                         //启动工作线程 2
        }
        public void fun(object data)             //定义方法 fun()
        {   Mystruct s1 = (Mystruct)data;             //将 data 参数强制转换为 Mystruct 类型
            ProgressBar p1 = s1.pb;                   //获取当前的进度条控件
            int n = s1.n;
            while (p1.Value < 100)                    //循环
            {   p1.Invoke(mydele, new object[] { p1 });    //执行 setvalue()方法
                Thread.Sleep(n);                      //睡眠或等待指定的时间
            }
        }
        private void setvalue(ProgressBar p)     //进度条值增 1 的方法
        {   p.Value += 1; }
        private void Form1_FormClosing(object sender, FormClosingEventArgs e)
        {   if (workth1.IsAlive) workth1.Abort(); //终止工作线程 1
            if (workth2.IsAlive) workth2.Abort(); //终止工作线程 2
        }
    }
}
```

执行本窗体,单击"开始"命令按钮,其结果如图 13.7 所示。

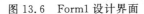

图 13.6　Form1 设计界面　　　　　　　图 13.7　Form1 执行界面

　　进度条(ProgressBar)控件经常用来显示一个任务的进度,其主要属性有 Maximun(进度条代表的最大值,默认为 100)、Minimun(进度条代表的最小值,默认为 0)、Step(变化的步长,默认值为 10)、Value(进度条当前位置代表的值,达到一个 Step,进度增加一格)。例 13.6 中用的进度条方法为 Invoke(),它在拥有此控件的线程上执行委托,有以下两种签名:

　　(1) Control.Invoke(Delegate):在拥有此控件的线程上执行指定的委托,其中委托所指向的方法不带参数。

　　(2) Control.Invoke(Delegate,Object[]):在拥有控件的线程上,用指定的参数列表执行指定的委托,其中 Object 数组指定参数序列。

13.3.5　线程互斥

　　多个线程在同时修改共享数据时可能发生错误,这样的共享数据称为临界区。线程互斥是指某一资源同时只允许一个访问者对其进行访问,具有唯一性和排它性。但互斥无法限制访问者对资源的访问顺序,即访问是无序的。

　　下面通过一个示例说明多个线程同时修改共享数据可能发生错误。

　　【例 13.7】　在项目 Prog13_6 中有一个窗体 Form2,其上有一个命令按钮 button1 和一个列表框 listBox1,该窗体的程序如下:

```
using System;
using System.Windows.Forms;
using System.Threading;
namespace Proj13_6
{
    public partial class Form2 : Form
    {   int x;
        Random r = new Random();              //定义随机数对象
        public Form2()
        {   InitializeComponent(); }
        private void button1_Click(object sender, EventArgs e)
        {   int i;
            Thread workth1, workth2;
            for (i = 0; i < 100; i++)          //循环 100 次
            {   x = 1;
                workth1 = new Thread(add);     //创建工作线程 1
                workth2 = new Thread(sub);     //创建工作线程 2
                workth1.Start();               //启动工作线程 1
                workth2.Start();               //启动工作线程 2
```

C# 程序设计教程(第 2 版)

```
                    Thread.Sleep(100);
                    workth1.Abort();                    //终止工作线程 1
                    workth2.Abort();                    //终止工作线程 2
                    if (listBox1.FindString(x.ToString()) == -1)
                        listBox1.Items.Add(x);          //当在 listBox1 中未找到时将 x 添加进去
                }
            }
        public void add()                               //方法 add()
        {   int n;
            n = x;                                       //取出 x 的值
            n++;
            Thread.Sleep(r.Next(5,20));                  //睡眠 5～20ms
            x = n;                                       //存回到 x 中
        }
        public void sub()                               //方法 sub()
        {   int n;
            n = x;                                       //取出 x 的值
            n--;
            Thread.Sleep(r.Next(5,20));                  //睡眠 5～20ms
            x = n;                                       //存回到 x 中
        }
    }
}
```

分析单击"开始"命令按钮后,listBox1 中显示的结果。

解:上述程序中 Form2 窗体上有 add()和 sub()两个方法,分别用于对类中变量 x(初值为 1)实现加 1 和减 1 操作,创建它们对应的两个工作线程 workth1 和 workth2,让它们并发执行 100 次(每次启动这两个线程,然后均终止)。对这两个线程来说,x 是共享变量,例如,某次执行过程:执行 add()的 n=x(1)和 n++(n=2)之后,再执行 sub()的 n=x(1)和 n−−(0),接着执行 add()的 x=n(2)和 sub()的 x=n(0),最后 x 的值为 0。本程序的一次执行结果如图 13.8 所示,从中看到,x 的可能结果为 0、1 或 2,这显然是不正确的,原因是多个线程同时修改共享数据发生的错误。

图 13.8　Form2 执行界面

那么如何解决上述问题呢? 其手段是线程互斥,下面介绍几种实现线程互斥的方法。

1. 用 lock 语句实现线程互斥

lock 语句将一个语句块标记为临界区,方法是获取给定对象的互斥锁,执行语句,然后释放该锁。此语句的一般形式如下:

```
Object thisLock = new Object();
lock(thisLock)
{
    //访问共享资源的代码
}
```

其中 lock 的参数指定要锁定的对象,锁定该对象内的所有临界区,必须是引用类型。例如控制台应用程序中一般像上述方式使用,而在窗体一般将 thisLock 改为 this,表示引用当前窗体。

如线程 1 在执行 lock 语句标记的临界区代码时,不允许其他线程对其临界区进行修改操作,如有线程 2 要修改临界区,系统将其阻塞,直到线程 1 退出临界区,才允许线程 2 进行操作。

根据 lock 语句,可将例 13.7 的程序中 add()和 sub()方法的代码修改如下(对应 Proj13_6 项目中的 Form3 窗体):

```
public void add()                              //方法 add
{    int n;
     lock (this)
     {   n = x;                                //取出 x 的值
         n++;
         Thread.Sleep(r.Next(5, 20));          //睡眠 5~20ms
         x = n;                                //存回到 x 中
     }
}
public void sub()                              //方法 sub
{    int n;
     lock (this)
     {   n = x;                                //取出 x 的值
         n--;
         Thread.Sleep(r.Next(5, 20));          //睡眠 5~20ms
         x = n;                                //存回到 x 中
     }
}
```

其他地方不做改动,这样程序执行的结果如图 13.9 所示,x 的初值为 1,在加 1 减 1 后,x 的结果仍为 1。

2. 用 Mutex 类实现线程互斥

可以使用 Mutex 对象提供对资源的独占访问。线程调用 mutex 的 WaitOne 方法请求所有权。该调用会一直阻塞到 mutex 可用,或直至达到可选的超时间隔。如果没有任何线程拥有它,则 Mutex 的状态为已发信号的状态。

图 13.9 修改后 Form3 执行界面

线程通过调用 ReleaseMutex()方法释放 mutex。mutex 具有线程关联,即 mutex 只能由拥有它的线程释放。如果线程释放不是它拥有的 mutex,则会在该线程中引发 ApplicationException 异常。

使用 Mutex 类这样修改例 13.7 的程序,对应 Form4 窗体,在 Form4 类中增加如下字段:

```
Mutex mut = new Mutex();
```

然后修改 add()和 sub()方法的代码如下:

```
public void add()                              //方法 add
{    int n;
     mut.WaitOne();                            //等待互斥体访问权
```

C# 程序设计教程(第 2 版)

```
        n = x;                               //取出 x 的值
        n++;
        Thread.Sleep(r.Next(5, 20));         //睡眠 5～20ms
        x = n;                               //存回到 x 中
        mut.ReleaseMutex();                  //释放互斥体访问权
    }
    public void sub()                        //方法 sub()
    {   int n;
        mut.WaitOne();                       //等待互斥体访问权
        n = x;                               //取出 x 的值
        n--;
        Thread.Sleep(r.Next(5, 20));         //睡眠 5～20ms
        x = n;                               //存回到 x 中
        mut.ReleaseMutex();                  //释放互斥体访问权
    }
```

其他地方不做改动,这样程序执行的结果如图 13.8 所示,从中可以看到实现了临界区的互斥操作。

3. 用 Monitor 类实现线程互斥

Monitor 类通过向单个线程授予对象锁来控制对对象的访问。对象锁提供限制访问代码块(通常称为临界区)的能力。当一个线程拥有对象的锁时,其他任何线程都不能获取该锁。还可以使用 Monitor 来确保不会允许其他任何线程访问正在由锁的所有者执行的应用程序代码节,除非另一个线程正在使用其他的锁定对象执行该代码。Monitor 类的主要静态方法如下:

- Enter():获取对象锁。此操作同样会标记临界区的开头。其他任何线程都不能进入临界区,除非它使用其他锁定对象执行临界区中的指令。
- Wait():释放对象上的锁以便允许其他线程锁定和访问该对象。在其他线程访问对象时,调用线程将等待。脉冲信号用于通知等待线程有关对象状态的更改。
- Pulse():向一个或多个等待线程发送信号。该信号通知等待线程锁定对象的状态已更改,并且锁的所有者准备释放该锁。等待线程被放置在对象的就绪队列中以便它可以最后接收对象锁。一旦线程拥有了锁,它就可以检查对象的新状态以查看是否达到所需状态。
- Exit():释放对象上的锁。此操作还标记受锁定对象保护的临界区的结尾。

说明:Monitor 类和 Mutex 类相比,Mutex 类使用得系统资源更多,但可以跨应用程序域边界进行封送处理,可用于多个等待,并且可用于同步不同进程中的线程。

使用 Monitor 类这样修改例 13.7 的程序,对应 Form5 窗体,修改 add()和 sub()方法的代码如下:

```
    public void add()                        //方法 add
    {   int n;
        Monitor.Enter(this);                 //加排它锁
        n = x;                               //取出 x 的值
        n++;
        Thread.Sleep(r.Next(5, 20));         //睡眠 5～20ms
        x = n;                               //存回到 x 中
```

```
        Monitor.Exit(this);                    //释放排它锁
    }
    public void sub()                          //方法 sub()
    {   int n;
        Monitor.Enter(this);                   //加排它锁
        n = x;                                 //取出 x 的值
        n--;
        Thread.Sleep(r.Next(5, 20));           //睡眠 5～20ms
        x = n;                                 //存回到 x 中
        Monitor.Exit(this);                    //释放排它锁
    }
```

其他地方不做改动,这样程序执行的结果如图 13.8 所示,从中看到实现了临界区的互斥操作。

13.3.6　线程同步

线程同步是指多个相互关联的线程在某些确定点上协调工作,即需要互相等待或互相交换信息。假设存在这样一种情况,两个线程同时维护一个队列,如果一个线程对队列中添加元素,而另外一个线程从队列中取用元素,那么称添加元素的线程为生产者,称取用元素的线程为消费者。生产者与消费者的问题看起来很简单,实际上却是多线程应用中一个必须解决的问题,它涉及线程之间的同步和通信问题。

下面通过一个示例说明生产者与消费者线程不同步可能发生的错误。

【例 13.8】　设计一个 Windows 应用程序项目 Prog13_7,在窗体 Form1 上放置一个"开始"命令按钮 button1 和一个文本框 textBox1,对应的程序如下:

```
using System;
using System.Windows.Forms;
using System.Threading;
namespace Proj13_7
{
    public partial class Form1 : Form
    {   int x = 0, sum = 0;
        Random r = new Random();
        public Form1()
        {   InitializeComponent(); }
        private void button1_Click(object sender, EventArgs e)
        {   Thread workth1 = new Thread(put);     //创建工作线程 1
            Thread workth2 = new Thread(get);     //创建工作线程 2
            workth1.Start();                      //启动工作线程 1
            workth2.Start();                      //启动工作线程 2
            Thread.Sleep(600);
            workth1.Abort();                      //终止工作线程 1
            workth2.Abort();                      //终止工作线程 2
            textBox1.Text = "消费总数 = " + sum.ToString();
        }
        public void put()                          //生产者
        {   int k;
            for (k = 1; k <= 4; k++)
```

```
            {   x = k;
                Thread.Sleep(r.Next(20, 50));      //睡眠 2 - 50ms
            }
        }
        public void get()                          //消费者
        {   int k;
            for (k = 1; k <= 4; k++)
            {   sum += x;
                Thread.Sleep(r.Next(20, 50));      //睡眠 2 - 50ms
            }
        }
    }
}
```

分析单击"开始"命令按钮后,textBox1 中显示的结果。

解:上述程序中,工作线程 1 和工作线程 2 分别执行方法 put()和 get(),分别称为生产者线程和消费者线程。生产者线程向 x 中放入 1、2、3、4,消费者线程从中取出 x 的数据并求和 sum,最后主线程输出 sum,sum 的值应为 $1+2+3+4=10$。但问题是两个线程并发执行,不能保证每放入一个 x,等 x 取出后再放下一个 x,这样 sum 的结果可能小于 10,如图 13.10 所示是一次执行结果。

图 13.10　例 13.8 Form1 执行界面

解决这个问题需要使这两个线程同步。实现线程同步方法较多,下面提供一种解决方法。

使用 Monitor 类这样修改例 13.8 的程序,对应 Prog13_7 项目中的 Form2 窗体,在窗体级增加以下字段:

```
bool mark = false;
```

mark 是逻辑变量,初值为 false 表示数据还未放到公共数据区(即 x)中,此时生产者线程可以把数据放到公共数据区中,由于没有数据,消费者线程不能取数,必须等待。mark 为 true 表示数据已放到公共数据区中,消费者线程还未取数据,生产者线程不能再放数据到公共数据区中,必须等待。由于有了数据,消费者线程可以取数据。为此,修改 put()和 get()方法的代码如下:

```
public void put()                          //生产者
{   int k;
    for (k = 1; k <= 4; k++)
    {   Monitor.Enter(this);               //加排它锁
        if (mark)                          //若 mark 为 true,不能放数据,本线程等待
            Monitor.Wait(this);
        mark = !mark;                      //将 mark 由 false 改为 true
        x = k;                             //放数据
        Thread.Sleep(r.Next(20, 50));      //睡眠 2 - 50ms
        Monitor.Pulse(this);               //激活消费者线程
        Monitor.Exit(this);                //释放排它锁
    }
```

```
}
public void get()                                    //消费者
{   int k;
    for (k = 1; k <= 4; k++)
    {   Monitor.Enter(this);                         //加排它锁
        if (!mark)                                   //若 mark 为 false,不能取数据,本线程等待
            Monitor.Wait(this);
        mark = !mark;                                //将 mark 由 true 改为 false
        sum += x;                                    //累加数
        Thread.Sleep(r.Next(20, 50));                //睡眠 2-50ms
        Monitor.Pulse(this);                         //激活生产者线程
        Monitor.Exit(this);                          //释放排它锁
    }
}
```

其他地方不做改动,这样程序多次执行的结果都如图 13.11 所示,
消费总数为 10,结果正确,从中可以看到两线程实现同步操作。

图 13.11　例 13.8 Form2
执行界面

练习题 13

1. 单项选择题

(1) 以下泛型集合声明中正确的是_____。

A. List <int> f= new List<int>();　　　　B. List<int> f=new List();

C. List f=new List();　　　　　　　　　　D. List<int> f=new List<int>;

(2) 以下关于泛型的叙述中错误的是_____。

A. 泛型是通过参数化类型来实现在同一份代码上操作多种数据类型

B. 泛型编程是一种编程范式,其特点是参数化类型

C. 泛型类型和普通类型的区别在于泛型类型与一组类型参数或类型变量关联

D. 以上都不对

(3) 在 C♯ 程序中,关于反射的说法错误的是_____。

A. 使用反射机制可以在程序运行时通过编程方式获得类型信息

B. 使用反射机制,需要在程序中引入的命名空间是 System.Runtime

C. 通过反射可以查找程序集的信息

D. 反射是一个运行库类型发现的过程

(4) 在 .NET Framework 中,所有与反射应用相关的类都放在_____命名空间中。

A. System.Data　　　　　　　　　　　B. System.IO

C. System.Threading　　　　　　　　　D. System.Reflection

(5) 在反射机制中,通过_____类可以找到事件的信息。

A. EventInfo　　　　　　　　　　　　B. FieldInfo

C. ParameterInfo　　　　　　　　　　D. PropertyInfo

(6) 在反射机制中,通过_____类可以找到方法的信息。

A. FieldInfo　　　　　　　　　　　　B. MethodInfo

C. ParameterInfo　　　　　　　　　　D. PropertyInfo

(7) 在反射机制中,通过_____类可以找到属性的信息。

A. EventInfo   B. FieldInfo

C. MethodInfo   D. PropertyInfo

(8) 在. NET Framework 中,所有与多线程机制应用相关的类都放在_____命名空间中。

A. System. Data   B. System. IO

C. System. Threading   D. System. Reflection

(9) 在 C# 中,通过调用 Thread 类的 Sleep(int x)方法来实现禁止线程运行,其中 x 代表_____。

A. 禁止线程运行的微秒数

B. 禁止线程运行的豪秒数

C. 禁止线程运行的秒数

D. 禁止线程运行的 CPU 时间数

(10) 以下实现线程互斥的叙述中正确的是_____。

A. 可以用 lock 语句实现线程互斥

B. 可以用 Mutex 类实现线程互斥

C. 可以用 Monitor 类实现线程互斥

D. 以上都正确

2. 问答题

(1) 简述泛型的基本特点和泛型声明方法。

(2) 简述如何通过反射查看类型的成员信息,如何通过反射调用未知类的某方法。

(3) 为什么需要多线程程序设计? 如何实现多线程互斥和同步?

3. 编程题

(1) 设计名称为 Proj13_8 的控制台项目,声明一个循环泛型队列,并实例化为整数队列和字符串队列,采用相关数据进行测试。

(2) 设计名称为 Proj13_9 的控制台项目,声明一个类 MyClass,其中有若干字段和方法,通过反射输出 System. Object 类的成员及成员类型的信息。

4. 上机实验题

设计名称为 Proj13_10 的控制台项目,声明一个类 MyClass,其中有两个生产者 put1() 和 put2(),分别向公共数据区放置 1 和 2,两个消费者 get1()和 get2(),分别取出公共数据区的数进行累加到 sum,在 Main()方法中创建它们对应的 4 个工作线程,让它们并发执行,最后输出 sum 的值。要求实现线程同步,输出的 sum 值应为 3。

ADO.NET 数据库访问技术　　第 14 章

ActiveX Data Objects(ADO)是 Microsoft 开发的面向对象的数据访问库,目前已经得到了广泛的应用,而 ADO.NET 则是 ADO 的后续技术。但 ADO.NET 并不是 ADO 的简单升级,而是有非常大的改进。利用 ADO.NET,程序员可以非常简单而快速地访问数据库。本章先介绍数据库的概念,然后讨论 ADO.NET 访问 Access 数据库的相关技术。

本章学习要点:

- 掌握数据库的基本概念,并使用 Access 2003 数据库管理系统创建数据库。
- 掌握基本 SQL 语句实现数据库的操作。
- 掌握 ADO.NET 的体系结构和访问数据库的方式。
- 掌握 ADO.NET 的数据访问对象,如 OleDbConnection、OleDbCommand、DataReader 和 OleDbDataAdapter 等对象的使用方法。
- 掌握 DataSet 数据库访问组件的使用方法。
- 掌握各种数据显示控件和数据绑定的各种方法。
- 采用 Access＋C♯ 开发较复杂的数据库应用系统。

14.1　数据库概述

数据库用于存储结构化数据。数据组织有多种数据模型,目前主要的数据模型是关系数据模型,以关系模型为基础的数据库就是关系数据库。

14.1.1　关系数据库的基本结构

关系数据库以表的形式(即关系)组织数据。关系数据库以关系的数学理论为基础。在关系数据库中,用户可以不必关心数据的存储结构,同时,关系数据库的查询可用高级语言来描述,这大大提高了查询效率。

下面讨论关系数据库的基本术语。

1. 表

表用于存储数据，它以行列方式组织，可以使用 SQL 从中获取、修改和删除数据。表是关系数据库的基本元素。表在现实生活中随处可见，如职工表、学生表和统计表等，具有直观、方便和简单的特点。表 14.1 是一个学生情况表 student。表 14.2 是一个学生成绩表 score。从中看到。表是一个二维结构，行和列的顺序并不影响表的内容。

表 14.1　学生情况表 student

学　　号	姓　　名	性　　别	民　　族	班　　号
1	王华	女	汉族	07001
3	李兵	男	汉族	07001
8	马棋	男	回族	07002
2	孙丽	女	满族	07002
6	张军	男	汉族	07001

表 14.2　学生成绩表 score

学　　号	课　程　名	分　　数
1	C 语言	80
3	C 语言	76
8	C 语言	88
2	C 语言	70
6	C 语言	90
1	数据结构	83
3	数据结构	70
8	数据结构	79
2	数据结构	52
6	数据结构	92

说明：采用 Access 2003 创建数据库文件 school.mdb，存放在 H:\C#2005 文件夹中，它包含 student（包含表 14.1 的记录）和 score（包含表 14.2 的记录）两个表，其中的记录作为样本数据，后面的示例使用该样本数据介绍数据库编程方法。

2. 记录

记录是指表中的一行，在一般情况下，记录和行的意思是相同的。在表 14.1 中，每个学生所占据的一行是一个记录，描述了一个学生的情况。

3. 字段

字段是表中的一列，在一般情况下，字段和列所指的内容是相同的。在表 14.1 中，如"学号"列就是一个字段。

4. 关系

关系是一个从数学中来的概念，在关系代数中，关系是指二维表，表既可以用来表示数据，也可以用来表示数据之间的联系。

在数据库中，关系是建立在两个表之间的链接，以表的形式表示其间的链接，使数据的处理和表达有更大的灵活性。关系有 3 种,即一对一关系、一对多关系和多对多关系。

5. 索引

索引是建立在表上的单独的物理结构,基于索引的查询使数据获取更为快捷。索引是表中的一个或多个字段,索引可以是唯一的,也可以是不唯一的,主要是看这些字段是否允许重复。主索引是表中的一列和多列的组合,作为表中记录的唯一标识。外部索引是相关联的表的一列或多列的组合,通过这种方式来建立多个表之间的联系。

6. 视图

视图是一个与真实表类似的虚拟表,用于限制用户可以看到和修改的数据量,从而简化数据的表达。

7. 存储过程

存储过程是一个编译过的 SQL 程序。在该过程中可以嵌入条件逻辑、传递参数、定义变量和执行其他编程任务。

14.1.2　结构化查询语言

结构化查询语言(SQL)是目前各种关系数据库管理系统广泛采用的数据库语言,很多数据库和软件系统都支持 SQL 或提供 SQL 语言接口。本节以 Access 数据库管理系统为例介绍 SQL 语句的使用。

说明:在这里读者只需了解 SQL 语言的基本知识,不需要完整掌握 Access 数据库管理系统。

1. SQL 语言的组成

SQL 语言包含查询、操纵、定义和控制等几个部分。它们都是通过命令动词分开的,各种语句类型对应的命令动词如下:
- 数据查询的命令动词为 SELECT。
- 数据定义的命令动词为 CREATE、DROP。
- 数据操纵的命令动词为 INSERT、UPDATE、DELETE。
- 数据控制的命令动词为 GRANT、REVOKE。

2. 数据定义语句

(1) CREATE 语句

CREATE 语句用于建立数据表,其基本格式如下:

```
CREATE TABLE 表名
(列名 1 数据类型 1   [NOT NULL]
[,列名 2 数据类型 2   [NOT NULL]]…)
```

【例 14.1】 给出建立一个学生表 student 的 SQL 语句。

解:对应的 SQL 语句如下:

```
CREATE TABLE student
( 学号 CHAR(5),
  姓名 CHAR(10),
```

```
性别 ChAR(2),
民族 CHAR(10),
班号 CHAR(6))
```

(2) DROP 语句

DROP 语句用于删除数据表,其基本格式如下:

```
DROP TABLE 表名
```

3.　数据操纵语句

1) INSERT 语句

INSERT 语句用于在一个表中添加新记录,然后给新记录的字段赋值。其基本格式如下:

```
INSERT INTO 表名[(列名 1[,列名 2, …])]
VALUES(表达式 1[,表达式 2, …])
```

【例 14.2】　给出向 score 表中插入表 14.2 所示记录的 SQL 语句。

解:对应的 SQL 语句如下:

```
INSERT INTO score VALUES('1','C语言',80)
INSERT INTO score VALUES('3','C语言',76)
INSERT INTO score VALUES('6','C语言',90)
INSERT INTO score VALUES('2','C语言',70)
INSERT INTO score VALUES('8','C语言',88)
INSERT INTO score VALUES('1','数据结构',83)
INSERT INTO score VALUES('3','数据结构',70)
INSERT INTO score VALUES('6','数据结构',92)
INSERT INTO score VALUES('2','数据结构',52)
INSERT INTO score VALUES('8','数据结构',79)
```

2) UPDATE 语句

UPDATE 语句用于将新的值更新表中的记录。其基本格式如下:

```
UPDATE 表名
SET 列名 1 = 表达式 1
[,SET 列名 2 = 表达式 2]…
WHERE 条件表达式
```

3) DELETE 语句

DELETE 语句用于删除记录,其基本格式如下:

```
DELETE FROM 表名
[WHERE 条件表达式]
```

4.　数据查询语句

SQL 的 SELECT 语句是使用频率很高的语句。SELECT 的基本格式如下:

```
SELECT 字段表
FORM 表名
```

```
WHERE 查询条件
GROUP BY 分组字段
HAVING 分组条件
ORDER BY 字段[ASC|DESC]
```

各子句的功能如下：

- SELECT：指定要查询的内容。
- FORM：指定从其中选定记录的表名。
- WHERE：指定所选记录必须满足的条件。
- GROUP BY：把选定的记录分成特定的组。
- HAVING：说明每个组需要满足的条件。
- ORDER BY：按特定的次序将记录排序。

其中，在"字段表"中可使用聚合函数对记录进行合计，它返回一组记录的单一值，可以使用的聚合函数如表 14.3 所示。"查询条件"由常量、字段名、逻辑运算符、关系运算符等组成，其中的关系运算符如表 14.4 所示。

表 14.3　SQL 的聚合函数

聚 合 函 数	说　　明
AVG	返回特定字段中值的平均数
COUNT	返回选定记录的个数
SUM	返回特定字段中所有值的总和
MAX	返回特定字段中的最大值
MIN	返回特定字段中的最小值

表 14.4　关系运算符

符　　号	说　　明
<	小于
<=	小于等于
>	大于
>=	大于等于
=	等于
<>	不等于
BETWEEN 值 1 AND 值 2	在两数值之间
IN	（一组值）在一组值中
LIKE	与一个通配符匹配

注：通配符可使用"?"代表一个字符位，"%"代表零个或多个字符位。

对于前面建立的 student 表（它包含表 14.1 中的记录）和 score 表完成以下各例题。

【例 14.3】　查询所有学生记录。

解：对应的 SQL 语句如下：

```
SELECT * FROM student
```

其执行结果如图 14.1 所示。

【例 14.4】　查询"07002"班所有学生记录。

解：对应的 SQL 语句如下：

```
SELECT * FROM student WHERE 班号 = '07002'
```

其执行结果如图 14.2 所示。

图 14.1　SELECT 语句执行结果一

图 14.2　SELECT 语句执行结果二

【例 14.5】　查询所有学生的学号、姓名、课程名和分数。

解：对应的 SQL 语句如下：

```
SELECT student.学号,student.姓名,score.课程名,score.分数
FROM student,score WHERE student.学号 = score.学号
```

其执行结果如图 14.3 所示。

【例 14.6】　查询所有学生的学号、姓名、课程名和分数，要求按学号排序。

解：对应的 SQL 语句如下：

```
SELECT student.学号,student.姓名,score.课程名,score.分数
FROM student,score WHERE student.学号 = score.学号 ORDER BY student.学号
```

其执行结果如图 14.4 所示。

图 14.3　SELECT 语句执行结果三

图 14.4　SELECT 语句执行结果四

【例 14.7】　查询分数在 80～90 分的所有学生的学号、姓名、课程名和分数。

解：对应的 SQL 语句如下：

```
SELECT student.学号,student.姓名,score.课程名,score.分数 FROM student,score
WHERE student.学号 = score.学号 AND score.分数 BETWEEN 80 AND 90
```

其执行结果如图 14.5 所示。

【例 14.8】　查询每个班每门课程的平均分。

解：对应的 SQL 语句如下：

```
SELECT student.班号,score.课程名,AVG(score.分数) AS '平均分'
```

```
FROM student,score
WHERE student.学号 = score.学号
GROUP BY student.班号,score.课程名
```

其执行结果如图 14.6 所示。

图 14.5　SELECT 语句执行结果五　　　　图 14.6　SELECT 语句执行结果六

【例 14.9】　查询最高分的学生姓名和班号。

解：对应的 SQL 语句如下：

```
SELECT student.姓名,student.班号 FROM student,score
WHERE student.学号 = score.学号 AND score.分数 = (SELECT MAX(分
数) FROM score)
```

其执行结果如图 14.7 所示。

图 14.7　SELECT 语句
执行结果七

14.2　ADO.NET 模型

14.2.1　ADO.NET 简介

ADO.NET 是微软新一代.NET 数据库的访问模型,目前主流版本为 ADO.NET 2.0。ADO.NET 是目前数据库程序设计师用来开发数据库应用程序的主要接口。

ADO.NET 是在.NET Framework 上访问数据库的一组类库,它利用.NET Data Provider(数据提供程序)以进行数据库的连接与访问,通过 ADO.NET,数据库程序设计人员能够很轻易地使用各种对象来访问符合自己需求的数据库内容。换句话说,ADO.NET 定义了一个数据库访问的标准接口,让提供数据库管理系统的各个厂商可以根据此标准开发对应的.NET Data Provider,这样编写数据库应用程序的人员不必了解各类数据库底层运作的细节,只要学会 ADO.NET 所提供对象的模型,便能够轻易地访问所有支持.NET Data Provider 的数据库。

ADO.NET 是应用程序和数据源之间沟通的桥梁。通过 ADO.NET 所提供的对象,再配合 SQL 语句就可以访问数据库中的数据,而且凡是能通过 ODBC 或 OLEDB 接口访问的数据库(如 dBase、FoxPro、Excel、Access、SQL Server 和 Oracle 等),也可通过 ADO.NET 来访问。

ADO.NET 可提高数据库的扩展性。ADO.NET 可以将数据库中的数据以 XML 格式传送到客户端(Client)的 DataSet 对象中,此时客户端可以和数据库服务器端离线,当客户端程序对数据进行新建、修改、删除等操作后,再和数据库服务器联机,将数据送回数据库服务器端完成更新的操作。如此一来,就可以避免客户端和数据库服务器联机时,虽然客户端不对数据库服务器作任何操作,却一直占用数据库服务器的资源。此种模型使得数据处理由相互连接的双层架构,向多层式架构发展,因而提高了数据库的扩展性。

使用 ADO.NET 处理的数据可以通过 HTTP 来传输。在 ADO.NET 模型中特别针对分布式数据访问提出了多项改进。为了适应互联网上的数据交换,ADO.NET 的内部运作和与外部数据交换的格式都采用 XML 格式,因此能很轻易地直接通过 HTTP 来传输数据,而不必担心防火墙的问题,而且对于异质性(不同类型)数据库的集成,也提供最直接的支持。

14.2.2 ADO.NET 体系结构

ADO.NET 模型主要希望在处理数据的同时,不要一直和数据库联机,避免发生一直占用系统资源的现象。为了解决此问题,ADO.NET 将访问数据和数据处理的部分分开,以达到离线访问数据的目的,使得数据库能够执行其他工作。

因此将 ADO.NET 模型分成.NET Data Provider(数据提供程序)和 DataSet 数据集(数据处理的核心)两大主要部分,其中包含的主要组件及其关系如图 14.8 所示。

图 14.8 ADO.NET 组件结构模型

1. .NET Data Provider

.NET Data Provider 是指访问数据源的一组类库,用于连接到数据库、执行命令和检索结果,它是为了统一对于各类型数据源的访问方式而设计的。当通过.NET Data Provider 检索到结果后,可以直接处理,也可以将结果放入 DataSet 对象中,以便与来自多个数据源的数据组合处理。.NET Data Provider 是轻量级的,它在数据源与代码之间创建了一个最小层,以便在不以功能为代价的前提下提高性能。

表 14.5 给出了.NET Data Provider 中包含的 4 个对象。

表 14.5 .NET Data Provider 中包含的 4 个对象及其说明

对象名称	功能说明
Connection	提供和数据源的连接功能
Command	提供执行访问数据库命令、传送数据或修改数据功能,如执行 SQL 命令和存储过程等
DataAdapter	是 DataSet 对象和数据源间的桥梁。它使用 4 个 Command 对象来执行查询、新建、修改、删除的 SQL 命令,把数据加载到 DataSet,或者把 DataSet 内的数据送回数据源
DataReader	通过 Command 对象执行 SQL 查询命令取得数据流,以便进行高速、只读的数据浏览

通过 Connection 对象可与指定的数据库进行连接；Command 对象用来执行相关的 SQL 命令（如 SELECT、INSERT、UPDATE 或 DELETE），以读取或修改数据库中的数据。通过 DataAdapter 对象中所提供的 4 个 Command 对象来进行离线式的数据访问，这 4 个 Command 对象分别为 SelectCommand、InsertCommand、UpdateCommand 和 DeleteCommand，其中 SelectCommand 是用来将数据库中的数据读出并放到 DataSet 对象中，以便进行离线式的数据访问，至于其他 3 个命令对象（InsertCommand、UpdateCommand 和 DeleteCommand）则是用来修改 DataSet 中的数据，并写回数据库中；通过 DataAdapter 对象的 Fill 方法可以将数据读到 DataSet 中；通过 Update 方法则可以将 DataSet 对象的数据更新到指定的数据库中。

在使用程序访问数据库之前，要先确定使用哪个 Data Provider（数据提供程序）来访问数据库，Data Provider 是一组用来访问数据库的对象，在.NET Framework 中常用的有如下 4 组数据提供程序。

(1) SQL.NET Data Provider：支持 Microsoft SQL Server 7.0 及以上版本，由于它使用自己的通信协议并且做过优化，所以可以直接访问 SQL Server 数据库，而不必使用 OLEDB 或 ODBC（开放式数据库连接层）接口，因此效果较佳。若程序中使用 SQL.NET Data Provider，则该 ADO.NET 对象名称之前都要加上 Sql，如 SqlConnection、SqlCommand 等。

(2) OLEDB.NET Data Provider：支持通过 OLEDB 接口来访问如 dBase、FoxPro、Excel、Access、Oracle 以及 SQL Server 等各类型数据源。程序中若使用 OLEDB.NET Data Provider，则 ADO.NET 对象名称之前要加上 OleDb，如 OleDbConnection、OleDbCommand 等。

(3) ODBC.NET Data Provider：支持通过 ODBC 接口来访问如 dBase、FoxPro、Excel、Access、Oracle 以及 SQL Server 等各类型数据源。程序中若使用 ODBC.NET Data Provider，则 ADO.NET 对象名称之前要加上 Odbc，如 OdbcConnection、OdbcCommand 等。

(4) ORACLE.NET Data Provider：支持通过 ORACLE 接口来访问 ORACLE 数据源。程序中若使用 ORACLE.NET Data Provider，则 ADO.NET 对象名称之前要加上 Oracle，如 OracleConnection、OracleCommand 等。

从以上介绍看到，若访问 Access 数据库，可以使用 OLEDB.NET Data Provider 和 ODBC.NET Data Provider，前者可以直接访问 Access 数据库，而若使用后者，还需建立 Access 数据库对应的 ODBC 数据源。本书主要介绍使用 OLEDB.NET Data Provider 访问 Access 数据库的方法。

2. DataSet

DataSet（数据集）是 ADO.NET 离线数据访问模型中的核心对象，主要目的是在内存中暂存并处理各种从数据源中所取回的数据。DataSet 其实就是一个存放在内存中的数据暂存区，这些数据必须通过 DataAdapter 对象与数据库进行数据交换。在 DataSet 内部允许同时存放一个或多个不同的数据表（DataTable）对象。这些数据表是由数据列和数据域所组成的，并包含有主索引键、外部索引键、数据表间的关系（Relation）信息以及数据格式的条件限制（Constraint）。

DataSet 的作用像内存中的数据库管理系统,因此在离线时,DataSet 也能独自完成数据的新建、修改、删除、查询等操作,而不必一直局限在和数据库联机时才能做数据维护的工作。DataSet 可以用于访问多个不同的数据源、XML 数据或者作为应用程序暂存系统状态的暂存区。

数据库通过 Connection 对象连接后,便可以通过 Command 对象将 SQL 语句(如 INSERT、UPDATE、DELETE 或 SELECT)交由数据库引擎(如 Microsoft. Jet. OLEDB. 4.0)执行,并通过 DataAdapter 对象将数据查询的结果存放到离线的 DataSet 对象中,进行离线数据修改,对降低数据库联机负担具有极大的帮助。至于数据查询部分,还通过 Command 对象设置 SELECT 查询语句和 Connection 对象设置数据库连接,执行数据查询后利用 DataReader 对象,以只读的方式逐个从前向后浏览记录。

14.2.3 ADO. NET 数据库的访问流程

ADO. NET 数据库访问的一般流程如下:

(1) 建立 Connection 对象,创建一个数据库连接。

(2) 在建立连接的基础上可以使用 Command 对象对数据库发送查询、新增、修改和删除等命令。

(3) 创建 DataAdapter 对象,从数据库中取得数据。

(4) 创建 DataSet 对象,将 DataAdapter 对象填充到 DataSet 对象(数据集)中。

(5) 如果需要,可以重复操作,一个 DataSet 对象中可以容纳多个数据集合。

(6) 关闭数据连接。

(7) 在 DataSet 上进行需要的操作。数据集的数据要输出到窗体中或者网页上,需要设定数据显示控件的数据源为数据集。

14.3 ADO. NET 的数据访问对象

ADO. NET 的数据访问对象有 Connection、Command、DataReader 和 DataAdapter 等。由于每种. NET Data Provider 都有自己的数据访问对象,因此它们使用方式相似。本节主要介绍 OLEDB. NET Data Provider 的各种数据访问对象的使用。

注意:OLEDB. NET 数据提供程序的命名空间是 System. Data. OleDb,在使用它时应在引用部分增加 using System. Data. OleDb;语句。

14.3.1 OleDbConnection 对象

在数据访问中首先必须建立到数据库的物理连接。OLEDB. NET Data Provider 使用 OleDbConnection 类的对象标识与一个数据库的物理连接。

1. OleDbConnection 类

OleDbConnection 类的常用属性如表 14.6 所示,其中的 State 属性取值及其说明如表 14.7 所示。

表 14.6　OleDbConnection 类的常用属性及其说明

属　　性	说　　明
ConnectionString	获取或设置用于打开数据库的字符串
ConnectionTimeout	获取在尝试建立连接时终止尝试并生成错误之前所等待的时间
Database	获取当前数据库或连接打开后要使用的数据库的名称
DataSource	获取数据源的服务器名或文件名
Provider	获取在连接字符串的"Provider＝"子句中指定的 OLEDB 提供程序的名称
State	获取连接的当前状态

表 14.7　State 枚举成员值

成员名称	说　　明
Connecting	连接对象正在与数据源连接(该值是为此产品的未来版本保留的)
Executing	连接对象正在执行命令(该值是为此产品的未来版本保留的)
Fetching	连接对象正在检索数据(该值是为此产品的未来版本保留的)
Open	连接处于打开状态

OleDbConnection 类的常用方法如表 14.8 所示。

表 14.8　OleDbConnection 类的常用方法及其说明

方法名称	说　　明
Open	使用 ConnectionString 所指定的属性设置打开数据库连接
Close	关闭与数据库的连接,这是关闭任何打开连接的首选方法
CreateCommand	创建并返回一个与 OleDbConnection 关联的 OleDbCommand 对象
ChangeDatabase	为打开的 OleDbConnection 更改当前数据库

2. 建立连接字符串 ConnectionString

建立连接的核心是建立连接字符串 ConnectionString,建立连接主要有如下两种方法。

1) 直接建立连接字符串

直接建立连接字符串的方式是先创建一个 OleDbConnection 对象,将其 ConnectionString 属性设置为如下:

```
Provider = Microsoft.Jet.OLEDB.4.0;Data Source = Access 数据库;
    UserId = 用户名;Password = 密码;
```

其中 Provider 和 Data Source 是必选项,如果 Access 数据库没有密码,UserId 和 Password 可以省略。由于 Access 数据库是基于文件的数据库,因此在实际项目中应该将 Data Source 属性值转化为服务器的绝对路径。

最后用 Open 方法打开连接。

【例 14.10】 设计一个窗体,说明直接建立连接字符串的连接过程。

解: 创建一个 Windows 应用程序项目 Proj14_1(存放在 H:\C#2005\ch14 文件夹中),添加一个窗体 Form1(在引用部分添加 using System. Data. OleDb;),其中有一个命令按钮 button1 和一个标签 label1。在该窗体上设计如下事件过程:

C# 程序设计教程(第 2 版)

```
private void button1_Click(object sender, EventArgs e)
{   string mystr;
    OleDbConnection myconn = new OleDbConnection();
    mystr = "Provider = Microsoft. Jet. OLEDB. 4. 0;Data Source = H:\\C#2005\\school.mdb";
    myconn. ConnectionString = mystr;
    myconn. Open();
    if (myconn. State == ConnectionState. Open)
        label1. Text = "成功连接到 Access 数据库";
    else
        label1. Text = "不能连接到 Access 数据库";
    myconn. Close();
}
```

执行本窗体,单击"连接"命令按钮,其结果如图 14.9 所示,说明连接成功。

2) 通过"属性"窗口建立连接字符串

图 14.9　Form1 执行界面

先要在窗体上放置一个 OleDbConnection 控件。若在工具箱中找不到 OleDbConnection 控件,将鼠标指针移到"数据"选项卡,单击鼠标右键,在弹出的快捷菜单中选择"选择项"命令,打开如图 14.10 所示的"选择工具箱项"对话框,在其中勾选以 OleDb 开头的各项,单击"确定"按钮,此时"数据"选项卡中包含所有新选项,再将 OleDbConnection 控件拖放到窗体上。

图 14.10　"选择工具箱项"对话框

在"属性"窗口中单击 OleDbConnection 控件的 ConnectionString 属性右侧的 ▼ 按钮,从弹出的下拉列表中选择"新建连接"选项,打开如图 14.11 所示的"添加连接"对话框。

单击"更改"按钮,打开如图 14.12 所示的"更改数据源"对话框,选中"Microsoft Access 数据库文件"选项,单击"确定"按钮。

打开"添加连接"对话框,通过"浏览"按钮选择 Access 数据库文件为 H:\C#2005\school. mdb,如图 14.13 所示。单击"测试连接"按钮确定连接是否成功。在测试成功后单击"确定"按钮返回。此时,ConnectionString 属性值改为:

Provider = Microsoft.Jet.OLEDB.4.0;Data Source = H:\C♯2005\school.mdb

图 14.11　"添加连接"对话框　　　　　　　图 14.12　"更改数据源"对话框

可以看到，这种方法和第一种方法建立的连接字符串是相同的，只不过这里是通过操作来实现的。

然后在窗体中就可以使用 OleDbConnection 控件了。

【例 14.11】　设计一个窗体，说明通过属性窗口建立连接字符串的连接过程。

解：在 Proj14_1 项目中设计一个窗体 Form2，其中有一个命令按钮 button1、一个标签 label1 和一个 OleDbConnection 控件 oleDbConnection1（采用前面介绍的过程建立连接字符串）。在该窗体上设计如下事件过程：

图 14.13　"添加连接"对话框

```csharp
private void button1_Click(object sender, EventArgs e)
{    oleDbConnection1.Open();
     if (oleDbConnection1.State == ConnectionState.Open)
         label1.Text = "成功连接到 Access 数据库";
     else
         label1.Text = "不能连接到 Access 数据库";
     oleDbConnection1.Close();
}
```

14.3.2　OleDbCommand 对象

建立数据连接之后，就可以执行数据访问和修改操作了。一般对数据库的操作被概括为 CRUD——Create、Read、Update 和 Delete。在 ADO. NET 中使用 OleDbCommand 类执行这些操作。

1. OleDbCommand 类的属性和方法

OleDbCommand 类有自己的属性,其属性包含对数据库执行命令所需要的全部信息,通常包括以下内容:

- 一个连接:命令引用一个连接,使用它与数据库通信。
- 命令的名称或者文本:包含某 SQL 语句的实际文本或者要执行的存储过程的名称。
- 命令类型:指明命令的类型,如命令是存储过程还是普通的 SQL 文本。
- 参数:命令可能要求随命令传递参数,命令还可能返回值或者通过输出参数的形式返回值。每个命令都有一个参数集合,可以分别设置或者读取这些参数以传递或接受值。

OleDbCommand 类的常用属性如表 14.9 所示,其中的 CommandType 枚举成员值如表 14.10 所示。

表 14.9　OleDbCommand 类的常用属性及其说明

属　　性	说　　明
CommandText	获取或设置要对数据源执行的 SQL 语句或存储过程
CommandTimeout	获取或设置在终止执行命令的尝试并生成错误之前的等待时间
CommandType	获取或设置一个值,该值指示如何解释 CommandText 属性
Connection	数据命令对象所使用的连接对象
Parameters	参数集合(OleDbParameterCollection)

表 14.10　CommandType 枚举成员值

成 员 名 称	说　　明
StoredProcedure	存储过程的名称
TableDirect	在将 CommandType 属性设置为 TableDirect 时,应将 CommandText 属性设置为要访问的一个或多个表的名称。如果已命名的任何表包含任何特殊字符,那么用户可能需要使用转义符语法或包括限定字符。当调用"执行"(Execute)方法之一时,将返回命名表的所有行和列。注意,只有 OLEDB. NET Framework 数据提供程序支持 TableDirect
Text	SQL 文本命令(默认)

OleDbCommand 类的常用方法如表 14.11 所示。

表 14.11　OleDbCommand 类的常用方法及其说明

常 用 方 法	说　　明
CreateParameter	创建 OleDbParameter 对象的新实例
ExecuteNonQuery	针对 Connection 执行 SQL 语句并返回受影响的行数
ExecuteReader	将 CommandText 发送到 Connection 并生成一个 OleDbDataReader
ExecuteScalar	执行查询,并返回查询所返回的结果集中第一行的第一列。忽略其他列或行

2．创建 OleDbCommand 对象

OleDbCommand 类的主要构造函数如下：

```
OleDbCommand();
OleDbCommand(cmdText);
OleDbCommand(cmdText, connection);
```

其中，cmdText 参数指定查询的文本。connection 参数是一个 OleDbConnection，它表示到 Access 数据库的连接。例如，以下语句创建一个 OleDbCommand 对象 mycmd：

```
string mystr;
OleDbConnection myconn = new OleDbConnection();
mystr = "Provider = Microsoft.Jet.OLEDB.4.0;Data Source = H:\\C#2005\\school.mdb";
myconn.ConnectionString = mystr;
myconn.Open();
OleDbCommand mycmd = new OleDbCommand("SELECT * FROM student",myconn);
```

3．通过 OleDbCommand 对象返回单个值

在 OleDbCommand 的方法中，ExecuteScalar 方法执行返回单个值的 SQL 命令，例如，如果想获取 Student 数据库中学生的总人数，则可以使用这个方法执行 SQL 查询 SELECT Count(*) FROM student。

【例 14.12】 设计一个窗体，通过 OleDbCommand 对象求 score 表中的平均分。

解：在 Proj14_1 项目中设计一个窗体 Form3（在引用部分添加 using System. Data. OleDb;），其设计界面如图 14.14 所示。有一个命令按钮 button1、一个标签 label1 和一个文本框 textBox1。在该窗体上设计如下事件过程：

```
private void button1_Click(object sender, EventArgs e)
{    string mystr,mysql;
     OleDbConnection myconn = new OleDbConnection();
     OleDbCommand mycmd = new OleDbCommand();
     mystr = "Provider = Microsoft.Jet.OLEDB.4.0;Data Source = H:\\C#2005\\school.mdb";
     myconn.ConnectionString = mystr;
     myconn.Open();
     mysql = "SELECT AVG(分数) FROM score";
     mycmd.CommandText = mysql;
     mycmd.Connection = myconn;
     textBox1.Text = mycmd.ExecuteScalar().ToString();
     myconn.Close();
}
```

上述代码采用直接建立连接字符串的方法建立连接，并通过 ExecuteScalar 方法执行 SQL 命令，将返回结果输出到文本框 textBox1 中。执行本窗体，单击"求平均分"命令按钮，其结果如图 14.15 所示。

图 14.14　Form3 设计界面　　　　图 14.15　Form3 执行界面

4. 通过 OleDbCommand 对象执行修改操作

在 OleDbCommand 的方法中,ExecuteNonQuery 方法执行不返回结果的 SQL 命令。该方法主要用来更新数据,通常使用它来执行 UPDATE、INSERT 和 DELETE 语句。该方法不返回数据行,对于 UPDATE、INSERT 和 DELETE 语句,返回值为该命令所影响的行数,对于所有其他类型的语句,返回值为一1。

【例 14.13】 设计一个窗体,通过 OleDbCommand 对象将 score 表中所有分数增 5 分和减 5 分。

解:在 Proj14_1 项目中设计一个窗体 Form4,其设计界面如图 14.16 所示。有两个命令按钮 button1 和 button2。在该窗体上设计如下代码:

```csharp
using System;
using System.Data.OleDb;              //新增引用
using System.Windows.Forms;
using System.Data;
using System.Drawing;
namespace Proj14_1
{    public partial class Form4 : Form
    {    OleDbCommand mycmd = new OleDbCommand();
        OleDbConnection myconn = new OleDbConnection();
        public Form4()
        {    InitializeComponent();   }
        private void Form4_Load(object sender, EventArgs e)
        {    string mystr;
            mystr = "Provider = Microsoft.Jet.OLEDB.4.0;" +
                "Data Source = H:\\C#2005\\school.mdb";
            myconn.ConnectionString = mystr;
            myconn.Open();
        }
        private void button1_Click(object sender, EventArgs e)
        {    string mysql;
            mysql = "UPDATE score SET 分数 = 分数 + 5";
            mycmd.CommandText = mysql;
            mycmd.Connection = myconn;
            mycmd.ExecuteNonQuery();
        }
        private void button2_Click(object sender, EventArgs e)
        {    string mysql;
            mysql = "UPDATE score SET 分数 = 分数 - 5";
            mycmd.CommandText = mysql;
            mycmd.Connection = myconn;
            mycmd.ExecuteNonQuery();
        }
    }
}
```

上述代码采用直接建立连接字符串的方法建立连接,并通过 ExecuteNonQuery()方法执行 SQL 命令,不返回任何结果。执行本窗体,单击“分数+5”命令按钮,此时 score 表中所有分数都增加 5 分,为了保存 score 表不变,再单击“分数-5”命令按钮,此时 score 表中所有分数都恢复成原来的数据,其执行界面如图 14.17 所示。

图 14.16　Form4 设计界面　　　　　　　图 14.17　Form4 执行界面

5. 在 OleDbCommand 对象的命令中指定参数

OLEDB. NET Data Provider 支持执行命令中包含参数的情况,也就是说,可以使用包含参数的数据命令或存储过程执行数据筛选操作和数据更新等操作,其主要流程如下:

(1) 创建 Connection 对象,并设置相应的属性值。

(2) 打开 Connection 对象。

(3) 创建 Command 对象并设置相应的属性值,其中 SQL 语句含有占位符。

(4) 创建参数对象,将建立好的参数对象添加到 Command 对象的 Parameters 集合中。

(5) 为参数对象赋值。

(6) 执行数据命令。

(7) 关闭相关对象。

例如,下面的更新语句:

```
UPDATE course SET cName = @Name WHERE cID = @ID
```

其中 course 是一个课程表,有 cID(课程号)和 cName(课程名)两个列。该命令是将指定 cID 的课程记录的 cName 替换成指定的值。其中@ID 和@Name 均为参数,在执行该语句之前需要为参数赋值。

如何为参数赋值呢? OleDbCommand 对象的 Parameters 属性能够取得与 OleDbCommand 相关联的参数集合(也就是 OleDbParameterCollection),从而通过调用其 Add() 方法即可将 SQL 语句中的参数添加到参数集合中,每个参数都是一个 OleDbParameter 类对象,其常用属性及说明如表 14.12 所示。

表 14.12　OleDbParameter 类的常用属性及其说明

属　　性	说　　明
ParameterName	用于指定参数的名称
OleDbType	用于指定参数的数据类型,如整型、字符型等
Value	设置输入参数的值
Size	设置数据的最大长度(以字节为单位)
Scale	设置小数位数
Direction	指定参数的方向,可以是下列值之一。ParameterDirection. Input 指明为输入参数; ParameterDirection. Output 指明为输出参数;ParameterDirection. InputOutput 指明为输入参数或者输出参数;ParameterDirection. ReturnValue 指明为返回值类型

例如,假设 mycmd 数据命令对象包含前面带参数的命令,可以使用以下命令向 Parameters 参数集合中添加参数值:

```
mycmd.Parameters.Add("@Name",OleDbType.VarChar,10).Value = Name1;
mycmd.Parameters.Add("@ID", OleDbType.VarChar,5).Value = ID1;
```

上面 Add 方法中的第 1 个参数为参数名,第 2 个参数为参数的数据类型,第 3 个参数为参数值的最大长度,并分别将参数值设置为 Name1 和 ID1 变量。上述语句也可以等价地改为:

```
OleDbParameter myparm1 = new OleDbParameter();    //创建一个参数对象 myparm1
myparm1.ParameterName = "@Name";                  //设置 myparm1 对象的相关属性
myparm1.OleDbType = OleDbType.VarChar;
myparm1.Size = 10;
myparm1.Value = Name1;                            //设置参数值
mycmd.Parameters.Add(myparm1);                    //将 myparm1 对象添加到参数属性中
OleDbParameter myparm2 = new OleDbParameter();    //创建一个参数对象 myparm2
myparm2.ParameterName = "@ID";                    //设置 myparm2 对象的相关属性
myparm2.OleDbType = OleDbType.VarChar;
myparm2.Size = 5;
myparm2.Value = ID1;                              //设置参数值
mycmd.Parameters.Add(myparm2);                    //将 myparm2 对象添加到参数属性中
```

【例 14.14】 设计一个窗体,通过 OleDbCommand 对象求出指定学号学生的平均分。

解: 在 Proj14_1 项目中设计一个窗体 Form5(在引用部分添加 using System. Data. OleDb;),其设计界面如图 14.18 所示。有两个文本框(textBox1 和 textBox2)、两个标签(label1 和 label2)和一个命令按钮 button1。在该窗体上设计如下事件过程:

```
private void button1_Click(object sender, EventArgs e)
{    string mystr,mysql;
     OleDbConnection myconn = new OleDbConnection();
     OleDbCommand mycmd = new OleDbCommand();
     mystr = "Provider = Microsoft.Jet.OLEDB.4.0;Data Source = H:\\C#2005\\school.mdb";
     myconn.ConnectionString = mystr;
     myconn.Open();
     mysql = "SELECT AVG(分数) FROM score WHERE 学号 = @no";
     mycmd.CommandText = mysql;
     mycmd.Connection = myconn;
     mycmd.Parameters.Add("@no", OleDbType.VarChar, 5).Value = textBox1.Text;
     textBox2.Text = mycmd.ExecuteScalar().ToString();
     myconn.Close();
}
```

上述代码采用直接建立连接字符串的方法来建立连接,并通过 ExecuteScalar 方法执行 SQL 命令,通过"@no"替换返回指定学号的平均分。执行本窗体,输入学号 8,单击"求平均分"命令按钮,执行界面如图 14.19 所示。

图 14.18　Form5 设计界面　　　　　图 14.19　Form5 执行界面

14.3.3　OleDbDataReader 对象

当执行返回结果集的命令时,需要一个方法从结果集中提取数据。处理结果集的方法有两个:第一,使用 OleDbDataReader 对象(数据阅读器);第二,同时使用 OleDbDataAdapter 对象(数据适配器)和 ADO. NET DataSet。

使用 DataReader 对象可以从数据库中得到只读的、只能向前的数据流,还可以提高应用程序的性能,减少系统开销,因为同一时间只有一条行记录在内存中。

1. OleDbDataReader 类的属性和方法

OleDbDataReader 类的常用属性如表 14.13 所示,其常用方法如表 14.14 所示。

表 14.13　OleDbDataReader 类的常用属性及其说明

属　性	说　明
FieldCount	获取当前行中的列数
IsClosed	获取一个布尔值,指出 OleDbDataReader 对象是否关闭
RecordsAffected	获取执行 SQL 语句时修改的行数

表 14.14　OleDbDataReader 类的常用方法及其说明

方　法	说　明
Read	将 OleDbDataReader 对象前进到下一行并读取,返回布尔值指示是否有多行
Close	关闭 OleDbDataReader 对象
IsDBNull	返回布尔值,表示列是否包含 NULL 值
GetBoolean	返回指定列的值,类型为布尔值
GetString	返回指定列的值,类型为字符串
GetByte	返回指定列的值,类型为字节
GetInt32	返回指定列的值,类型为整型值
GetDouble	返回指定列的值,类型为双精度值
GetDataTime	返回指定列的值,类型为日期时间值
GetOrdinal	返回指定列的序号或数字位置(首为 0)
GetBoolean	返回指定列的值,类型为对象

2. 创建 OleDbDataReader 对象

在 ADO. NET 中,不会显式地使用 OleDbDataReader 对象的构造函数创建的 OleDbDataReader 对象。因为 OleDbDataReader 类没有提供公有的构造函数,所以通常调用 OleDbCommand 类的 ExecuteReader()方法返回一个 OleDbDataReader 对象。例如,以下代码创建一个 OleDbDataReader 对象 myreader:

```
OleDbCommand cmd = new OleDbCommand(CommandText, ConnectionObject);
OleDbDataReader myreader = cmd.ExecuteReader();
```

注意:OleDbDataReader 对象不能使用 new 来创建。

OleDbDataReader 对象最常见的用法就是检索 SQL 查询或存储过程执行后返回的记录集。另外,OleDbDataReader 是一个连接的、只向前的和只读的记录集。也就是说,当使用该对象时,必须保持连接处于打开状态。除此之外,可以从头到尾浏览记录集,而且也只能以这样的次序浏览。这就意味着,不能在某条记录处停下来向回移动。记录是只读的,因此 OleDbDataReader 类不提供任何修改数据库记录的方法。

注意:OleDbDataReader 对象使用底层的连接,连接是它专有的。当 OleDbDataReader 对象打开时,不能使用对应的连接对象执行其他任何任务,例如,执行另外的命令等。当不再需要 OleDbDataReader 对象的记录时,应该立刻关闭它。

3. 遍历 OleDbDataReader 对象的记录

当 ExecuteReader()方法返回 OleDbDataReader 对象时,当前光标的位置是第一条记录的前面。必须调用 OleDbDataReader 对象的 Read()方法把光标移动到第一条记录,然后,第一条记录将变成当前记录。如果 OleDbDataReader 对象中包含的记录不止一条,Read()方法就返回一个 Boolean 值 true。想要移动到下一条记录,需要再次调用 Read()方法。重复上述过程,直到最后一条记录,此时 Read()方法将返回 false。通常使用 While 循环来遍历记录:

```
while (myreader.Read())
{
    //读取数据
}
```

只要 Read()方法返回的值为 true,就可以访问当前记录中包含的字段。

提示:OleDbDataReader 对象每次只能读取一行数据。

4. 访问字段中的值

使用以下语句获取一个 OleDbDataReader 对象:

```
OleDbDataReader myreader = mycmd.ExecuteReader();
```

然后 ADO.NET 提供了两种方法来访问记录中的字段。第一种是 Item 属性,此属性返回由字段索引或字段名指定的字段值;第二种方法是 Get()方法,此方法返回由字段索引指定的字段的值。

1) Item 属性

每一个 OleDbDataReader 对象都定义了一个 Item 属性,此属性返回一个代码字段属性的对象。Item 属性是 OleDbDataReader 对象的索引。需要注意的是 Item 属性总是基于 0 开始编号的,例如:

```
myreader[字段名]
myreader[字段索引]
```

2) Get 方法

每一个 OleDbDataReader 对象都定义了一组 Get()方法,那些方法将返回适当类型的值。例如,GetInt32 方法把返回的字段值作为 32 位整数,每一个 Get()方法都将接受字段的索引。例如,在上面的示例中,使用以下的代码可以检索 ID 字段和 cName 字段的值:

```
myreader.GetInt32[0]
myreader.GetString[1]
```

【例 14.15】　设计一个窗体,通过 OleDbDataReader 对象输出所有学生记录。

解：在 Proj14_1 项目中设计一个窗体 Form6,其设计界面如图 14.20 所示。有一个列表框 listBox1 和一个命令按钮 button1。在该窗体上设计如下事件过程：

```
private void button1_Click(object sender, EventArgs e)
{    string mystr,mysql;
     OleDbConnection myconn = new OleDbConnection();
     OleDbCommand mycmd = new OleDbCommand();
     mystr = "Provider = Microsoft.Jet.OLEDB.4.0;Data Source = H:\\C#2005\\school.mdb";
     myconn.ConnectionString = mystr;
     myconn.Open();
     mysql = "SELECT * FROM student";
     mycmd.CommandText = mysql;
     mycmd.Connection = myconn;
     OleDbDataReader myreader = mycmd.ExecuteReader();
     listBox1.Items.Add("学号\t姓名\t性别\t民族\t班号");
     listBox1.Items.Add(" =============================== ");
     while (myreader.Read())                        //循环读取信息
         listBox1.Items.Add(String.Format("{0}\t{1}\t{2}\t{3}\t{4}",
             myreader[0].ToString(), myreader[1].ToString(),
             myreader[2].ToString(), myreader[3].ToString(),
             myreader[4].ToString()));
     myconn.Close();
     myreader.Close();
}
```

执行本窗体,单击"输出所有学生"命令按钮,执行界面如图 14.21 所示。

图 14.20　Form6 设计界面

图 14.21　Form6 执行界面

14.3.4　OleDbDataAdapter 对象

OleDbDataAdapter(数据适配器)对象可以执行 SQL 命令以及调用存储过程、传递参数,最重要的是取得数据结果集,在数据库和 DataSet 对象之间来回传输数据。

1. OleDbDataAdapter 类的属性和方法

OleDbDataAdapter 类的常用属性如表 14.15 所示,其常用方法如表 14.16 所示。

表 14.15　OleDbDataAdapter 类的常用属性及其说明

属　　性	说　　明
SelectCommand	获取或设置 SQL 语句或存储过程，用于选择数据源中的记录
InsertCommand	获取或设置 SQL 语句或存储过程，用于将新记录插入到数据源中
UpdateCommand	获取或设置 SQL 语句或存储过程，用于更新数据源中的记录
DeleteCommand	获取或设置 SQL 语句或存储过程，用于从数据集中删除记录

表 14.16　OleDbDataAdapter 类的常用方法及其说明

方　　法	说　　明
Fill	用来自动执行 OleDbDataAdapter 对象的 SelectCommand 属性中相对应的 SQL 语句，以检索数据库中的数据，然后更新数据集中的 DataTable 对象，如果 DataTable 对象不存在，则创建它
FillSchema	将 DataTable 添加到 DataSet 中，并配置架构以匹配数据源中的架构
GetFillParameters	获取当执行 SQL SELECT 语句时由用户设置的参数
Update	用来自动执行 UpdateCommand、InsertCommand 或 DeleteCommand 属性相对应的 SQL 语句，以使数据集中的数据来更新数据库

　　实际上，使用 OleDbDataAdapter 对象的主要目的是取得 DataSet 对象。另外它还有一个功能，就是数据写回更新的自动化。因为 DataSet 对象为离线存取，因此，数据的添加、删除、修改都在 DataSet 中进行，当需要把数据批次写回数据库时，OleDbDataAdapter 对象会提供一个 Update()方法，它会自动将 DataSet 中不同的内容取出，然后自动判断添加的数据并使用 InsertCommand 所指定的 INSERT 语句，修改的记录使用 UpdateCommand 所指定的 UPDATE 语句，以及删除的记录使用 DeleteCommand 指定的 DELETE 语句来更新数据库的内容。

　　在写回数据来源时，DataTable 与实际数据的数据表及列的对应，则可以通过 TableMappings 定义对应关系。

2. 创建 OleDbDataAdapter 对象

　　创建 OleDbDataAdapter 对象有两种方式：一种是用语句直接创建 OleDbDataAdapter 对象；另一种是通过工具箱中的 OleDbDataAdapter 控件创建 OleDbDataAdapter 对象。

　　1) 用程序代码创建 OleDbDataAdapter 对象

　　OleDbDataAdapter 类有以下构造函数：

```
OleDbDataAdapter();
OleDbDataAdapter(selectCommandText);
OleDbDataAdapter(selectCommandText,selectConnection);
OleDbDataAdapter((selectCommandText,selectConnectionString);
```

　　其中，selectCommandText 是一个字符串，包含 SQL SELECT 语句或存储过程。selectConnection 是当前连接的 OleDbConnection 对象。selectConnectionString 是连接字符串。

　　采用上述第 3 个构造函数创建 OleDbDataAdapter 对象的过程是：先建立 OleDbConnection 连接对象，接着建立 OleDbDataAdapter 对象，建立该对象的同时可以传递两个参数：命令字符串（mysql）和连接对象（myconn）。例如：

```
string mystr,mysql;
OleDbConnection myconn = new OleDbConnection();
mystr = "Provider = Microsoft.Jet.OLEDB.4.0;Data Source = H:\\C#2005\\school.mdb";
myconn.ConnectionString = mystr;
myconn.Open();
mysql = "SELECT * FROM student";
OleDbDataAdapter myadapter = new OleDbDataAdapter(mysql, myconn);
myconn.Close();
```

以上代码仅创建了 OleDbDataAdapter 对象，没有使用它，在后面介绍 DataSet 对象时大量使用 OleDbDataAdapter 对象。

2）通过设计工具创建 OleDbDataAdapter 对象

通过设计工具创建 OleDbDataAdapter 对象的步骤如下：

（1）从工具箱中的"数据"选项卡中选取 OleDbDataAdapter 控件并拖放到窗体中，这时会出现数据适配器配置向导，如图 14.22 所示，要求选择一个连接。假设要新建连接，单击"新建连接"按钮。

图 14.22　"选择您的数据连接"对话框一

（2）后面的操作步骤与图 14.11～图 14.13 所示的一样，再回到如图 14.22 所示的界面，单击"下一步"按钮。

（3）选中"使用 SQL 语句"选项，如图 14.23 所示。单击"下一步"按钮，打开"生成 SQL 语句"对话框。可以在该对话框的文本框中输入 SQL 的查询语句，也可以单击"查询生成器"按钮生成查询命令。这里直接输入 SELECT * FROM student 语句，如图 14.24 所示。单击"下一步"按钮，打开如图 14.25 所示的"向导结果"对话框，单击"完成"按钮。

这样就创建了一个 OleDbDataAdapter 对象，同时在窗体中创建了一个 OleDbConnection 对象。

C# 程序设计教程(第 2 版)

图 14.23 "选择命令类型"对话框

图 14.24 "生成 SQL 语句"对话框

3. 使用 Fill() 方法

Fill() 方法用于向 DataSet 对象填充从数据源中读取的数据。调用 Fill() 方法的语法格式有多种,常见的格式如下:

```
OleDbDataAdapter 对象名.Fill(DataSet 对象名,"数据表名");
```

其中,第一个参数是数据集对象名,表示要填充的数据集对象;第二个参数是一个字符串,表示在本地缓冲区中建立的临时表的名称。例如,以下语句用 course 表数据填充数据集 mydataset1:

```
OleDbDataAdapter1.Fill(mydataset1,"course");
```

图 14.25 "向导结果"对话框

使用 Fill()方法要注意以下几点：

（1）如果调用 Fill()方法之前连接已关闭，则先将其打开以检索数据，数据检索完成后再将连接关闭。如果调用 Fill()方法之前连接已打开，连接仍然会保持打开状态。

（2）如果数据适配器在填充 DataTable 时遇到重复列，它们将以 columnname1、columnname2、columnname3…形式命名后面的列。

（3）如果传入的数据包含未命名的列，它们将以 column1、column2 形式命名并存入 DataTable。

（4）向 DataSet 添加多个结果集时，每个结果集都放在一个单独的表中。

（5）可以在同一个 DataTable 中多次使用 Fill()方法。如果存在主键，则传入的行会与已有的匹配行合并；如果不存在主键，则传入的行会追加到 DataTable 中。

4. 使用 Update()方法

Update()方法用于将数据集 DataSet 对象中的数据按 InsertCommand 属性、DeleteCommand 属性和 UpdateCommand 属性所指定的要求更新数据源，即调用 3 个属性中所定义的 SQL 语句来更新数据源。

Update 方法常见的调用格式如下。

`OleDbDataAdapter 对象名.Update(DataSet 对象名,[数据表名]);`

其中第一个参数是数据集对象名，表示要将哪个数据集对象中的数据更新到数据源中；第二个参数是一个字符串，表示临时表的名称。

由于 OleDbDataAdapter 对象介于 DataSet 对象和数据源之间，Update()方法只能将 DataSet 中的修改回存到数据源中，有关修改 DataSet 对象中数据的方法将在下一节介绍。当用户修改 DataSet 对象中的数据时，如何产生 OleDbDataAdapter 对象的 InsertCommand、DeleteCommand 和 UpdateCommand 属性呢？

系统提供了 OleDbCommandBuilder 类，它根据用户对 DataSet 对象数据的操作自动生成相应的 InsertCommand、DeleteCommand 和 UpdateCommand 属性值。该类的构造函数如下：

```
OleDbCommandBuilder(adapter);
```

其中,adapter 是一个 OleDbDataAdapter 对象的名称。例如,以下语句创建一个 OleDbCommandBuilder 对象 mycmdbuilder,用于产生 myadp 对象的 InsertCommand、DeleteCommand 和 UpdateCommand 属性值,然后调用 Update()方法执行这些修改命令以更新数据源:

```
OleDbCommandBuilder mycmdbuilder = new OleDbCommandBuilder(myadp);
myadp.Update(myds, "student");
```

14.4　DataSet 对象

DataSet 是 ADO.NET 数据库访问组件的核心,主要是用来支持 ADO.NET 的不连贯连接及数据分布。它的数据驻留内存,可以保证和数据源无关的一致的关系模型,用于多个异种数据源的数据操作。

14.4.1　DataSet 对象概述

ADO.NET 包含多个组件,每个组件在访问数据库时具有自己的功能,如图 14.26 所示。首先通过 Connection 组件建立与实际数据库的连接,Command 组件发送数据库的操作命令。一种方式是使用 DataReader 组件(含有命令执行提取的数据库数据)与 C♯窗体控件进行数据绑定,即在窗体中显示 DataReader 组件中的数据集,这在 14.3 节已介绍过;另一种方式是通过 DataAdapter 组件将命令执行提取的数据库数据填充到 DataSet 组件中,再通过 DataSet 组件与 C♯窗体控件进行数据绑定,这种方式功能更强。

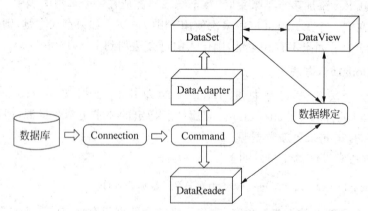

图 14.26　ADO.NET 组件访问数据库的方式

数据集 DataSet 对象可以分为类型化数据集和非类型化数据集。

类型化数据集继承自 DataSet 基类,包含结构描述信息,是结构描述文件所生成类的实例,C♯对类型化数据集提供了较多的可视化工具支持,使访问类型化数据集中的数据表和字段内容更加方便、快捷且不容易出错,类型化数据集提供了编译阶段的类型检查功能。

非类型化的 DataSet 没有对应的内建结构描述,本身所包括的表、字段等数据对象以集合的方式来呈现,对于动态建立的且不需要使用结构描述信息的对象则应该使用非类型化数据集,可以使用 DataSet 的 WriteXmlSchema()方法来将非类型化数据集的结构导出到结构描述文件中。

　　创建 DataSet 对象有多种方法,既可以使用设计工具,也可以使用程序代码来创建 DataSet 对象。使用程序代码创建 DataSet 对象的语法格式如下:

```
DataSet 对象名 = new DataSet();
```

或

```
DataSet 对象名 = new DataSet(dataSetName);
```

　　其中,dataSetName 为一个字符串,指出 DataSet 的名称。

　　注意:DataSet 类的命名空间是 System. Data,在使用它时应在引用部分增加 using System. Data;语句。

14.4.2　Dataset 对象的属性和方法

1. DataSet 对象的属性

　　DataSet 对象的常用属性如表 14. 17 所示。DataSet 对象如同内存中的数据库,一个 DataSet 对象包含一个 Tables 属性(表集合)和一个 Relations 属性(表之间关系的集合)。

　　DataSet 对象的 Tables 集合属性的基本架构如图 14.27 所示,理解这种复杂的架构关系对于使用 DataSet 对象是十分重要的。实际上,DataSet 对象如同内存中的数据库(由多个表构成),可以包含多个 DataTable 对象;一个 DataTable 对象如同数据库中的一个表,它可以包含多个列和多个行,一个列对应一个 DataColumn 对象,一个行对应一个 DataRow 对象。而每个对象都有自己的属性和方法。

图 14.27　DataSet 对象的 Tables 集合属性的基本架构

表 14.17　DataSet 对象的常用属性及其说明

属　　性	说　　明
CaseSensitive	获取或设置一个值,该值指示 DataTable 对象中的字符串比较是否区分大小写
DataSetName	获取或设置当前 DataSet 的名称
Relations	获取用于将表链接起来并允许从父表浏览到子表的关系的集合
Tables	获取包含在 DataSet 中的表的集合

C# 程序设计教程(第 2 版)

2. DataSet 对象的方法

DataSet 对象的常用方法如表 14.18 所示。

表 14.18　DataSet 对象的常用方法及其说明

方　　法	说　　明
AcceptChanges	提交自加载此 DataSet 或上次调用 AcceptChanges 以来对其进行的所有更改
Clear	通过移除所有表中的所有行来清除任何数据的 DataSet
CreateDataReader	为每个 DataTable 返回带有一个结果集的 DataTableReader,顺序与 Tables 集合中表的显示顺序相同
GetChanges	获取 DataSet 的副本,该副本包含自上次加载以来或自调用 AcceptChanges 以来对该数据集进行的所有更改
HasChanges	获取一个值,该值指示 DataSet 是否有更改,包括新增行、已删除的行或已修改的行
Merge	将指定的 DataSet、DataTable 或 DataRow 对象的数组合并到当前的 DataSet 或 DataTable 中
Reset	将 DataSet 重置为其初始状态

14.4.3　Tables 集合和 DataTable 对象

DataSet 对象的 Tables 属性由表组成,每个表是一个 DataTable 对象。实际上,每一个 DataTable 对象代表了数据库中的一个表,每个 DataTable 数据表都由相应的行和列组成。

通过索引可以引用 Tables 集合中的一个表,例如,Tables[i]表示第 i 个表,其索引值从 0 开始编号。

1. Tables 集合的属性和方法

Tables 集合的常用属性如表 14.19 所示。其常用方法如表 14.20 所示。

表 14.19　Tables 集合的常用属性及其说明

属　　性	说　　明
Count	Tables 集合中表个数
Item	检索 Tables 集合中指定索引处的表

表 14.20　Tables 集合的常用方法及其说明

方　　法	说　　明
Add	向 Tables 集合中添加一个表
AddRange	向 Tables 集合中添加一个表的数组
Clear	移除 Tables 集合中的所有表
Contains	确定指定表是否在 Tables 集合中
Equqls	判断是否等于当前对象
Insert	将一个表插入到 Tables 集合中指定的索引处
IndexOf	检索指定的表在 Tables 集合中的索引
Remove	从 Tables 集合中移除指定的表
RemoveAt	移除 Tables 集合中指定索引处的表

2. DataTable 对象

DataTable 对象的常用属性如表 14.21 所示。一个 DataTable 对象包含一个 Columns 属性即列集合和一个 Rows 属性即行集合。DataTable 对象的常用方法如表 14.22 所示。

DataSet 对象由若干个 DataTable 对象组成,可以使用 DataSet. Tables["表名"]或 DataSet. Tables[表索引]来引用其中的 DataTable 对象。

表 14.21　DataTable 对象的常用属性及其说明

属　　　性	说　　　明
CaseSensitive	指示表中的字符串比较是否区分大小写
ChildRelations	获取此 DataTable 的子关系的集合
Columns	获取属于该表的列的集合
Constraints	获取由该表维护的约束的集合
DataSet	获取此表所属的 DataSet
DefaultView	返回可用于排序、筛选和搜索 DataTable 的 DataView
ExtendedProperties	获取自定义用户信息的集合
ParentRelations	获取该 DataTable 的父关系的集合
PrimaryKey	获取或设置充当数据表主键的列的数组
Rows	获取属于该表的行的集合
TableName	获取或设置 DataTable 的名称

表 14.22　DataTable 对象的常用方法及其说明

方　　　法	说　　　明
AcceptChanges	提交自上次调用 AcceptChanges 以来对该表进行的所有更改
Clear	清除所有数据的 DataTable
Compute	计算用来传递筛选条件的当前行上的给定表达式
CreateDataReader	返回与此 DataTable 中的数据相对应的 DataTableReader
ImportRow	将 DataRow 复制到 DataTable 中,保留任何属性设置以及初始值和当前值
Merge	将指定的 DataTable 与当前的 DataTable 合并
NewRow	创建与该表具有相同架构的新 DataRow
Select	获取 DataRow 对象的数组

3. 建立包含在数据集中的表

建立包含在数据集中的表的方法主要有以下两种。

1) 利用数据适配器的 Fill 方法自动建立 DataSet 中的 DataTable 对象

先通过 OleDbDataAdapter 对象从数据源中提取记录数据,然后调用其 Fill 方法,将所提取的记录存入 DataSet 中对应的表内,如果 DataSet 中不存在对应的表,Fill 方法会先建立表再将记录填入其中。例如,以下语句向 DataSet 对象 myds 中添加一个表 course 及其包含的数据记录:

```
DataSet myds = new DataSet();
OleDbDataAdapter myda = new OleDbDataAdapter("SELECT * From course",myconn);
myda.Fill(myds, "course");
```

可以在项目中设计以下通用的 Access 数据库操作类 Dbop，其中有一个静态方法 Exesql()，用于执行 SQL 命令，如果是更新类 SQL 命令，调用它时自动进行数据更新，如果是 SELECT 语句，调用它时返回包含查找结果的 DataTable 对象：

```csharp
public class Dbop
{
    public static DataTable Exesql(string mysql)
    {   string mystr,sqlcomm;
        OleDbConnection myconn = new OleDbConnection();
        mystr = "Provider = Microsoft. Jet. OLEDB. 4.0;" +
            "Data Source = H:\\C#2005\\school.mdb";
        myconn. ConnectionString = mystr;
        myconn. Open();
        OleDbCommand mycmd = new OleDbCommand(mysql,myconn);
        sqlcomm = firststr(mysql);
        if (sqlcomm == "INSERT" || sqlcomm == "DELETE" || sqlcomm == "UPDATE")
        {         //执行 INSERT、DELETE 或 UPDATE 等 SQL 命令
            mycmd. ExecuteNonQuery();           //执行查询
            myconn. Close();                    //关闭连接
            return null;                        //返回空
        }
        else         //执行 SELECT 查询命令
        {   DataSet myds = new DataSet();
            OleDbDataAdapter myadp = new OleDbDataAdapter();
            myadp. SelectCommand = mycmd;
            mycmd. ExecuteNonQuery();           //执行查询
            myconn. Close();                    //关闭连接
            myadp. Fill(myds);                  //填充数据
            return myds. Tables[0];             //返回表对象
        }
    }
    static string firststr(string mystr)        //提取字符串中的第一个字符串
    {   string [] strarr;
        strarr = mystr. Split(' ');
        return strarr[0]. ToUpper(). Trim();
    }
}
```

例如，以下语句根据用户在 textBox1 中输入的学号返回结果 DataTable 对象：

```csharp
string mysql;
DataSet myds = new DataSet();
DataTable mytable = new DataTable();
mysql = "SELECT * FROM student WHERE 学号 = '" + textBox1. Text + "'";
mytable = Dbop.Exesql(mysql);
```

例如，以下语句根据用户在 textBox1 中输入的学号，将该学号的学生性别改为'女'：

```csharp
string mysql;
mysql = "UPDATE student SET 性别 = '女' WHERE 学号 = '" + textBox1. Text + "'";
Dbop.Exesql(mysql);
```

2）将建立的 DataTable 对象添加到 DataSet 中

先建立 DataTable 对象，然后调用 DataSet 的表集合属性 Tables 的 Add 方法，将 DataTable 对象添加到 DataSet 对象中。例如，以下语句向 DataSet 对象 myds 中添加一个表，并返回表的名称 course：

```
DataSet myds = new DataSet();
DataTable mydt = new DataTable("course");
myds.Tables.Add(mydt);
textBox1.Text = myds.Tables["course"].TableName;    //文本框中显示"course"
```

14.4.4　Columns 集合和 DataColumn 对象

DataTable 对象的 Columns 属性是由列组成的，每个列是一个 DataColumn 对象。DataColumn 对象描述数据表列的结构，要向数据表添加一个列，必须先建立一个 DataColumn 对象，设置其各项属性，然后将它添加到 DataTable 的列集合 DataColumns 中。

1. Columns 集合的属性和方法

Columns 集合的常用属性如表 14.23 所示。其常用方法如表 14.24 所示。

表 14.23　Columns 集合的常用属性及其说明

属　　性	说　　明
Count	Columns 集合中列个数
Item	检索 Columns 集合中指定索引处的列

表 14.24　Columns 集合的常用方法及其说明

方　　法	说　　明
Add	向 Columns 集合中添加一个列
AddRange	向 Columns 集合中添加一个列的数组
Clear	移除 Columns 集合中的所有列
Contains	确定指定列是否在 Columns 集合中
Equqls	判断是否等于当前对象
Insert	将一个列插入到 Columns 集合中指定的索引处
IndexOf	检索指定的列在 Columns 集合中的索引
Remove	从 Columns 集合中移除指定的列
RemoveAt	移除 Columns 集合中指定索引处的列

2. DataColumn 对象

DataColumn 对象的常用属性如表 14.25 所示，其方法很少使用。

表 14.25　DataColumn 对象的常用属性及其说明

属　　性	说　　明
AllowDBNull	获取或设置一个值，该值指示对于属于该表的行，此列中是否允许空值
Caption	获取或设置列的标题

属　性	说　明
ColumnName	获取或设置 DataColumnCollection 中的列的名称
DataType	获取或设置存储在列中的数据的类型
DefaultValue	在创建新行时获取或设置列的默认值
Expression	获取或设置表达式，用于筛选行、计算列中的值或创建聚合列
MaxLength	获取或设置文本列的最大长度
Table	获取列所属的 DataTable
Unique	获取或设置一个值，该值指示列的每一行中的值是否必须是唯一的

例如，以下语句在内存中建立一个 DataSet 对象 myds，向其中添加一个 DataTable 对象 mydt，向 mydt 中添加 3 个列，列名分别为 ID、cName 和 cBook，数据类型均为 String：

```
DataTable mydt = new DataTable();
DataColumn mycol1 = mydt.Columns.Add("ID", Type.GetType("System.String"));
mydt.Columns.Add("cName", Type.GetType("System.String"));
mydt.Columns.Add("cBook", Type.GetType("System.String"));
```

14.4.5　Rows 集合和 DataRow 对象

DataTable 对象的 Rows 属性是由行组成的，每个行都是一个 DataRow 对象。DataRow 对象用来表示 DataTable 中单独的一条记录。每一条记录都包含多个字段，DataRow 对象的 Item 属性表示这些字段，Item 属性加上索引值或字段名表示指定的字段值。

1. Rows 集合的属性和方法

Rows 集合的常用属性如表 14.26 所示，其常用方法如表 14.27 所示。

表 14.26　Rows 集合的常用属性及其说明

属　性	说　明
Count	Rows 集合中行个数
Item	检索 Rows 集合中指定索引处的行

表 14.27　Rows 集合的常用方法及其说明

方　法	说　明
Add	向 Rows 集合中添加一个行
AddRange	向 Rows 集合中添加一个行的数组
Clear	移除 Rows 集合中的所有行
Contains	确定指定行是否在 Rows 集合中
Equals	判断是否等于当前对象
Insert	将一个行插入到 Rows 集合中指定的索引处
IndexOf	检索指定的行在 Rows 集合中的索引
Remove	从 Rows 集合中移除指定的行
RemoveAt	移除 Rows 集合中指定索引处的行

2. DataRow 对象

DataRow 对象的常用属性如表 14.28 所示,其方法如表 14.29 所示。

表 14.28　DataRow 对象的常用属性及其说明

属　　性	说　　明
item	获取或设置存储在指定列中的数据
ItemArray	通过一个数组来获取或设置此行的所有值
Table	获取该行拥有其架构的 DataTable

表 14.29　DataRow 对象的常用方法及其说明

方　　法	说　　明
Delete	删除 DataRow
EndEdit	终止发生在该行的编辑
IsNull	获取一个值,该值指示指定的列是否包含空值

【例 14.16】　设计一个窗体,通过 DataSet 对象创建一个表并显示其中添加的记录。

解:在 Proj14_1 项目中设计一个窗体 Form7(引用部分添加 using System. Data. OleDb;),其设计界面如图 14.28 所示。有一个 DataGridView 控件 dataGridView1(这里仅用于显示数据,后面进行详细介绍)和一个命令按钮 button1。在该窗体上设计如下事件过程:

```
private void button1_Click(object sender, EventArgs e)
{    DataSet myds = new DataSet();
    DataTable mydt = new DataTable("course");
    myds. Tables. Add(mydt);
    DataColumn mycol1 = mydt. Columns. Add("ID", Type. GetType("System. String"));
    mydt. Columns. Add("cName", Type. GetType("System. String"));
    mydt. Columns. Add("cBook", Type. GetType("System. String"));
    DataRow myrow1 = mydt. NewRow();
    myrow1["ID"] = "101";
    myrow1["cName"] = "C 语言";
    myrow1["cBook"] = "C 语言教程";
    myds. Tables[0]. Rows. Add(myrow1);
    DataRow myrow2 = mydt. NewRow();
    myrow2["ID"] = "120";
    myrow2["cName"] = "数据结构";
    myrow2["cBook"] = "数据结构教程";
    myds. Tables[0]. Rows. Add(myrow2);
    dataGridView1. DataSource = myds. Tables["course"];
    //或 dataGridView1. DataSource = mydt;
}
```

上述事件过程在内存中建立一个 DataSet 对象 myds,向其中添加一个 DataTable 对象 mydt,向 mydt 中添加 3 个列,列名分别为 ID、cName 和 cBook,数据类型均为 String,再向 mydt 中添加 2 行数据。

执行本窗体,单击"显示数据"命令按钮,执行结果如图 14.29 所示。

C# 程序设计教程（第 2 版）

图 14.28　Form7 设计界面　　　　　　　图 14.29　Form7 执行界面

说明：通常情况下，DataSet 对象的数据来源于数据库，本例说明也可以通过 DataSet 对象建立表和输入表记录。但这些数据仅存放在内存中。

14.4.6　Relations 集合和 DataRelation 对象

DataSet 对象的 Relations 属性由关系组成，每个关系都是一个 DataRelation 对象。

可以通过索引引用 Relations 集合中的一个关系，例如，Relations(i) 表示第 i 个关系，其索引值从 0 开始编号。

1. Relations 集合的属性和方法

Relations 集合的常用属性如表 14.30 所示，其常用方法如表 14.31 所示。

表 14.30　Relations 集合的常用属性及其说明

属　　性	说　　明
Count	Relations 集合中关系个数
Item	检索 Relations 集合中指定索引处的关系

表 14.31　Relations 集合的常用方法及其说明

方　　法	说　　明
Add	向 Relations 集合中添加一个关系
AddRange	向 Relations 集合中添加一个关系的数组
Clear	移除 Relations 集合中的所有关系
Contains	确定指定关系是否在 Relations 集合中
Equals	判断是否等于当前对象
Insert	将一个关系插入到 Relations 集合中指定的索引处
IndexOf	检索指定的关系在 Relations 集合中的索引
Remove	从 Relations 集合中移除指定的关系
RemoveAt	移除 Relations 集合中指定索引处的关系

2. DataRelation 对象

DataRelation 对象的常用属性如表 14.32 所示，其方法较少使用。DataRelation 对象的常用的构造函数如下：

```
DataRelation(relName,parentColumn,childColumn)
DataRelation(relName,parentColumn,childColumn,createConstraints)
```

其中,relName 是 DataRelation 的名称。如果为空引用或空字符串(""),则当创建的对象添加到 DataRelationCollection 时,将指定一个默认名称。parentColumn 指出关系中的父级 DataColumn。childColumn 指出关系中的子级 DataColumn。createConstraints 是一个指示是否要创建约束的值。如果要创建约束,则为 true,否则为 false。

表 14.32　DataRelation 对象的常用属性及其说明

属　　性	说　　明
ChildColumns	获取此关系的子 DataColumn 对象
ChildTable	获取此关系的子表
DataSet	获取 DataRelation 所属的 DataSet
ExtendedProperties	获取存储自定义属性的集合
ParentKeyConstraint	获取 UniqueConstraint,它确保 DataRelation 的父列中的值是唯一的
ParentColumns	获取作为此 DataRelation 的父列的 DataColumn 对象的数组
ParentTable	获取此 DataRelation 的父级 DataTable
RelationName	获取或设置 DataRelation 的名称

例如,若有一个 DataSet 对象 myds,其中有两个表 table1 和 table2,均包含 id 列,以下语句建立它们之间的关联关系 rel:

```
DataRelation dr = new DataRelation("rel",table1.Columns["id"],table2.Columns["id"]);
myds.Relations.Add(dr);
```

14.5　数据绑定

数据绑定就是把数据连接到窗体的过程。在数据绑定后,可以通过窗体界面来操作数据库中的数据。

14.5.1　数据绑定概述

C# 的大部分控件都有数据绑定功能,如 Label、TextBox、dataGridView 等控件。当控件进行数据绑定操作后,该控件即会显示所查询的数据记录。窗体控件的数据绑定一般可以分为两种方式:单一绑定和复合绑定。

1. 单一绑定

所谓单一绑定是指将单一的数据元素绑定到控件的某个属性。例如,将 TextBox 控件的 Text 属性与 student 数据表中的姓名列进行绑定。

单一绑定是利用控件的 DataBindings 集合属性来实现的,其一般形式如下:

```
控件名称.DataBindings.Add("控件的属性名称",数据源,"数据成员");
```

其中,“控件的属性名称”参数为字符串形式,指定绑定到控件的哪一个属性,DataBindings 的集合属性允许让控件的多个属性与数据源进行绑定。

实际上,这 3 个参数构成了一个 Binding 对象。也可以先创建 Binding 对象,再使用 Add 方法将其添加到 DataBindings 集合属性中。Binding 对象的构造函数如下:

```
Binding("控件的属性名称",数据源,"数据成员");
```

例如,以下语句建立 myds 数据集的"Student.学号"列到一个控件 Text 属性的绑定。

```
DataSet myds = new DataSet();
…
Binding mybinding = new Binding("Text",myds,"Student.学号");
```

【例 14.17】 设计一个窗体,用于显示 student 表中的第一个记录。

解:在 Proj14_1 项目中设计一个窗体 Form8,其设计界面如图 14.30 所示。有一个分组框 groupBox1,其中有 5 个标签和 5 个文本框。在该窗体上设计如下事件过程:

```
private void Form8_Load(object sender, EventArgs e)
{    string mystr,mysql;
     OleDbConnection myconn = new OleDbConnection();
     DataSet myds = new DataSet();
     mystr = "Provider = Microsoft.Jet.OLEDB.4.0;Data Source = H:\\C#2005\\school.mdb";
     myconn.ConnectionString = mystr;
     myconn.Open();
     mysql = "SELECT * FROM student";
     OleDbDataAdapter myda = new OleDbDataAdapter(mysql, myconn);
     myda.Fill(myds, "student");                     //将 student 表填充到 myds 中
     Binding mybinding1 = new Binding("Text", myds, "Student.学号");
     textBox1.DataBindings.Add(mybinding1);
     //或 textBox1.DataBindings.Add("Text", myds, "Student.学号");
     Binding mybinding2 = new Binding("Text", myds, "Student.姓名");
     textBox2.DataBindings.Add(mybinding2);
     //或 textBox2.DataBindings.Add("Text", myds, "Student.姓名");
     Binding mybinding3 = new Binding("Text", myds, "Student.性别");
     textBox3.DataBindings.Add(mybinding3);
     //或 textBox3.DataBindings.Add("Text", myds, "Student.性别");
     Binding mybinding4 = new Binding("Text", myds, "Student.民族");
     textBox4.DataBindings.Add(mybinding4);
     //或 textBox4.DataBindings.Add("Text", myds, "Student.民族");
     Binding mybinding5 = new Binding("Text", myds, "Student.班号");
     textBox5.DataBindings.Add(mybinding5);
     //或 textBox5.DataBindings.Add("Text", myds, "Student.班号");
     myconn.Close();
}
```

上述代码中,创建了 5 个 Bindings 对象,然后将它们分别添加到 5 个文本框的 DataBindings 集合属性中。执行本窗体,其执行界面如图 14.31 所示。

在例 14.17 这种绑定方式中,每个文本框与一个数据成员进行绑定,不便于数据源的整体操作,为此 C井提供了 BindingSource 类(在工具箱中,对应该控件的图标为 BindingSource),它用于封装窗体的数据源,以实现对数据源的整体导航操作。

BindingSource 类的常用构造函数如下:

```
BindingSource();
BindingSource(dataSource, dataMember);
```

图 14.30　Form8 设计界面

图 14.31　Form8 执行界面

其中,dataSource 指出 BindingSource 对象的数据源。dataMember 指出要绑定的数据源中的特定列或列表名称。即用指定的数据源和数据成员初始化 BindingSource 类的新实例。

BindingSource 类的常用属性如表 14.33 所示。其常用方法如表 14.34 所示。通过一个 BindingSource 对象将一个窗体的数据源看成一个整体,可以对数据源进行记录定位(使用 Move 类方法),从而在窗体中显示不同的记录。

表 14.33　BindingSource 类的常用属性及其说明

属　　性	说　　明
AllowEdit	获取一个值,该值指示是否可以编辑基础列表中的项
Allownew	获取或设置一个值,该值指示是否可以使用 Addnew 方法向列表中添加项
AllowRemove	获取一个值,它指示是否可从基础列表中移除项
Count	获取基础列表中的总项数
CurrencyManager	获取与此 BindingSource 关联的当前项管理器
Current	获取列表中的当前项
DataMember	获取或设置连接器当前绑定到的数据源中的特定列表
DataSource	获取或设置连接器绑定到的数据源
Filter	获取或设置用于筛选查看哪些行的表达式
IsSorted	获取一个值,该值指示是否可以对基础列表中的项排序
Item	获取或设置指定索引处的列表元素
List	获取连接器绑定到的列表
Position	获取或设置基础列表中当前项的索引
Sort	获取或设置用于排序的列名称以及用于查看数据源中的行的排序顺序
SortDirection	获取列表中项的排序方向
SortProperty	获取正在用于对列表进行排序的 PropertyDescriptor

表 14.34　BindingSource 类的常用方法及其说明

方　　法	说　　明
Add	将现有项添加到内部列表中
Addnew	向基础列表添加新项
ApplySort	使用指定的排序说明对数据源进行排序
CancelEdit	取消当前编辑操作
Clear	从列表中移除所有元素
EndEdit	将挂起的更改应用于数据源

方　法	说　明
Find	在数据源中查找指定的项
IndexOf	搜索指定的对象,并返回整个列表中第一个匹配项的索引
Insert	将一项插入列表中指定的索引处
MoveFirst	移至列表中的第一项
MoveLast	移至列表中的最后一项
MoveNext	移至列表中的下一项
MovePrevious	移至列表中的上一项
Remove	从列表中移除指定的项
RemoveAt	移除此列表中指定索引处的项
RemoveCurrent	从列表中移除当前项
RemoveFilter	移除与 BindingSource 关联的筛选器
RemoveSort	移除与 BindingSource 关联的排序

【例 14.18】　设计一个窗体,用于实现对 student 表中所有记录进行浏览操作。

解：在 Proj14_1 项目中设计一个窗体 Form9,其设计界面如图 14.32 所示。有一个分组框 groupBox1,其中有 5 个标签和 5 个文本框,另外增加 4 个导航命令按钮(从左到右分别为 button1~button4)。在该窗体上设计如下事件过程：

```csharp
using System;
using System.Data.OleDb;                    //新增引用
using System.Windows.Forms;
using System.Data;
using System.Drawing;
namespace Proj14_1
{   public partial class Form9 : Form
    {   BindingSource mybs = new BindingSource(); //类变量
        public Form9()
        {   InitializeComponent();  }
        private void Form9_Load(object sender, EventArgs e)
        {   string mystr,mysql;
            OleDbConnection myconn = new OleDbConnection();
            DataSet myds = new DataSet();
            mystr = "Provider = Microsoft.Jet.OLEDB.4.0; " +
                "Data Source = H:\\C# 2005\\school.mdb";
            myconn.ConnectionString = mystr;
            myconn.Open();
            mysql = "SELECT * FROM student";
            OleDbDataAdapter myda = new OleDbDataAdapter(mysql, myconn);
            myda.Fill(myds, "student");
            mybs = new BindingSource(myds, "student");
            //用数据源 myds 和表 student 创建新实例 mybs
            Binding mybinding1 = new Binding("Text", mybs, "学号");
            textBox1.DataBindings.Add(mybinding1);
            //将 student.学号与 textBox1 文本框绑定起来
            Binding mybinding2 = new Binding("Text", mybs, "姓名");
```

```
        textBox2.DataBindings.Add(mybinding2);
        Binding mybinding3 = new Binding("Text", mybs, "性别");
        textBox3.DataBindings.Add(mybinding3);
        Binding mybinding4 = new Binding("Text", mybs, "民族");
        textBox4.DataBindings.Add(mybinding4);
        Binding mybinding5 = new Binding("Text", mybs, "班号");
        textBox5.DataBindings.Add(mybinding5);
        myconn.Close();
    }
    private void button1_Click(object sender, EventArgs e)
    {   if (mybs.Position != 0)
            mybs.MoveFirst();                   //移到第一个记录
    }
    private void button2_Click(object sender, EventArgs e)
    {   if (mybs.Position != 0)
            mybs.MovePrevious();                //移到上一个记录
    }
    private void button3_Click(object sender, EventArgs e)
    {   if (mybs.Position != mybs.Count - 1)
            mybs.MoveNext();                    //移到下一个记录
    }
    private void button4_Click(object sender, EventArgs e)
    {   if (mybs.Position != mybs.Count - 1)
            mybs.MoveLast();                    //移到最后一个记录
    }
    }
}
```

上述代码中，创建了一个 BingingSource 对象，其数据源为 student 表，再创建 5 个 Binging 对象，它们对应 BingingSource 对象中数据源的不同列，然后将它们分别添加到 5 个文本框的 DataBindings 集合属性中。执行本窗体，通过单击其中的命令按钮进行记录导航，其执行界面如图 14.33 所示。

图 14.32　Form9 设计界面

图 14.33　Form9 执行界面

2. 复合绑定

所谓复合绑定是指一个控件和一个以上的数据元素进行绑定，通常是指将控件和数据集中的多个数据记录或者多个字段值、数组中的多个数组元素进行绑定。

ComboBox、ListBox 和 CheckedListBox 等控件都支持复合数据绑定。在实现复合绑定时，关键的属性是 DataSource 和 DataMember(或 DisplayMember)等。

复合绑定的语法格式如下：

```
控件对象名称.DataSource = 数据源
控件对象名称.DisplayMember = 数据成员
```

例如，一个窗体 myForm 中有一个组合框 comboBox1，在该窗体中设计以下 Load 事件过程：

```
private void myForm_Load(object sender, EventArgs e)
{   string mystr,mysql;
    OleDbConnection myconn = new OleDbConnection();
    DataSet myds = new DataSet();
    mystr = "Provider = Microsoft.Jet.OLEDB.4.0;Data Source = H:\\C#2005\\school.mdb";
    myconn.ConnectionString = mystr;
    myconn.Open();
    mysql = "SELECT distinct 民族 FROM student";
    OleDbDataAdapter myda = new OleDbDataAdapter(mysql, myconn);
    myda.Fill(myds, "student");
    comboBox1.DataSource = myds;
    comboBox1.DisplayMember = "student.民族";
    myconn.Close();
}
```

上述代码中，先建立与 school.mdb 数据库的连接，然后通过相关 SQL 语句建立数据适配器 myda，并将 student 表中相应的记录填充到 myds 中，最后通过复合绑定设置 comboBox1 的数据源为 myds，显示字段为"student.民族"。该窗体的执行结果如图 14.34 所示。

图 14.34　组合框的执行结果

14.5.2　BindingNavigator 控件

BindingNavigator 控件在工具箱中的图标为 🔲 BindingNavigator 。BindingNavigator 控件是可浏览、新建、修改数据表记录的工具栏，让程序员不用编写程序，即可浏览、新建、修改窗体上的数据。

在大多数情况下，BindingNavigator 控件(绑定到导航工具栏)与 BindingSource 控件(绑定到数据源)成对出现，用于浏览窗体上的数据记录，并与它们交互。在这些情况下，BindingSource 属性被设置为作为数据源的关联 BindingSource 控件(或对象)。

在默认情况下，BindingNavigator 控件的用户界面(UI)由一系列 ToolStrip 按钮、文本框和静态文本元素组成，用于进行大多数常见的数据相关操作(如添加数据、删除数据和在数据中导航等)。每个控件都可以通过 BindingNavigator 控件的关联成员进行检索或设置。类似地，还与以编程方式执行相同功能的 BindingSource 类的成员存在一一对应关系，如表 14.35 所示。

表 14.35　BindingNavigator 成员和 BindingSource 成员的对应关系

UI 控件	BindingNavigator 成员	BindingSource 成员
移到最前	MoveFirstItem	MoveFirst
前移一步	MovePreviousItem	MovePrevious
当前位置	PositionItem	Current
统计	CountItem	Count
移到下一条记录	MoveNextItem	MoveNext

UI 控件	BindingNavigator 成员	BindingSource 成员
移到最后	MoveLastItem	MoveLast
新添	AddNewItem	AddNew
删除	DeleteItem	RemoveCurrent

　　将 BindingNavigator 控件添加到窗体并绑定到数据源中(如 BindingSource)时,将自动在此表中建立关系。

　　BindingNavigator 控件的所有构造函数都调用 AddStandardItems 方法将标准的 UI 控件集与导航工具栏关联起来。可以使用以下技术之一自定义此工具栏:

- 创建带有 BindingNavigator(Boolean)构造函数的 BindingNavigator 对象,此构造函数接受 Boolean 型的 addStandardItems 参数,并将此参数设置为 false。然后将需要的 ToolStripItem 对象添加到 BindingNavigator 控件的 Items 集合中。
- 如果需要进行大量的自定义设置,或者重复使用自定义设计,应从 BindingNavigator 类派生一个类并重写 AddStandardItems()方法以定义附加标准项或替换标准项。

　　BindingNavigator 控件的常用属性及其说明如表 14.36 所示。其常用方法及其说明如表 14.37 所示。

表 14.36　BindingNavigator 控件的常用属性及其说明

属　　性	说　　明
AddNewItem	获取或设置表示"新添"按钮的 ToolStripItem
BindingSource	获取或设置 System.Windows.Forms.BindingSource 组件,它是数据的来源
CountItem	获取或设置 ToolStripItem,它显示关联的 BindingSource 中的总项数
DataBindings	为该控件获取数据绑定
DeleteItem	获取或设置与"删除"功能关联的 ToolStripItem
Dock	获取或设置哪些 ToolStrip 边框停靠到其父控件上,以及确定 ToolStrip 的大小如何随其父控件一起调整,其取值如下: (1) Bottom:该控件的下边缘停靠在其包含控件的底部。 (2) Fill:控件的各个边缘分别停靠在其包含控件的各个边缘,并且适当调整大小。 (3) Left:该控件的左边缘停靠在其包含控件的左边缘。 (4) None:该控件未停靠。 (5) Right:该控件的右边缘停靠在其包含控件的右边缘。 (6) Top:该控件的上边缘停靠在其包含控件的顶端
Enabled	获取或设置一个值,该值指示控件是否可以对用户交互作出响应
Items	获取属于 ToolStrip 的所有项
MoveFirstItem	获取或设置与"移到第一条记录"功能关联的 ToolStripItem
MoveLastItem	获取或设置与"移到最后"功能关联的 ToolStripItem
MoveNextItem	获取或设置与"移到下一条记录"功能关联的 ToolStripItem
MovePreviousItem	获取或设置与"移到上一条记录"功能关联的 ToolStripItem
PositionItem	获取或设置 ToolStripItem,它显示 BindingSource 中的当前位置
ShowItemToolTips	获取或设置一个值,该值指示是否要在 ToolStrip 项上显示工具提示
Text	获取或设置与此控件关联的文本

表 14.37　BindingNavigator 控件的常用方法及其说明

方　　法	说　　　　明
AddStandardItems	将一组标准导航项添加到 BindingNavigator 控件中
Contains	检索一个值,该值指示指定控件是否为一个控件的子控件
Show	向用户显示控件
Update	使控件重绘其工作区内的无效区域
Validate	导致进行窗体验证并返回指示验证是否成功的信息

【**例 14.19**】　设计一个窗体,通过 BindingNavigator 控件实现对 student 表中所有记录进行浏览操作。

解:在 Proj14_1 项目中设计一个窗体 Form10(在引用部分添加 using System. Data. OleDb;),其设计界面如图 14.35 所示。有一个分组框 GroupBox1,其中有 5 个标签、3 个文本框和两个组合框,另外增加一个 BindingNavigator 控件 bindingNavigator1(默认时在窗体的上方)。在该窗体上设计如下事件过程:

```
private void Form10_Load(object sender, EventArgs e)
{    OleDbConnection myconn = new OleDbConnection("Provider = " +
        "Microsoft. Jet. OLEDB. 4.0;Data Source = H:\\C#2005\\school.mdb");
    OleDbDataAdapter myda = new OleDbDataAdapter("SELECT * FROM student", myconn);
    DataSet myds = new DataSet();
    BindingSource mybs = new BindingSource();
    myconn. Open();
    myda. Fill(myds, "student");
    mybs = new BindingSource(myds, "student");
    //用数据源 myds 和表 student 创建新实例 mybs
    Binding mybinding1 = new Binding("Text", mybs, "学号");
    textBox1. DataBindings. Add(mybinding1);
    //将 student. 学号与 textBox1 文本框绑定起来
    Binding mybinding2 = new Binding("Text", mybs, "姓名");
    textBox2. DataBindings. Add(mybinding2);
    Binding mybinding3 = new Binding("Text", mybs, "性别");
    comboBox1. DataBindings. Add(mybinding3);
    Binding mybinding4 = new Binding("Text", mybs, "民族");
    comboBox2. DataBindings. Add(mybinding4);
    Binding mybinding5 = new Binding("Text", mybs, "班号");
    textBox3. DataBindings. Add(mybinding5);
    bindingNavigator1. Dock = DockStyle. Bottom;
    bindingNavigator1. BindingSource = mybs;
    myconn. Close();
    comboBox1. Items. Add("男");   comboBox1. Items. Add("女");
    comboBox2. Items. Add("汉族");comboBox2. Items. Add("回族");
    comboBox2. Items. Add("满族");comboBox2. Items. Add("土家族");
}
```

先采用例 14.18 的方法创建 BindingSource 对象 mybs,然后指定 bindingNavigator1 控件的 BindingSource 属性为 mybs,将 bindingNavigator1 的 Dock 属性设置为 DockStyle. Bottom,使其显示在窗体的下方。执行本窗体,其界面如图 14.36 所示。通过 bindingNavigator1 控件的

相关按钮实现数据记录的操作。

图 14.35　Form10 设计界面　　　　　图 14.36　Form10 执行界面

14.6　DataView 对象

DataView 对象能够创建 DataTable 中所存储数据的不同视图，用于对 DataSet 中的数据进行排序、过滤和查询等操作。

14.6.1　DataView 对象概述

DataView 对象类似于数据库中的 View 功能，提供 DataTable 列（Column）排序、过滤记录（Row）及记录的搜索，它的一个常见用法是为控件提供数据绑定。

DataView 对象的构造函数如下：

```
DataView()
DataView(table)
DataView(table, RowFilter, Sort, RowState)
```

其中，table 参数指出要添加到 DataView 的 DataTable 中；RowFilter 参数指出要应用于 DataView 的 RowFilter。Sort 参数指出要应用于 DataView 的 Sort；RowState 参数指出要应用于 DataView 的 DataViewRowState。

为给定的 DataTable 创建一个新的 DataView，可以声明该 DataView，把 DataTable 的一个引用 mydt 传给 DataView 构造函数，例如：

```
DataView mydv = new DataView(mydt);
```

在第一次创建 DataView 时，DataView 默认为 mydt 中的所有行。用过滤条件属性可以得到 DataView 中数据行的一个子集合，也可以为这些数据排序。

DataTable 对象提供 DefaultView 属性返回默认的 DataView 对象。例如：

```
DataView  mydv = new DataView();
mydv = myds.Tables["student"].DefaultView;
```

上述代码从 myds 数据集中取得 student 表的默认内容，再利用相关控件（如 DataGridView）显示内容，指定数据来源为 mydv。

DataView 对象的常用属性如表 14.38 所示。其常用的方法如表 14.39 所示。

表 14.38　DataView 对象的常用属性及其说明

属　　性	说　　明
AllowDelete	设置或获取一个值,该值指示是否允许删除
AllowEdit	获取或设置一个值,该值指示是否允许编辑
Allownew	获取或设置一个值,该值指示是否可以使用 Addnew 方法添加新行
ApplyDefaultSort	获取或设置一个值,该值指示是否使用默认排序
Count	在应用 RowFilter 和 RowStateFilter 之后,获取 DataView 中记录的数量
Item	从指定的表获取一行数据
RowFilter	获取或设置用于筛选在 DataView 中查看哪些行的表达式
RowStateFilter	获取或设置用于 DataView 中的行状态筛选器
Sort	获取或设置 DataView 的一个或多个排序列以及排序顺序
Table	获取或设置源 DataTable

表 14.39　DataView 对象的常用方法及其说明

方　　法	说　　明
Addnew	将新行添加到 DataView 中
Delete	删除指定索引位置的行
Find	按指定的排序关键字值在 DataView 中查找行
FindRows	返回 DataRowView 对象的数组,这些对象的列与指定的排序关键字值匹配
ToTable	根据现有 DataView 中的行,创建并返回一个新的 DataTable

14.6.2　DataView 对象的列排序设置

DataView 对象取得一个表之后,利用 Sort 属性指定依据某些列(Column)排序,Sort 属性允许复合键的排序,列之间使用逗号隔开即可。排序的方式又分为升序(Asc)和降序(Desc),在列之后接 Asc 或 Desc 关键字即可。

【例 14.20】 设计一个窗体,使用 DataView 对象在列表框中按学号升序、分数降序排序显示所有成绩记录。

解:在 Proj14_1 项目中设计一个窗体 Form11(在引用部分添加 using System. Data. OleDb;),其中只有一个列表框 listBox1。在该窗体上设计如下事件过程:

```
private void Form11_Load(object sender, EventArgs e)
{   string mystr,mysql;
    OleDbConnection myconn = new OleDbConnection();
    DataSet myds = new DataSet();
    mystr = "Provider = Microsoft. Jet. OLEDB. 4. 0;Data Source = H:\\C#2005\\school.mdb";
    myconn. ConnectionString = mystr;
    myconn. Open();
    mysql = "SELECT * FROM score";
    OleDbDataAdapter myda = new OleDbDataAdapter(mysql, myconn);
    myda. Fill(myds, "score");
    myconn. Close();
    DataView mydv = new DataView(myds. Tables["score"]);
    mydv. Sort = "学号 ASC,分数 DESC";
    listBox1. Items. Add("学号\t 课程名\t\t 分数");
    for (int i = 0; i < mydv. Count; i++)
```

```
{   listBox1.Items.Add(String.Format("{0}\t{1, - 6}\t{2}",
        mydv[i]["学号"], mydv[i]["课程名"],mydv[i]["分数"]));
}
}
```

本窗体的执行结果如图 14.37 所示。

14.6.3　DataView 对象的过滤条件设置

获取数据的子集合可以用 DataView 类的 RowFilter 属性或 RowStateFilter 属性来实现。

图 14.37　Form11 的执行界面

RowFilter 属性用于提供过滤表达式。RowFilter 表达式可以非常复杂，也可以包含涉及多个列中的数据和常数的算术计算与比较。

RowFilter 属性的值是一个条件表达式。同查询语句的模糊查询一样，该属性也支持 Like 子句及％字符。

RowStateFilter 属性指定从 DataTable 中提取特定数据子集合的值，表 14.40 是 RowStateFilter 属性的可取值。

表 14.40　RowStateFilter 属性的可取值及其说明

取　　值	说　　明
CurrentRows	显示当前行,包括未改变的行、新行和已修改的行,但不显示已终止的行
Deleted	显示已终止的行。注意如果使用了 DataTable 或 DataView 方法终止了某一行,该行才被认为已终止。从 Rows 集合中终止行,不会把这些行标记为已终止
ModifiedCurrent	显示带有当前版本的数据行,这些数据不同于该行中的源数据
ModifiedOrginal	显示已修改的行,但显示数据的原版本(即使数据行已被改变,其中已有另一个当前版本的数据在其中)。注意在这些行中,当前版本的数据可以用 ModifiedCurrent 设置来提取
Added	显示新行,这些行是用 DataView 的 Addnew()方法添加的
None	不显示任何行,在用户选择显示选项前,可以使用这个设置来初始化控件的 DataView
OriginalRows	显示所有带有源数据版本的行,包括未改变的行和已终止的行
Unchanged	显示未修改的行

【**例 14.21**】　设计一个窗体,使用 DataView 对象在列表框中显示分数大于 80 且未修改的记录。

解：在 Proj14_1 项目中设计一个窗体 Form12(在引用部分添加 using System. Data. OleDb;),其中只有一个列表框 listBox1。在该窗体上设计如下事件过程：

```
private void Form12_Load(object sender, EventArgs e)
{   string mystr,mysql;
    OleDbConnection myconn = new OleDbConnection();
    DataSet myds = new DataSet();
    mystr = "Provider = Microsoft.Jet.OLEDB.4.0;Data Source = H:\\C#2005\\school.mdb";
    myconn.ConnectionString = mystr;
    myconn.Open();
    mysql = "SELECT * FROM score";
    OleDbDataAdapter myda = new OleDbDataAdapter(mysql, myconn);
```

```
myda.Fill(myds, "score");
myconn.Close();
DataView mydv = new DataView(myds.Tables["score"]);
mydv.Sort = "学号 ASC,分数 DESC";
mydv.RowFilter = "分数>80";
mydv.RowStateFilter = DataViewRowState.Unchanged;
listBox1.Items.Add("学号\t 课程名\t\t 分数");
for (int i = 0; i < mydv.Count; i++)
{   listBox1.Items.Add(String.Format("{0}\t{1,-6}\t{2}",
        mydv[i]["学号"], mydv[i]["课程名"], mydv[i]["分数"]));
}
}
```

本例的执行结果如图 14.38 所示。

图 14.38　Form12 的执行界面

14.7　DataGridView 控件

DataGridView 控件在工具栏上的图标为 ![DataGridView]，它是标准 DataGrid 控件的升级版，用于在窗体中显示表格数据，具有强大的界面设计功能。

14.7.1　创建 DataGridView 对象

通常使用设计工具创建 DataGridView 对象。其操作步骤如下：

（1）从工具箱中将 DataGridView 控件拖放到窗体上，此时在 DataGridView 控件右侧出现如图 14.39 所示的"DataGridView 任务"菜单。

注意：DataGridView 控件右上方的 ▶ 按钮可以启动或关闭"DataGridView 任务"菜单。

（2）单击"选择数据源"下拉列表框的 ▼ 按钮，打开如图 14.40 所示的选择数据源对话框，若已经建立好数据源，可从中选择一个。这里没有任何数据源。

（3）单击"添加项目数据源"，打开如图 14.41 所示的"选择数据源类型"对话框，从中选中"数据库"项，单击"下一步"按钮。

（4）打开如图 14.42 所示的"选择您的数据连接"对话框，若组合框中没有适合的连接，单击"新建连接"按钮，这里已建有与 school.mdb 数据库的连接，选中它，单击"下一步"按钮。

图 14.39　"DataGridView 任务"菜单

图 14.40　选择数据源对话框

图 14.41　"选择数据源类型"对话框

图 14.42　"选择您的数据连接"对话框二

（5）打开如图 14.43 所示的"将连接字符串保存到应用程序配置文件中"对话框，保持默认名称，单击"下一步"按钮。

（6）打开如图 14.44 所示的"选择数据库对象"对话框，选中 student 表，单击"完成"按钮。此时创建的 DataGridView 控件 DataGridView1 如图 14.45 所示。

（7）选中 DataGridView1 控件，右击，在弹出的快捷菜单中选择"编辑列"命令，打开如图 14.46 所示的"编辑列"对话框，将每个列的 AutoSizeMode 属性设置为 AllCells，还可以改变每个列的样式等，单击"确定"按钮返回。

图 14.43　"将连接字符串保存到应用程序配置文件中"对话框

图 14.44　"选择数据库对象"对话框

图 14.45　DataGridView1 控件　　　　　　图 14.46　"编辑列"对话框

执行本窗体,其结果如图 14.47 所示。

图 14.47　窗体执行结果

14.7.2　DataGridView 对象的属性、方法和事件

DataGridView 对象的常用属性如表 14.41 所示。其中 Columns 属性是一个列集合,由 Column 列对象组成,每个 Column 列对象的常用属性如表 14.42 所示。

DataGridView 对象的常用方法如表 14.43 所示,其常用事件如表 14.44 所示。

表 14.41　DataGridView 常用属性及其说明

属　　性	说　　明
AllowUserToAddRows	获取或设置一个值,该值指示是否向用户显示添加行的选项
AllowUserToDeleteRows	获取或设置一个值,该值指示是否允许用户从 DataGridView 中删除行
ColumnCount	获取或设置 DataGridView 中显示的列数
ColumnHeadersHeight	获取或设置列标题行的高度(以像素为单位)
Columns	获取一个包含控件中所有列的集合
ColumnHeadersDefaultCellStyle	获取或设置应用于 DataGridView 中列标题的字体等样式
DataBindings	为该控件获取数据绑定
DataMember	获取或设置数据源中 DataGridView 显示其数据的列表或表的名称
DataSource	获取或设置 DataGridView 所显示数据的数据源
DefaultCellStyle	获取或设置应用于 DataGridView 中的单元格的默认单元格字体等样式
FirstDisplayedScrollingColumnIndex	获取或设置某一列的索引,该列是显示在 DataGridView 上的第一列
GridColor	获取和设置网格线的颜色,网格线对 DataGridView 的单元格进行分隔
ReadOnly	获取一个值,该值指示用户是否可以编辑 DataGridView 控件的单元格
Rows	获取一个集合,该集合包含 DataGridView 控件中的所有行。例如,Rows[2]表示第 2 行,Rows[2].Cells[0]表示第 2 行的第 1 个列,Rows[2].Cells[0].Vlaue 表示第 2 行的第 1 个列值
RowCount	获取或设置 DataGridView 中显示的行数
RowHeadersWidth	获取或设置包含行标题的列的宽度(以像素为单位)
ScrollBars	获取或设置要在 DataGridView 控件中显示的滚动条的类型

C# 程序设计教程(第 2 版)

属　性	说　明
SelectedCells	获取用户选定的单元格的集合
SelectedColumns	获取用户选定的列的集合
SelectedRows	获取用户选定的行的集合
SelectionMode	获取或设置一个值,该值指示如何选择 DataGridView 的单元格
SortedColumn	获取 DataGridView 内容的当前排序所依据的列
SortOrder	获取一个值,该值指示是按升序或降序对 DataGridView 控件中的项进行排序,还是不排序

表 14.42　Columns 的常用属性及其说明

属　性	说　明
HeaderText	获取或设置列标题文本
Width	获取或设置当前列宽度
DefaultCellStyle	获取或设置列的默认单元格样式
AutoSizeMode	获取或设置模式,通过该模式列可以自动调整其宽度

表 14.43　DataGridView 常用方法及其说明

方　法	说　明
Sort	对 DataGridView 控件的内容进行排序
CommitEdit	将当前单元格中的更改提交到数据缓存,但不结束编辑模式

表 14.44　DataGridView 常用事件及其说明

事　件	说　明
Click	在单击控件时发生
DoubleClick	在双击控件时发生
CellContentClick	在单元格中的内容被单击时发生
CellClick	在单元格的任何部分被单击时发生
CellContentDoubleClick	在用户双击单元格的内容时发生
ColumnAdded	在向控件添加一列时发生
ColumnRemoved	在从控件中移除列时发生
RowsAdded	在向 DataGridView 中添加新行之后发生
Sorted	在 DataGridView 控件完成排序操作时发生
UserDeletedRow	在用户完成从 DataGridView 控件中删除行时发生

在前面使用设计工具创建 DataGridView 对象时,同时也设计了 DataGridview1 对象的属性,也可以通过程序代码设置其属性等。

1. 基本数据绑定

例如,在一个窗体 myForm1 上拖放一个 dataGridview1 对象后,不设计其任何属性,可以使用以下程序代码来实现基本数据的绑定:

```
private void myForm1_Load(object sender, EventArgs e)
{    string mystr,mysql;
```

```
    OleDbConnection myconn = new OleDbConnection();
    DataSet myds = new DataSet();
    mystr = "Provider = Microsoft.Jet.OLEDB.4.0;Data Source = H:\\C♯2005\\school.mdb";
    myconn.ConnectionString = mystr;
    myconn.Open();
    mysql = "SELECT * FROM student";
    OleDbDataAdapter myda = new OleDbDataAdapter(mysql, myconn);
    myda.Fill(myds, "student");
    dataGridView1.DataSource = myds.Tables["student"];
}
```

上述代码通过其 DataSource 属性设置将其绑定到 student 表中。

2. 设计显示样式

可以通过 GridColor 属性设置其网格线的颜色,例如,设置 GridColor 颜色为蓝色:

```
DataGridView1.GridColor = Color.Blue;
```

通过 BorderStyle 属性设置其网格的边框样式,其枚举值为：FixedSingle、Fixed3D 和 none。通过 CellBorderStyle 属性设置其网格单元的边框样式等。

【例 14.22】 设计一个窗体,采用 DataGridView 控件来实现对 student 表中所有记录进行浏览操作。

解：在 Proj14_1 项目中设计一个窗体 Form13,其设计界面如图 14.48 所示,有一个 DataGridView 控件 dataGridView1 和一个标签 label1。在该窗体上设计如下事件过程：

```
private void Form13_Load(object sender, EventArgs e)
{   string mystr,mysql;
    OleDbConnection myconn = new OleDbConnection();
    DataSet myds = new DataSet();
    mystr = "Provider = Microsoft.Jet.OLEDB.4.0;Data Source = H:\\C♯2005\\school.mdb";
    myconn.ConnectionString = mystr;
    myconn.Open();
    mysql = "SELECT * FROM student";
    OleDbDataAdapter myda = new OleDbDataAdapter(mysql, myconn);
    myda.Fill(myds, "student");
    dataGridView1.DataSource = myds.Tables["student"];
    dataGridView1.GridColor = Color.RoyalBlue;
    dataGridView1.ScrollBars = ScrollBars.Vertical;
    dataGridView1.CellBorderStyle = DataGridViewCellBorderStyle.Single;
    dataGridView1.ReadOnly = true;                    //设置为只读的
    dataGridView1.SelectionMode = DataGridViewSelectionMode.FullRowSelect;
    dataGridView1.Columns[0].AutoSizeMode = DataGridViewAutoSizeColumnMode.AllCells;
    dataGridView1.Columns[1].AutoSizeMode = DataGridViewAutoSizeColumnMode.AllCells;
    dataGridView1.Columns[2].AutoSizeMode = DataGridViewAutoSizeColumnMode.AllCells;
    dataGridView1.Columns[3].AutoSizeMode = DataGridViewAutoSizeColumnMode.AllCells;
    dataGridView1.Columns[4].AutoSizeMode = DataGridViewAutoSizeColumnMode.AllCells;
    myconn.Close();
    label1.Text = "";
}
private void dataGridView1_CellClick(object sender,DataGridViewCellEventArgs e)
```

```
{   label1.Text = "";
    try
    {   if (e.RowIndex < dataGridView1.RowCount - 1)
            label1.Text = "选择的学生学号为:" +
                dataGridView1.Rows[e.RowIndex].Cells[0].Value;
    }
    catch(Exception ex)
    {   MessageBox.Show("需选中一个学生记录", "信息提示");  }
}
```

在上述代码中,通过属性设置 DataGridView1 控件的基本绑定数据和各列标题的样式,并设计 dataGridView1_CellClick 事件过程显示用户单击某个学生记录的学号。执行本窗体,在 DataGridView1 控件上单击某记录,在标签中显示相应的信息,其执行界面如图 14.49 所示。

图 14.48　Form13 设计界面

图 14.49　Form13 执行界面

14.7.3　DataGridView 与 DataView 对象结合

DataGridView 对象用于在窗体上显示记录数据,而 DataView 对象可以方便地对源数据记录进行排序等操作,两者结合可以设计复杂的应用程序。下面通过一个示例说明两者的结合。

【例 14.23】　设计一个窗体,用于实现对 student 表中记录的通用查找和排序操作。

解:在 Proj14_1 项目中设计一个窗体 Form14,其设计界面如图 14.50 所示。有一个 DataGridView 控件 dataGridView1 和两个分组框,分组框 groupBox1 用于查询条件设置,其中有 5 个标签、两个文本框、3 个组合框和两个命令按钮(button1 和 button2),分组框 groupBox2 用于排序条件设置,其中有一个组合框、两个单选按钮 (radioButton1 和 radioButton2)和一个命令按钮 (button3)。在该窗体上设计如下代码:

图 14.50　Form14 设计界面

```csharp
using System;
using System.Data.OleDb;                          //新增引用
using System.Windows.Forms;
using System.Data;
using System.Drawing;
namespace Proj14_1
{   public partial class Form14 : Form
    {   DataView mydv = new DataView();
        public Form14()
        {   InitializeComponent();   }
        private void Form14_Load(object sender, EventArgs e)
        {   string mystr;
            OleDbConnection myconn = new OleDbConnection();
            DataSet myds = new DataSet();
            DataSet myds1 = new DataSet();
            DataSet myds2 = new DataSet();
            DataSet myds3 = new DataSet();
            mystr = "Provider = Microsoft.Jet.OLEDB.4.0;" +
                "Data Source = H:\\C#2005\\school.mdb";
            myconn.ConnectionString = mystr;
            myconn.Open();
            OleDbDataAdapter myda = new OleDbDataAdapter("SELECT" +
                " * FROM student", myconn);
            myda.Fill(myds, "student");
            mydv = myds.Tables["student"].DefaultView;          //获得 DataView 对象 mydv
            //以下设置 ComboBox1 的绑定数据
            OleDbDataAdapter myda1 = new OleDbDataAdapter(
                "SELECT distinct 性别 FROM student", myconn);
            myda1.Fill(myds1, "student");
            comboBox1.DataSource = myds1.Tables["student"];
            comboBox1.DisplayMember = "性别";
            //以下设置 ComboBox2 的绑定数据
            OleDbDataAdapter myda2 = new OleDbDataAdapter(
                "SELECT distinct 民族 FROM student", myconn);
            myda2.Fill(myds2, "student");
            comboBox2.DataSource = myds2.Tables["student"];
            comboBox2.DisplayMember = "民族";
            //以下设置 ComboBox3 的绑定数据
            OleDbDataAdapter myda3 = new OleDbDataAdapter(
                "SELECT distinct 班号 FROM student", myconn);
            myda3.Fill(myds3, "student");
            comboBox3.DataSource = myds3.Tables["student"];
            comboBox3.DisplayMember = "班号";
            //以下设置 DataGridView1 的属性
            dataGridView1.DataSource = mydv;
            dataGridView1.GridColor = Color.RoyalBlue;
            dataGridView1.ScrollBars = ScrollBars.Vertical;
            dataGridView1.CellBorderStyle = DataGridViewCellBorderStyle.Single;
            dataGridView1.Columns[0].AutoSizeMode =
                DataGridViewAutoSizeColumnMode.AllCells;
            dataGridView1.Columns[1].AutoSizeMode =
```

```
            DataGridViewAutoSizeColumnMode.AllCells;
        dataGridView1.Columns[2].AutoSizeMode =
            DataGridViewAutoSizeColumnMode.AllCells;
        dataGridView1.Columns[3].AutoSizeMode =
            DataGridViewAutoSizeColumnMode.AllCells;
        dataGridView1.Columns[4].AutoSizeMode =
            DataGridViewAutoSizeColumnMode.AllCells;
        myconn.Close();
        comboBox4.Items.Add("学号"); comboBox4.Items.Add("姓名");
        comboBox4.Items.Add("性别"); comboBox4.Items.Add("民族");
        comboBox4.Items.Add("班号");
        radioButton1.Checked = true; radioButton2.Checked = false;
        textBox1.Text = "";    textBox2.Text = "";
        comboBox1.Text = "";  comboBox2.Text = "";
        comboBox3.Text = "";  comboBox4.Text = "";
    }
    private void button1_Click(object sender, EventArgs e)
    {   string condstr = "";
        //以下根据用户输入求得条件表达式 condstr
        if (textBox1.Text != "")
            condstr = "学号 Like '" + textBox1.Text + " % '";
        if (textBox2.Text != "")
            if (condstr != "")
                condstr = condstr + " AND 姓名 Like '" + textBox2.Text + " % '";
            else
                condstr = "姓名 Like '" + textBox2.Text + " % '";
        if (comboBox1.Text != "")
            if (condstr != "")
                condstr = condstr + " AND 性别 = '" + comboBox1.Text + "'";
            else
                condstr = "性别 = '" + comboBox1.Text + "'";
        if (comboBox2.Text != "")
            if (condstr != "")
                condstr = condstr + " AND 民族 = '" + comboBox2.Text + "'";
            else
                condstr = "民族 = '" + comboBox2.Text + "'";
        if (comboBox3.Text != "")
            if (condstr != "")
                condstr = condstr + " AND 班号 = '" + comboBox3.Text + "'";
            else
                condstr = "班号 = '" + comboBox3.Text + "'";
        mydv.RowFilter = condstr;   //过滤 DataView 中的记录
    }
    private void button2_Click(object sender, EventArgs e)
    {   textBox1.Text = "";   textBox2.Text = "";
        comboBox1.Text = ""; comboBox2.Text = "";
        comboBox3.Text = "";
    }
    private void button3_Click(object sender, EventArgs e)
    {   string orderstr = "";
        //以下根据用户输入求得排序条件表达式 orderstr
```

```
        if (comboBox4.Text != "")
            if (radioButton1.Checked)
                orderstr = comboBox4.Text + " ASC";
            else
                orderstr = comboBox4.Text + " DESC";
        mydv.Sort = orderstr;              //对 DataView 中记录排序
        }
    }
}
```

执行本窗体,在班号组合框中选择"07002",单击该分组框中的"确定"命令按钮,其执行界面如图 14.51 所示(在 DataGridView1 中只显示 07002 班学生记录)。在排序组合框中选择"学号",并选中"升序",单击该分组框中的"确定"命令按钮,其执行界面如图 14.52 所示(在 DataGridView1 中对 07002 班学生记录按学号升序排序)。

图 14.51　Form14 执行界面一

图 14.52　Form14 执行界面二

14.7.4　通过 DataGridView 对象更新数据源

当执行含有 DataGridView 对象的窗口时,用户可以修改该对象中的数据,但此时只是内存中的数据发生了更改,而该 DataGridView 对象绑定的数据源中的数据并没有改动,为了更新数据源,需对该 DataGridView 对象关联的 OleDbDataAdapter 对象执行 Update 方法。其基本的语句如下:

```
OleDbCommandBuilder mycmdbuilder = new OleDbCommandBuilder(myda);
myda.Update(myds,数据表名);
```

第一个语句用于捕获用户在 DataGridView 对象中的数据修改,自动构造的 SQL 语句放置在 mycmdbuilder 对象中,第二个语句实现对相关数据的修改。

下面通过一个示例来说明更新数据源的方法。

【例 14.24】　设计一个窗体,用于实现对 student 表中记录的修改操作。

解:在 Proj14_1 项目中设计一个窗体 Form15,其设计界面如图 14.53 所示。有一个 DataGridView 控件 DataGridView1 和一个命令按钮(Button1)。在该窗体上设计如下代码:

```
using System;
```

```
using System.Data.OleDb;
using System.Windows.Forms;
using System.Data;
using System.Drawing;
namespace Proj14_1
{   public partial class Form15 : Form
    {   OleDbDataAdapter myda = new OleDbDataAdapter();
        DataSet myds = new DataSet();
        public Form15()
        {   InitializeComponent();   }
        private void Form15_Load(object sender, EventArgs e)
        {   string mystr,mysql;
            OleDbConnection myconn = new OleDbConnection();
            mystr = "Provider = Microsoft.Jet.OLEDB.4.0;" +
                "Data Source = H:\\C#2005\\school.mdb";
            myconn.ConnectionString = mystr;
            myconn.Open();
            mysql = "SELECT * FROM student";
            myda = new OleDbDataAdapter(mysql, myconn);
            myda.Fill(myds, "student");
            dataGridView1.DataSource = myds.Tables["student"];
            dataGridView1.ColumnHeadersDefaultCellStyle.Font =
                new Font("隶书", 11);              //设置标题字体
            dataGridView1.AlternatingRowsDefaultCellStyle.ForeColor = Color.Red;
            dataGridView1.GridColor = Color.RoyalBlue;
            dataGridView1.ScrollBars = ScrollBars.Vertical;
            dataGridView1.CellBorderStyle = DataGridViewCellBorderStyle.Single;
            dataGridView1.Columns[0].AutoSizeMode =
                DataGridViewAutoSizeColumnMode.AllCells;
            dataGridView1.Columns[1].AutoSizeMode =
                DataGridViewAutoSizeColumnMode.AllCells;
            dataGridView1.Columns[2].AutoSizeMode =
                DataGridViewAutoSizeColumnMode.AllCells;
            dataGridView1.Columns[3].AutoSizeMode =
                DataGridViewAutoSizeColumnMode.AllCells;
            dataGridView1.Columns[4].AutoSizeMode =
                DataGridViewAutoSizeColumnMode.AllCells;
        }
        private void button1_Click(object sender, EventArgs e)
        {   OleDbCommandBuilder mycmdbuilder = new OleDbCommandBuilder(myda);
            //获取对应的修改命令
            if (myds.HasChanges())                  //如果有数据改动
            {   try
                {   myda.Update(myds, "student");//更新数据源   }
                catch(Exception ex)
                {
                    MessageBox.Show("数据修改不正确,如学号重复等","信息提示");
                }
            }
        }
    }
}
```

}

　　执行本窗体,输入一个新的学生记录,单击"更改"命令按钮,对应的 student 表记录也
发生了更新,其执行界面如图 14.54 所示。

图 14.53　Form15 设计界面

图 14.54　Form15 执行界面

练习题 14

1. 单项选择题

(1) 在.NET Framework 中可以使用_____对象来连接和访问数据库。

A. MDI　　　　　　B. JIT　　　　　　C. ADO.NET　　　　　　D. System.ADO

(2) 以下_____是 ADO.NET 的两个主要组件。

A. Command 和 DataAdapter　　　　　B. DataSet 和 DataTable

C. .NET 数据提供程序和 DataSet　　　D. .NET 数据提供程序和 DataAdapter

(3) 在 ADO.NET 中,OleDbConnection 类所在的命名空间是_____。

A. System　　　　　　　　　　　　　B. System.Data

C. System.Data.OleDb　　　　　　　　D. System.Data.SqlClient

(4) Connection 对象的_____方法用于打开与数据库的连接。

A. Close()　　　　　　　　　　　　　B. ConnectionString()

C. Open()　　　　　　　　　　　　　D. Database()

(5) 以下_____类的对象是 ADO.NET 在非连接模式下处理数据内容的主要对象。

A. Command　　　B. Connection　　　C. DataAdapter　　　　D. DataSet

(6) 在 ADO.NET 中,以下关于 DataSet 类的叙述中错误的是_____。

A. 可以向 DataSet 的表集合中添加新表

B. DataSet 支持 ADO.NET 的不连贯连接及数据分布

C. DataSet 就好像是内存中的一个临时数据库

D. DataSet 中的数据是只读的并且是只进的

(7) 在 ADO.NET 中,下列代码运行后的输出结果是_____。

```
DataTable dt = new DataTable();
dt.Columns.Add("编号",typeof(System.Int16));
dt.Columns.Add("成绩",typeof(System.Single));
```

```
Console.WriteLine(dt.Columns[1].DataType);
```

    A. System.Int16   B. System.Single

    C. 编号   D. 成绩

    (8) _____方法执行指定为 Command 对象的命令文本的 SQL 语句，并返回受 SQL 语句影响或检索的行数。

    A. ExecuteNonQuery   B. ExecuteReader

    C. ExecuteQuery   D. ExecuteScalar

    (9) 看代码回答问题

    建表的 SQL 语句如下：

```
CREATE TABLE stuInfo
(   stuId int not null,
    stuName varchar(30) not null,
    stuAddress varchar(30),
)
```

    有以下 C# 代码，其功能是要读取表中的第一列数据（已知 myreader 为 OleDbDataReader 对象），请选择填空为_____。

```
while (myreader.   ①   )
{
    Console.WriteLine(myreader.  ②  );
    }
```

    A. ①Read() ②GetString[0]   B. ①Next() ②GetString[0]

    C. ①Read() ②GetInt32[1]   D. ①Read() ②GetInt32[0]

    (10) 在窗体上拖放一个 DataAdapter 对象后，可使用_____来配置其属性。

    A. 数据适配器配置向导   B. 数据窗体向导

    C. 服务器资源管理器   D. 对象浏览器

    (11) 在 ADO.NET 中，执行数据库的某个存储过程，则至少需要创建_____并设置它们的属性，并调用合适的方法。

    A. 一个 Connection 对象和一个 Command 对象

    B. 一个 Connection 对象和 DataSet 对象

    C. 一个 Command 对象和一个 DataSet 对象

    D. 一个 Command 对象和一个 DataAdapter 对象

    (12) 在使用 ADO.NET 编写连接到 SQL Server 数据库的应用程序时，从提高性能角度考虑，应创建_____类的对象，并调用其 Open 方法连接到数据库。

    A. Connection   B. SqlConnection

    C. OleDbConnection   D. OdbcConnection

    (13) 在 ADO.NET 中，DataAdapter 对象的_____属性用于将 DataSet 中的新增记录保存到数据源。

    A. SelectCommand   B. InsertCommand

    C. UpdateCommand   D. DeleteCommand

（14）ADO.NET 中的 DataView 控件可以用来筛选数据集中的数据项，以下的代码用来选择数据集中年龄小于 24 的员工：

```
DataView mydv = new DataView(mydataSet.Tables[0]);
        ①
```

则①处应该填写的正确代码为_____。

A. mydv.RowFilter = "age $<$24";

B. mydv.RowFilter = "SELECT age FROM mydv WHERE age $<$ 24";

C. mydv.Excute("SELECT age FROM mydv WHERE age $<$ 24");

D. mydv.Excute("age $<$ 24");

2. 问答题

（1）简述数据库中有哪些基本对象。

（2）简述 ADO.NET 模型的体系结构。

（3）简述 ADO.NET 的数据访问对象。

（4）简述 DataSet 对象的特点。

3. 编程题

（1）创建一个 Windows 窗体应用程序项目 Proj14_2（存放在 H:\C#2005\ch14 文件夹中），添加一个窗体 Form1，在列表框中显示所有学生的学号、姓名、课程名和分数，并按照学号次序排列。

（2）在 Proj14_2 项目中，设计一个窗体 Form2，用于浏览 score 表中所有记录。

（3）在 Proj14_2 项目中，设计一个窗体 Form3，通过 BindingNavigator 控件实现对 score 表中所有记录进行浏览操作。

（4）在 Proj14_2 项目中，设计一个窗体 Form4，采用 DataGridView 控件实现对 score 表中所有记录进行浏览操作。

4. 上机实验题

在 Proj14_2 项目中，设计一个窗体 Form5，用于实现对 score 表中记录的通用查找和排序操作。例如，选择所有"数据结构"课程并按"分数"降序排列的结果如图 14.55 所示。

图 14.55　上机实验题窗体执行界面

第 15 章   XML 及其应用

作为一种标准数据交换格式,XML 主要用在不同系统中交换数据,以及在网络上传递大量的结构化数据。XML 简单易学。本章介绍 XML 的概念以及在.NET Framework 中使用 XML 的方法等。

本章学习要点:

- 掌握 XML 文档的基本概念。
- 掌握 XML 文档的语法格式。
- 掌握 XPath 的使用方法。
- 掌握使用.NET Framework 中相关类操作 XML 文档的方法。
- 掌握 DataSet 数据集和 XML 文档的相互转换方法。

15.1   XML 概述

XML 即可扩展标记语言(eXtensible Markup Language),是从 SGML 中简化修改出来的一种标记语言。标记是指计算机所能理解的信息符号,通过此种标记,在计算机之间可以处理包含各种信息的文章等。如何定义这些标记,既可以选择国际通用的标记语言,比如 HTML,也可以使用如 XML 这样由全球信息网络协会制定的新标记语言。

简单地说,XML 是一种基于文本格式的标记语言,它注重对数据结构和数据意义的描述,实现了数据内容和显示样式的分离,而且是与平台无关的。正是因为 XML 注重数据内容的描述,它对于数据的检索意义非凡,不会再像 HTML 那样,检索出无关的信息。另外,XML 文档是数据的载体,利用 XML 作为数据库,不需要访问任何数据库系统,可以使用任意 Web 技术来显示数据,如 HTML、FlashMX 等。由于世界各大计算机公司的积极参与,XML 正日益成为基于互联网的数据格式的新一代标准。

XML 文档的常见应用如下:

- XML 存放整个文档的 XML 数据,然后通过解析和转换,最终成为 HTML,显示在浏览器上。

- XML 作为微型数据库。
- 作为通信数据，最典型的就是 Web 服务，利用 XML 来传递数据。
- 作为一些应用程序的配置信息数据。
- 其他一些文档的 XML 格式，如 WORD、EXCEL 等。

注意：XML 并不是 HTML 的替代产品，也不是 HTML 的升级，它只是 HTML 的补充，为 HTML 扩展更多功能，不能用 XML 来直接制作网页。即便是包含了 XML 数据，依然要转换成 HTML 格式才能在浏览器上显示。所以 XML 没有固定的标记，不能描述网页具体的外观，它只是描述内容的数据形式和结构。因此，XML 和 HTML 的一个质的区别是 HTML 网页将数据和显示混在一起，而 XML 则将数据和显示分开来。

15.2　XML 语法规则

15.2.1　XML 文档中有关的术语

先看一个具体的 XML 文档 stud. xml，它采用记事本进行编辑，存放在 H:\C#2005\ch15 文件夹中，其内容如下：

```
<?xml version = "1.0" encoding = "GB2312"?>
<!DOCTYPE 学生[
    <!ELEMENT 学生 (学号,姓名,性别,民族,班号)>
    <!ELEMENT 学号   (#PCDATA)>
    <!ELEMENT 姓名   (#PCDATA)>
    <!ELEMENT 性别   (#PCDATA)>
    <!ELEMENT 民族   (#PCDATA)>
    <!ELEMENT 班号   (#PCDATA)>
]>
<学生表>
    <学生>
        <学号>1</学号>
        <姓名>王华</姓名>
        <性别>女</性别>
        <民族>汉族</民族>
        <班号> 07001 </班号>
    </学生>
    <学生>
        <学号>3</学号>
        <姓名>李兵</姓名>
        <性别>男</性别>
        <民族>汉族</民族>
        <班号> 07001 </班号>
    </学生>
    <学生>
        <学号>8</学号>
        <姓名>马棋</姓名>
        <性别>男</性别>
        <民族>回族</民族>
        <班号> 07002 </班号>
```

```
        </学生>
        <学生>
            <学号> 2 </学号>
            <姓名>孙丽</姓名>
            <性别>女</性别>
            <民族>满族</民族>
            <班号> 07002 </班号>
        </学生>
        <学生>
            <学号> 6 </学号>
            <姓名>张军</姓名>
            <性别>男</性别>
            <民族>汉族</民族>
            <班号> 07001 </班号>
        </学生>
    </学生表>
```

从上述 XML 文档可以看到,XML 文档结构具有很强的层次性,很容易转化为类似于图 15.1 所示的具有层次结构的树,其中叶子节点对应属性值。

图 15.1　stud.xml 文档层次结构

打开 Internet Explorer 浏览器,输入 H:\C#2005\ch15\stud.xml 地址,出现的结果如图 15.2 所示(这个显示结果看出 XML 文档是为了传输和存储数据,而非显示数据,其焦点是数据的内容)。

XML 文档中有关的术语如下:

1. 元素(Element)

元素是组成 HTML 文档的最小单位,在 XML 中也一样。一个元素由一个标记来定义,包括开始和结束标记以及其中的内容。通常 XML 文档包含一个或多个元素。例如,<姓名>"王华"</姓名>就是一个元素。

图 15.2　在浏览器中打开 stud.xml 文档的结果

2. 标记(Tag)

标记(或标签)是用来定义元素的。在 XML 中,标记必须成对出现,将数据包围在中间。标记的名称和元素的名称是一样的。例如,在元素<姓名>"王华"</姓名>中<姓名>就是标记。

与 HTML 标记唯一不同是:在 HTML 中标记是固定的,而在 XML 中标记需要自己创建。

3. 节点(Node)

在 XML 文档中,每一项都可以被认为是一个节点。共有 7 种类型的节点:元素、属性、文本、命名空间、处理指令、注释以及文档节点(或根节点)。XML 文档是被作为节点树来对待的。例如,在 stud. xml 文档中,<学生表>为根节点,<学号>3</学号>为元素节点。

4. 属性(Attribute)

属性是对标记进一步的描述和说明,一个标记可以有多个属性,例如 font 的属性还有 size。XML 中的属性与 HTML 中的属性是一样的,每个属性都有它自己的名称和值,属性是标记的一部分。例如,在元素<图书 书名="C♯程序设计" 作者="孙强">中,标记"图书"有两个属性"书名"和"作者"。

5. 声明

在所有 XML 文档的第一行都有一个 XML 声明。这个声明表示这个文档是一个 XML 文档,它遵循的是哪个 XML 版本的规范。声明语句在后面介绍。

6. 文件类型定义(DTD)

DTD 是用来定义 XML 文档中元素、属性以及元素之间关系的。

通过 DTD 文件可以检测 XML 文档的结构是否正确。但建立 XML 文档并不一定需要 DTD 文件。DTD 的详细内容将在下面介绍。

7. 良好格式的 XML(Well-formed XML)

一个遵守 XML 语法规则,并遵守 XML 规范的文档称之为良好格式的 XML 文档。如果所有的标记都严格遵守 XML 规范,那么该 XML 文档就不一定需要 DTD 文件来定义它。

良好格式的 XML 文档的内容书写时必须遵守 XML 语法。

8. 有效的 XML(Valid XML)

一个遵守 XML 语法规则,并遵守相应 DTD 规范的 XML 文档称为有效的 XML 文档。注意良好格式的 XML 和有效的 XML 的最大的差别在于一个完全遵守 XML 规范,另一个则有自己的"文件类型定义"(DTD)。

9. DOM(Document Object Model)

DOM 是英文文档对象模型的缩写。符合 W3C(万维网联合会)规范。DOM 是一种与浏览器、平台、语言无关的接口,是以层次结构组织的节点或信息片断的集合。这个层次结构允许开发人员在树中导航寻找特定信息。由于它是基于信息层次的,因而 DOM 被认为是基于树的。通常一个 XML 文档对应一个 DOM。

15.2.2 XML 文档的结构

一个完整的 XML 文档分为 3 个主要部分:声明区、定义区和文件主体。

1. 声明区

XML 文档的第一行必须是 XML 的声明行,其语法格式如下:

```
<?xml version = "1.0" encoding = "GB2312"?>
```

其中,<? 表示指令的开始;xml 声明该文件为 XML 文档,xml 要用小写字母表示;version 为 XML 文档的版本,version="1.0"表示当前文件为 XML1.0 版本;encoding 设定 XML 文档的语言,encodong="GB2312"表示 XML 文档的语言以中文的 GB2312 来编

码；? ＞表示指令的结束。

该声明行必须说明文档遵守的 XML 版本，目前是 1.0；如果要使用内定的字符集可以省略 encodong 的设定，变为：

```
<?xml version = "1.0"?>
```

注意：默认的 XML 文档所使用的语言编码为 UTF-8，如果使用中文，需要设置为 GB2312。

2. 定义区

定义区用来设定文件的格式等，也称为 Document Type Definition（文档类型定义）。定义区必须包含在＜!DOCTYPE[…]＞段落中，例如：

```
<!DOCTYPE Element - name [
    …
]>
```

其中：

- ＜!DOCTYPE：表示开始设定 DTD，注意 DOCTYPE 要大写。
- Element-name：指定该 DTD 的根元素（XML 标记一般称为元素）的名称，一个 XML 文档只能有一个根元素。
- […]：在[]的标记中定义 XML 文档所使用的元素。其中元素定义的格式为：＜!ELEMENT elememt-name element-definition＞，＜!ELEMENT 表示开始元素定义。

例如：

```
<!DOCTYPE 学生[
    <!ELEMENT 学生 (学号,姓名,性别,民族,班号)>
    <!ELEMENT 学号 (#PCDATA)>
    <!ELEMENT 姓名 (#PCDATA)>
    <!ELEMENT 性别 (#PCDATA)>
    <!ELEMENT 民族 (#PCDATA)>
    <!ELEMENT 班号 (#PCDATA)>
]>
```

其中，＜!ELEMENT 学生(学号,姓名,性别,民族,班号)＞声明了"学生"这个元素，并且它是作为"学号"等 5 个元素的父元素。而＜!ELEMENT 学号(#PCDATA)＞声明了"学号"元素，此元素仅包含一般文字，是基本元素，这是由 #PCDATA 关键字定义的。

设计 DTD 主要有两种方式：

1) 直接包含在 XML 文档内的 DTD

只要在 DOCTYPE 声明中插入一些特别的说明就可以了。例如，有一个 XML 文档：

```
<?xml version = "1.0" encoding = "GB2312"?>
<教师>
    <姓名>"陈明"</姓名>
```

```
<职称>"副教授"</职称>
</教师>
```

在第一行后面插入下面代码就可以了：

```
<!DOCTYPE 教师 [
<!ELEMENT 姓名 (#PCDATA)>
<!ELEMENT 职称 (#PCDATA)>
]>
```

2) 调用独立的 DTD 文件

将 DTD 文档存放在扩展名为 .dtd 的文件中，然后在 DOCTYPE 声明行中调用，例如，将下面的代码存为 teacher.dtd：

```
<?xml version = "1.0" encoding = "GB2312"?>
<!ELEMENT 教师 (姓名,职称)>
<!ELEMENT 姓名 (#PCDATA)>
<!ELEMENT 职称 (#PCDATA)>
```

然后在 XML 文档中调用，在第一行后插入：

```
<!DOCTYPE 教师 SYSTEM "teacher.dtd">
```

通过 DTD 文件可以检测 XML 文档的结构是否正确。建立 XML 文档并不一定需要 DTD 文件。但是指定定义区会使 XML 文档的 DOM(文档对象模型)更清晰。

3. 文件的主体

XML 文档的主体部分由成对的标记所组成，而最上层的标记为根元素。根元素在 XML 文档中必须是独一无二的，并且不能被其他元素所包含。

XML 文档的主体采用结构化排列数据，即所有的数据按某种关系排列。结构化的原则如下：

- 每一部分(每一个元素)都和其他元素有关联。关联的级数就形成了结构。
- 标记本身的含义与它描述的信息相分离。

15.2.3 XML 文档的语法规定

1. 注释

注释是为了文档便于阅读和理解，在 XML 文档添加的附加信息，将不会被程序解释或者浏览器显示。注释的语法如下：

```
<!-- 这里是注释信息 -->
```

可以看到，它和 HTML 中的注释语法是一样的，非常容易。养成良好的注释习惯将使你的文档更加便于维护、共享，看起来也更专业。

2. XML 文档必须使用正确的嵌套结构

XML 文档中标记可以嵌套，但必须是合理的嵌套。嵌套需满足以下规则：

- 所有 XML 文档都从一个根节点开始，根节点包含了一个根元素。

- 文档内所有其他元素必须包含在根元素中。
- 嵌套在内的为子元素,同一层的互为兄弟元素。
- 子元素还可以包含子元素。
- 包含子元素的元素称为分支,没有子元素的元素称为树叶。

例如,以下是正确的:

```
<b><u>C#程序设计</u></b>
```

以下是错误的:

```
<b><u>C#程序设计</b></u>
```

3. 成对的标记

在 XML 文档中标记大多是成对出现的。例如:

```
<title>网页标题</title>
```

4. 非成对的标记

XML 允许创造新的标记。若使用非成对的标记,必须在该标记后加上"/",例如,非成对的标记<Name>必须写成<Name/>。

5. XML 标记的命名

XML 标记必须遵循下面的命名规则:

- 标记名中可以包含字母、数字以及其他字母。
- 标记名不能以数字或"_"(下划线)开头。
- 标记名不能以字母 XML(或 XmL 或 Xml)开头。
- 标记名中不能包含空格。
- 标记名大小写视为不同,例如<Name>标记不同于<name>。

6. 属性值必须使用双引号或单引号括起来

属性属于某个标记,定义属性的语法格式如下:

```
<标记名称 属性名称 1 = "属性值 1" 属性名称 2 = "属性值 2"…>
```

在 XML 文档标记中的属性值必须以双引号括起来,例如,一个 XML 文档的内容如下:

```
<?xml version = "1.0" encoding = "GB2312"?>
<学生>
    <学生 1 学号 = "100" 姓名 = "张三"></学生 1>
</学生>
```

建议在 XML 中尽量不使用属性,而将属性改成子元素,例如,上面的代码可以改成这样:

```
<?xml version = "1.0" encoding = "GB2312"?>
<学生>
    <学生 1>
        <学号>"100"</学号>
```

```
        <姓名>"张三"></姓名>
    </学生1>
</学生>
```

改为子元素的原因是因为属性不易扩充和被程序操作,而子元素具有良好的层次性。

7. XML 文档的命名

XML 文档可以采用任何文本编辑器编写,但必须以扩展名.xml 来保存。

8. XML 文档中内部实体

XML 中的内部实体(ENTITY)类似于一般程序设计中所使用的常量,也就是用一个实体名称来代表某常用的数据,然后在一个文档中多次调用,或者在多个文档中调用同一个实体。其语法格式如下:

```
<!DOCTYPE Element - name [
    ...
    <!ENTITY 实体名称 设定值>
    ...
]>
```

在 XML 文档中用"& 实体名称;"来引用它。实体可以包含字符、文字等,使用实体的好处在于:一是可以减少差错,文档中多个相同的部分时只需要输入一遍就可以了;二是提高维护效率。例如,有 40 个文档都包含 copyright 的实体,如果需要修改 copyright,不需要所有的文件都修改,只要修改最初定义的实体语句就可以了。

例如,XML 文档 tech. xml,它采用记事本进行编辑,存放在 H:\C#2005\ch15 文件夹中,其内容如下:

```
<?xml version = "1.0" encoding = "GB2312"?>
<!DOCTYPE 教师 [
<!ELEMENT 姓名 (#PCDATA)>
<!ELEMENT 职称 (#PCDATA)>
<!ENTITY 部门 "计算机系">
]>
<教师表>
    <教师1>
        <姓名>"陈明"</姓名>
        <职称>"副教授"</职称>
        <部门>& 部门;</部门>
    </教师1>
    <教师2>
        <姓名>"李清"</姓名>
        <职称>"教授"</职称>
        <部门>& 部门;</部门>
    </教师2>
</教师表>
```

其中定义了一个内部实体"部门",在两个教师中引用该实体,在浏览器中的结果如图 15.3 所示。

图 15.3　在浏览器中打开 tech.xml 文档的结果

15.3　XPath 表达式

XPath 表达式是指符合 W3C XPath 1.0 建议的字符串表达式,目的就是为了在匹配 XML 文档结构树时能够准确地找到某一个节点元素。可以把 XPath 比做文件管理路径:通过文件管理路径,可以按照一定的规则查找到所需要的文件;同样,依据 XPath 所制定的规则,也可以很方便地找到 XML 结构文档树中的任何一个节点。

下面介绍 XPath 中节点匹配的基本方法,以 example.xml 文档为例进行说明,其内容如下:

```
<?xml version = "1.0" encoding = "GB2312"?>
< A id = "a1">
    < B id = "b1" name = "B1">
        < C id = "c1">
            < B id = "b2" name = "B2"> b2 </B>
            < D id = "d1"> d1 </D>
            < E id = "e1"> e1 </E>
            < E id = "e2"> e2 </E>
            < E> e3 </E>
        </C>
    </B>
    < B id = "b3" name = "B3"> b3 </B>
    < C id = "c2">
        < D id = "d2"> d2 </D>
```

```
        < E id = "e3"> e3 </E>
    </C>
</A>
```

15.3.1　路径匹配

路径匹配与文件路径的表示相仿,通常使用以下几个符号:

- /:选取根节点。如果一个路径以"/"开头,那么它必须是表述该节点所在的绝对路径;如果不以"/"开头,那么它表述是该节点的相对路径,与当前节点有关。
- //:选取文档中所有符合条件的节点,不管该节点位于何处。
- .:选取当前节点。
- ..:选取当前节点的父节点。
- |:条件之间逻辑或连接。

结合 example.xml 文档,给出以下示例:

- /A/B/C/E:选取 A→B→C 下的 3 个 E 节点。
- //B/C:选取所有父节点为 B 的 C 节点,即 id 属性值为 c1 的节点。
- //B | //C:所有 B 元素和 C 元素,共有 5 个节点。

15.3.2　谓词

谓词用来查找某个特定的节点或者包含某个指定值的节点,谓词被嵌在方括号中。

对于每一个节点,它的各个子节点是有序的,每个子节点对应一个"位置值",它从 1 开始顺序编号。可以通过使用以下方式来指定某些节点:

- [位置值]:选取指定位置值的某个节点。
- [last()]:选取最后一个节点。
- [position() 比较运算符 位置值]:选取满足位置条件的所有节点。
- [标记 比较运算符 文本值]:选取标记满足条件的所有元素。

其中"比较运算符"有=(等于)、!=(不等于)、<(小于)、<=(小于等于)、>(大于)和>=(大于等于)等。

结合 example.xml 文档,给出以下示例:

- /A/B/C/E[1]:选取 A→B→C 下的第一个 E 节点,即 id 属性值为 e1 的节点。
- /A/B/C/E[last()]:选取 A→B→C 下的最后一个 E 节点,即没有属性值的 E 节点。
- /A/B/C/E[last()−1]:选取 A→B→C 下的倒数第二个 E 节点,即 id 属性值为 e2 的节点。
- /A/B/C/E[position()>1]:选取 A→B→C 下的后 2 个 E 节点,即 id 属性值为 e2 的节点和没有属性值的 E 节点。
- /A/B/C[E='e1']:选取所有 A→B→C 元素,且这样的 C 元素下存在值为'e1'的 E 元素。
- /A/C[D='d2']/E:选取 A→C→E 元素,且 C 元素下存在值为'd2'的 D 元素。

15.3.3　属性匹配

属性匹配常用的符号为"@",即在属性名前加"@"前缀,"@ * "表示选取所有具有属性的节点,"not(@ *)"表示选取所有不具有属性的节点。

结合 example.xml 文档,给出以下示例:

- //@id:选择所有的 id 属性,共有 11 个节点。
- //B[@id]:选取所有具有属性 id 的 B 节点,共有 3 个节点。
- //E[@id='e2']:选取 id 属性值为 e2 的 E 节点,共有 1 个节点。
- /A/B[@name='B1']/C/E:选取 A→B→C 下的所有 E 节点,且其中的 B 节点的 name 属性值为"B1",共有 3 个节点。

15.3.4　通配符

在 XML 文档中可以使用以下通配符:

- *:匹配任何元素节点。
- @ *:匹配任何属性节点。
- node():匹配任何类型的节点。

结合 example.xml 文档,给出以下示例:

- // *:选取所有的节点,共有 12 个节点。
- //D[@ *]:选取所有具有属性的 D 节点,共有 2 个节点。
- //E[not(@ *)]:选取所有不具有属性的 E 节点,共有 1 个节点。

15.3.5　XPath 轴

轴用于定义与当前节点相关的属性,常用的轴如下:

- ancestor:选取上下文节点的祖先节点。
- ancestor-or-self:选取上下文节点的祖先节点和节点自身。
- attribute:选取上下文节点的所有属性。
- child:选取上下文节点的所有子节点。作为默认的轴,可以忽略不写。
- descendant:选取上下文节点的所有子孙节点。
- descendant-or-self:选取上下文节点的所有子孙节点和节点自身。
- following:选取上下文节点结束标记前的所有节点。
- following-sibling:选取位于上下文节点后的所有兄弟类节点。
- parent:选取上下文节点的父节点。
- preceding:选取文档中所有位于上下文节点开始标记前的节点。
- preceding-sibling:选取位于上下文节点前的所有兄弟类节点。
- self:选取上下文节点。

结合 example.xml 文档,给出以下示例:

- /child::A:等价于/A,选取所有的 A 节点,共有 1 个节点。
- /child::A/child::B:等价于/A/B,选取 A 下所有的 B 节点,共有 2 个节点。
- /descendant:: *:选择根元素的所有后代,即所有的元素被选择,共有 12 个节点。
- /A/B/descendant:: *:选择/A/B 的所有后代元素,共有 6 个节点(C、B、D、E、E 和 E 元素)。
- //C/descendant:: *:选择在祖先元素中有 C 的所有元素,共有 7 个节点(B、D、E、

E、E、D 和 E 元素)。

- //C/descendant∷D:选择所有以 C 为祖先元素的 D 元素,共有 2 个节点(D、D 元素)。
- //D/parent∷*:选择 D 元素的所有父节点,共有 2 个节点(C、C 元素)。
- /A/B/C/D/ancestor∷*:选择 D 元素的所有祖先节点,共有 3 个节点(A、B 和 C 元素)。
- //D/ancestor∷*:选择 D 元素的所有祖先节点,共有 4 个节点(A、B、C 和 C 元素)。
- /A/B/following-sibling∷*:选取 A 下 B 后的所有兄弟节点,共有 2 个节点(B 和 C 元素)。

15.4 用 .NET Framework 类操作 XML 文档

15.4.1 XML 文档操作类

在 .NET Framework 中,System.Xml 命名空间为处理 XML 提供基于标准的支持,其中包含的常用类如下:

- XmlAttribute:表示一个属性。此属性的有效值和默认值在文档类型定义(DTD)或架构中进行定义。
- XmlAttributeCollection:表示可以按名称或索引访问的属性的集合。
- XmlDataDocument:允许通过相关的 DataSet 存储、检索和操作结构化数据。
- XmlDeclaration:表示 XML 声明节点:<?xml version='1.0'···? >。
- XmlDocument:表示 XML 文档。
- XmlDocumentType:表示文档类型声明。
- XmlElement:表示一个元素。
- XmlEntity:表示实体声明,例如<!ENTITY··· >。
- XmlNode:表示 XML 文档中的单个节点。
- XmlNodeList:表示排序的节点集合。
- XmlReader:表示提供对 XML 数据进行快速、非缓存、只进访问的读取器。
- XmlText:表示元素或属性的文本内容。
- XmlTextReader:表示提供对 XML 数据进行快速、非缓存、只进访问的读取器。
- XmlTextWriter:表示提供快速、非缓存、只进方法的编写器,该方法生成包含 XML 数据(这些数据符合 W3C 即万维网联合会 XML 1.0 和"XML 中的命名空间"建议)的流或文件。
- XmlWriter:表示一个编写器,该编写器提供一种快速、非缓存和只进的方式来生成包含 XML 数据的流或文件。

下面介绍一些主要的 XML 文档操作类。

1. XmlDocument 类

XmlDocument 类表示 XML 文档,该类提供了加载、新建、存储 XML 文档的相关操作。

其常用的属性如表 15.1 所示,常用的方法如表 15.2 所示。

表 15.1　XmlDocument 类常用的属性及其说明

属　　性	说　　明
ChildNodes	获取节点的所有子节点
DocumentElement	获取文档的根元素
FirstChild	获取节点的第一个子级
HasChildNodes	获取一个值,该值指示节点是否有任何子节点
InnerText	获取或设置节点及其所有子节点的串联值
InnerXml	获取或设置表示当前节点子级的标记
Item	获取指定的子元素
LastChild	获取节点的最后一个子级
Name	获取节点的限定名
NextSibling	获取紧接在该节点之后的节点
OuterXml	获取表示此节点及其所有子节点的标记
ParentNode	获取该节点(对于可以具有父级的节点)的父级
PreviousSibling	获取紧接在该节点之前的节点
Value	获取或设置节点的值

表 15.2　XmlDocument 类常用的方法及其说明

方　　法	说　　明
AppendChild	将指定的节点添加到该节点的子节点列表的末尾
CreateAttribute	创建具有指定名称的 XmlAttribute
CreateElement	创建 XmlElement
CreateNode	创建 XmlNode
CreateTextNode	创建具有指定文本的 XmlText
ImportNode	将节点从另一个文档导入到当前文档中
InsertAfter	将指定的节点紧接着插入指定的引用节点之后
InsertBefore	将指定的节点紧接着插入指定的引用节点之前
Load	加载指定的 XML 数据
LoadXml	从指定的字符串加载 XML 文档
ReadNode	根据 XmlReader 中的信息创建一个 XmlNode 对象。读取器必须定位在节点或属性上
RemoveChild	移除指定的子节点
ReplaceChild	用 newChild 节点替换子节点 oldChild
Save	将 XML 文档保存到指定的位置
SelectNodes	选择匹配 XPath 表达式的节点列表
SelectSingleNode	选择匹配 XPath 表达式的第一个 XmlNode

【例 15.1】　设计一个窗体,显示 stud.xml 文档中所有节点的值。

解:新建一个 Windows 应用程序项目 Proj15_1(存放在 H:\C#2005\ch15 文件夹中)。添加一个窗体 Form1(在引用部分添加 using System.Xml;),其中仅包含一个文本框 textBox1。在该窗体上设计如下事件过程:

C# 程序设计教程（第 2 版）

```
private void Form1_Load(object sender, EventArgs e)
{    XmlDocument myxmldoc = new XmlDocument();
     myxmldoc.Load("H:\\C#2005\\ch15\\stud.xml");
     textBox1.Text = myxmldoc.InnerText;        //InnerText 属性获取所有节点的值
}
```

执行本窗体,其结果如图 15.4 所示。

2. XmlNode 类

前面介绍过,XML 文档中的每一项都可以认为是一个节点,节点具有一组方法和属性等。一个 XmlNode 对象表示 XML 文档中的一个节点,它包括 XmlElement（元素）和 XmlAttribute（属性）等。XmlNode 类的常用属性如表 15.3 所示,其常用的方法如表 15.4 所示,其中的 NodeType 常用取值及其说明如表 15.5 所示。

图 15.4　Form1 执行结果

注意:XmlNode 类是一个抽象类,不能直接创建它的实例。

表 15.3　XmlNode 类常用的属性及其说明

属　　性	说　　明
Attributes	获取一个 XmlAttributeCollection,它包含该节点的属性
ChildNodes	获取节点的所有子节点
FirstChild	获取节点的第一个子级
HasChildNodes	获取一个值,该值指示节点是否有任何子节点
InnerText	获取或设置节点及其所有子节点的串联值
InnerXml	获取或设置仅代表该节点的子节点的标记
Item	获取指定的子元素
LastChild	获取节点的最后一个子级
Name	获取节点的限定名,对于元素即为标记名
NextSibling	获取紧接在该节点之后的节点
NodeType	获取当前节点的类型
OuterXml	获取表示此节点及其所有子节点的标记
ParentNode	获取该节点(对于可以具有父级的节点)的父级
PreviousSibling	获取紧接在该节点之前的节点
Value	获取或设置节点的值

表 15.4　XmlNode 类常用的方法及其说明

方　　法	说　　明
AppendChild	将指定的节点添加到该节点的子节点列表的末尾
InsertAfter	将指定的节点紧接着插入指定的引用节点之后
InsertBefore	将指定的节点紧接着插入指定的引用节点之前
PrependChild	将指定的节点添加到该节点的子节点列表的开头
RemoveAll	移除当前节点的所有子节点和/或属性
RemoveChild	移除指定的子节点

续表

方　法	说　明
ReplaceChild	用 newChild 节点替换子节点 oldChild
SelectNodes	选择匹配 XPath 表达式的节点列表
SelectSingleNode	选择匹配 XPath 表达式的第一个 XmlNode
WriteContentTo	当在派生类中被重写时,该节点的所有子节点会保存到指定的 XmlWriter 中
WriteTo	当在派生类中被重写时,将当前节点保存到指定的 XmlWriter 中

表 15.5　NodeType 属性取值及其说明

属　性　值	说　明
Attribute	属性,例如,id＝'123'
Comment	注释,例如,<!-- my comment -->
Document	作为文档树的根的文档对象提供对整个 XML 文档的访问
DocumentType	由以下标记指示的文档类型声明,例如,<!DOCTYPE…>
Element	元素,例如,<item>
EndElement	末尾元素标记,例如,</item>
Entity	实体声明,例如,<!ENTITY…>
EntityReference	实体引用,例如,#
Text	节点的文本内容
Whitespace	标记间的空白
XmlDeclaration	XML 声明,例如,<?xml version＝'1.0'?>

3. XmlNodeList 类

一个 XmlNodeList 对象表示排序的节点集合,每个节点为一个 XmlNode 对象。XmlNodeList 类的常用属性如表 15.6 所示,其常用的方法如表 15.7 所示。

表 15.6　XmlNodeList 类常用的属性及其说明

属　性	说　明
Count	获取 XmlNodeList 中的节点数
ItemOf	检索给定索引处的节点

表 15.7　XmlNodeList 类常用的方法及其说明

方　法	说　明
GetEnumerator	在 XmlNodeList 中节点集合上提供一个简单的 foreach 样式迭代
Item	检索给定索引处的节点

【例 15.2】　设计一个窗体,根据用户选择的学号显示 stud. xml 文档中该学生的所有信息。

解:在 Proj15_1 项目中添加一个窗体 Form2(在引用部分添加 using System. Xml;),其中有一个标签(label1)、一个组合框(comboBox1)、一个命令按钮(button1)和一个文本框 textBox1(其 MultiLine 属性设置为 true),如图 15.5 所示。在该窗体上设计如下事件

过程:

```
private void button1_Click(object sender, EventArgs e)
{    if (comboBox1.Text!= "")
    {    string xpath = "/学生表/学生[学号 = '" + comboBox1.Text + "']/descendant::*";
        XmlDocument myxmldoc = new XmlDocument();
        myxmldoc.Load("H:\\C#2005\\ch15\\stud.xml");
        XmlNodeList mynodes = myxmldoc.SelectNodes(xpath);
        textBox1.Text = "";
        foreach (XmlNode item in mynodes)
            textBox1.Text = textBox1.Text + item.Name + ":" + item.InnerText + "\r\n";
    }
    else
        MessageBox.Show("必须选择一个学号","信息提示");
}
private void Form2_Load(object sender, EventArgs e)
{    comboBox1.Items.Add("1");    comboBox1.Items.Add("2");
    comboBox1.Items.Add("3");    comboBox1.Items.Add("6");
    comboBox1.Items.Add("8");    comboBox1.Text = "";
}
```

其中 xpath 根据用户的选择构成一个条件表达式,在执行 XmlDocument 对象的 SelectNodes(xpath)方法时,选取指定学生的 5 个节点,并将其放在 mynodes 对象中,每个节点为一个 XmlNode 对象。通过 foreach 语句在文本框 textBox1 中输出各节点的名称和值。

执行本窗体,选取学号 6,单击"确定"命令按钮,其结果如图 15.6 所示。

图 15.5 Form2 设计界面

图 15.6 Form2 执行结果

4. XmlElement 类

XmlElement 类表示一个元素,它是 XmlNode 类的子类。其常用属性如表 15.8 所示,其常用的方法如表 15.9 所示。

表 15.8　XmlElement 类常用的属性及其说明

属　　　性	说　　　明
Attributes	获取包含该节点属性列表的 XmlAttributeCollection
ChildNodes	获取节点的所有子节点
FirstChild	获取节点的第一个子级
InnerText	获取或设置节点及其所有子级的串联值
InnerXml	获取或设置只表示此节点子级的标记
Item	获取指定的子元素
LastChild	获取节点的最后一个子级
Name	获取节点的限定名,即该元素的标记名
NextSibling	获取紧接在该元素后面的 XmlNode
NodeType	获取当前节点的类型
OuterXml	获取表示此节点及其所有子节点的标记
ParentNode	获取该节点的父节点
PreviousSibling	获取紧接在该节点之前的节点
Value	获取或设置节点的值

表 15.9　XmlElement 类常用的方法及其说明

方　　　法	说　　　明
AppendChild	将指定的节点添加到该节点的子节点列表的末尾
InsertAfter	将指定的节点紧接着插入指定的引用节点之后
InsertBefore	将指定的节点紧接着插入指定的引用节点之前
PrependChild	将指定的节点添加到该节点的子节点列表的开头
RemoveAll	移除当前节点的所有指定属性和子级,不移除默认属性
RemoveAllAttributes	从元素移除所有指定的属性,不移除默认属性
RemoveAttribute	移除指定的属性,如果移除的属性有一个默认值,则立即予以替换
RemoveAttributeAt	从元素中移除具有指定索引的属性节点,如果移除的属性有一个默认值,则立即予以替换
RemoveAttributeNode	移除 XmlAttribute
RemoveChild	移除指定的子节点
ReplaceChild	用 newChild 节点替换子节点 oldChild
SelectNodes	选择匹配 XPath 表达式的节点列表
SelectSingleNode	选择匹配 XPath 表达式的第一个 XmlNode
SetAttribute	设置指定属性的值
SetAttributeNode	添加一个新 XmlAttribute
WriteContentTo	将节点的所有子级保存到指定的 XmlWriter 中
WriteTo	将当前节点保存到指定的 XmlWriter 中

【例 15.3】　设计一个窗体,在文本框中显示 stud. xml 文档的第一个学生的相关信息。

解: 在 Proj15_1 项目中添加一个窗体 Form3(在引用部分添加 using System. Xml;),其中仅有一个文本框 textBox1(其 MultiLine 属性设置为 true)。在该窗体上设计如下事件过程:

```
private void Form3_Load(object sender, EventArgs e)
{    XmlDocument myxmldoc = new XmlDocument();
```

```
myxmldoc.Load("H:\\C#2005\\ch15\\stud.xml");
XmlElement myelem = (XmlElement)myxmldoc.DocumentElement.FirstChild;
textBox1.Text = "Name:" + myelem.Name + "\r\n";
textBox1.Text = textBox1.Text + "NodeType:" + myelem.NodeType + "\r\n";
textBox1.Text = textBox1.Text + "InnerText:" + myelem.InnerText + "\r\n";
textBox1.Text = textBox1.Text + "InnerXml:" + myelem.InnerXml + "\r\n";
textBox1.Text = textBox1.Text + "OuterXml:" + myelem.OuterXml + "\r\n";
}
```

其中，(XmlElement)myxmldoc.DocumentElement.
FirstChild 是获取 XML 文档根节点的第一个子节点并
将 其 强 制 转 换 为 XmlElement 类 型，然 后 调 用
XmlElement 类的相关属性获取结果。

执行本窗体，其结果如图 15.7 所示。

图 15.7　Form3 执行结果

5. XmlReader 类

表示提供对 XML 数据进行快速、非缓存、只进
访问的读取器。其常用属性如表 15.10 所示。其常
用的方法如表 15.11 所示。

XmlReader 类是一个抽象类，由它派生出 XmlTextReader 类。XmlTextReader 类具有
返回有关内容和节点类型等数据的方法。

表 15.10　XmlReader 类常用的属性及其说明

属　　性	说　　明
AttributeCount	获取当前节点上的属性数
Depth	获取 XML 文档中当前节点的深度
EOF	获取一个值，该值指示此读取器是否定位在流的结尾
Item	获取此属性的值
Name	获取当前节点的限定名
NodeType	获取当前节点的类型
ReadState	获取读取器的状态
Value	获取当前节点的文本值

表 15.11　XmlReader 类常用的方法及其说明

方　　法	说　　明
Close	当在派生类中被重写时，将 ReadState 更改为 Closed
Create	创建一个新的 XmlReader 实例
GetAttribute	获取属性的值
Read	从流中读取下一个节点
ReadInnerXml	将所有内容(包括标记)当做字符串读取
ReadOuterXml	读取表示该节点和所有它的子级的内容(包括标记)
ReadString	将元素或文本节点的内容当做字符串读取
ReadToFollowing	一直读取，直到找到命名元素
ReadToNextSibling	让 XmlReader 前进到下一个匹配的同级元素
Skip	跳过当前节点的子级

【例 15.4】　设计一个窗体,在文本框中显示 stud. xml 文档的所有学生的相关信息。

解:在 Proj15_1 项目中添加一个窗体 Form4(在引用部分添加 using System. Xml;),其中仅有一个文本框 textBox1(其 MultiLine 属性设置为 true)。在该窗体上设计如下事件过程:

```csharp
private void Form4_Load(object sender, EventArgs e)
{   string fpath = "H:\\C#2005\\ch15\\stud.xml";
    XmlTextReader myreader = new XmlTextReader(fpath);
    textBox1.Text = "";
    while (myreader.Read())
    {   if (myreader.NodeType == XmlNodeType.Element)     //元素节点
        {   for (int i = 0; i < myreader.Depth; i++)
                textBox1.Text = textBox1.Text + "   ";
            textBox1.Text = textBox1.Text + myreader.Name + ":";
            myreader.Read();                              //读下一个节点
            if (myreader.NodeType == XmlNodeType.Text)
                    //该节点有内容,输出内容并换行
                textBox1.Text = textBox1.Text + myreader.Value + "\r\n";
            else                                          //该节点没有内容,换一行
                textBox1.Text = textBox1.Text + "\r\n";
        }
    }
    myreader.Close();
}
```

在上述事件过程中,循环调用 XmlTextReader 类的 Read()方法来读取 stud. xml 文档的节点,对于元素节点,先根据其深度输出表示深度的若干空格,再输出其 Name 属性值,然后读取该节点的文本内容,若没有,只输出一个回车换行符,若有文本内容,输出文本内容后再输出一个回车换行符。

执行本窗体,其结果如图 15.8 所示。

15.4.2　XML 文档的节点操作

前面通过多个示例介绍了 XML 文档的查找操作。本小节将介绍使用相关类创建、修改和删除 XML 文档节点的方法。

1. 创建 XML 节点

可以通过向 XML 中插入新的节点来修改文档,首先需要创建新的节点。可以使用 XmlDocument 的 Create * 系列方法来实现这个功能。

针对不同的节点类型,Create * 系列方法有所不同,但都以 Create 开头,并以节点的类型结尾,如 CreateComment(创建注释)、CreateTextNode(创建叶子节点)等。另外,还可以使用 CreateNode 方法,结合

图 15.8　Form4 执行结果

C＃程序设计教程（第2版）

节点类型参数建立各种类型的节点，形式如下：

```
public virtual XmlNode CreateNode(XmlNodeType type,
string name,string namespaceURI);
```

其中，type 表示新节点的 XmlNodeType；name 表示新节点的标记名；namespaceURI 表示新节点的命名空间。

【例 15.5】 设计一个窗体，在 stud.xml 文档中学生姓名为"李兵"的元素之后插入籍贯为"北京"的元素，并在文本框中显示该学生的相关信息。

解：在 Proj15_1 项目中添加一个窗体 Form5（在引用部分添加 using System.Xml;），其中有一个文本框 textBox1（其 MultiLine 属性设置为 true）和一个命令按钮 button1。在该窗体上设计如下事件过程：

```
private void button1_Click(object sender, EventArgs e)
{    string xpath = "/学生表/学生[姓名='李兵']/姓名";
     XmlDocument myxmldoc = new XmlDocument();
     myxmldoc.Load("H:\\C#2005\\ch15\\stud.xml");
     XmlNode mynode = myxmldoc.SelectSingleNode(xpath);
     XmlNode newnode = myxmldoc.CreateNode(XmlNodeType.Element, "籍贯", null);
     newnode.InnerText = "北京";
     mynode.ParentNode.InsertAfter(newnode,mynode);
     textBox1.Text = mynode.ParentNode.InnerXml;
}
```

在上述事件过程中，先建立 newnode 节点（要插入的节点），找到姓名为"李兵"的元素（用 mynode 指示），然后使用 XmlDocument 类的 InsertAfter 方法进行插入。由于只能在父节点中插入子节点，所以使用了 mynode.ParentNode.InsertAfter(newnode,mynode) 语句，而不是 mynode.InsertAfter(newnode,mynode) 语句。

执行本窗体，单击"插入节点"命令按钮，其结果如图 15.9 所示。从中看到李兵的信息发生了改变，但 stud.xml 文件并没有同步改变。如果要改变 stud.xml 文件，可在上述事件过程的最后加上 myxmldoc.Save("H:\\C#2005\\ch15\\stud.xml")语句。

图 15.9　Form5 执行结果

2. 修改 XML 节点

修改 XML 节点的方法有很多种，常用的方法包括以下几种：

（1）使用 XmlNode.InnerText 属性修改节点的值。

（2）通过修改 XmlNode.InnerXml 属性来修改节点标记或其值。

（3）使用 XmlNode.ReplaceChild 方法，用新的节点来替换现有节点。

【例 15.6】 设计一个窗体，采用前面介绍的 3 种方法修改 stud.xml 文档中学生姓名为"李兵"的元素。

解：在 Proj15_1 项目中添加一个窗体 Form6（在引用部分添加 using System.Xml;），其中有 3 个文本框 textBox1～textBox3（它们的 MultiLine 属性均设置为 true）和一个命令按钮 button1。在该窗体上设计如下事件过程：

```
private void button1_Click(object sender, EventArgs e)
{   string xpath = "/学生表/学生[姓名 = '李兵']/姓名";
    XmlDocument myxmldoc = new XmlDocument();
    myxmldoc.Load("H:\\C#2005\\ch15\\stud.xml");
    XmlNode mynode = myxmldoc.SelectSingleNode(xpath);
    mynode.InnerText = "李宾";                           //第 1 种修改方法
    textBox1.Text = mynode.ParentNode.InnerXml;
    mynode.InnerXml = "<姓名>李滨</姓名>";               //第 2 种修改方法
    textBox2.Text = mynode.ParentNode.InnerXml;
    XmlNode newnode = myxmldoc.CreateNode(XmlNodeType.Element,"姓名", null);
                                          //第 3 种修改方法
    newnode.InnerXml = "<姓名>李斌</姓名>";
    mynode.ParentNode.ReplaceChild(newnode, mynode);
    textBox3.Text = newnode.ParentNode.InnerXml;
}
```

执行本窗体,单击"修改节点"命令按钮,其结果如图 15.10 所示。3 种方法修改节点后的结果分别在 3 个文本框中显示出来,从中看到这 3 种方法均可以修改 XML 节点。

3. 删除 XML 节点

删除一个节点非常简单,在使用 XPath 检索节点的基础上,可以使用 XmlDocument 或 XmlNode 对象的 RemoveChild 方法,删除一个指定的节点。如果想要删除所有的子孙节点,可以使用 RemoveAll 方法。

【例 15.7】 设计一个窗体,在 stud. xml 文档中删除姓名为"李兵"的元素。

解:在 Proj15_1 项目中添加一个窗体 Form7(在引用部分添加 using System. Xml;),其中有一个文本框 textBox1(其 MultiLine 属性设置为 true)和一个命令按钮 button1。在该窗体上设计如下事件过程:

```
private void button1_Click(object sender, EventArgs e)
{   string xpath = "/学生表/学生[姓名 = '李兵']/姓名";
    XmlDocument myxmldoc = new XmlDocument();
    myxmldoc.Load("H:\\C#2005\\ch15\\stud.xml");
    XmlNode mynode = myxmldoc.SelectSingleNode(xpath);
    mynode.ParentNode.RemoveChild(mynode);
    XmlNode mynode1 = myxmldoc.SelectSingleNode("/学生表/学生[学号 = '3']");
    textBox1.Text = mynode1.InnerXml;
}
```

执行本窗体,单击"删除节点"命令按钮,其结果如图 15.11 所示。从中已经删除了"姓名"节点。

图 15.10 Form6 执行结果

图 15.11 Form7 执行结果

15.5 DataSet 和 XML 文档的相互转换

在实际应用程序开发中,经常遇到 DataSet 数据集和 XML 文件进行相互转换的问题。本节通过示例介绍它们之间的相互转换方法。

15.5.1 将 XML 文档转换成 DataSet 数据

将 XML 文档转换成 DataSet 数据的方法是:先建立一个空的 DataSet 数据集,然后使用 DataSet 类的 ReadXml 方法,将指定的 XML 文件的数据读入该数据集中。

【例 15.8】 设计一个窗体,将 stud. xml 文件中的数据转换到一个 DataSet 数据集中,并在一个文本框中显示该数据集中的所有数据。

解:在 Proj15_1 项目中添加一个窗体 Form8(在引用部分添加 using System. Data. OleDb;),其中有一个文本框 textBox1(其 MultiLine 属性设置为 true)和一个命令按钮 button1。在该窗体上设计如下事件过程:

```
private void button1_Click(object sender, EventArgs e)
{   DataSet myds = new DataSet();
    myds. ReadXml("H:\\C#2005\\ch15\\stud. xml");
    foreach (DataTable table in myds. Tables)
{   textBox1. Text = "表名:" + table. TableName + "\r\n";
    foreach (DataRow row in table. Rows)
{   foreach (DataColumn column in table. Columns)
        textBox1. Text = textBox1. Text + "\t" + row[column];
    textBox1. Text = textBox1. Text + "\r\n";
    }
    }
}
```

执行本窗体,单击"读取数据"命令按钮,其结果如图 15.12 所示。其中文本框的数据是从 DataSet 数据集中提取的。

图 15.12 Form8 执行结果

15.5.2 将 DataSet 数据转换成 XML 文件

将 DataSet 数据转换成 XML 文件的方法是:先建立一个 DataSet 数据集并填充相关

数据,然后使用 DataSet 类的 WriteXml 方法将其中的数据写入到指定的 XML 文件中。

【**例 15.9**】　设计一个窗体,将 school. mdb 数据库中 student 表的所有记录转换成 stud1. xml 文件。

解:在 Proj15_1 项目中添加一个窗体 Form9(在引用部分添加 using System. Xml;和 using System. Data. OleDb;),其中有一个文本框 textBox1(其 MultiLine 属性设置为 true) 和一个命令按钮 button1。在该窗体上设计如下事件过程:

```csharp
private void button1_Click(object sender, EventArgs e)
{   string mystr, mysql;
    OleDbConnection myconn = new OleDbConnection();
    mystr = "Provider = Microsoft.Jet.OLEDB.4.0;Data Source = H:\\C#2005\\school.mdb";
    myconn.ConnectionString = mystr;
    myconn.Open();
    mysql = "SELECT * FROM student";
    OleDbDataAdapter myda = new OleDbDataAdapter(mysql,myconn);
    DataSet myds = new DataSet();
    myda.Fill(myds);
    myds.WriteXml("H:\\C#2005\\ch15\\stud1.xml");
    myconn.Close();
    Print();
}
private void Print()                              //输出 XML 文档内容
{   string fpath = "H:\\C#2005\\ch15\\stud1.xml";
    XmlTextReader myreader = new XmlTextReader(fpath);
    textBox1.Text = "";
    while (myreader.Read())
    {   if (myreader.NodeType == XmlNodeType.Element)
                          //元素节点
        {   for (int i = 0; i < myreader.Depth; i++)
                textBox1.Text = textBox1.Text + "    ";
            textBox1.Text = textBox1.Text +
                myreader.Name + ":";
            myreader.Read();         //读下一个节点
            if (myreader.NodeType == XmlNodeType.Text)
                //该节点有内容,输出内容并换行
                textBox1.Text = textBox1.Text +
                    myreader.Value + "\r\n";
            else     //该节点没有内容,换一行
                textBox1.Text = textBox1.Text + "\r\n";
        }
    }
    myreader.Close();
}
```

图 15.13　Form9 执行结果

执行本窗体,单击"写入到 XML 文件并显示"命令按钮,其结果如图 15.13 所示。其中文本框的数据是从 stud1. xml 文件中提取的。

练习题 15

1. 单项选择题

(1) XML 是_____。

A. 一种标准标记语言   B. 一种扩展标记语言

C. 一种超文本标记语言   D. 都不是

(2) 以下关于 XML 的叙述中错误的是_____。

A. XML 是 HTML 的升级产品   B. XML 文件中的节点区分大小写

C. XML 节点是成对出现的   D. XML 节点是可扩展的

(3) XML 文档操作类的命名空间是_____。

A. System. Data   B. System. Xml

C. System. Data. Xml   D. System. Xml. Data

(4) 以下关于 XPath 的叙述中错误的是_____。

A. XPath 表达式是指符合 W3C XPath 1.0 建议的字符串表达式

B. XPath 表达式用于在匹配 XML 文档结构树时能够准确地找到节点元素

C. 可以将 XPath 比做文件管理路径

D. 以上都不对

(5) 将 XML 文档转换成 DataSet 数据时需使用 DataSet 类的_____方法。

A. Open()   B. Read()

C. ReadXml()   D. WriteXml()

2. 问答题

(1) XML 文档和 HTML 文档有什么差别?

(2) 简述 XmlDocument 类的功能。

(3) 如何实现 DataSet 和 XML 文档的相互转换?

3. 编程题

(1) 在 Proj15_1 项目中设计一个窗体 EForm1,在 stud. xml 文档中查找学号为"6"的学生并显示,如图 15.14 所示。

(2) 在 Proj15_1 项目中设计一个窗体 EForm2,在 stud. xml 文档中查找所有"汉族"学生并显示,如图 15.15 所示。

图 15.14 编程题(1)窗体执行结果   图 15.15 编程题(2)窗体执行结果

（3）在 Proj15_1 项目中设计一个窗体 EForm3，在 stud.xml 文档中统计所有"07001"班的学生人数并显示，如图 15.16 所示。

（4）在 Proj15_1 项目中设计一个窗体 EForm4，在 stud.xml 文档中最后一个学生之后添加一个学号为"10"的学生并显示，如图 15.17 所示。

（5）在 Proj15_1 项目中设计一个窗体 EForm5，在 school 数据库中查询 score 表中所有成绩数据，将结果保存到 stud1.xml 文档中。

图 15.16　编程题(3)窗体执行结果　　图 15.17　编程题(4)窗体执行结果

4. 上机实验题

在 Proj15_1 项目中设计一个窗体 EForm6，完成以下功能：

（1）从 school 数据库中查询所有学生的学号、姓名、课程名和分数，并以学号升序排序，另外查询所有学生的平均分，将这些结果保存到 stud1.xml 文档中。

（2）从组合框中选择一个学生学号，单击"确定"命令按钮后在一个文本框中显示该学生的所有成绩记录和平均分。

例如，选择学号"6"后的结果如图 15.18 所示。

图 15.18　上机实验题窗体执行结果

第 16 章　　Web 应用程序设计

ASP. NET 是. NET Framework 的组成部分,作为 Internet/Intranet 开发 Web 应用程序(网站)的新一代工具,ASP. NET 兼容. NET 公共语言运行库所支持的任何语言,包括 C♯、Visual Basic 等。本章介绍 C♯创建动态 Web 应用程序的方法。

本章学习要点:
- 掌握 ASP. NET 的基本概念。
- 掌握开发 Web 应用程序的步骤。
- 掌握常用的 Web 服务器控件的使用方法。
- 使用 ASP. NET＋C♯开发较复杂的动态网站。

16.1　ASP. NET 概述

16.1.1　ASP. NET 的发展历程

ASP. NET 是作为. NET 框架体系结构的一部分推出的。2000 年 ASP. NET 1.0 正式发布,2003 年 ASP. NET 升级为 1.1 版本。2005 年 11 月微软公司又发布了 ASP. NET 2.0。ASP. NET 2.0 的发布是. NET 技术走向成熟的标志。ASP. NET 2.0 技术增加了大量方便、实用的新特性,是一种建立在公共语言运行库上的编程框架,可用于在服务器上开发功能强大的 Web 应用程序。它不但执行效率大幅度提高,对代码的控制也做得更好,并且支持 Web Controls 功能和多种语言,以高安全性、易管理性和高扩展性等特点著称。

16.1.2　ASP. NET 网页的组件

在 ASP. NET 网页中,用户的编程工作分为两个部分:可视元素和逻辑。

可视元素由一个包含静态标记(如 HTML 或 ASP. NET 服务器控件或两者)的文件组成。ASP. NET 网页用于要显示的静态文本和控件的容器。

ASP. NET 网页的逻辑由代码组成,这些代码由用户创建与页进行交互。代码可以驻留在页的 script 块中或者单独的类中。如果代码在单独的类文件中,则该文件称为"代码隐藏"文件。代码隐藏文件中的代码在本书中使用 C♯ 2005 来编写。

ASP. NET 网页编译为动态链接库(. dll)文件。使用者第一次浏览. aspx 页时,ASP. NET 自动生成表示该页的. NET 类文件,然后编译此文件。. dll 文件在服务器上执行,并动态生成页的 HTML 输出。该执行过程是在服务器端执行的,使用者只在客户端接收最后生成的 HTML 输出,而不用考虑基于 Web 的应用程序中固有的客户端和服务器隔离的实现细节。

16.1.3　ASP.NET 网页的执行方式

ASP. NET 页面作为代码在服务器上执行。因此,要得到处理,页面必须配置为当使用者触发交互时提交到服务器。每次页面都会传回服务器,以便再次执行其服务器代码,然后向使用者呈现其自身的新版本。ASP. NET 网页的执行方式如图 16.1 所示。

图 16.1　ASP. NET 网页的执行方式

只要使用者在该页面中操作,此循环就会继续。使用者每次单击按钮时,页面中的信息会发送到 Web 服务器中,然后该页面再次执行。每个循环称为一次"往返行程"。由于页面处理发生在 Web 服务器上,因此页面执行的每个操作需要一次到服务器的往返行程。ASP. NET 网页可以执行客户端脚本。客户端脚本不需要到服务器的往返行程,这对于使用者输入验证和某些类型的用户界面编程来说十分有用。

16.1.4　ASP.NET 页面的结构

ASP. NET 网页代码的模型由两部分组成,即可视元素(包括标记、服务器控件和静态文本)和页的编程逻辑(包括事件处理程序和其他代码)。

可视元素由一个包含静态标记(例如 HTML 或 ASP . NET 服务器控件或两者)的文件组成。ASP. NET 网页用做要显示的静态文本和控件的容器。

ASP. NET 网页的逻辑由代码组成,这些代码由用户创建以与页进行交互。代码可以驻留在网页的 script 块中或者单独的类中。如果代码在单独的类文件中,则该文件称为"代码隐藏"文件。代码隐藏文件中的代码可以使用 C♯ 和 Visual Basic 等来编写,本书使用前者。

ASP.NET 2.0 提供两种代码编写模型：单文件页模型和代码隐藏页模型。这两个模型功能相同，在两种模型中可以使用相同的控件和代码。

1. 单文件页模型

在单文件页模型中，页的标记及其编程代码位于同一个 .aspx 文件中。编程代码位于 script 块中，该块包含 runat="server" 属性，此属性将其标记为 ASP.NET 应执行的代码。

2. 代码隐藏页模型

通过代码隐藏模型，可以在一个文件(.aspx)中保留标记，并在另一个文件中保留编程代码。代码文件的名称会根据所使用的编程语言而有所变化。这种模型的优点是可以清楚地分隔标记(HTML 代码)和代码(程序代码)，适用于包含大量代码或多个开发人员共同创建网站的 Web 应用程序，便于程序的维护和升级。

16.2 开发 Web 应用程序的准备工作

开发 Web 应用程序之前应安装、管理和配置好 Web 服务器。

16.2.1 安装 Web 服务器

安装 Web 服务器实际上就是安装 IIS 服务器，IIS 是 Internet Information Server 的缩写，是 Windows 服务器操作系统中最重要的 Web 技术。

安装 IIS 组件的过程十分简单，这里不再介绍。在安装好 IIS 组件的计算机上，选择"开始"|"控制面板"|"管理工具"|"服务"命令，打开"服务"对话框，从列表中看到 IIS 已启动，如图 16.2 所示。表示 IIS 安装成功，当前的计算机就是一台 Web 服务器，下面就可以开发 Web 应用程序了。

图 16.2 "服务"对话框

16.2.2　管理和配置服务器

IIS 安装成功以后可以对服务器进行管理和配置。

1. 设置默认网站的属性

设置默认网站的属性的操作步骤如下：

（1）首先打开"控制面板"中的"管理工具"页面，可以看到"Internet 服务管理器"图标。双击该图标，将打开"Internet 信息服务"对话框，如图 16.3 所示。

图 16.3　"Internet 信息服务"对话框

（2）在对话框左侧选择"默认网站"节点，则右侧将显示默认的 Web 主目录下的目录以及文件信息。在对话框的工具栏上，有 3 个控制服务的按钮。按钮▶用来启动项目，按钮■用来停止项目，按钮▮▮用来暂停项目。可以通过这 3 个按钮控制服务器提供的服务内容。

（3）右击"默认网站"，从弹出的快捷菜单中选择"属性"命令，可以打开"默认网站 属性"对话框，如图 16.4 所示。在这个页面中可以设置站点的 IP 地址和 TCP 端口，端口号默认为 80。一般不需要对这个页面的内容进行修改。

图 16.4　设置默认网站的属性

C#程序设计教程(第2版)

单击"主目录"选项卡,可以设置 Web 站点的主目录,如图 16.5 所示。Web 站点默认的主目录是 C:\inetpub\wwwroot,可以将主目录设置为本地计算机上的其他目录,也可以设置为局域网上其他计算机的目录或者重定向到其他网址中。在此页面中,还可以设置应用程序选项。在"执行标限"组合框中有以下 3 种选择:

- 无:此 Web 站点不对 ASP. NET、JSP 等脚本文件提供支持。
- 纯脚本:此 Web 站点可以执行 ASP. NET、JSP 等脚本。
- 脚本和可执行程序:此 Web 站点除了可以执行 ASP. NET、JSP 等脚本文件外,还可以执行 EXE 等可执行文件。

注意:除非有必要,否则不建议直接修改默认网站的主目录,因为这并没有必要。如果不希望把 asp 文件存放到 C:\inetpub\wwwroot 目录下,可以通过设置虚拟目录来达到目的。

图 16.5　设置网站的主目录

2. 创建 IIS 的虚拟目录

使用 IIS 管理器创建 IIS 虚拟目录的操作步骤如下:

(1) 右击图 16.3 所示的"默认网站",从弹出的快捷菜单中选择"新建"|"虚拟目录"命令,如图 16.6 所示。

(2) 打开创建虚拟目录向导,如图 16.7 所示。单击"下一步"按钮,在如图 16.8 所示的窗口中的"别名"文本框中输入要建立虚拟目录的名称,这里输入 MyWeb。

(3) 单击"下一步"按钮,在打开的窗口中单击"浏览"按钮,选择要建立虚拟目录的实际文件夹,如图 16.9 所示。这里选择 H:\MyWeb 文件夹,单击"下一步"按钮。

(4) 在图 16.10 所示的窗口中设置虚拟目录的访问权限。

在访问权限控制中有"读取"、"执行脚本"、"执行"、"写入"和"浏览"等 5 个选项:"读取"权限也就是允许用户访问文件夹中的普通文件,如 HTML 文件、gif 文件等;"执行脚本"允许访问者执行 ASP. NET 脚本程序;"执行"允许访问者在服务器端执行 CGI 或 ISAPI 程序。

图 16.6　选择"新建"|"虚拟目录"命令

图 16.7　虚拟目录创建向导窗口

图 16.8　设置虚拟目录别名

图 16.9　选择虚拟目录文件夹

图 16.10　设置虚拟目录的访问权限

　　对于只存放 ASP. NET 文件的目录来说,应该启用"执行脚本"权限;对于既有 ASP. NET 文件,又有普通 HTML 文件的目录,应启用"执行脚本"和"读取"权限。建议采用默认设置即可,单击"下一步"按钮。

(5)出现如图 16.11 所示的窗口,单击"完成"按钮,这样成功创建好虚拟目录 MyWeb。

(6)在"默认网站"节点下有了一个 MyWeb 项,右击该项,在弹出的快捷菜单中选择"属性"命令,如图 16.12 所示。

图 16.11　虚拟目录创建完成

图 16.12　选择"属性"命令

(7)在打开的窗口中选择"目录安全性"选项卡,打开如图 16.13 所示的窗口,单击"编辑"按钮。

(8)打开如图 16.14 所示的对话框,勾选"集成 Windows 身份验证"复选框。单击"确定"按钮。

图 16.13　"目录安全性"选项卡

图 16.14　"身份验证方法"对话框

(9)回到图 16.13 所示的对话框,选择 ASP.NET 选项卡,打开如图 16.15 所示的"MyWeb 属性"对话框,从"ASP.NET 版本"下拉列表中选择 2.0.50727,表示配置

ASP. NET 2.0 版本。依次单击"确定"按钮。

图 16.15　"MyWeb 属性"对话框

这样就创建并配置好了虚拟目录 MyWeb。

16.3　创建一个简单的 Web 应用程序

本节通过一个实例说明在 Visual Studio 2005 中如何创建 ASP. NET Web 应用程序。

【例 16.1】　创建一个 Web 应用程序,根据用户输入 Access 数据库名称(在网站主目录的 App_Data 文件夹中查找该数据库文件)连接到该数据库。

解：操作步骤如下：

(1) 启动 Microsoft Visual Studio 2005,选择"文件"|"新建网站"命令,打开"新建网站"对话框,在"Visual Studio 已安装的模板"列表框中选择"ASP. NET 网站",在"位置"下拉列表中选择 HTTP,在"语言"下拉列表中选择 Visual C♯,如图 16.16 所示。

图 16.16　"新建网站"对话框

(2) 单击"浏览"按钮,打开如图 16.17 所示的"选择位置"对话框,从中选择 MyWeb 作为其保存的位置,单击"打开"按钮,再单击"确定"按钮。

图 16.17 "选择位置"对话框

说明:在"位置"下拉列表中可以选择"HTTP"、"文件系统"和"FTP"。若选中"文件系统"表示建立文件系统网站,此时在文件系统网站中,可以在任何所需的文件夹中创建和编辑文件,其位置可以在本地计算机上或是在通过网络共享访问的另一台计算机上的文件夹中,无须在计算机上执行 IIS,但可以发布到一个 HTTP 网站。若选中"HTTP"表示可以创建从其他计算机访问的网站,必须具有管理员权限才能创建或调试 IIS 网站。

(3) 打开如图 16.18 所示的 Web 窗体设计对话框,在解决方案管理器中可以看到自动生成一个名称为 Default.aspx 的 Web 窗体文件。另外,还自动生成了一个 App_Data 文件夹。在左边的"工具箱"中可以将看到各种控件。

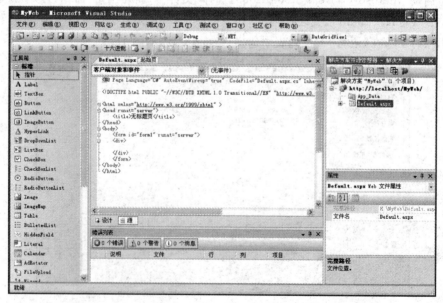

图 16.18 Web 窗体设计界面一

（4）为了能够打开 school.mdb 数据库，将该文件复制到 H:\MyWeb 的 App_Data 文件夹中。单击解决方案管理器工具栏上的 按钮，会看到 school.mdb 文件出现在解决方案管理器中。

（5）单击中部下方的 设计 按钮，切换到 Web 窗体设计模式，从"工具箱"中拖动两个 Label 控件（默认名称为 Label1 和 Label2，Web 程序设计中控件默认名以大写字母开头）和一个文本框控件（默认名称为 TextBox1）到 Web 窗体上，再拖动一个 Button 控件（默认名称为 Button1）到 Web 窗体上。此时这些控件是固定位置的，无法用鼠标拖动，可以选择"布局"|"位置"命令，选中"相对"选项（默认值为"未设置"，所以不能拖动）。将这些控件的宽度分别拉大到适当的尺寸。

右击上方的 label1 控件，从弹出的快捷菜单中选择"属性"命令，在属性窗口中单击 Font 属性，其下方出现的 Size（字体大小）属性，将其设置为 Small，再将其 Text 改为"数据库名称"。采用同样的方式将 Label2 控件和 Button1 控件的字体大小改为 Small，不改动 Label2 的 Text 属性，将 Button1 的 Text 改为"连接"。Web 窗体的设计界面如图 16.19 所示。单击下方的"源"选项卡，列出其对应的源程序（也就是前面介绍的可视元素部分），如图 16.20 所示。

图 16.19　Web 窗体设计界面二

（6）双击 button1 控件，出现代码编辑窗口，设计其事件过程。最后设计整个 Web 窗体的代码如下：

```
using System;
using System.Data.OleDb;              //新增引用
using System.Web;
public partial class _Default : System.Web.UI.Page
{
```

```
AutoEventWireup="true"  CodeFile="Default.aspx.cs" Inherits="_Default" %>

"-//W3C//DTD XHTML 1.0 Transitional//EN" "http://www.w3.org/TR/xhtml1/DTD/xhtml1-transitional.dtd">

w.w3.org/1999/xhtml" >

itle>

unat="server">

"Label1" runat="server" Font-Size="Small" Text="数据库名称" Width="75px"></asp:Label>
D="TextBox1" runat="server" Font-Size="Small"></asp:TextBox><br />

="Button1" runat="server" Font-Bold="True" OnClick="Button1_Click"
t: 30px; position: relative; top: -10px" Text="连接" /><br />
-"Label2" runat="server" Text="Label" Width="231px"></asp:Label></div>
```

图 16.20　Web 窗体的源程序界面

```
protected void Button1_Click(object sender, EventArgs e)
{    OleDbConnection myconn = new OleDbConnection();
     myconn.ConnectionString = "Provider = Microsoft.Jet.OLEDB.4.0;Data Source = " +
          Server.MapPath("App_Data") + "\\" + TextBox1.Text;
     myconn.Open();
     if (myconn.State ==   ConnectionState.Open)
          Label2.Text = "Access 数据库连接成功";
     else
          Label2.Text = "不能连接到 Access 数据库";
     myconn.Close();
}
}
```

上述代码就是该 Web 窗体的编程逻辑,它和前面几章介绍的窗体代码十分相似。但在这里将可视元素(对应图 16.20)和编程逻辑两部分分开,现在程序员的主要工作就是设计这类编程逻辑代码。

在上述代码中,Server 是服务器类,其 MapPath 方法返回其参数文件的实际物理路径。如,Server.MapPath("App_Data")返回 H:\MyWeb\App_Data。

(7) 单击▶按钮或按 F5 键,第一次执行时将有提示对话框出现,其界面如图 16.21所示。选中修改项(默认值),单击"确定"按钮,出现图浏览器界面,在文本框中输入school.mdb,单击"连接"命令按钮,其执行界面如图 16.22 所示,表示连接成功。

图 16.21　"未启动调试"对话框

图 16.22　Web 窗体执行界面

(8) 关闭网页后,在"解决方案资源管理器"中出现 Web.config 文件,它是网站配置文件,双击打开它,将其中的一行改为:

图 16.23　用 Internet Explorer
　　　　启动本网站

```
< compilation debug = "false"/>
```

(9) 启动 Internet Explorer 浏览器,输入地址为 http://localhost/myweb,按 Enter 键后会启动本网站,如图 16.23 所示。这样就隐藏了本网站的实际地址 H:\MyWeb,从而防止对本网站程序的攻击,这就是建立虚拟目录的好处。

说明:网站中的 App_Data 文件夹用于存放本地各类数据,它在创建网站时会自动生成。

16.4　基本 ASP.NET 服务器控件

在上一节的示例中使用了标签、文本框和命令按钮控件,这些都是 Web 控件。本节介绍 ASP.NET 中的 Web 窗体中使用的一些基本控件。所有的 Web 窗体控件都有 ID 属性,用于唯一标识该控件。另外各个控件都有自己的属性。

16.4.1　服务器控件概述

1. 什么是服务器控件

ASP.NET 2.0 提供了多种服务器控件。服务器控件是指在服务器上执行程序逻辑的组件。这些组件可能生成一定的用户界面,也可能不包括用户界面。每个服务器控件都包含一些属性、事件和方法等。

通常情况下,服务器控件都包含在 ASP.NET 页面中。当执行页面时,.NET 执行引擎将根据控件对象和程序逻辑完成一定的功能。例如,在客户端呈现用户界面,这时用户可与控件发生交互行为,当页面被用户提交时,控件可在服务器端引发事件,并由服务器端根据相关事件处理程序来进行事件处理。服务器控件是 Web Form 编程模型的重要元素,它们构成了一个新的基于控件的表单程序的基础。通过这种方式可以简化 Web 应用程序的开发,从而提高应用程序的开发效率。

根据服务器控件定义方式,可分为 HTML 服务器控件、Web 标准服务器控件和自定义服务器控件。

(1) HTML 服务器控件:这类服务器控件在命名空间 System.Web.UI.HtmlControls 中定义。它们由普通的 HTML 控件转换而来的,其呈现输出,基本上与普通 HTML 控件一样。

(2) Web 标准服务器控件:这类服务器控件在命名空间 System.Web.UI. WebControls 中定义。所谓"标准"是指这些服务器控件内置于 ASP.NET 2.0 框架中,是预先定义的。它们比 HTML 服务器控件功能更丰富。

(3) 自定义服务器控件:这类服务器控件在命名空间 Syatem.Web.UI.Control 或

C# 程序设计教程(第 2 版)

System. Web. UI. WebControls 中定义,它们由开发人员自行开发。

2. 服务器控件的属性、方法和事件

所有的服务器控件,都继承自 Control 类(Control 类在 System. Web. UI 命名空间中定义)。实际上 Control 类代表了服务器控件应该有的最小的功能集合。下面列出服务器控件共有的一些属性、方法和事件。服务器控件的属性主要来设置控件的外观如颜色、大小、字体等。服务器控件共有的常用属性如表 16.1 所示。

表 16.1　服务器控件共有的常用属性

属　　　　性	说　　　　明
ID	控件标识
Font-Bold	字体是否为粗体
Font-Italic	字体是否为斜体
Font-Name	字体名
Font-Size	字体大小
Text	控件上显示的文本
Visible	控件是否显示
BackColor	控件的背景色
ForeColor	控件的前景色

服务器控件的方法主要用为完成某些特定的任何如获取控件的类型、使服务器控件获得集点等。服务器控件共有的常用方法如表 16.2 所示。

表 16.2　服务器控件共有的常用方法

方　　　　法	说　　　　明
DataBind	完成数据绑定
Focus	获得焦点
GetType	获取当前实例的类型

服务器控件的事件用于当服务器进行到某个时刻触发从而完成某些任务。服务器控件共有的常用事件如表 16.3 所示。

表 16.3　服务器控件共有的常用事件

事　　　　件	说　　　　明
DataBinding	当一个控件上的 DataBind 方法被调用且该控件被绑定到一个数据源时触发该事件
Init	控件被初始化时触发该事件
Load	控件被装入页面时触发该事件,在 Init 后发生
Unload	从内存中卸载时触发该事件

3. 服务器控件的相关操作

主要介绍如何向页面中添加服务器控件和删除服务器控件。

1) 向页面中添加服务器控件

ASP. NET 的强大功能和便捷离不开工具箱中控件的支持。ASP. NET 2. 0 在

ASP. NET 1.1 的基础上新增了很多控件。开发人员可以通过以下 3 种方法添加服务器控件：

（1）双击实现添加控件：在 Web 页面上，把光标停留在要添加控件的位置上。在工具箱中找到想要添加的服务器控件然后双击，服务器控件就会呈现在 Web 页面上光标停留的位置。

（2）拖曳实现添加控件：在工具箱中找到想要添加的控件，然后拖曳到 Web 页想要添加控件的位置上。

（3）使用代码添加控件：还可以通过添加代码来实现添加控件。用户可以在 HTML 视图下，在想要添加控件的位置输入相应控件的代码。例如，添加一个文本输入框的代码如下：

```
< asp:TextBox id = "TextBox1" runat = "server"></asp. TextBox >
```

2）删除页面中服务器控件

删除页面中的控件有两种方法：一种方法是选中该控件，按键盘上的 Delete 键；另一种方法是选择该控件并单击鼠标右键，在弹出的快捷菜单中选择"删除"命令。

16.4.2 Label、Button 和 TextBox 控件

下面开始介绍一些常用的 Web 标准服务器控件。

Label 服务器控件（其在工具箱中的"标准"选项卡中的图标为 **A Label**）提供了一种以编程方式设置 Web 窗体页中文本的方法，这些文本在页面上是静态的；用户无法编辑。还可以将 Label 控件的 Text 属性绑定到数据源，以在页面上显示数据库信息。

Button 服务器控件（其在工具箱中的"标准"选项卡中的图标为 **ⓐⓑ Button**）通过用户操作完成特定工作和事务逻辑。其常用的事件有 Click（在单击 Button 控件时触发）。

TextBox 服务器控件（其在工具箱中的"标准"选项卡中的图标为 **abl TextBox**）为用户提供了一种向 Web 窗体输入信息（包括文本、数字和日期）的方法。通过对 TextBox 的 TextMode 属性进行设置可以得到不同的 TextBox，TextMode 属性值对应的 TextBox 类型如表 16.4 所示。另外，当用户更改 TextBox 的文本时触发 TextChanged 事件。

表 16.4 TextBox 的 TextMode 属性

属性值	含 义	说 明
SingleLine	单行	用户只能在一行中输入信息，还可以选择限制控件接受的字符数
MultiLine	多行	用户在显示多行并允许文本换行的框中输入信息
Password	密码	与单行 TextBox 控件类似，但用户输入的字符将以星号（＊）屏蔽，以隐藏这些信息。使用为密码设置的 TextBox 控件有助于确保其他人员观察用户输入密码时无法确知该密码。但是，输入的密码文本没有以任何方式进行加密，应像保护任何其他机密数据那样对它进行保护。例如，为了获得最大程度的安全性，在发送其中带有密码的窗体时，可以使用安全套接字层（SSL）和加密

16.4.3 DropDownList 控件

DropDownList（下拉列表框）服务器控件（其在工具箱中的"标准"选项卡中的图标为

(`DropDownList`)允许用户从预定义列表中选择某一项,其项列表在用户单击下拉列表以前一直保持隐藏状态。DropDownList 控件的其他常用属性如表 16.5 所示。

表 16.5　DropDownList 控件的其他常用属性

属　　性	说　　明
DataMember	当数据源包含多个不同的数据项列表时,获取或设置数据绑定控件绑定到的数据列表的名称
DataSource	获取或设置对象,数据绑定控件从该对象中检索其数据项列表
DataTextField	获取或设置为列表项提供文本内容的数据源字段
DataValueField	获取或设置为各列表项提供值的数据源字段
Items	获取列表控件项的集合
SelectedIndex	获取或设置 DropDownList 控件中的选定项的索引
SelectedItem	获取列表控件中索引最小的选定项
SelectedValue	获取列表控件中选定项的值,或选择列表控件中包含指定值的项

DropDownList 控件的 Items 属性是一个项集合,它的常用属性和方法分别如表 16.6 和表 16.7 所示。而 Items 集合中每个项又是一个 Item 对象,Item 对象的常用属性如表 16.8 所示。

表 16.6　Items 集合的常用属性及其说明

属　　性	说　　明
Count	Items 集合中项的个数
Item	检索 Items 集合中指定索引处的项

表 16.7　Items 集合的常用方法及其说明

方　　法	说　　明
Add	向 Items 集合中添加一个项
AddRange	向 Items 集合中添加一个项的数组
Clear	移除 Items 集合中的所有项
Contains	确定指定项是否在 Items 集合中
Equals	判断是否等于当前对象
GetType	获取当前实例的 Type
Insert	将一个项插入到 Items 集合中指定的索引处
IndexOf	检索指定的项在 Items 集合中的索引
Remove	从 Items 集合中移除指定的项
RemoveAt	移除 Items 集合中指定索引处的项

表 16.8　DropDownList 控件中项的属性

属　　性	说　　明
Text	列表中显示的文本
Value	与某个项关联的值。设置此属性可使您将该值与特定的项关联而不显示该值。例如,可以将 Text 属性设置为某个学生的名称,而将 Value 属性设置为该学生的学号
Selected	布尔值,指示该项是否被选定

【**例 16.2**】　设计一个 Web 窗体,当用户从下拉列表中选择学生姓名和班号时,程序将用户选择的学生姓名和班号显示出来。

解:具体步骤如下:

(1) 在前面建立的 MyWeb 网站的解决方案管理器中,右击项目名,在弹出的快捷菜单中选择"添加新项"命令(或者选择"网站"|"添加新项"命令),出现如图 16.24 所示的对话框,选中"Web 窗体",修改名称为 WebForm2,单击"添加"按钮。

图 16.24　"添加新项"对话框

(2) 设计 WebForm2 的页面,添加 3 个 Label 控件(其中 Label1 的 Text 为"姓名",Label2 的 Text 为"班号")、两个 DropDownList 控件(从上到下分别为 DropDownList1 和 DropDownList2)和一个 Button 控件(其 Text 为"班号"),并适当调整其位置,如图 16.25 所示。

(3) 在该窗体上设计如下代码:

```
using System;
using System.Data.OleDb;      //新增引用
using System.Web;
public partial class WebForm2 : System.Web.UI.Page
{   protected void Page_Init(object sender, EventArgs e)
    {   OleDbConnection myconn = new OleDbConnection();
        myconn.ConnectionString = "Provider = Microsoft.Jet.OLEDB.4.0;Data Source = " +
            Server.MapPath("App_Data") + "\\school.mdb";
        OleDbCommand mycmd = new OleDbCommand("SELECT 姓名 FROM student", myconn);
        myconn.Open();
        OleDbDataReader myreader = mycmd.ExecuteReader();
        DropDownList1.DataSource = myreader;
        DropDownList1.DataTextField = "姓名";
        DropDownList1.DataBind();    //上面的绑定在调用该方法时才执行
        OleDbCommand mycmd1 = new OleDbCommand("SELECT distinct 班号 " +
            "FROM student", myconn);
        OleDbDataReader myreader1 = mycmd1.ExecuteReader();
```

```
            DropDownList2.DataSource = myreader1;
            DropDownList2.DataTextField = "班号";
            DropDownList2.DataBind();    //上面的绑定在调用该方法时才执行
            myreader.Close();
            myreader1.Close();
            myconn.Close();
            Label3.Text = "";
        }
    protected void  Button1_Click(object sender, EventArgs e)
    {   Label3.Text = "学生'" + DropDownList1.Text + "'属于'" +
            DropDownList2.SelectedValue  + "'班";
        }
    }
```

(4) 执行本窗体,在姓名下拉列表框中选择"马棋",在班号下拉列表框中选择"07002",单击"提交"命令按钮,其结果如图 16.26 所示。

图 16.25　WebForm2 设计界面　　　　图 16.26　WebForm2 执行界面

16.4.4　CheckBox、CheckBoxList、RadioButton 和 RadioButtonList 控件

CheckBox(复选框,其在工具箱中的"标准"选项卡中的图标为 ☑ CheckBox)和 CheckBoxList(复选框组,其在工具箱中的"标准"选项卡中的图标为 ▤ CheckBoxList)服务器控件为用户提供了一种在真/假、是/否或开/关选项之间切换的方法。前者包含一个复选框,后者是由一组复选框组成。

CheckBox 控件的常用属性如表 16.9 所示。CheckBoxList 控件的常用属性如表 16.10 所示。其中 Items 属性是 CheckBox 对象的集合,Items 的属性和方法与表 16.6 和表 16.7 类似。

表 16.9　CheckBox 控件常用属性及其说明

属　　性	说　　明
Checked	获取或设置一个值,该值指示是否已选中 CheckBox 控件
TextAlign	获取或设置与 CheckBox 控件关联的文本标签的对齐方式

表 16.10　CheckBoxList 控件常用属性及其说明

属　性	说　明
DataMember	获取或设置数据绑定控件绑定到的数据列的名称
DataSource	获取或设置对象,数据绑定控件从该对象中检索其数据项列表
DataTextField	获取或设置为列表项提供文本内容的数据源字段
DataValueField	获取或设置为各列表项提供值的数据源字段
Items	获取列表控件项的集合
SelectedIndex	获取或设置列表中选定项的最低序号索引
SelectedItem	获取列表控件中索引最小的选定项
SelectedValue	获取列表控件中选定项的值,或选择列表控件中包含指定值的项

RadioButton(单选按钮,其在工具箱中的"标准"选项卡中的图标为 ⊙ RadioButton)和 RadioButtonList(单选按钮组,其在工具箱中的"标准"选项卡中的图标为 ≋ RadioButtonList) 服务器控件允许用户从一个预定义的选项中选择一项。它们之间的关系与 CheckBox/ CheckBoxList 类似,这里不多介绍。

【例 16.3】 设计一个 Web 窗体,用户可以选择学生相关信息并提交。

解:具体步骤如下:

(1) 在前面建立的 MyWeb 网站中添加一个名称为"WebForm3"的 Web 窗体。

(2) 设计 WebForm3 的页面,选择"布局"|"插入表"菜单命令,在页面中插入一个 5 行 2 列的表,进入属性窗口,将其 Border、CellPadding 和 CellSpacing 属性均设置为 1,这样在页面中可以看到该表的各单元。

选中第一行的两列,单击鼠标右键,在弹出的快捷菜单中选择"合并单元格"命令,这样将两个列合并,在其中添加两个 RadioButton 控件(其中 RadioButton1 的 Text 为"男", RadioButton2 的 Text 为"女")。

在第 2 行的第一列中放入一个 RadioButtonList 控件 RadioButtonList1(在其属性窗口中单击 Items 属性进入"ListItem 集合编辑器"对话框,设置它的各项如图 16.27 所示);在第 2 行的第 2 列中放入一个 CheckButtonList 控件 CheckButtonList1(在其属性窗口中单击 Items 属性进入"ListItem 集合编辑器"对话框,设置它的各项如图 16.28 所示)和一个 CheckBox 控件 CheckBox1。并适当调整位置,如图 16.29 所示。

图 16.27　设置 RadioButtonList 控件的项

图 16.28　设置 CheckButtonList 控件的项

选中第 3 行的两列，单击鼠标右键，在弹出的快捷菜单中选择"合并单元格"命令，这样将两个列合并，在其中放入一个 CheckBox 控件 CheckBox1（其 Text 属性改为"是否三好生"）。

选中第 4 行的两列，单击鼠标右键，在弹出的快捷菜单中选择"合并单元格"命令，这样将两个列合并，在其中放入一个 Button 控件 Button1（其 Text 属性改为"提交"，前景色设置为红色）。

选中第 5 行的两列，单击鼠标右键，在出现的快捷菜单中选择"合并单元格"命令，这样将两个列合并，在其中放入一个 Label 控件 Label1（修改其字体大小为 Small，前景色设置为蓝色）。

（3）在该窗体上设计如下代码：

```
using System;
using System.Web;
public partial class WebForm3 : System.Web.UI.Page
{
    protected void Button1_Click(object sender, EventArgs e)
    {   string result = "";
        if (RadioButton1.Checked)                          //判断性别
            result += "性别: 女<br>";                       //<br>为屏幕换行
        else
            result += "性别: 男<br>";
        if (RadioButtonList1.SelectedItem != null)         //判断年龄
            result += "年龄: " + RadioButtonList1.SelectedItem.Text + "<br>";
        if (CheckBoxList1.SelectedIndex > -1)              //读取爱好信息
        {   result += "爱好: ";
            for (int i = 0;i <= CheckBoxList1.Items.Count - 1;i++)
                if (CheckBoxList1.Items[i].Selected)
                    result += CheckBoxList1.Items[i].Text + " ";
            result += "<br>";
        }
        if (CheckBox1.Checked)                             //是否为三好生
            result += "该生是三好生";
        Label1.Text = result;
    }
}
```

（4）执行本窗体，选择一些项后单击"提交"命令按钮，其结果如图 16.30 所示。

图 16.29　WebForm3 设计界面

图 16.30　WebForm3 执行界面

16.4.5 数据验证控件

在 ASP. NET 中,提供了以下 6 种数据验证控件(它们位于"工具箱"的"验证"部分,可以拖曳到窗体上):

(1) RequiredFieldValidator:又称非空验证控件(其在工具箱中的"验证"选项卡中的图标为 `RequiredFieldValidator`)。确保用户在 Web 窗体页上输入数据时不会跳过必填字段,也就是说,检查被验证控件的输入是否为空,如果为空,则在网页中显示提示信息。

(2) CompareValidator:又称比较验证控件(其在工具箱中的"验证"选项卡中的图标为 `CompareValidator`)。将用户的输入与常数值(由 ValueToCompare 属性指定)、另一个控件(由 ControlToCompare 属性指定)的属性值进行比较,若不相同,则在网页中显示提示信息。

(3) RangeValidator:又称范围验证控件(其在工具箱中的"验证"选项卡中的图标为 `RangeValidator`)。确保用户输入的值在指定的上下限范围之内,当输入不在验证的范围内时,则在网页中显示提示信息。

(4) RegularExpressionValidator:又称正则表达式验证控件(其在工具箱中的"验证"选项卡中的图标为 `RegularExpressionValidator`)。确保用户输入信息匹配正则表达式指定的模式(由 ValidationExpression 属性指定),例如,要验证用户输入的是否为 E-mail 地址,只要使用 E-mail 的正则表达式来验证用户输入即可,若不符合,则在网页中显示提示信息。

(5) CustomValidator:又称自定义验证控件(其在工具箱中的"验证"选项卡中的图标为 `CustomValidator`)。确保用户输入的内容符合自己创建的验证逻辑。

(6) ValidationSummary:又称错误总结控件(其在工具箱中的"验证"选项卡中的图标为 `ValidationSummary`)。提供一个集中显示验证错误信息的地方,将本网页中所有验证控件错误信息组织好并一同显示出来。

其中常用的为前 5 种控件,最后一个主要用于集中显示信息。对于前 5 种控件而言,它们具备一些相同而重要的属性,这些属性以及含义如表 16.11 所示。

表 16.11 验证控件重要的属性

属 性	意 义
ControlToValidate	正在验证的控件的 ID
ErrorMessage	验证失败时要显示的错误的文本

【例 16.4】 设计一个 Web 窗体,说明数据验证控件的使用方法。

解:具体步骤如下:

(1) 在前面建立的 MyWeb 网站中添加一个名称为 WebForm4 的 Web 窗体。

(2) 设计 WebForm4 的页面如图 16.31 所示。其中有一个 6 行 3 列的表,在它前 4 行的第 1 列中输入文本,如"姓名"等,在它前 4 行的第 2 列中均添加一个文本框,分别为 TextBox1~TextBox4,另有一个命令按钮 Button1 和一个标签 Label1,它们的属性如表 16.12 所示。

再在 WebForm4 窗体中添加两个 RequiredFieldValidator 控件、一个 CompareValidator 控

C# 程序设计教程(第 2 版)

件和一个 RegularExpressionValidator 控件(表的前 4 行的第 3 列中放置这些控件),其属性设置如表 16.13 所示。并按图 16.31 所示调整控件位置。

表 16.12　控件属性

控件类型	ID 属性	Text 属性	其他属性
TextBox	TextBox1	空	
TextBox	TextBox2	空	TextMode：Password
TextBox	TextBox3	空	TextMode：Password
TextBox	TextBox4	空	
Button	Button1	提交	
Label	Label1	空	

表 16.13　验证控件属性

控件类型	ID 属性	ControlToValidate	ErrorMessage
RequiredFieldValidator	RequiredFieldValidator1	TextBox1	姓名必须填写
RequiredFieldValidator	RequiredFieldValidator2	TextBox2	密码必须填写
CompareValidator	CompareValidator1	TextBox3	两次密码不匹配
RegularExpressionValidator	RegularExpressionValidator1	TextBox4	邮箱格式错误

另外设置 CompareValidator1 控件的 ControlToCompare 属性为 TextBox2(表示和 TextBox2 中文本进行比较),设置 RegularExpressionValidator1 控件的 ValidationExpression 属性为"Internet 电子邮件地址"。

(3) 在该窗体上设计如下代码:

```
using System;
using System.Web;
public partial class WebForm4 : System.Web.UI.Page
{
    protected void Page_Init(object sender, EventArgs e)
    {   Label1.Text = "";   }
    protected void Button1_Click(object sender, EventArgs e)
    {   if (Page.IsValid )   //用户输入均有效
        {   Label1.Text += TextBox1.Text + " ";
            Label1.Text += "的密码为:" + TextBox2.Text + " ";
            Label1.Text += "邮箱为:" + TextBox4.Text;
        }
    }
}
```

(4) 执行本窗体,在输入时,若两次输入密码不对,其结果如图 16.32 所示。若邮箱输入不对,其结果如图 16.33 所示。若输入均正确,单击"提交"命令按钮,其结果如图 16.34 所示。

图 16.31 WebForm4 设计界面

图 16.32 WebForm4 执行界面一

图 16.33 WebForm4 执行界面二

图 16.34 WebForm4 执行界面三

16.4.6 链接控件

在 ASP. NET 中,链接控件主要有 LinkButton、ImageButton 和 HyperLink 控件。

(1) LinkButton:又称超级链接控件(其在工具箱中的"标准"选项卡中的图标为 `LinkButton`),该控件功能上与 Button 控件相似,但 LinkButton 控件以超级链接的形式显示。

(2) ImageButton:又称图像按钮控件(其在工具箱中的"标准"选项卡中的图标为 `ImageButton`),用于显示图像,在功能上与 Button 控件相同。

(3) HyperLink:又称超级链接控件(其在工具箱中的"标准"选项卡中的图标为 `HyperLink`),功能上与 HTML 的"<a href="">"相似。

LinkButton、ImageButton 和 HyperLink 控件的常用属性分别如表 16.14、表 16.15 和表 16.16 所示。

表 16.14 **LinkButton 控件的常用属性及其说明**

属 性	说 明
CausesValidation	获取或设置一个值,该值指示在单击 LinkButton 控件时是否执行验证
OnClientClick	获取或设置在引发某个 LinkButton 控件的 Click 事件时所执行的客户端脚本
PostBackUrl	获取或设置单击 LinkButton 控件时从当前页发送到的网页的 URL

表 16.15 **ImageButton 控件的常用属性及其说明**

属 性	说 明
CausesValidation	获取或设置一个值,该值指示在单击 ImageButton 控件时是否执行验证
ImageAlign	获取或设置 Image 控件相对于网页上其他元素的对齐方式
ImageUrl	获取或设置在 Image 控件中显示的图像的位置
OnClientClick	获取或设置在引发 ImageButton 控件的 Click 事件时所执行的客户端脚本
PostBackUrl	获取或设置单击 ImageButton 控件时从当前页发送到的网页的 URL

表 16.16 **HyperLink 控件的常用属性及其说明**

属 性	说 明
ImageUrl	获取或设置为 HyperLink 控件显示的图像的路径
NavigateUrl	获取或设置单击 HyperLink 控件时链接到的 URL
Target	获取或设置单击 HyperLink 控件时显示链接到的网页内容的目标窗口或框架,可取如下值: (1) _blank:将内容呈现在一个没有框架的新窗口中。 (2) _parent:将内容呈现在上一个框架集父级中。 (3) _search:在搜索窗口中呈现内容。 (4) _self:将内容呈现在含焦点的框架中。 (5) _top:将内容呈现在没有框架的全窗口中

【例 16.5】 设计一个 Web 窗体,放置 LinkButton1、ImageButton1 和 HyperLink1 等控件,单击时分别转向 WebForm2、WebForm3 和 WebForm4 网页。

解: 具体步骤如下:

(1) 在前面建立的 MyWeb 网站中添加一个名称为 WebForm5 的 Web 窗体。

(2) 在 H:\MyWeb 文件夹中新建一个 Image 文件夹,其中放置一个“转向 WebForm3”字样的图像文件 pic.jpg。

(3) 在该 Web 窗体中添加 LinkButton1、ImageButton1 和 HyperLink1 共 3 个控件。

将 LinkButton1 控件的 PostBackUrl 属性指定为~/WebForm2.aspx,Text 属性设置为“转向 WebForm2”。

将 ImageButton1 控件的 ImageUrl 属性指定为~/image/pic.jpg,PostBackUrlt 属性指定为/WebForm3.aspx。

将 HyperLink1 控件的 NavigateUrl 属性指定为~/WebForm4.aspxt~/WebForm2.aspx,Text 属性设置为“转向 WebForm4”。

并调整这些控件位置和 Font 属性。

(4) 执行本窗体,其结果如图 16.35 所示。单击各控件会转向相应的 Web 窗体即网页。

图 16.35　WebForm5 执行界面

16.5　高级 ASP.NET 服务器端控件

本节所讲述的高级控件指的是 ASP.NET 中的数据控件：AccessDataSource、GridView、DetailsView 和 Repeater 控件。第一个控件用于数据库连接与操作，后 3 个都可以用来非常方便地显示数据。

16.5.1　AccessDataSource 控件

AccessDataSource 控件（从 SqlDataSource 继承）是使用 Access 数据库的数据源控件，它在工具箱中的"数据"选项卡的图标为 AccessDataSource。它可以连接到 Access 数据库，从中检索数据，并使得其他数据显示控件（如 GridView 等控件）可以绑定到该数据源。

使用 AccessDataSource 控件访问数据，只需要提供用于连接到数据库的连接字符串，并定义访问数据的 SQL 语句或存储过程即可，执行时，AccessDataSource 控件会自动打开与数据库的连接，执行相应的 SQL 语句或存储过程，完成数据访问后会自动关闭连接。

1. AccessDataSource 控件常用的属性和方法

AccessDataSource 控件的常用属性如表 16.17 所示（其中，AccessDataSourceView 对象支持 AccessDataSource 控件并为数据绑定控件提供一个接口，以使用结构化查询语言 SQL 对 Access 数据库执行数据检索）。其常用方法如表 16.18 所示。

表 16.17　AccessDataSource 控件的常用属性

属　　性	说　　明
CacheDuration	获取或设置以秒为单位的一段时间，它是数据源控件缓存 Select 方法所检索到的数据的时间
CacheExpirationPolicy	获取或设置缓存的到期行为，该行为与持续时间组合在一起可以描述数据源控件所用缓存的行为
ConnectionString	获取用来连接到 Access 数据库的连接字符串
DataFile	获取或设置 Access.mdb 文件的位置
DataSourceMode	获取或设置 AccessDataSource 控件获取数据所用的数据检索模式
DeleteCommand	获取或设置 AccessDataSource 控件从基础数据库删除数据所用的 SQL 字符串

C#程序设计教程(第 2 版)

属　　性	说　　明
DeleteCommandType	获取或设置一个值,该值指示 DeleteCommand 属性中的文本是 SQL 语句还是存储过程的名称
DeleteParameters	从与 AccessDataSource 控件相关联的 AccessDataSourceView 对象获取包含 DeleteCommand 属性所使用的参数的参数集合
EnableCaching	获取或设置一个值,该值指示 AccessDataSource 控件是否启用数据缓存
FilterExpression	获取或设置调用 Select 方法时应用的筛选表达式
FilterParameters	获取与 FilterExpression 字符串中的任何参数占位符关联的参数的集合
InsertCommand	获取或设置 AccessDataSource 控件将数据插入基础数据库所用的 SQL 字符串
InsertCommandType	获取或设置一个值,该值指示 InsertCommand 属性中的文本是 SQL 语句还是存储过程的名称
InsertParameters	从与 AccessDataSource 控件相关联的 AccessDataSourceView 对象获取包含 InsertCommand 属性所使用的参数的参数集合
SelectCommand	获取或设置 AccessDataSource 控件从基础数据库检索数据所用的 SQL 字符串
SelectCommandType	获取或设置一个值,该值指示 SelectCommand 属性中的文本是 SQL 查询还是存储过程的名称
SelectParameters	从与 AccessDataSource 控件相关联的 AccessDataSourceView 对象获取包含 SelectCommand 属性所使用的参数的参数集合
SortParameterName	获取或设置在使用存储过程执行数据检索时用于排序检索数据的存储过程参数的名称
UpdateCommand	获取或设置 AccessDataSource 控件更新基础数据库中的数据所用的 SQL 字符串
UpdateCommandType	获取或设置一个值,该值指示 UpdateCommand 属性中的文本是 SQL 语句还是存储过程的名称
UpdateParameters	从与 AccessDataSource 控件相关联的 AccessDataSourceView 控件获取包含 UpdateCommand 属性所使用的参数的参数集合

表 16.18　AccessDataSource 控件的常用方法

方　　法	说　　明
DataBind	将数据源绑定到被调用的服务器控件及其所有子控件
Delete	使用 DeleteCommand SQL 字符串和 DeleteParameters 集合中所有参数执行删除操作
Insert	使用 InsertCommand SQL 字符串和 InsertParameters 集合中所有参数执行插入操作
Select	使用 SelectCommand SQL 字符串以及 SelectParameters 集合中所有参数从基础数据库中检索数据
Update	使用 UpdateCommand SQL 字符串和 UpdateParameters 集合中所有参数执行更新操作

2. AccessDataSource 控件的功能

AccessDataSource 控件的一个独特之处是不用设置 ConnectionString 属性。只需要使用 DataFile 属性设置 Access.mdb 文件的位置,AccessDataSource 控件负责维护数据库的基础连接。通常应该将 Access 数据库放在网站的 App_Data 文件夹中,并用相对路径(如 ~/App_Data/school.mdb)引用它们。此位置可以为数据文件提供额外的安全性,如果直接由客户端 Web 浏览器请求这些数据文件,不会提供它们。

AccessDataSource 控件不支持连接到受用户名或密码保护的 Access 数据库,因为无法设置 ConnectionString 属性。如果 Access 数据库受用户名或密码保护,需改用 SqlDataSource 控件连接到数据库,以便可以指定完整的连接字符串。

表 16.19 描述了 AccessDataSource 控件的功能。

表 16.19 AccessDataSource 控件的功能

功能	要　求
排序	将 DataSourceMode 属性设置为 DataSet 值
筛选	将 FilterExpression 属性设置为在调用 Select 方法时用于筛选数据的筛选表达式
分页	AccessDataSource 不支持直接在 Access 数据库上进行分页操作。如果将 DataSourceMode 属性设置为 DataSet 值,则数据绑定控件(如 GridView 控件)可以在 AccessDataSource 返回的项上进行分页
更新	将 UpdateCommand 属性设置为用来更新数据的 SQL 语句。此语句通常是参数化的
删除	将 DeleteCommand 属性设置为用来删除数据的 SQL 语句。此语句通常是参数化的
插入	将 InsertCommand 属性设置为用来插入数据的 SQL 语句。此语句通常是参数化的
缓存	将 DataSourceMode 属性设置为 DataSet 值,EnableCaching 属性设置为 true,并根据希望缓存数据所具有的缓存行为设置 CacheDuration 和 CacheExpirationPolicy 属性

3. 配置 AccessDataSource 控件的过程

配置 AccessDataSource 控件的步骤如下:

(1) 将一个 AccessDataSource 控件 AccessDataSource1 放到窗体中,然后单击 AccessDataSource1 控件的任务框中的 ▶ 图标,选择"配置数据源"选项,如图 16.36 所示。打开用于配置数据源的向导,如图 16.37 所示。

图 16.36 AccessDataSource 控件的任务框

图 16.37 配置数据源向导

(2) 单击"浏览"按钮,打开"选择 Microsoft Access 数据库"对话框,从项目文件夹列表框中单击 App_Data 项,在文件夹内容列表框中单击 school. mdb,如图 16.38 所示,单击"确定"按钮。

图 16.38 "选择 Microsoft Access 数据库"对话框

(3) 单击"下一步"按钮,配置 Select 语句,选择要查询的表以及所要查询的列,如图 16.39 所示,这里选择 student 表及所有列。

图 16.39 配置 Select 语句

(4) 最后,单击"下一步"按钮,测试查询结果。单击"测试查询"按钮,将查询结果显示在窗口中,如图 16.40 所示。单击"完成"按钮,完成数据源配置及连接数据库。

16.5.2 GridView 控件

GridView 控件可以将各种不同数据源中的数据以表格的形式显示在页面中,它在工具箱中的"数据"选项卡中,图标为 ⊞ GridView。这些数据源可以是数据库、XML 文件或公开数据的业务对象。并且可以对这些数据进行编辑和删除操作,还可以很方便地对数据进行分

图 16.40　"测试查询"对话框

页、排序、选择操作。另外，Visual Studio 2005 还为该控件提供各种套用格式，只需要简单地选择，就可以完成一个漂亮的页面。

1. GridView 控件常用的属性、方法和事件

GridView 控件常用属性及说明如表 16.20 所示。其常用方法及说明如表 16.21 所示。其常用事件及说明如表 16.22 所示。

表 16.20　GridView 控件常用属性及说明

属　性	说　明
AIlowPaging	获取或设置一个值，该值指示是否启用分页功能
AIlowSorting	获取或设置一个值，该值指示是否启用排序功能
AutoGenerateColumns	获取或设置一个值，该值指示是否为数据源中的每个字段自动创建绑定字段
DataKeyNames	获取或设置一个数组，该数组包含了显示在 GridView 控件中的项的主键字段的名称
DataKeys	获取一个 DataKey 对象集合，这些对象表示 GridView 控件中的每一行的数据键值
DataMember	当数据源包含多个不同的数据项列表时，获取或设置数据绑定控件绑定到的数据列表的名称
DataSource	获取或设置对象，数据绑定控件从该对象中检索其数据项列表
DataSourceID	获取或设置控件的 ID，数据绑定控件从该控件中检索其数据项列表
HorizontatAlign	获取或设置 GridView 控件在页面上的水平对齐方式
PageCount	获取在 GridView 控件中显示数据源记录所需的页数
PageIndex	获取或设置当前显示页的索引
PageSize	获取或设置 GridView 控件在每页上所显示的记录的数目
SortDirection	获取正在排序的列的排序方向，可以取值 Ascending（从小到大排序）或 Descending（从大到小排序）
SortExpression	获取与正在排序的列关联的排序表达式

C# 程序设计教程(第 2 版)

表 16.21　GridView 控件常用方法及说明

方　法	说　明
DeleteRow	从数据源中删除位于指定索引位置的记录
HasControls	确定服务器控件是否包含任何子控件
IsBindableType	确定指定的数据类型是否能绑定到 GridView 控件中的列
Sort	根据指定的排序表达式和方向对 GridView 控件进行排序
UpdateRow	使用行的字段值更新位于指定行索引位置的记录

表 16.22　GridView 控件常用事件及说明

事　件	说　明
DataBinding	当服务器控件绑定到数据源时触发
DataBound	在服务器控件绑定到数据源后触发
PageIndexChanged	在 GridView 控件处理分页操作之后触发
PageIndexChanging	在 GridView 控件处理分页操作之前触发
RowCancelingEdit	单击编辑模式中某一行的"取消"按钮以后,在该行退出编辑模式之前触发
RowCommand	当单击 GridView 控件中的按钮时触发
RowCreated	在 GridView 控件中创建行时触发
RowDataBound	在 GridView 控件中将数据行绑定到数据时触发
RowDeleted	单击某一行的"删除"按钮时,在 GridView 控件删除该行之后触发
RowDeleting	单击某一行的"删除"按钮时,在 GridView 控件删除该行之前触发
RowEditing	单击某一行的"编辑"按钮后,GridView 控件进入编辑模式之前触发
RowUpdated	单击某一行的"更新"按钮,在 GridView 控件对该行进行更新之后触发
RowUpdating	单击某一行的"更新"按钮后,GridView 控件对该行进行更新之前触发生
SelectedIndexChanged	单击某一行的"选择"按钮后,GridView 控件对相应的选择操作进行处理之后触发
SelectedIndexChanging	单击某一行的"选择"按钮后,GridView 控件对相应的选择操作进行处理之前触发
Sorted	单击用于列排序的超链接时,在 GridView 控件对相应的排序操作进行处理之后触发
Sorting	单击用于列排序的超链接时,在 GridView 控件对相应的排序操作进行处理之前触发

在单击 GridView 控件中的按钮时,将引发 RowCommand 事件。可以提供一个这样的事件处理方法,即每次发生此事件时执行一个事件过程。但需要设置 GridView 控件中的按钮(如 Button 按钮)的 CommandName 属性值,CommandName 属性值及其说明如表 16.23 所示。

表 16.23　CommandName 属性值及其说明

属性值	说　明
Cancel	取消编辑操作并将 GridView 控件返回为只读模式。引发 RowCancelingEdit 事件
Delete	删除当前记录。引发 RowDeleting 和 RowDeleted 事件

属性值	说　　明
Edit	将当前记录置于编辑模式。引发 RowEditing 事件
Page	执行分页操作。将按钮的 CommandArgument 属性设置为 First、Last、Next、Prev 或页码，以指定要执行的分页操作类型。引发 PageIndexChanging 和 PageIndexChanged 事件
Select	选择当前记录。引发 SelectedIndexChanging 和 SelectedIndexChanged 事件
Sort	GridView 控件进行排序。引发 Sorting 和 Sorted 事件
Update	更新数据源中的当前记录。引发 RowUpdating 和 RowUpdated 事件

2. 使用 GridView 控件绑定数据源

【例 16.6】　设计一个 Web 窗体，利用 AccessDataSource 控件配置访问 student 表的数据源，并使用 GridView 控件绑定到该数据源中。

解：其操作步骤如下：

（1）在前面建立的 MyWeb 网站中添加一个名称为 WebForm6 的 Web 窗体。

（2）向其中添加一个 GridView 控件 GridView1 和一个 AccessDataSource 控件 AccessDataSource1，采用图 16.36～图 16.40 所示的步骤配置该控件。

（3）将获取的数据源绑定到 GridView 控件上。GridView 的属性设置如表 16.24 所示。

表 16.24　GridView 控件属性设置及其用途

属性名称	属性设置	用　　途
AutoGenerateColumns	False	不为数据源中的每个字段自动创建绑定字段
DataSourceID	AccessDataSoarce1	GridView 控件从 AccessDataSource1 控件中检索其数据项列表
DataKeyNames	ID	显示在 GridView 控件中的项的主键字段的名称

（4）单击 GridView 控件右上方的 ▶ 按钮，弹出一个快捷菜单，从数据源组合框中选择"AccessDataSource1"，如图 16.41 所示。

（5）再选择"编辑列"选项，打开如图 16.42 所示的"字段"对话框，将每个"BoundField"控件绑定字段的 HeaderText 属性设置为该列头标题名，把 DataField 属性设置为字段名，这里均取默认值。

（6）执行本窗体，其结果如图 16.43 所示。

说明：本例是通过操作实现数据绑定的，也可以用代码实现数据绑定，采用代码方式见例16.7。

图 16.41　指定数据源

3. 设置 GridView 控件的外观

默认状态下，GridVew 控件的外观是简单的

表格。为了美化网页的界面，丰富页面的显示效果，开发人员可以通过 BackColor、

图 16.42 "字段"对话框一

BackImageUrl、BorderStyle、GridLines 等属性来美化 GridView 控件的外观。

也可以直接通过操作来设置 GridView 控件的外观,单击 GridView 控件右上方的 ▶ 按钮,在弹出的快捷菜单中选择"自动套用格式"命令,在打开的对话框中任意选择一种合适的格式即可,如图 16.44 所示。

图 16.43 WebForm6 执行结果

图 16.44 "自动套用格式"对话框

4. 使用 GridView 控件分页显示数据

由于 GridView 控件中记录过多,表格会变长,这样网页会不美观。这种情况可以使用 GridView 控件的分页功能,查看信息更为方便。通常利用 PageIndexChanging 事件来实现 GridView 控件的分页功能。

【例 16.7】 设计一个 Web 窗体,实现 GridView 控件(数据源对应 student 表)的分页功能。

解:其操作步骤如下:

(1) 在前面建立的 MyWeb 网站中添加一个名称为 WebForm7 的 Web 窗体。

(2) 向其中添加一个 GridView 控件 GridView1 和一个 AccessDataSource 控件

AccessDataSource1。

（3）将 GridView1 控件的自动套用格式设置为"沙滩和天空"，其他不作设置。

（4）在该窗体上设计如下代码：

```
using System;
using System.Data.OleDb;                           //新增引用
using System.Web;
public partial class WebForm7 : System.Web.UI.Page
{   DataSet myds = new DataSet();
    DataView mydv = new DataView();
    protected void Page_Load(object sender, EventArgs e)
    {   OleDbConnection myconn = new OleDbConnection();
        myconn.ConnectionString = "Provider = Microsoft.Jet.OLEDB.4.0;Data Source = " +
            Server.MapPath("App_Data") + "\\school.mdb";
        myconn.Open();
        OleDbDataAdapter myda = new OleDbDataAdapter("SELECT * FROM student",myconn);
        myda.Fill(myds, "student");
        mydv = myds.Tables["student"].DefaultView;
        myconn.Close();
        GridView1.AllowPaging = true;              //允许分页
        GridView1.PageSize = 3;                     //每页 3 个记录
        GridView1.DataSource = mydv;               //数据源为 mydv
        GridView1.DataBind();
        GridView1.GridLines = GridLines.Both;
    }
    protected void GridView1_PageIndexChanging(object sender,GridViewPageEventArgs e)
    {   GridView1.PageIndex = e.NewPageIndex;
        GridView1.DataBind();
    }
}
```

（5）执行本窗体，其结果如图 16.45 所示。

还可以利用 GridView 控件的 PageSettings 属性的子属性，如 FirstPageText、LastPageText、NextPageText 和 PreviousPageText 等设置分页提示文本等。

5. 在 GridView 控件中排序数据

GridView 控件还提供了内置排序功能，通过为列设置自定义 SortExpression 属性值，并使用 Sorting 和 Sorted 事件实现数据排序。

最简单的方法是，设计 GridView 控件过程中，在指定数据源后，其快捷菜单中出现"启用排序"复选框，勾选它，如图 16.46 所示，这样在执行时每个列标题呈现 LinkButton 控件形式，可以单击列标题按递增或递减排序。

6. 在 GridView 控件中对数据进行编辑操作

同样 GridView 控件内置了数据编辑功能。在 GridView 控件的按钮列中包括一种"编辑、更新、取消"按钮，这 3 个按钮分别触发 GridView 控件的 RowEditing、RowUpdating 和 RowCancelingEdit 事件，从而完成对指定项的编辑、更新和取消操作功能。

图 16.45　WebForm7 执行界面　　　　　图 16.46　勾选"启用排序"复选框

最简单的方法是通过操作实现数据编辑操作。

【例 16.8】　设计一个 Web 窗体,用 GridView 控件实现对 student 表的数据编辑功能。

解:其操作步骤如下:

(1) 在前面建立的 MyWeb 网站中添加一个名称为 WebForm8 的 Web 窗体。

(2) 采用与例 16.6 相同的操作步骤,只是在图 16.39 中配置 Select 语句时需单击"高级"按钮,打开"高级 SQL 生成选项"对话框,勾选"生成 INSERT、UPDATE 和 DELETE 语句"复选框,如图 16.47 所示,单击"确定"按钮(在对应的表上设置有主键时才能使用此高级功能)。

图 16.47　"高级 SQL 生成选项"对话框

(3) 这样创建 GridView1 控件后,单击 GridView 控件右上方的 ▶ 按钮,在弹出的快捷菜单中勾选"启用排序"、"启用编辑"和"启用删除"等复选框,如图 16.48 所示。

注意:将图 16.48 和图 16.41 对比看出,只有选中"生成 INSERT、UPDATE 和 DELETE 语句"复选框后,GridView 任务中才包含"启用编辑"和"启用删除"复选框。

(4) 执行本窗体,其结果如图 16.49 所示。用户可以单击"编辑"命令按钮对当前记录进行编辑,也可以单击"删除"命令按钮删除当前记录。

图 16.48　GridView 任务

图 16.49　WebForm8 执行界面

16.5.3　DetailsView 控件

DetailsView 控件在表格中显示数据源的单个记录,此表格中每个数据行表示记录中的一个字段,使用它可以编辑、删除和插入记录。DetailsView 控件在工具箱中的"数据"选项卡中,其图标为 ![DetailsView]。

DetailsView 控件的常用属性如表 16.25 所示。其常用方法如表 16.26 所示。

表 16.25　DetailsView 控件的常用属性及其说明

属　　性	说　　明
AllowPaging	获取或设置一个值,该值指示是否启用分页功能
DataKey	获取一个 DataKey 对象,该对象表示所显示的记录的主键
DataKeyNames	获取或设置一个数组,该数组包含数据源的键字段的名称
DataMember	当数据源包含多个不同的数据项列表时,获取或设置数据绑定控件绑定到的数据列表的名称
DataSource	获取或设置对象,数据绑定控件从该对象中检索其数据项列表
DataSourceID	获取或设置控件的 ID,数据绑定控件从该控件中检索其数据项列表
DefaultMode	获取或设置 DetailsView 控件的默认数据输入模式
EditRowStyle	获取一个对 TableItemStyle 对象的引用,该对象允许设置在 DetailsView 控件处于编辑模式时数据行的外观

表 16.26　DetailsView 控件的方法及其说明

方　　法	说　　明
DeleteItem	从数据源中删除当前记录
InsertItem	将当前记录插入到数据源中
UpdateItem	更新数据源中的当前记录

【例 16.9】　设计一个 Web 窗体,实现 student 表记录的插入、编辑和删除功能。

解:其操作步骤如下:

(1) 在前面建立的 MyWeb 网站中添加一个名称为 WebForm9 的 Web 窗体。

(2) 采用与例 16.8 相同的操作步骤添加一个 GridView1 控件。单击 GridView 控件右上方的 ▶ 按钮,在弹出的快捷菜单中选择"编辑列"命令,打开"字段"对话框,从"可用字段"

列表框中选中 CommandField 项，单击"添加"按钮，再从"选定的字段"列表框中选中 CommandField，将其 ButtonType 属性修改为 Button，如图 16.50 所示，单击"确定"按钮。

图 16.50 "字段"对话框二

（3）添加一个 DetailsView 控件 DetailsView1。单击该控件右上方的 ▶ 按钮，在弹出的快捷菜单中选择数据源为 AccessDataSource1，选中"启用插入"复选框，如图 16.51 所示，选择"编辑字段"命令。

图 16.51 DetailsView 任务

（4）打开 DetailsView1 的"字段"对话框，从选定的字段列表中选中"新建、插入、取消"项，将其 ButtonType 属性修改为 Button，如图 16.52 所示，单击"确定"按钮。

（5）调整各控件的位置。执行本窗体，其执行界面如图 16.53 所示，用户可以通过 DetailsView1 控件输入记录，也可以通过 GridView1 控件编辑和删除记录。

图 16.52 "字段"对话框三

图 16.53 WebForm9 执行界面

练习题 16

1. 单项选择题

(1) Web 窗体文件的扩展名为_____。

A. ASP   B. ASPX   C. ASCX   D. HTML

(2) 使用"文件"|"新建"|"网站"成功创建 URL 为"http://localhost/MyWeb"的 Web 应用程序后,项目文件将保存在_____。

A. 本地计算机 Web 站点的 MyWeb 虚拟目录下

B. 本地文件共享 MyWeb 中

C. 另一台名为 localhost 的计算机的 Web 站点的 MyWeb 虚拟目录下

D. 本地目录 C:\My Documents\MyWeb 下

(3) 以下关于 ASP.NET 页面结构的叙述中正确的是_____。

A. 单文件页模型是将标记保存在.aspx 文件中,编程代码保存在.cs 文件中

B. 代码隐藏页模型是将标记保存在.aspx 文件中,编程代码保存在.cs 文件中

C. 单文件页模型的所有代码都保存在.cs 文件中

D. 代码隐藏页模型的所有代码都保存在.aspx 文件中

(4) 关于 ASP.NET 窗体应用程序,下列说法正确的是_____。

A. Web 窗体是在浏览器中进行解释执行的

B. Web 窗体程序中脚本和代码必须严格分开

C. Web 窗体程序产生的 HTML 网页只能运行于 Internet Explorer 浏览器

D. Web 窗体程序的代码只能用 C#语言编写

(5) 以下关于服务器控件的叙述中正确的是_____。

A. 服务器控件就是 HTML 标记

B. 服务器控件只能在客户机上运行

C. 服务器控件只能在服务器上运行

D. 一个网页上的控件只能是服务器控件

(6) Web 标准服务器控件的命名空间是_____。

A. System. Web   B. System. Web. UI

C. System. Web. UI. WebControls   D. System. Web. UI. Control

(7) DataGridView 和 GridView 控件的区别是_____。

A. DataGridView 控件用于设计 Windows 窗体,而 GridView 控件用于设计 Web 网页

B. DataGridView 和 GridView 控件都可以用设计 Windows 窗体

C. DataGridView 和 GridView 控件都可以用设计 Web 网页

D. DataGridView 和 GridView 控件的功能完全相同

(8) 所有的数据验证控件都要设置_____属性。

A. Data   B. DataSource

C. ControlToCompare   D. ControlToValidate

2. 问答题

(1) 简述安装 Web 服务器的几种方法。

(2) 简述服务器控件与 HTML 标记的区别。

(3) 简述数据验证控件的作用。

3. 编程题

(1) 在本章网站中模仿例 16.6 设计一个页面 EWebForm1,用 GridView 控件显示 score 表中数据。

(2) 在本章网站中模仿例 16.7 设计一个页面 EWebForm2,实现对 score 表中数据显示的分页功能。

(3) 在本章网站中模仿例 16.8 设计一个页面 EWebForm3,实现对 score 表中数据的编辑和删除功能。

4. 上机实验题

在本章网站中模仿例 16.9 设计一个页面 EWebForm4,实现对 score 表中数据的插入、编辑和删除功能,其网页如图 16.54 所示。

图 16.54 EWebForm4 执行界面

部分练习题参考答案

练习题 1

1. 单项选择题

(1) A	(2) A	(3) B	(4) C	(5) B
(6) B	(7) D	(8) B	(9) D	(10) A

练习题 2

1. 单项选择题

(1) A	(2) C	(3) B	(4) A	(5) B
(6) D	(7) C	(8) D		

练习题 3

1. 单项选择题

(1) C	(2) B	(3) C	(4) D	(5) A
(6) B	(7) C	(8) B	(9) B	(10) B
(11) A	(12) B	(13) C	(14) B	(15) D
(16) C	(17) B			

练习题 4

1. 单项选择题

(1) B	(2) B	(3) B	(4) C	(5) A
(6) D	(7) A	(8) D	(9) A	(10) B

练习题 5

1. 单项选择题

(1) B	(2) D	(3) C	(4) D	(5) D
(6) D	(7) C	(8) A	(9) C	(10) C
(11) D	(12) D			

练习题 6

1. 单项选择题

(1) C	(2) C	(3) D	(4) B	(5) B
(6) A	(7) C	(8) D	(9) B	(10) B

(11) C　　　(12) A　　　(13) C　　　(14) A　　　(15) A
(16) D　　　(17) D　　　(18) A　　　(19) B　　　(20) C
(21) B　　　(22) C　　　(23) B　　　(24) D

练习题 7

1. 单项选择题

(1) B　　　(2) D　　　(3) D　　　(4) C　　　(5) A
(6) C　　　(7) D　　　(8) A　　　(9) B　　　(10) A
(11) D　　　(12) D　　　(13) D　　　(14) A　　　(15) A
(16) C　　　(17) B　　　(18) D

练习题 8

1. 单项选择题

(1) A　　　(2) A　　　(3) C　　　(4) A　　　(5) A
(6) D　　　(7) C　　　(8) C　　　(9) B　　　(10) C

练习题 9

1. 单项选择题

(1) C　　　(2) A　　　(3) A　　　(4) B　　　(5) A

练习题 10

1. 单项选择题

(1) A　　　(2) B　　　(3) B　　　(4) C　　　(5) D
(6) C

练习题 11

1. 单项选择题

(1) D　　　(2) B　　　(3) A　　　(4) A　　　(5) C
(6) A　　　(7) B　　　(8) D　　　(9) A　　　(10) A

练习题 12

1. 单项选择题

(1) C　　　(2) D　　　(3) D　　　(4) A　　　(5) B
(6) B　　　(7) D　　　(8) A　　　(9) B　　　(10) A

练习题 13

1. 单项选择题

(1) A　　　(2) D　　　(3) B　　　(4) D　　　(5) A
(6) B　　　(7) D　　　(8) C　　　(9) B　　　(10) D

练习题 14

1. 单项选择题

(1) C　　　(2) C　　　(3) C　　　(4) C　　　(5) D
(6) D　　　(7) B　　　(8) A　　　(9) D　　　(10) A
(11) A　　　(12) B　　　(13) B　　　(14) A

练习题 15

1. 单项选择题

(1) B　　　　(2) A　　　　(3) B　　　　(4) D　　　　(5) C

练习题 16

1. 单项选择题

(1) B　　　　(2) A　　　　(3) B　　　　(4) A　　　　(5) C

(6) C　　　　(7) A　　　　(8) D

参 考 文 献

[1]　刘甫迎. C♯程序设计教程. 第2版. 北京：电子工业出版社,2008.

[2]　江红,余青松. C♯. NET 程序设计教程. 北京：清华大学出版社,2010.

[3]　Charles Wright. C♯ Tips & Techniques. The McGraw-Hill Companies, Inc. 2002.

[4]　李春葆. ASP. NET 动态网站设计教程——基于 C♯＋SQL Server. 北京：清华大学出版社,2011.

[5]　李春葆. ASP. NET 2.0 动态网站设计教程——基于 C♯＋Access. 北京：清华大学出版社,2010.

[6]　张跃廷,房大伟,苏宇. ASP. NET 2.0 网络编程自学手册. 北京：人民邮电出版社,2008.

[7]　王院峰. 零基础学 ASP. NET 2.0. 北京：机械工业出版社,2008.

[8]　唐植华,郭兴峰. ASP. NET 2.0 动态网站开发基础教程. 北京：清华大学出版社,2008.

[9]　陈承欢. ADO. NET 数据库访问技术案例教程. 北京：人民邮电出版社,2008.

[10]　李春葆. VB. NET 2005 程序设计教程. 北京：清华大学出版社,2009.